cycling

cycling

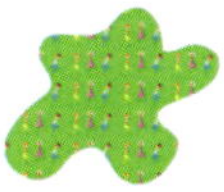

蔚蓝之韵

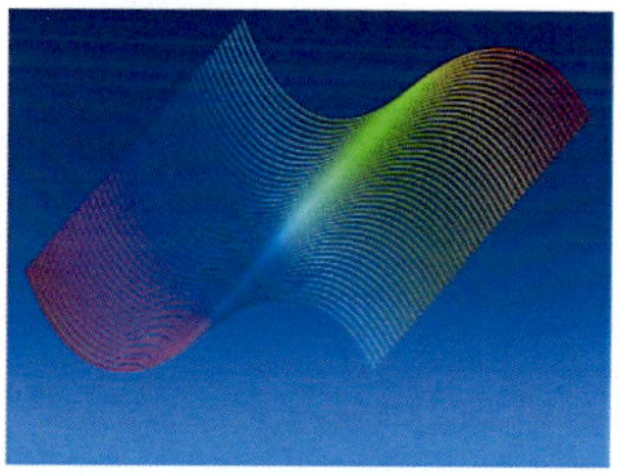

1.20元
中国邮政 CHINA

浪

Ps
大点

玩转
非
主流
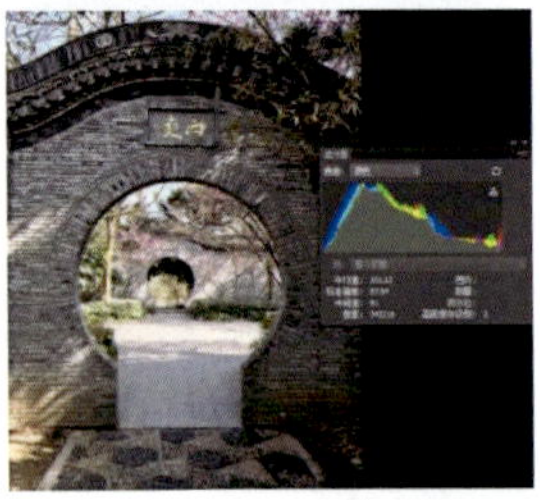

花香

CITY

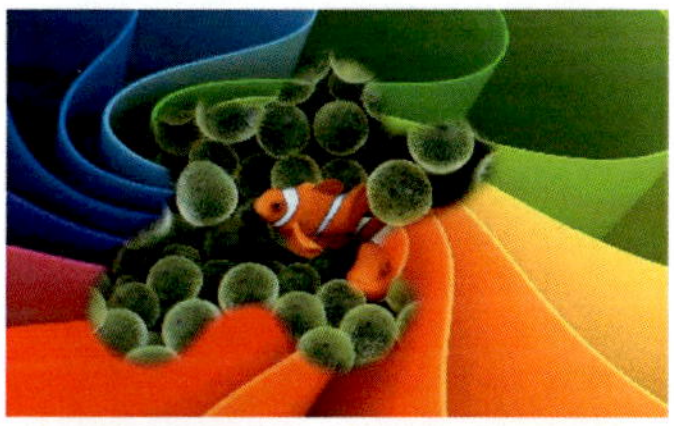

NAN
TANG

普通高等职业教育计算机系列规划教材

Photoshop CC 实例教程

林朝荣 蒋 斌 主 编

電子工業出版社
Publishing House of Electronics Industry
北京 · BEIJING

内 容 简 介

本书是以 Photoshop CC 2018 为平台的实例教材，由具有丰富教学经验和图像处理应用经历的平面设计师及一线教师结合多年教学经验编写而成，以“学以致用”为出发点，详细地讲解了 Photoshop CC 图像处理软件的使用方法和操作技巧。

全书共分 10 章，涵盖了 Photoshop 软件的主要工作特点和重要功能。全书以实例引导来解读相关的知识内容和操作技巧，并根据 Photoshop 的应用特点合理安排相关的章节及内容，知识体系完整、结构合理，可为读者提供清晰的入门导引和学习平台。全书根据章节内容精选了丰富的实例和相关练习，其中有详细的解说和操作技巧及相关知识点提示，实例和相关练习贯穿全书的构架体系，真正体现现代实例化教学的理念，从而可以提高读者的阅读兴趣和学习效率，并使读者快速地理解和掌握图像处理的基本方法和技巧。

本书提供全部相关素材和实例效果，便于读者学习和体验。

本书结构清晰，内容翔实，将知识贯穿于项目中，案例丰富并具有一定的代表性，既可作为高等职业院校、大中专院校、计算机培训学校相关课程的教材，也可作为平面设计人员的学习参考用书。

图书在版编目（CIP）数据

Photoshop CC 实例教程 / 林朝荣，蒋斌主编. —北京：电子工业出版社，2020.1
普通高等职业教育计算机系列规划教材

ISBN 978-7-121-38085-3

Ⅰ. ①P… Ⅱ. ①林… ②蒋… Ⅲ. ①图象处理软件－高等职业教育－教材 Ⅳ. ①TP391.413

中国版本图书馆 CIP 数据核字（2019）第 256299 号

责任编辑：徐建军　　　文字编辑：田　恬
特约编辑：田学清
印　　刷：北京虎彩文化传播有限公司
装　　订：北京虎彩文化传播有限公司
出版发行：电子工业出版社
　　　　　北京市海淀区万寿路 173 信箱　　邮编：100036
开　　本：787×1092　1/16　印张：18.75　字数：557 千字　彩插：2
版　　次：2020 年 1 月第 1 版
印　　次：2020 年 12 月第 2 次印刷
定　　价：55.00 元

凡所购买电子工业出版社图书有缺损问题，请向购买书店调换。若书店售缺，请与本社发行部联系，联系及邮购电话：（010）88254888，88258888。

质量投诉请发邮件至 zlts@phei.com.cn，盗版侵权举报请发邮件至 dbqq@phei.com.cn。

本书咨询联系方式：（010）88254570，xujj@phei.com.cn。

前 言

Photoshop 是 Adobe 公司开发的著名图像处理软件，该软件通过直观的用户体验、灵活的编辑自由度，可大幅提高使用者的工作效率。Photoshop 可以为不同行业提供专业的图像编辑与处理能力，是当前流行的图像处理软件之一，被誉为“神奇的魔术师”。

Photoshop 在图像处理及平面设计领域占据了非常重要的地位，截止到笔者编写本书时，此软件的最新版本为 Photoshop CC 2019，软件的应用界面和功能也在不断改进和增强。Photoshop CC 2018 采用新的暗色调用户界面，增强了 3D 图像编辑功能，加入了更多的图像智能化编辑方式，以及画板、云数据支持等模块。如今，Photoshop 的应用从平面设计、广告设计、展示形象设计、网页设计发展到服装设计、三维材质的制作、建筑效果图后期处理、摄影效果图后期处理等领域。

本书以实例引导为特色，将应用范例贯穿于全书，有助于读者直观介入、循序渐进地学习和理解，同时可以通过实例进一步掌握相关的知识点、操作特点或技巧。全书内容依据编写团队的教学经验和应用实践精心设计，保持完整知识体系的同时进行了合理取舍，充分体现实用性和教学特点，在有限篇幅中涵盖了 Photoshop 软件的整体结构，详细讲解了其中重要的功能和应用技巧。

全书共分 10 章，主要内容包括 Photoshop 的工作环境和优化配置，数字图像的基础知识，选区、图层、路径、通道和蒙版批量处理图像的方法，色彩与色调调整的方法，滤镜的应用方式及图像的修饰与修复方法等。本书具有完整的知识体系，内容安排科学合理，所有章节及知识点均通过实例导引、解读，每章均附有综合应用实例，便于读者进一步综合实践、领会和掌握相关知识、技能和技巧。

为方便读者阅读和学习，本书提供相关素材、实例效果和制作源文件资源，并在书后附录提供了 Photoshop 常用快捷键及色彩设定值列表。

本书注重实践，突出应用与操作，既可作为高等职业院校、大中专院校、计算机培训学校相关课程的教材，也可作为平面设计人员的学习参考用书。

本书由林朝荣和蒋斌担任主编，其中第 1 章由张晓燕编写，第 2 章由特樱楠编写，第 3 章由汤海晨编写，第 4 章、第 5 章、第 7 章由蒋斌编写，第 8 章由叶聪相编写，第 9 章由陈蓓蕾编写，第 6 章和第 10 章由林朝荣编写。同时，感谢浙江工贸职业技术学院的领导和相关专业人员的大力支持。

为了方便教师教学，本书配有电子教学课件，请有此需要的教师登录华信教育资源网（www.hxedu.com.cn）注册后免费进行下载，如有问题可在网站留言板留言或与电子工业出版社联系（E-mail：hxedu@phei.com.cn）。

本书是一本特色鲜明的实例教材，虽然我们精心组织，认真编辑，但书中难免存在疏漏和不足，恳请广大读者朋友给予批评和指正。

编　者

目 录

第 1 章

Photoshop 图像处理基础知识

Photoshop 是一款优秀的图像处理软件，由 Adobe 公司开发，主要用于平面图像处理和图像艺术设计，其应用领域涉及平面设计、数字图像处理、产品包装设计、广告及网页设计、UI 设计等。本章介绍计算机图像处理的基本概念及 Photoshop 的基本操作，这是学习后续课程的必备基础。

本章要点

- Photoshop 工作窗口的认识。
- Photoshop 的基本操作。
- 图像移动与颜色填充。
- 图像自由变换。
- 数字图像处理的基本概念。
- Photoshop 的工作环境和主要环境参数的设置。
- Photoshop 的历史记录。
- Photoshop“动作”的基本操作。

1.1 Photoshop 初体验

实例 1-01 玩耍的小狗

使用 Photoshop 软件，利用图 1-1 中左图的图像文件，合成如图 1-1 右图所示小狗在草坪上玩耍的图像。

图 1-1 相关图像文件及合成后的效果

在桌面双击 Photoshop 软件图标“”或在“开始”菜单的“程序”列表中单击 Photoshop 软

件图标进入 Photoshop 软件操作窗口，选择“文件”→“打开”命令，在弹出的“打开”对话框中通过相关路径找到图像文件“草坪”，单击“打开”按钮，即可在 Photoshop 的文件编辑区打开该图像文件，如图 1-2 所示。

图 1-2 打开图像文件

以同样的方式分别打开图像文件“花丛”、“小狗 A”和“小狗 B”，这些图像会以叠放的方式出现在 Photoshop 的文件编辑区。选择“窗口”→“排列”→“平铺”命令，可以同时看到当前打开的所有图像文件，如图 1-3 所示。

图 1-3 平铺窗口

单击工具栏中的“移动工具”图标，在“小狗 A”窗口中单击，然后按住鼠标左键不放并拖动至“草坪”窗口，出现如图 1-4 所示的带“+”号的鼠标指针形状时松开鼠标，这时即可将“小狗 A”的图像复制到“草坪”图像窗口中。

使用同样的方法将“小狗 B”和“花丛”图像都移动到“草坪”图像窗口中，如图 1-5 所示。由于将在“草坪”图像窗口中进行编辑，其他图像不再需要，所以可以分别选择除“草坪”外的其他图像文件的窗口，并单击相应窗口右上角的“”图标进行关闭。

图 1-4　移动图像文件

图 1-5　整理图像文件

按 F7 键打开“图层”面板，分别单击“图层 2”（小狗 A）图层标签和“图层 3”（小狗 B）图层标签前面的“”图标，使图层暂时隐藏，暂时不显示小狗。然后单击“图层 1”图层标签，选择“编辑”→“变换”→“缩放”命令或按 Ctrl+T 组合键，进入“自由变换”编辑状态，在“花丛”图像（当前图层）周围出现 8 个变换控制柄，如图 1-6 所示，拖动控制柄可调整图像至适当大小。

将鼠标移至相应控制柄外侧，鼠标指针变成“”形状时拖动鼠标可以使图形做适当旋转，并进行适当缩放以适合画面设计要求。将“花丛”图像拖动至画面的适当位置，按 Enter 键结束图像变换操作，如图 1-7 所示。

图 1-6　隐藏和变换

图 1-7　将“花丛”图像拖动至画面的适当位置

分别单击“图层 2”图层标签和“图层 3”图层标签左侧的“”图标，将显示小狗图像，使用与上述相似的方法缩放和移动小狗图像至适当的位置，如图 1-8 所示。

画面后面的小狗是从树后面跑出来的，其后部身体应被树木遮住以增加构图的真实感。在“图层”面板中单击“图层 3”图层标签作为当前图层，选择“图层”→“图层蒙版”→“显示全部”命令，在当前图层中建立图层蒙版。

单击工具栏中的“画笔工具”图标，然后单击工具栏左下部的“”图标将颜色调整为系统默认的前景色和背景色（前黑后白），使用画笔工具涂抹小狗后部与树木重叠的部分，使小狗后部消失露出树木，如图 1-9 所示。至此基本完成图像的合成操作。

图 1-8　调整小狗的位置

图 1-9　利用图层蒙版将小狗的部分身体隐藏

1.2 Photoshop CC 的操作界面

打开 Photoshop CC 将会出现如图 1-10 所示的操作界面，即 Photoshop CC 工作窗口，它主要由菜单栏、标题栏、工具栏、工具选项栏、面板、状态栏等部分组成。

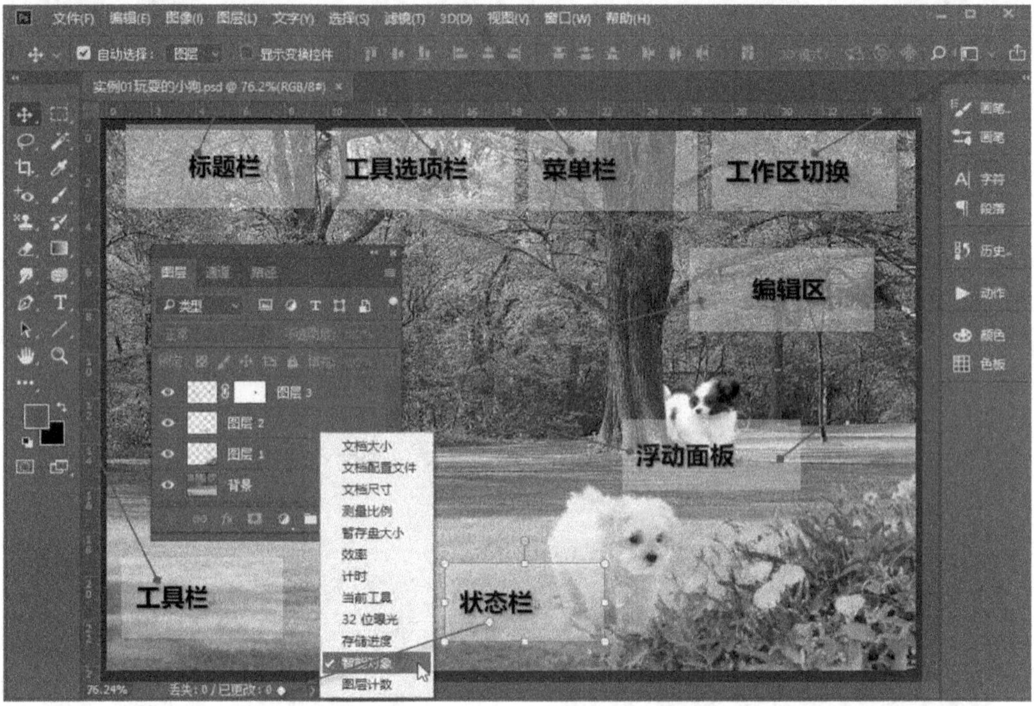

图 1-10 Photoshop CC 的操作界面

图 1-10 中的工具选项栏也称为控制面板，而浮动面板则通常简称为面板（如“图层”面板），要显示或隐藏所有被激活的面板，可以按 Tab 键。

1.2.1 Photoshop CC 的工作区

Photoshop 的工作界面称为工作区，主要由菜单栏、文件编辑窗口和各种工作面板构成。在工作区中系统菜单集成了 Photoshop 的全部操作命令，各工作面板和窗口显示模式可以根据操作需要和习惯进行设置和变换。

可以通过选择“窗口”→“工作区”命令设置工作区显示的内容，如图 1-11 所示，可以采用系统提供的方案，也可以自己定义。每次使用之后，各种界面面板和工具都会发生变化，通常系统会保存当前工作界面的状态，以保证工作的延续性。如果需要把 Photoshop 的界面状态恢复到系统的默认状态，可以选择“选择”→“复位基本功能”命令。

如果想保存某种自定义的工作区布局，可以选择 “窗口”→“工作区”→“新建工作区”命令进行存储，在弹出如图 1-12 所示的“新建工作区”对话框中设置工作区名称，并在“捕捉”栏选择需要保存的布局内容，单击“存储”按钮就可以保存当前工作区的布局及面板样式，保存的工作区会自动添加到工作区菜单的命令列表中。

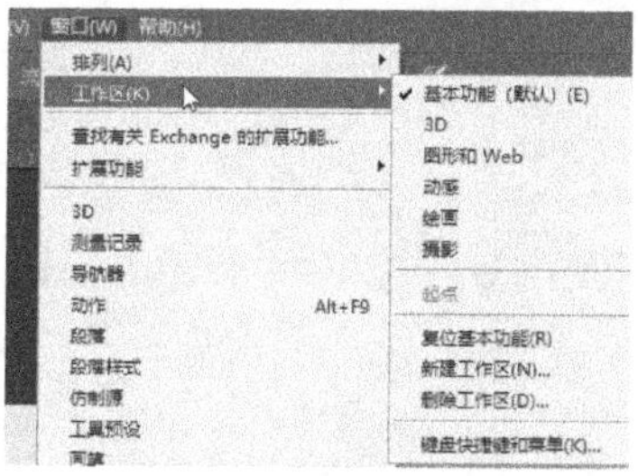

图 1-11　基本工作区

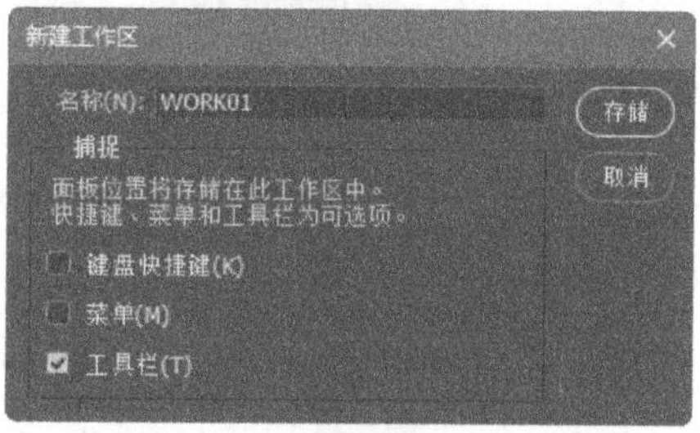

图 1-12　“新建工作区”对话框

1.2.2　Photoshop 文件操作

新建、打开和保存等是 Photoshop 最基本的操作，相应的命令在“文件”菜单中。

1）新建文件

选择“文件”→“新建”命令或按 Ctrl+N 组合键，出现如图 1-13 所示的“新建文档”对话框。对话框中有“最近使用项”“已保存”“照片”“打印”“图稿和插图”“Web”“移动设备”“胶片和视频”8 种预设方案，为创建相应的编辑环境提供不同的选择。

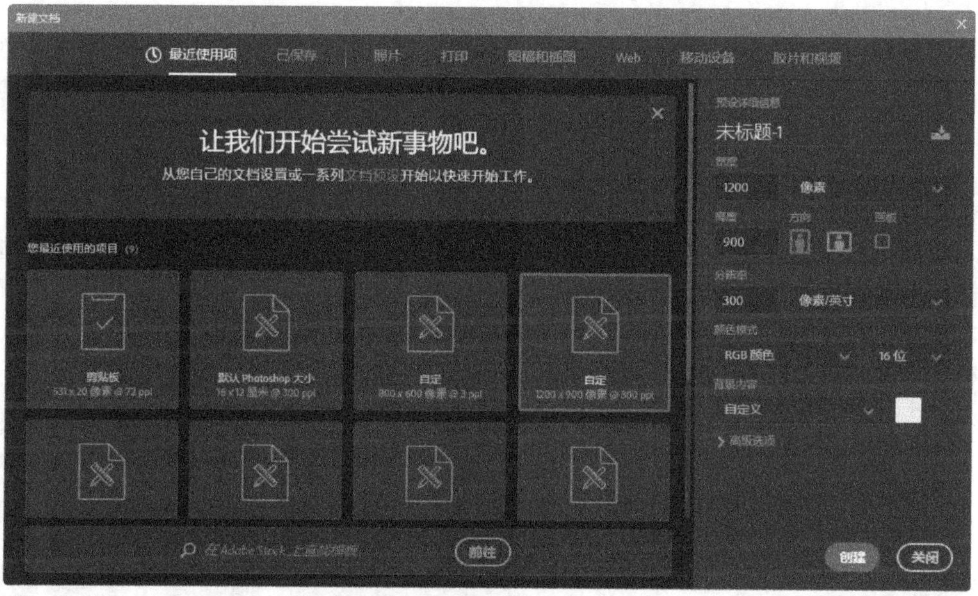

图 1-13　“新建文档”对话框

在“新建文档”对话框中可以选择预设或使用过的文件设置，在右侧可以重新设置常用的文件参数，包括“宽度”“高度”“方向”“分辨率”“颜色模式”“背景内容”（背景色）等。

2）打开文件

如果要对现有图像进行编辑，必须先打开它。打开文件的方式有很多，可以直接双击要打开的文件；也可以在 Photoshop 操作环境下，通过选择“文件”→“打开”命令；还可以按 Ctrl+O 组合键，通过“打开”对话框选择要打开的文件。

3）保存文件

图像进行编辑和修改后，可通过“文件”→“存储”命令或按 Ctrl+S 组合键保存文件，对于已保存过的文件，可通过“文件”→“存储为”命令或按 Ctrl+Shift+S 组合键实现以不同文件存储，这将调出如图 1-14 所示的“另存为”对话框，可选择保存为多种不同的文件格式。

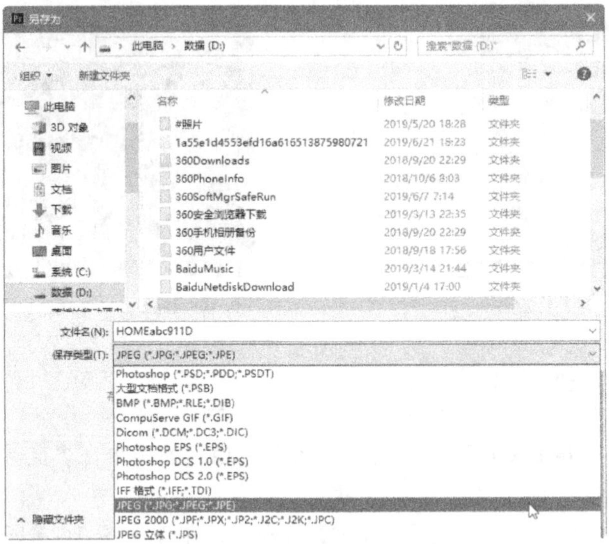

图 1-14 “另存为”对话框

1.2.3 工作面板

工作面板是进行图像文件参数设置和特效处理的对话和管理窗口。Photoshop 中有三类基本工作面板，即工具选项栏、工具栏和浮动面板。它们都可以通过“窗口”菜单调用或隐藏，其中除工具栏外的浮动面板也可以通过应用程序栏右侧的“工作区切换器”分组调用。

工作面板右上部会有一个选项图标“≡”，单击它可以打开相关的功能菜单，其中包含了与当前面板相关的各种操作命令，如图 1-15 所示。

工作面板可以根据个人习惯对其进行重组、堆叠、拆分、移动、折叠及展开等操作。拖动面板顶部的标题栏可将其移至计算机工作窗口中的任意位置，甚至可以移出 Photoshop 的工作窗口。单击面板右上角的折叠图标“◀◀”可以方便地展开或折叠面板，也可以双击面板的标题栏实现折叠与展开面板的功能。图 1-16 所示为工作面板组的完全展开状态、折叠状态、最小状态。

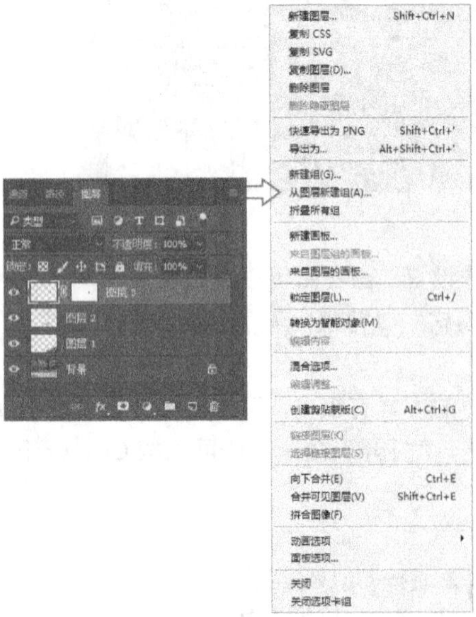

图 1-15 “图层”面板及功能菜单

图 1-16 工作面板组的不同状态

当工作面板在展开的工作状态时，还可以拖动面板的左、右及下边框调整面板至需要的大小。

为了便于操作，可根据习惯组合或移动工作面板，用鼠标拖动面板或面板组标题栏至另一面板组，接近目标面板组时被拖动的面板底部将出现蓝色标志线，松开鼠标即实现了叠加两个面板或面板组的效果。

单击面板或面板组左上角的“✕”图标，可以关闭不需要的面板或面板组。

1.2.4　工具栏和工具选项栏

工具面板是一种特殊的面板，通常称为工具栏，它默认以单栏的形式出现在软件窗口的左侧，包含 Photoshop 中的各种应用工具，如图 1-17 所示。

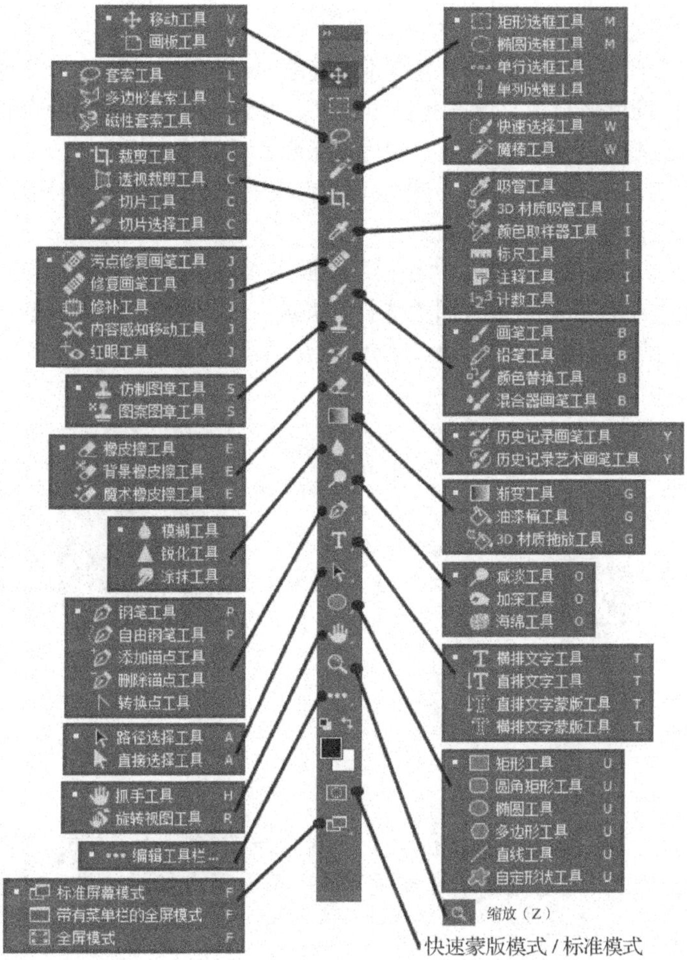

图 1-17　工具栏概览

1）工具栏

每组工具名称后面的字母是选择某组工具的快捷键，按键盘上相应的字母就可以选中该组工具中的默认工具或已被指定的工具。按 Shift+相应的字母键可实现循环切换选择工具。工具栏中很多工具图标的右下角带有黑色实心小三角，表示它有隐含的工具组，右击后弹出工具组子菜单，然后在工具组子菜单中单击相应工具即可进行相应操作。

2）工具选项栏及移动工具

工具选项栏提供编辑工具的操作属性设置，每个工具都有对应的工具选项栏，它的选项设置直接关系到图像的编辑效果和实现方式，因此也称为工具属性栏或控制面板，如图 1-18 所示。

图 1-18　工具选项栏

“移动工具”是 Photoshop 中十分常用的工具，用于移动图像和辅助线来编辑对象，可以直接拖动当前图层、图层组或对象，甚至拖动当前对象到另一个同时打开的图像文件窗口中实现图像复制。它可以利用“移动工具选项栏”中的选项设定选择图层或图层组的图像、设置对齐和分布等，图像的自由变换操作也是在“移动工具”选定状态下执行的。

在任何其他工具状态下，按 Ctrl 键可以暂时进入移动工具编辑状态（松开 Ctrl 键后即还原当前工具状态）。

3）前景色和背景色

工具栏中有一个专门的前景色和背景色工具，如图 1-19 所示，默认为黑色和白色。

Photoshop 使用前景色来绘画、填充和描边选区，背景色作为编辑时擦除图像呈现的颜色。在一些关于颜色填充、画笔和滤镜操作中也会调用前景色和背景色工具。

单击前景色和背景色工具中的“”图标可切换前景色和背景色；单击工具栏左下角的“”图标，可恢复前景色与背景色为系统默认颜色。

可以使用吸管工具、“颜色”面板、“色板”面板或 Adobe 拾色器指定新的前景色或背景色。

对当前对象填充前景色或背景色可通过选择“编辑”→“填充”命令，在弹出如图 1-20 所示的“填充”对话框中进行操作，也可以按 Alt+Delete 组合键填充前景色，按 Ctrl+Delete 组合键填充背景色。

图 1-19　前景色和背景色工具

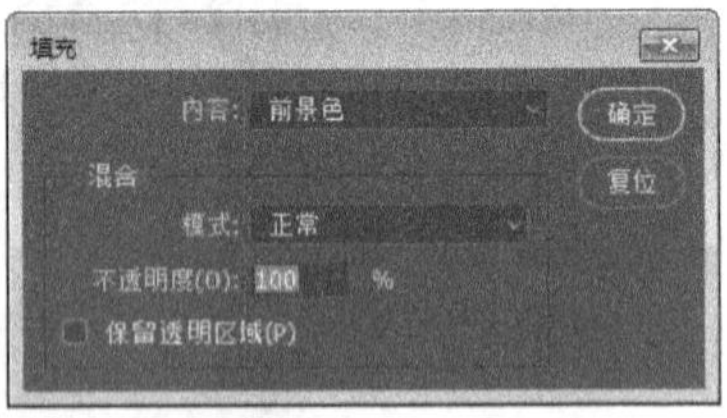

图 1-20　“填充”对话框

1.2.5　显示方式

1）屏幕显示方式

为便于图像编辑和预览，Photoshop 提供了 3 种可选的屏幕显示方式，单击工具栏上的“”（屏幕模式）图标可以在打开的子菜单中选择适当的屏幕显示方式，如图 1-21 所示。也可以按 F 键切换不同的屏幕显示方式。通过选择“视图”→“屏幕模式”下的子菜单命令也可以实现不同屏幕模式的转换。

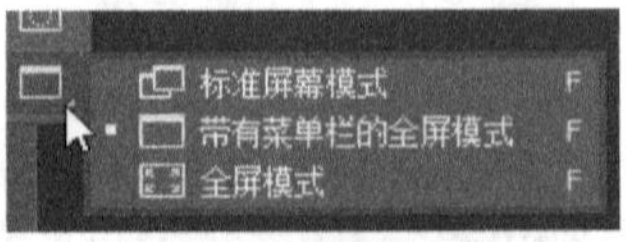

图 1-21　屏幕显示方式

- “标准屏幕模式”是系统默认的显示模式，窗口中显示菜单栏、标题栏、滚动条、工具栏、工具选项栏、面板和状态栏等。
- “带有菜单栏的全屏模式”包含了系统菜单，窗口只显示菜单栏、工具栏、工具选项栏和面板。

- “全屏模式”是指图像占用整个屏幕显示。

2）排列和选择文件

Photoshop 窗口可以打开多个文件，也可以根据需要以不同的方式编辑和排列文件，选择“窗口”→“排列”的子菜单命令可以定义相应的排列方式，如图 1-22 所示。

如图 1-23 所示，已经打开多个文件，当需要切换到某个文件时，单击该文件对应的选项卡即可；或按 Ctrl+Tab 组合键切换到下一个图像文件，或按 Shift+Ctrl+Tab 组合键切换到上一个图像文件。若要将一个图像文件移动到标题栏最前面，可直接拖动鼠标到选项卡前端即可。

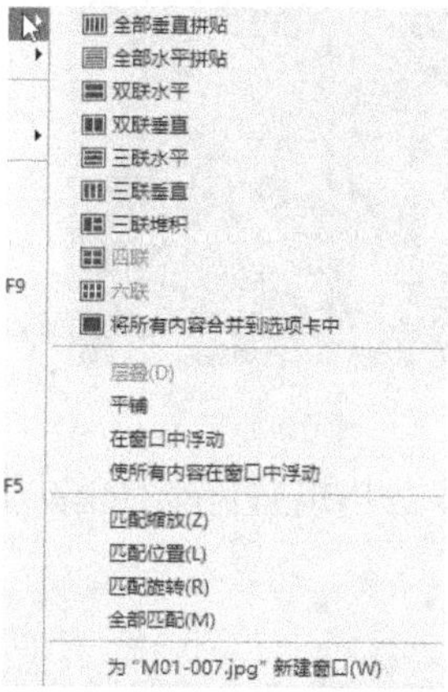

图 1-22　“排列”子菜单命令

图 1-23　多个文件单一窗口

选择“窗口”→“排列”命令，然后选择“三联堆积”排列方式，界面效果如图 1-24 所示。此排列方式可以更方便地同时对多个文件进行操作。

图 1-24　“三联堆积”排列方式的界面效果

3）浮动窗口

在文件编辑区图像标题栏拖动鼠标即可使之成为浮动窗口，从而可以置于窗口或当前桌面的任何位置，选择“窗口”→“排列”→“浮动”命令或“使所有内容在窗口中浮动”命令可以使当前打开的所有图像窗口成为浮动窗口，如图 1-25 所示。

图 1-25　浮动窗口

若要将文件放回图像选项卡中，可以拖动图片标题栏至图像选项卡处出现蓝色线时松开鼠标，或选择“窗口”→“排列”→“将所有内容合并到选项卡中”命令。

4）“导航器”面板

在“导航器”面板中可以快速移动和缩放图像。选择“窗口”→“导航器”命令，即可打开“导航器”面板，如图 1-26 所示。

图 1-26　“导航器”面板

红色方框（由于本书是黑白印刷，无法显示颜色，请读者结合软件界面查看）指出当前正在查看的图像区域，拖动它就可以改变图像主窗口内查看到的图像区域，或在红色方框的外面单击，红色方框会快速移动到单击点位置。

单击“ ”（缩小图标）或“ ”（放大图标）可以按照预设百分比缩小或放大图像，也可以拖动“△”（缩放滑块）来任意缩放图像；若要精确缩放图像，可以更改面板左下角的数值。

5）旋转画布

旋转画布功能必须在开启 OpenGL 绘图后才能使用，选择“编辑”→“首选项”→“性能”

命令，在弹出如图 1-27 所示的“高级图形处理器设置”对话框的左下角勾选“使用 OpenCL”复选框。

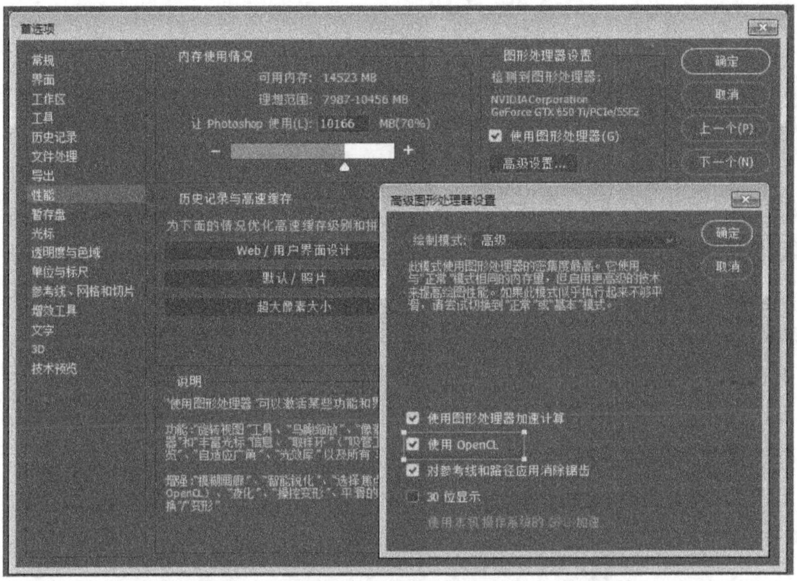

图 1-27　“高级图形处理器设置”对话框

单击工具栏中的“旋转视图工具”图标，在图像窗口中拖动鼠标至需要的位置即可旋转画布，按任意角度实现无扭曲查看，以便在图像编辑过程中观察图像，如图 1-28 所示。

图 1-28　使用“旋转视图工具”处理图像

6）抓手工具

使用“抓手工具”在图像画面上拖动可实现移动画面的功能。当使用 Photoshop 的大部分工具时，只要按住空格键，就可以暂时激活抓手工具；松开空格键后，即可回到以前所使用的工具。

双击“抓手工具”，当前图像文件将以不被当前工具栏和工作面板遮挡的画面最大倍率显示全图，而不考虑原图本身的尺寸。

图 1-29 所示为抓手工具选项栏，该选项栏中的选项主要针对窗口显示效果进行操作。

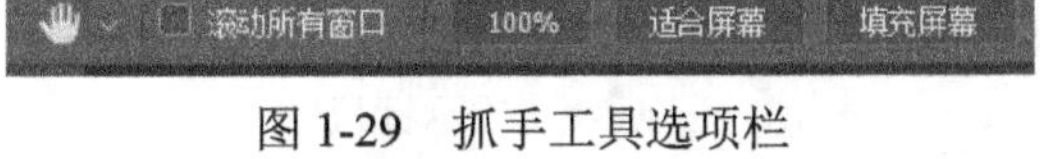

图 1-29　抓手工具选项栏

- 滚动所有窗口：若勾选，表示使用抓手工具时滚动所有打开的窗口。
- 100%：以实际大小显示图像。
- 适合屏幕：将当前窗口缩放为屏幕大小。
- 填充屏幕：缩放当前窗口以适合屏幕。

7）图像显示比例设定

图像显示比例可通过不同的方式来设定，包括状态栏、缩放工具、导航器、手动拖放、抓手工具或放大镜工具等。

“ ”（缩放工具）图标用于改变图像的显示比例，单击该图标后，将鼠标指针移至图像窗口中将变成放大图标“ ”或缩小图标“ ”的形状，单击图像即可使图像增大或缩小，同时按 Alt 键可以进行相反调整。可在缩放工具选项栏中选择缩放工具的放大或缩小状态，如图 1-30 所示。

图 1-30　缩放工具选项栏

- 调整窗口大小以满屏显示：图像文件处于浮动状态时，使用缩放工具缩放图像视图，图像文件窗口随图像缩放调整保持满屏状态。
- 缩放所有窗口：使用缩放工具同时缩放所有打开的图像文件窗口。
- 细微缩放：勾选之后，单击向左移动是缩小，单击向右移动是放大。
- 100%：按 100%的比例显示图像，相当于双击缩放工具。
- 适合屏幕：使图像适合屏幕大小，相当于双击抓手工具。
- 填充屏幕：依据图像的较长边尺寸充满屏幕。

使用缩放工具单击当前图像区域的某点，则图像将以该点为中心放大显示，从而便于查看特定区域。

1.2.6　标尺、参考线和网格

标尺、参考线和网格都是为了让用户能够准确地定位对象，所以也称为辅助线。

1）标尺

标尺可以更准确地显示光标的位置，使选择更加准确。标尺在图像窗口的左方和上方，标尺以数字显示，默认以厘米为单位，如图 1-31 所示。

图 1-31　显示标尺

按 Ctrl+R 组合键可以调出或关闭“标尺”，或选择“视图”→“标尺”命令调出或关闭“标尺”。

可选择“编辑”→“首选项”→“单位与标尺”命令，或双击标尺区域打开“首选项”对话框，在其中设置标尺的相关属性。

2）参考线和网格

网格可以使参考坐标布满整个图像屏幕，但参考线的使用比较自由，可以按照需要进行设置，可以清晰地显示出需标定的位置。参考线和网格都是浮在整幅图像上但不会被打印的直线。

按 Ctrl+'组合键，或选择“视图”→“显示”→“网格”命令可以打开或隐藏网格。

可使用鼠标从标尺区域拖动至窗口中所需位置形成参考线，并可在“移动工具”状态下拖动及调整参考线的位置。

按 Ctrl+;组合键可以实现打开或隐藏参考线。选择“视图”→“清除参考线”命令可以清除所有参考线。按 Alt 键的同时单击参考线，可将参考线从水平改为垂直或相反状态。

在拖动参考线时按 Shift 键，可使参考线与标尺上的刻度对齐。如果网格可见，则参考线将与网格对齐。

选择“编辑”→“首选项”→“参考线、网格和切片”命令，打开预置窗口的“参考线、网格和切片”对话框，可以在其中预设相关参数。

1.2.7 图像的变换

自由变换操作可以对图层、选区内的图像和路径等进行形状变换，如缩放、旋转等。在移动工具编辑状态，选择相应图层，选择“编辑”→“自由变换”命令，或按 Ctrl+T 组合键，即进入“自由变换”编辑状态，当前对象上会显示定界框、中心点和控制点（也称为控制柄），如图 1-32 所示。

也可以通过选择“编辑”→“变换”命令进入各种特定的变换编辑状态，在“变换”子菜单中可以选择各种变换命令，如图 1-33 所示。

图 1-32 显示定界框、中心点和控制点

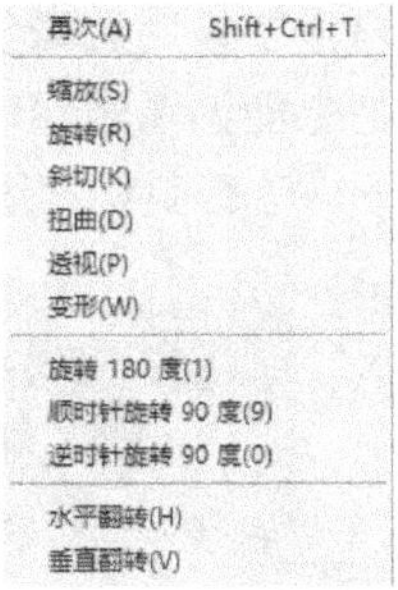

图 1-33 “变换”子菜单

“自由变换”必须在移动工具编辑状态下执行，“背景”图层不能进行“自由变换”操作。在“自由变换”或“变换”编辑状态下不能进行其他编辑操作。

确认并结束当前的变换编辑状态可按 Enter 键，或单击工具选项栏上的“✓”图标，或在定界框内双击以实现当前变换状态的确认和结束，按 Esc 键或单击工具选项栏上的“⃠”图标即可取消所做的变换操作。

在“自由变换”编辑状态下可以直接进行缩放和旋转操作，结合辅助键进行操作可以实现其他编辑状态的操作。

1）自由变换、斜切和透视

实例 1-02 花立方

在 Photoshop 中打开 3 个图像文件，并把所有图像复制到同一文件中。

分别在“自由变换”的编辑状态下，适当调整各图像的大小使它们成为相同大小的图像，如图 1-34 所示。将鼠标指针移到任何控制点上，当变成“↔”形状时，拖动鼠标就可缩放对象，操作时可配合使用 Shift 键（等比缩放）或 Alt 键（按中心点缩放），或同时使用两键进行操作，或直接在工具选项栏上的 W（宽度）和 H（高度）后面输入数字以准确设定图像缩放大小。

“斜切”实现图像的水平或垂直延伸，使图像产生平面变形效果。选择如图 1-34 所示的下部左侧的图像图层，然后选择“编辑”→“变换”→“斜切”命令进入“斜切”编辑状态，把鼠标移到图像左边缘中部，垂直向上拉动实现图像的平行斜切变形，如图 1-35 所示。完成后，按 Enter 键。

图 1-34　调整图像大小

图 1-35　斜切图像

在“自由变换”编辑状态下，按 Shift+Ctrl 组合键亦可进行斜切编辑。

“透视”可以实现图像的局部收缩变换从而符合图形的正确视觉透视效果，仍然选择上述图像，先在“自由变换”编辑状态下向右拖动左边中点控制柄，适当压缩图像宽度。选择 “编辑”→“变换”→“透视”命令进入透视编辑状态，使用鼠标直接拖动图像左上角控制柄垂直拉动设置透视效果，这时鼠标指针变成“▸”形状，如图 1-36 所示。

对下边右侧的图像也使用上述类似的编辑操作，如图 1-37 所示。

在“自由变换”编辑状态下，可按 Shift+Ctrl+Alt 组合键实现透视编辑。

最后把上面的图像移动到适当位置，左下角对准下面两幅图像的上部交换角处，在“自由变换”编辑状态下，进行斜切和缩放操作，完成图像的立体化合成操作，如图 1-38 所示。

图 1-36　对左侧图像进行透视操作

图 1-37　对右侧图像进行斜切和透视操作

图 1-38　对上面图像进行斜切和缩放操作

2）旋转

在“自由变换”编辑状态下，将鼠标指针定在控制点外侧附近，当鼠标指针变成“↰”形状时，单击并移动鼠标即可旋转对象，如图 1-39 所示。操作时配合 Shift 键保证以 15° 递增变化，也可以在工具选项栏上的“△”图标后面的文本框中输入准确角度。

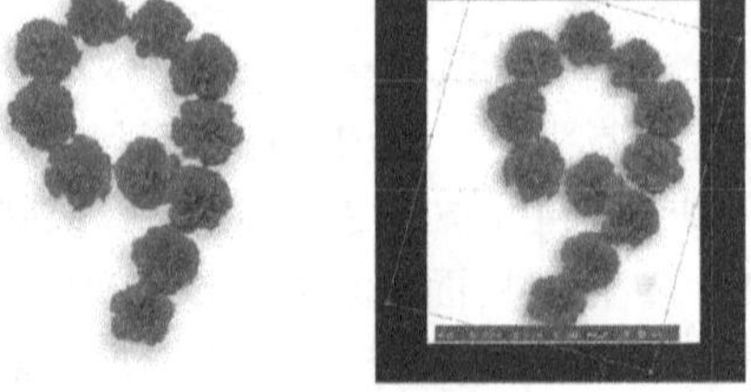

图 1-39　旋转对象

也可选择“编辑”→“变换”→“旋转”命令，进入“旋转”编辑状态，鼠标指针只要位于变形定界框外侧或控制柄上就会变为“↰”形状，即可实现拖动旋转。

在“变换”子菜单中有图像特殊旋转的操作命令，如旋转 90 度、水平翻转等，可以直接执行这些命令以对当前图层实现图像旋转效果，而不经过变换编辑状态。

3）扭曲

“扭曲”操作可使图像整体向不同方向延伸，比“斜切”操作可实现更有空间感的变化效果。选择“编辑”→“变换”→“扭曲”命令进入“扭曲”编辑状态，可以使用鼠标直接拖动控制柄进行扭曲操作，这时鼠标指针变成“▶”形状。如图 1-40 所示，其中左图为斜切效果，右图为扭曲效果。

图 1-40　斜切和扭曲

在“自由变换”编辑状态下，按 Ctrl 键的同时拖动鼠标即可实现扭曲操作。

4）变形

“变形”操作可以使图像实现特殊的曲线仿形效果。在 Photoshop 中选择要编辑的图像，可以利用选区设定编辑区域，选择“编辑”→“变换”→“变形”命令，将会在编辑区域显示变形网格，可以拖动任何一个网格线的交点使图像变形，也可以拖动编辑区边框上的控制柄实现边框弯曲变形，从而形成比较特殊的图像变形效果，如图 1-41 所示。

图 1-41　变形

1.2.8　内容识别比例

“内容识别比例”也是对图像进行比例缩放的操作命令，使用该命令可以在对整幅图像做比例缩放时，保护其中的主体图像或设定的图像。

1）缩放

同“自由变换”一样，“内容识别比例”命令不能直接应用于“背景”图层，对“背景”图层操作时要先将其转换为普通图层。

如图 1-42 所示的玉玺图像需要做适当缩放，图 1-43 是使用“自由变换”命令直接做纵向拉伸的效果，玉玺和印章都发生了明显变形，图像效果被破坏。重新回到原图，选择“编辑”→“内容识别比例”命令，再对图像进行纵向拉伸操作，如图 1-44 所示，图像的整体效果较好。

图 1-42　原图

图 1-43　使用“自由变换”命令拉伸变形

图 1-44　使用“内容识别比例”命令拉伸变形

2）保护肤色

在内容识别比例的工具选项栏中，有一个“保护肤色”图标，单击该图标可以在画面缩放时保护图像画面中比较突出的景物不发生过度变形失真。

这里对图 1-45 左图进行横向压缩，如果使用“自由变换”命令，则会使图像变形。选择“编辑”→“内容识别比例”命令，在相应工具选项栏上单击“”（保护肤色）图标，设定保护肤色，然后设置原图横向缩小 50%，如图 1-45 右图所示，可见图像的主体内容（猫）基本上没有发生变形失真，而其背景已被压缩。

图 1-45　设置保护肤色

3）局部保护

对构图层次不太分明或画面比较复杂的图像，在缩放时可使用“内容识别比例”命令将需要保护的对象设置局部区域保护。

图 1-46 左图中的画面需要进行缩小，但不希望影响其中的荷花，可以先通过选区工具选取荷花，如图 1-46 右图所示，然后选择“选择”→“存储选区”命令，在“存储选区”对话框中输入名称“荷花”，单击“确定”按钮即把当前选区保存为一个蒙版。

图 1-46　设置保护区域

按 Ctrl+D 组合键取消选区，选择“编辑”→“内容识别比例”命令，在相应的工具选项栏中的保护项选择“荷花”，即选择了上面设置的蒙版，对图像设置垂直方向缩小至 60%，如图 1-47 所示，荷花没有受到影响。

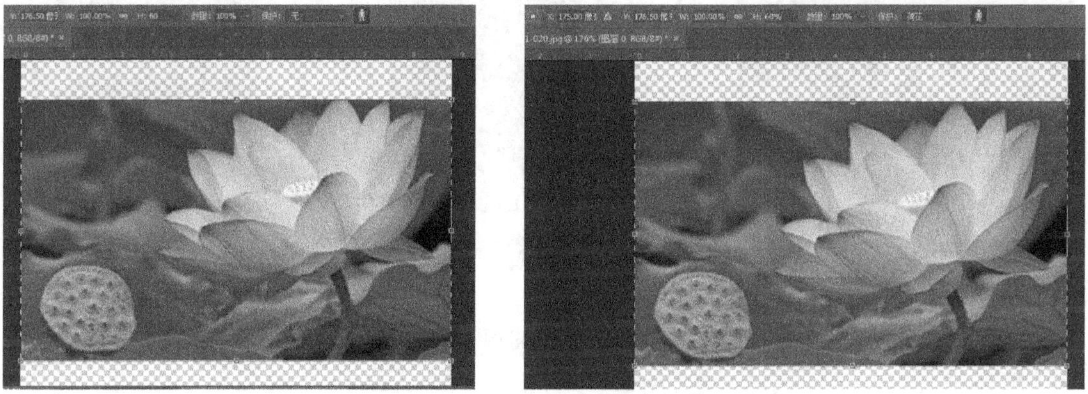

图 1-47　选择保护区域后进行内容识别比例操作缩小图像

1.2.9　图像编辑的恢复

在处理图像的过程中，有可能会出现某一步操作失误或对当前的效果不满意的情况，Photoshop 提供了撤销与恢复的命令，并提供了“历史记录”面板来进行相应的恢复操作。

1）恢复与重做

选择“编辑”→“还原”命令或按 Ctrl+Z 组合键可以撤销当前的操作，恢复到上一步的编辑状态，此命令只能撤销一步操作；选择“编辑”→“后退一步”命令或按 Alt+Ctrl+Z 组合键可以进行多次撤销操作。

选择“编辑”→“重做”命令可以恢复被撤销的操作，选择“编辑”→“前进一步”或按 Shift+Ctrl+Z 组合键可以逐步恢复被撤销的操作。

选择“文件”→“恢复”命令可以直接将文件恢复到最后一次保存时的状态。

2）使用“历史记录”面板

“历史记录”面板会记录每一步的操作，可以随时进行撤销与恢复操作，还可以配合历史记录画笔工具将不同步骤创建的效果结合起来，如图 1-48 所示。

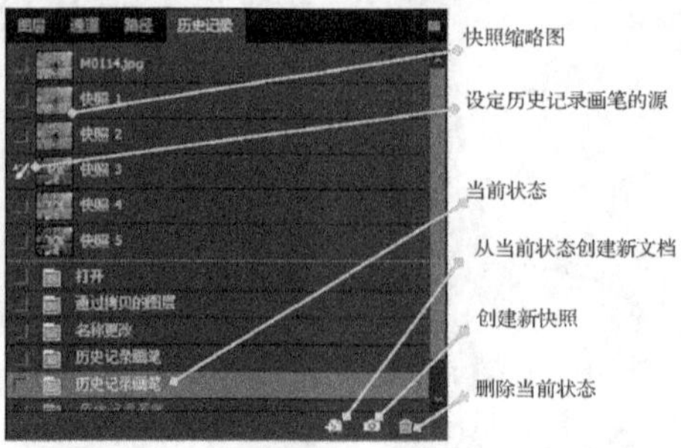

图 1-48 “历史记录”面板

实例 1-03 多色花制作

打开图像文件，如图 1-49 所示，按 Ctrl+J 组合键将复制出的图层重命名为“多色花”，如图 1-50 所示。

选择“窗口”→“历史记录”命令会打开“历史记录”面板，并把“历史记录”面板重组到“图层”面板组中，“历史记录”面板的当前状态为“名称更改”，如图 1-51 所示。

图 1-49 图像文件

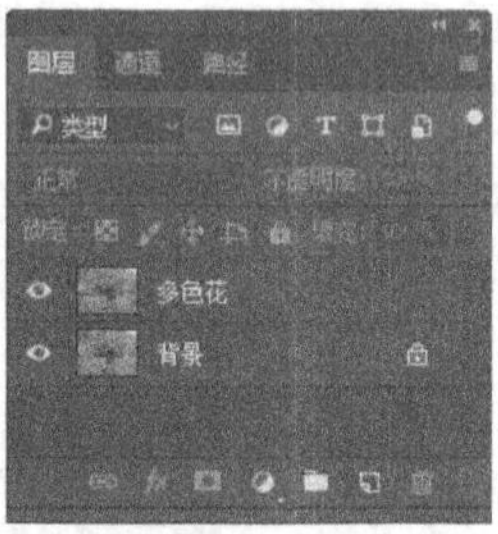

图 1-50 复制图层并重命名为“多色花”

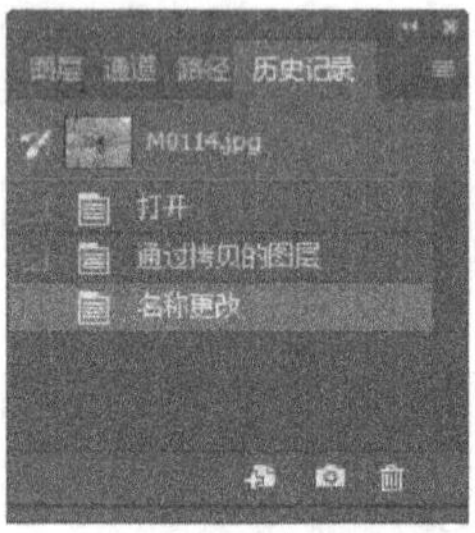

图 1-51 “历史记录”面板

单击“多色花”图层标签，然后选择“图像”→“调整”→“色相/饱和度”命令，在弹出如图 1-52 所示的“色相/饱和度”对话框中修改色相的值，单击“确定”按钮，调整后的图像效果如图 1-53 所示。

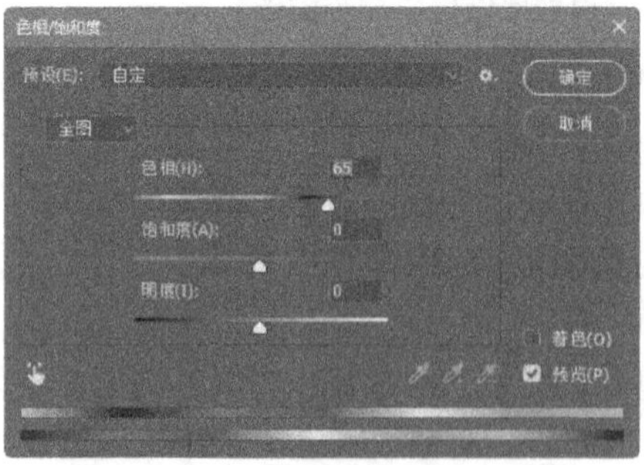

图 1-52 “色相/饱和度”对话框

图 1-53 调整后的图像效果

单击“历史记录”面板中的“📷”（建立新快照）图标，在“历史记录”面板上方增加了“快照 1”，如图 1-54 所示。

单击“历史记录”面板中的“名称更改”标签，把当前状态切换到“名称更改”这一步，再次选择“色相/饱和度”命令，设置色相的值为 111，单击“确定”按钮后并为此建立“快照 2”。

重复上述操作 3 次，色相值分别设置为 180、−37、−102，相应地建立“快照 3”“快照 4”“快照 5”，如图 1-55 所示。

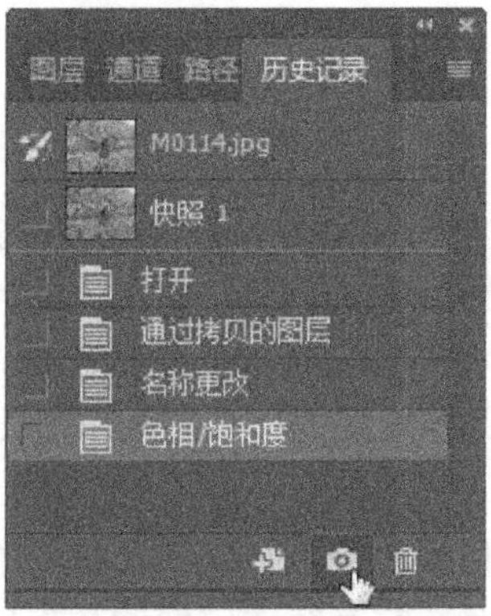

图 1-54　在“历史记录”面板上方增加“快照 1”

图 1-55　快照记录和当前状态

在“历史记录”面板上单击“快照 1”标签左侧的画笔源标记框，设定当前历史记录画笔工具的源为“快照 1”，将当前画面状态设置（恢复）在如图 1-55 所示的“名称更改”上。单击工具栏中的“”（历史记录画笔工具）图标，小心涂抹花瓣，如图 1-56 所示。

图 1-56　使用历史记录画笔工具涂抹花瓣

将历史记录画笔的源分别设置在“快照 2”“快照 3”“快照 4”“快照 5”上，并分别涂抹不同的花瓣，完成后的效果如图 1-57 所示。“历史记录”面板的变化如图 1-58 所示。

图 1-57　多色花效果

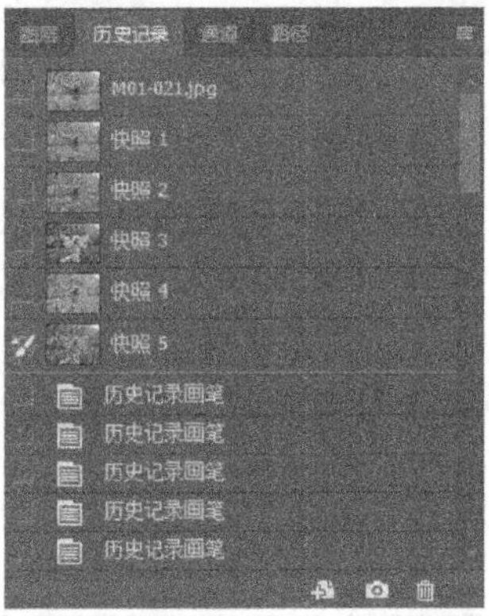

图 1-58　“历史记录”面板的变化

使用历史记录的快照可以选择记录指定的绘制状态，而“历史记录”面板中也会记录图像处理的每一步，可以随时单击某一个历史记录标签以恢复到前面操作的某一状态，但在默认状态下，“历史记录”面板中只自动保留 20 步的操作，若超过 20 步时，系统会自动清除前面的步骤记录。如果需要，可以自定义设置历史记录的保留步数。

选择“编辑”→“首选项”→“性能”命令，在弹出的“首选项”对话框中修改“历史记录状态”的值就可以改变“历史记录”面板中的保留步数。

1.3 数字图像基础

1.3.1 失量图与位图

图像的表示分为位图方式和矢量图方式。这两种方式各有优缺点，但又相互补充。

位图是由像素点组成的图形，适合表示色彩丰富、曲线复杂的图像，但图像文件大；矢量图是基于一定的数学方式描述的图形，适合表示色彩较少，以色块为主、曲线简单的图像，图像文件小。

Photoshop 处理的对象是位图，这里首先要了解图像文件的基本构成元素和相关概念。

1）像素

像素（Pixel）是组成位图图像的最基本单元。一幅图像要以位图方式在计算机中表示，必须经过一个离散化的过程转变为数字图像，这些离散点就是像素，它是组成图像的基本单元，也称为采样点或像元，故位图也被称作像素图或点阵图。一幅图像通常由许多纵横排列的像素组成，单位面积所含像素越多，图像的效果就越好。每个像素都具有不同的颜色值，正是这些极小的具有不同颜色的像素才构成了丰富多彩的数字图像。在计算机屏幕上所见到的像素是一个个极小的方形颜色块，当放大到一定的比例后，由于像素被放大，像素会在屏幕上出现如图 1-59 所示的方形马赛克，因而这些像素也被称为栅格。

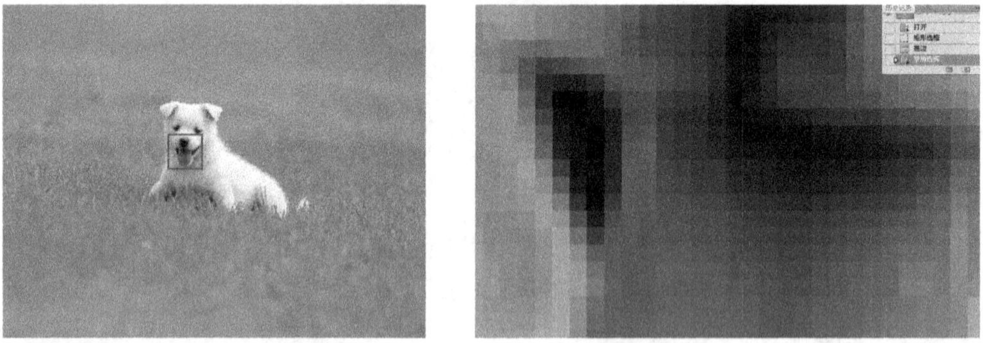

图 1-59　图像放大后的方形马赛克

2）色彩深度

色彩深度是指一幅图像中颜色的数量。

计算机中是以“位”（bit）为基本单位来存储图像数据的，1 位有 1、0 两个可能的值。因而色彩深度以“位”定义像素的颜色，如 1 位表示图像的像素可能有两种颜色（黑或白）变化，8 位表示图像的像素可能是 256（2^8）种颜色中的任意一种。表 1-1 所示为基本色彩深度与相应的色彩模式。

表 1-1　基本色彩深度与相应的色彩模式

色 彩 深 度	表达颜色数	色 彩 模 式
1 位	2（黑白）	位图
8 位	256	索引颜色
16 位	65 536	灰度、16 位 / 通道
24 位	16 777 216	RGB
32 位		CYMK、RGB
48 位		RGB、16 位 / 通道

3）矢量图形

矢量图形的构成与位图完全不同，它是用数学方式来描述曲线的组成的，其基本组成单元是锚点和路径。图像整体放大或缩小，边缘曲线会随之放大或缩小，因而矢量图形的边缘始终都是平滑的。矢量图形是以边缘来描述图形的，文件通常都比较小，适合表示曲线简单、色块少的图形，如图 1-60 所示。

图 1-60　矢量图形

目前常用的矢量图形编辑软件有 CorelDraw、Illustrator 等。Photoshop 以优秀的位图处理功能著称，对于矢量图形文件，可以通过转换在 Photoshop 中以位图的方式进行处理，由于同属 Adobe 公司产品，Photoshop 可以较好地接纳 Illustrator 的图形文件。在实际使用中往往是一幅图像分别在矢量图形处理软件和位图处理软件中进行处理，将两种图像处理方式的优点综合起来实现丰富多彩的图形、图像效果或完成设计方案。

1.3.2　图像处理的相关概念

1）分辨率

位图是以像素为基本单位构成的，图像单位长度内含有的像素称为图像的分辨率（Image Resolution），分辨率的单位为像素/英寸（Pixels Per Inch，PPI）。图像分辨率越高，意味着每英寸所包含的像素越多，图像具有越多的细节，颜色过渡就越平滑，图像质量越好。

根据描述的对象或过程不同，分辨率可分为图像分辨率、输入分辨率、输出分辨率。

- 图像分辨率。

图像分辨率是指连续的图像经过离散化后，图像被分解为一个个像素，物理单位长度内像素的多少就是图像分辨率，单位为像素/英寸，用 PPI 表示。图像分辨率是图像文件所固有的属性，它不会随着环境的不同而发生改变，同时也是衡量一幅图像质量好坏的关键因素之一。

- 输入分辨率。

输入分辨率是指图像被输入时，输入设备对图像细节的分辨能力，即单位长度内所能获得的采样点的个数，单位为点/英寸，用 dpi（dots per inch）表示。输入分辨率将决定输入图像的品质，输入分辨率设得过低，可能造成图像模糊，损失原稿的一些细节。而较高的输入分辨率则可保证图像的质量，当然也会占用较多的内存，处理过程较慢。

输入分辨率是输入设备所固有的属性，其高低和输入设备的质量和性能密切相关。常用的输入设备有扫描仪和数码相机，对于扫描仪来说，输入分辨率的高低与设备内的光电器件（CCD）的分布密度密切相关，而有些扫描仪由于工作方式的不同，在水平和垂直方向上的分辨率也会有所不同。

- 输出分辨率。

输出分辨率是针对输出设备而言的，是指单位长度内输出设备所能输出的点数，单位为点/英寸，用 dpi 表示。输出分辨率是输出设备的属性，其高低与输出设备的质量和性能密切相关。常用的输出设备有显示器、打印机和用于印刷输出胶片的激光照排机等。

2）色彩模式

色彩模式决定现实和打印输出图像的色彩模型，所谓色彩模型即用于表现色彩的一种数学算法，亦即电子图像用什么方式在计算机中显示和输出。还可以理解为表示图像的颜色范围及合成方式。

Photoshop 中的色彩模式有：位图（Bitmap）模式、灰度（Grayscale）模式、双色调（Duotone）模式、索引颜色（Index Color）模式、RGB 颜色模式、CMYK 颜色模式、Lab 颜色模式、多通道（Multichannel）模式、8 位 / 通道模式、16 位 / 通道模式和 32 位 / 通道模式，每种模式的图像描述和再现图像色彩的原理，以及再现颜色的数目都是不同的。此外图像色彩模式不同，图像的通道数和文件大小也不同。

1.3.3 图像文件格式

图像文件由于保存和编辑方式不同，以及使用方式和要求不同，所以有多种文件格式，各有不同的特点。在编辑图像时，读者也需要了解不同的图像格式，以便得到更好的编辑效果。

在 Photoshop 中保存编辑图像时，默认为 PSD 文件格式，如果需要保存为其他文件格式，可选择“存储为”命令，在弹出的“另存为”对话框中的“格式”下拉列表中选取要求的文件扩展名，设定文件名及存储路径后单击“保存”按钮。

1）PSD 格式

PSD 格式是 Photoshop 默认的文件格式，也是唯一可以存储所有 Photoshop 特有的文件信息及所有彩色模式的格式。它可以支持位图、灰度、双色调、索引颜色、RGB 颜色、CMYK 颜色、Lab 颜色和多通道模式，支持 Alpha 通道、专色通道和图层。

PSD 格式一般用于在图像编辑过程中存储图像。如果要求文件中含有图层或通道信息时，就必须以 PSD 格式存档。PSD 格式可以将不同的物体以图层分离的方式存储，便于修改和制作各种特效。

2）JPEG 格式

JPEG 格式的图像通常用于图像预览和超文本文档中。

JPEG 格式是一种高效的压缩图像文件格式，特点是文件比较小，并且可以调节压缩比，最大压缩比可达 10∶1。但 JPEG 是一种有损压缩，即压缩时会丢失一些数据，在存档时将人眼无法分辨的资料删除，以节省存储空间，这些被删除的资料无法在压缩时还原，所以 JPEG 文件并不适合放大观看，输出成印刷品时品质也会受到影响，这种类型的压缩文件，称为“失真压缩”或“破坏性压缩”。

3）TIFF 格式

TIFF 格式允许多达 48 位的色彩深度，支持跨平台的应用软件（支持苹果平台和 PC 平台），支持位图、灰度、索引颜色、RGB 颜色、CMYK 颜色和 Lab 颜色模式，同时 RGB 颜色、CMYK 颜色和灰度模式均可包含 Alpha 通道，并可支持 LZW（一种无损压缩技术，在压缩包含大面积单色区域的图像时非常有效）压缩方式。

TIFF 格式便于各种图像软件之间的图像数据交换，应用很广泛，支持多种色彩模式，并且在 RGB 颜色、CMYK 颜色和灰度 3 种色彩模式下还支持 Alpha 通道。它可以在许多不同的平台和应用软件间交换信息，同时它也可以使用 LZW 方式进行压缩。

4）BMP 格式

BMP 图像文件是一种在 DOS 和 Windows 平台上常用的标准的点阵式图形文件格式，它支持 RGB 颜色、索引颜色、灰度和位图模式，但不支持 Alpha 通道（用于存放选择图像的范围，将在后续章节介绍），可以支持 1 位、8 位和 24 位的图像深度。

5）GIF 格式

GIF 是 CompuServe 公司开发的一种图形文件格式，是网页上通用的格式，用来存储索引颜色模式的图形图像。GIF 格式只支持 256 种颜色，并采用 LZW 的压缩方式，可以将文件的大小压缩一半，而且解压时间不会太长，以加快电子信息传输的时间，但它只能是 8 位的图形文件，不支持 Alpha 通道。现今的 GIF 格式仍只能达到 256 种颜色，但它的 GIF89a 格式能存储成背景透明化的形式，并且可以将数张图片存到一个文档中，形成动画效果。

可以使用“存储为”命令直接以 GIF 格式存储 RGB 颜色、索引颜色、灰度或位图模式的图像。

6）PNG 格式

PNG 格式采用无丢失的压缩方式，可以用于网络图像的传输，它只在 RGB 颜色和灰度模式下支持 Alpha 通道。PNG 格式能够对图像进行无损压缩，它支持灰度、位图、索引颜色和 RGB 颜色模式。PNG-8 支持 256 色，PNG-24 则支持 24 位真彩色，并且支持透明背景，甚至支持边缘柔化的半透明效果。在 Photoshop 中，通过选择“文件”→“存储为”命令来存储所生成的 PNG 文件。

7）EPS 格式

EPS 格式是一种通用的行业标准格式，可同时包含像素信息和矢量信息，支持填充路径（剪切路径）操作，但不支持 Alpha 通道。

EPS 格式是一种应用非常广泛的 PostScript 格式，常被用于绘图或排版软件中。用 EPS 格式存档时可通过对话框设定存储的各种参数。

几乎所有页面版式、文字处理和图形应用程序都可导入或置入 EPS（压缩 PostScript）文件。若要打印 EPS 文件，必须使用 PostScript 打印机。

1.4　图像的调整

1.4.1　调整图像大小

通过选择“图像”→“图像大小”命令打开如图 1-61 所示的“图像大小”对话框，可以查看或修改图像文件的像素值及相应的文档大小和分辨率。

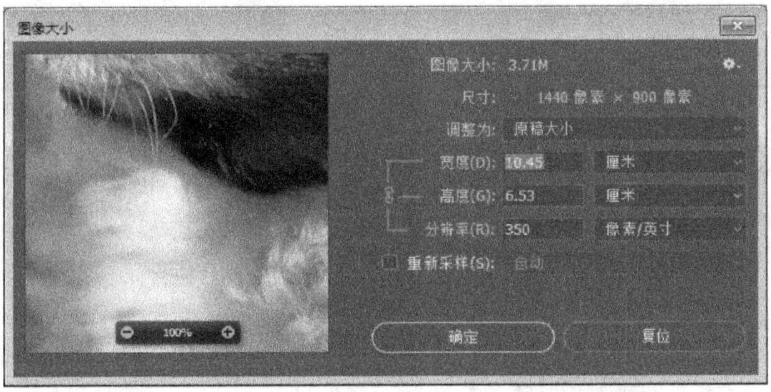

图 1-61　“图像大小”对话框

像素大小和分辨率决定了图像的数据量。如果不对图像进行重新采样（不勾选“重新采样”复选框），更改像素大小或分辨率时，图像的数据量将保持不变。而文件分辨率的更改，则会相应地更改文件的宽度和高度以保持图像的数据量保持不变。但相应的修改会影响图像的实际显示尺寸、打印输出效果，以及图像所占用的存储空间。

重新采样：该选项用来设置更改图像大小和分辨率时是否维持原图像的数据量。

如果不想影响打印尺寸，则要勾选“重新采样”复选框，选择相应的插值算法。这时设定后的图像的像素值的变化会显示在“像素大小”对话框的顶端，如图 1-62 所示。

在勾选“重新采样”复选框时，像素大小、分辨率、文档尺寸的修改将是联动的，这时会相应改变像素信息，因而会影响图像的显示质量。像素信息改变对图像质量的影响程度取决于像素插值算法。Photoshop 通过使用插值算法基于现有像素的颜色值为所有新的像素分配颜色值，从而重定图像像素。

如果不希望改变图像的像素构成，应不勾选“重新采样”复选框，但这时只能直接更改文件大小和分辨率，图像的像素数据量将保持不变，如图 1-63 所示。

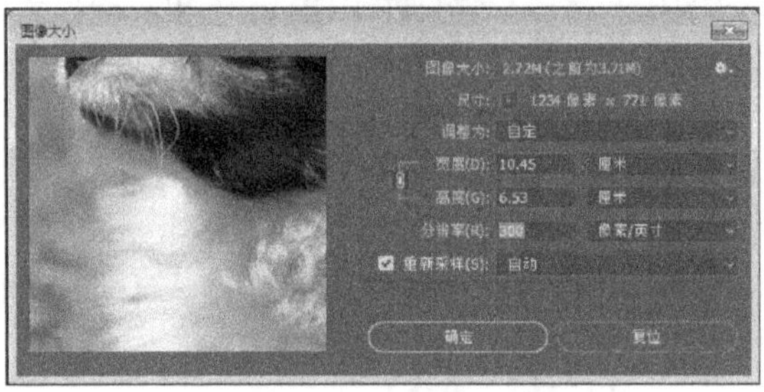

图 1-62　显示像素大小值

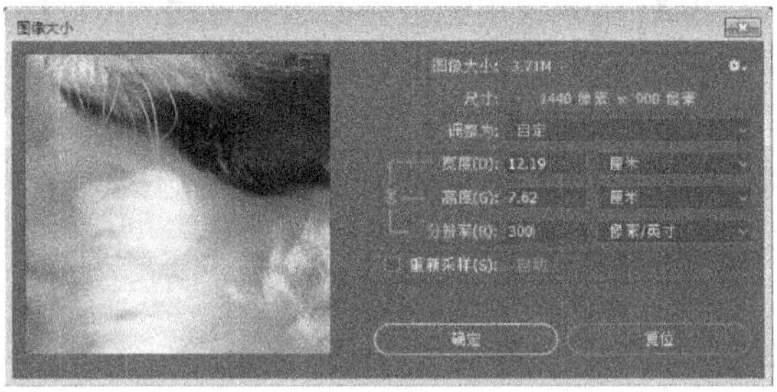

图 1-63　保持像素构成

1.4.2 调整画布

画布是整个文档的工作区域，画布和画板并不是一个概念，新建一个文档，默认生成一个画布，但只能生成一个画布；画板的存在，为 Photoshop 同一文档内组织多画布提供了可能。可通过选择“图像”→“画布大小”命令打开如图 1-64 右图所示的“画布大小”对话框，在对话框中设置相关参数来调整画布大小。

图 1-64　原图及“画布大小”对话框

减小画布尺寸相当于裁切图像，如在“画布大小”对话框中设置“宽度”为 8 厘米，并在“定位”图框中单击右侧中点，表明向右缩小，如图 1-65 所示。由于调整后的画面将会被裁切，单击“确定”按钮后会弹出如图 1-65 中间图所示的警示对话框，可以单击“取消”按钮终止操作，也可以单击“继续”按钮应用设定的裁切尺寸。

设置画布尺寸时适当设定“定位”栏可以更准确定义画布的调整方向，这里的 9 个定位块中被选定的一块为当前图像在新画布上的位置，或称“定位框”，随着调整尺寸的输入，箭头自动指示画布的尺寸调整方向，指向定位框为缩小或不变，离开定位框为放大或不变，如图 1-65 左图所示，当前图像将位于调整后画布的右端中部，即所设定的更改尺寸是自图像右侧收缩的，但高度值没有改变，所以这里上下扩展变化为 0。

图 1-65　减小画布尺寸

在“新建大小”栏中，如果勾选“相对”复选框，表示输入的尺寸为变化值，例如，在图 1-65 中如果勾选“相对”复选框时，宽度值为-3.5，高度值为 0。

扩展画布可以在图像周围添加工作区域，如图 1-66 所示，设置扩展参数，勾选“相对”复选框，设置“宽度”为 0，“高度”为 2 厘米，单击“确定”按钮后画布（文件编辑区）将比原文件大。

图 1-66　扩展画布

1.4.3　图像旋转

图像旋转可以直接将图像按照一定的角度进行旋转，也可以水平或垂直直接翻转画布，还可以直接对背景进行操作。

选择“图像”→“图像旋转”命令，弹出子菜单，如图 1-67 所示，完成后的效果如图 1-68 所示。

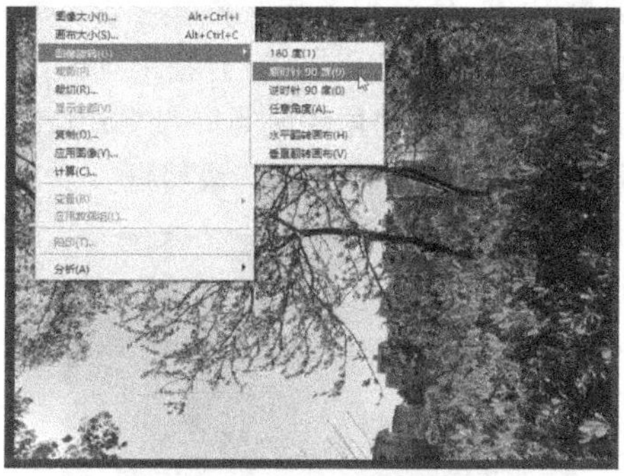

图 1-67　图像旋转命令

图 1-68　顺时针旋转 90 度的效果

裁剪工具

裁剪是指移除部分图像以形成突出或加强构图效果的过程。

可以在 Photoshop 中使用“裁剪工具”对图像进行裁剪和拉直。此工具不具破坏性，可保留裁剪下来的像素，以便后期进行最佳化裁剪边界的操作。

图 1-69 所示为裁剪工具选项栏。

图 1-69　裁剪工具选项栏

拉直：图像会旋转并对齐，以便拉直。版面会自动调整大小，以符合旋转后的像素。

实例 1-04　拉直相片

打开图像文件，如图 1-70 所示，按 Ctrl+J 组合键，复制“背景”图层得到“背景拷贝”图层，并重命名为“相片”，单击工具栏中的“裁剪工具”图标，此时相片四周出现裁剪框，如图 1-71 所示。

图 1-70　图像文件

图 1-71　裁剪状态

单击工具选项栏中的“拉直”图标，按住鼠标左键不放沿房子拉线，松开鼠标后，呈现的拉直效果如图 1-72 所示。

图 1-72　拉直效果

勾选工具选项栏中的“内容识别”复选框，调整裁剪框区域，使裁剪框包容整幅图像，如图 1-73 所示。按 Enter 键，Photoshop 根据内容感知自动填色到原本相片透明区域，完善整个画面，完成后的效果如图 1-74 所示。对裁剪框可以做缩放、移动或旋转调整。拖动角控制点时按 Shift 键可以约束比例缩放。将鼠标指针放在框外（指针变为弯曲的箭头）并拖动，可以旋转裁剪框。

图 1-73　调整裁剪框

图 1-74　内容识别后的效果

裁剪工具组还包含其他几个相关的工具。

其中的“切片工具”及“切片选择工具”用于处理网页图像的分割。

“透视裁剪工具”在裁剪时调整图像中的透视效果，可以调整裁剪定界框的控制点，裁剪后对图像进行适当透视变换。

图 1-75 所示为对图像的局部使用“透视裁剪工具”进行裁剪，并可以依取样区域对裁切框做移动、尺寸调整等操作，按 Enter 键、单击工具选项栏右侧的“✓”（提交图标）或在裁剪选框内双击完成裁剪，得到图形修正后的裁剪结果。

图 1-75　使用“透视裁剪工具”进行裁剪

1.5　工作环境的设置

在进行图像编辑时，使用者可以根据自己的操作习惯对操作环境参数进行设置，可在 Photoshop 的“首选项”对话框中完成。选择“编辑”→“首选项”命令打开“首选项”对话框，如图 1-76 所示。在“首选项”对话框中左侧的分类选项列表中选择设置项目，对话框右侧将弹出相关的预设参数。

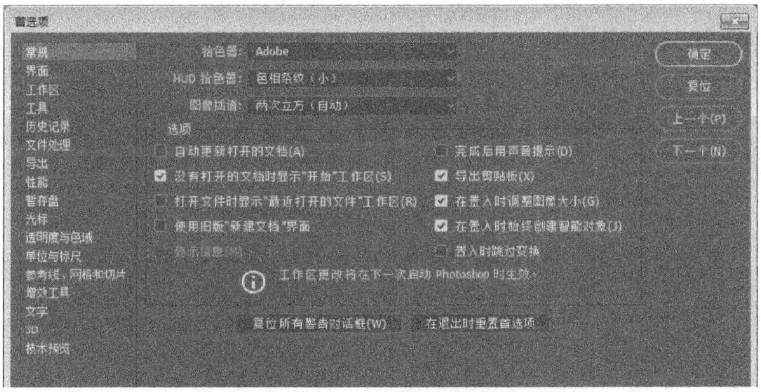

图 1-76　“首选项”对话框

在“首选项”对话框中可以选择左侧的分类选项列表，对界面、工作区、历史记录、光标、参考线等进行相关的显示和工作参数设置，以适应不同的使用者和编辑环境。

1.6　动作

动作是指在单个文件或一批文件上执行的一系列任务，如菜单命令、面板功能菜单、工具动作等。动作用来记录单个文件或一批文件的操作过程，从而便于再次回放以提高工作效率和规范标准化操作流程。可以将一些特殊的或具有创意的操作过程记录下来进行保存。

动作可以包含相应步骤，可以执行无法记录的任务（如使用绘画工具等）。动作也可以包含模态控制，可以在播放动作时在对话框中输入值。

1.6.1 “动作”面板

Photoshop 里的“动作”是用来记录 Photoshop 操作步骤的命令，这样便于再次回放，以同样的方式自动编辑，以提高工作效率和规范标准化操作流程。

这项功能支持记录针对单个文件或一批文件的操作过程，系统预置了一些编辑动作放在“动作”面板的“默认动作”组中。

选择“窗口”→“动作”命令或按 Alt+F9 组合键可调出“动作”面板，如图 1-77 所示。

- 动作组：类似文件夹，用来组织一个或多个动作。
- 动作：单击“ ▶ ”图标可展开该动作。
- 动作步骤：动作中每个单独的操作步骤，展开后会出现相应的参数细节。
- 切换项目开/关：“ ☑ ”代表该组、动作或步骤可用，“ □ ”表示被跳过，红色“ ☑ ”表示不可用。
- 切换对话开/关：“ ▭ ”表示在执行动作时弹出一个对话框，允许修改对话框参数。“ ▭ ”（红色）表示至少有一个暂停等待输入的步骤。
- 面板功能菜单：包含与动作相关的多个菜单命令。
- 停止播放/记录：单击后停止记录或播放。
- 开始记录：“开始记录”图标。动作开始单击“ ▣ ”图标创建新记录或单击记录图标时，呈红色标记“ ● ”，当单击停止图标结束动作记录时标记还原，鼠标移动到标记上方时呈蓝色，可以单击开始记录图标进行记录。
- 创建新组：单击该图标创建一个新组，用来组织单个或多个动作。
- 创建新动作：单击该图标创建一个新动作的名称、快捷键等，并且同样具有录制功能。
- 删除：删除一个或多个动作或组。

提 示 由于本书是黑白印刷，无法显示颜色，请读者结合软件界面查看。

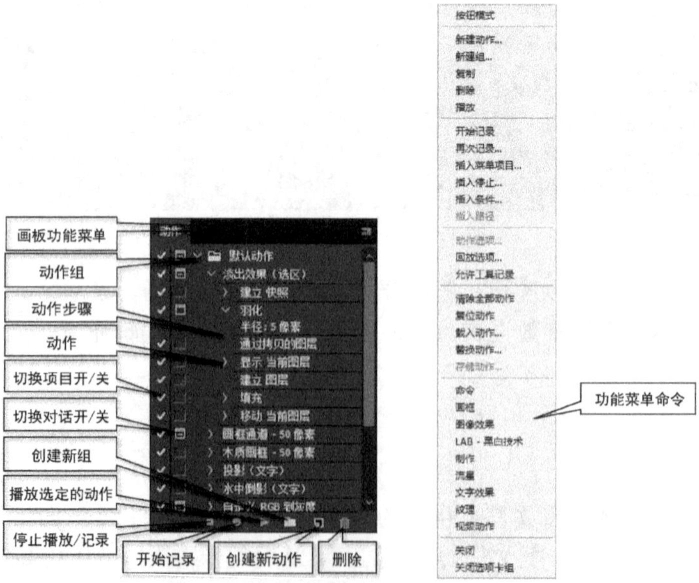

图 1-77 “动作”面板和面板功能菜单

1.6.2　创建和编辑动作

1）录制动作

实例 1-05　录制动作

打开图像文件，如图 1-78 所示，选择“编辑”→“首选项”→“单位与标尺”命令，将标尺单位设置为“百分比”，如图 1-79 所示。

图 1-78　图像文件

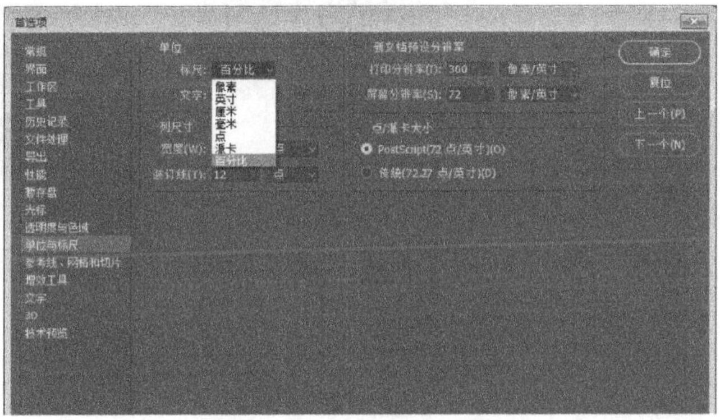

图 1-79　设置标尺单位

选择“窗口”→“动作”命令打开“动作”面板，单击“动作”面板底部的“ ”（创建新组）图标，弹出“新建组”对话框，如图 1-80 所示，设置组名称为“Z1”，单击“确定”按钮完成。

单击“动作”面板底部的“ ”（创建新动作）图标，弹出如图 1-81 所示的“新建动作”对话框，设置组和名称参数，单击“记录”按钮开始记录操作步骤。

图 1-80　“新建组”对话框

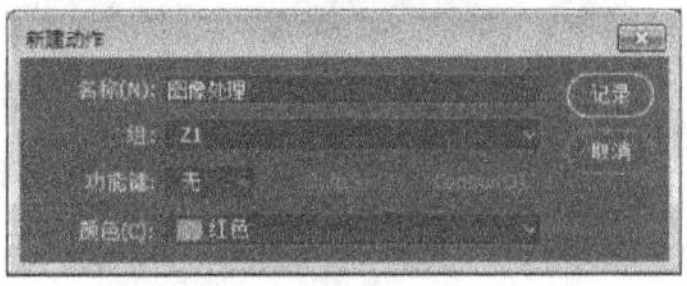

图 1-81　“新建动作”对话框

在工具栏单击“ ”（椭圆选框工具）图标，在图像窗口拖动鼠标绘制一个椭圆选区，如图 1-82 左图所示，同时“动作”面板有所变化，记录了当前操作，如图 1-82 右图所示。

选择“选择”→“反向”命令，图像窗口变化如图 1-83 所示，单击工具栏中的“默认前景色和背景色”图标，使前景色为黑色，背景色为白色，选择“编辑”→“清除”命令，删除选区内容。

图 1-82　绘制椭圆选区及“动作”面板记录的操作步骤

图 1-83　选择“反向”命令后的效果

按 Ctrl+D 组合键，取消图像窗口的选区，选择“文件”→“存储为”命令，设置好相应的路径和文件名，存储格式为 JPEG，单击“保存”按钮，在弹出的对话框中单击“确定”按钮即可，至此一系列的操作都记录在“动作”面板中的“Z1”动作中了，如图 1-84 所示。

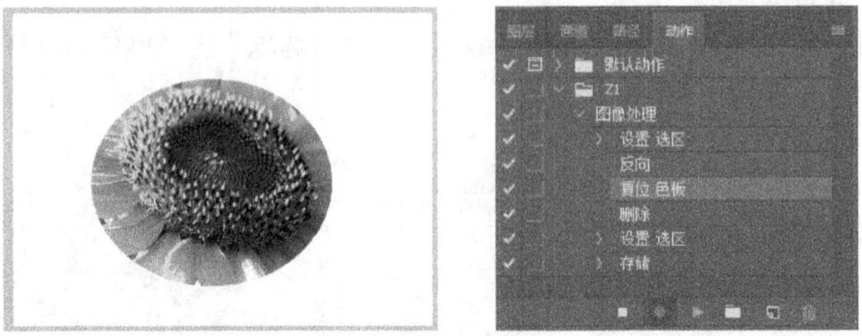

图 1-84　完成编辑和保存动作

单击“动作”面板底部的“■”（停止播放/记录）图标，停止记录动作。

2）在动作中插入命令

实例 1-06　应用动作

对上述录制好的动作进行编辑操作，在“反向”命令前面加入一个“羽化”命令。

打开如图 1-85 所示的图像文件，分别单击“动作”面板中的“反向”“复位色板”“删除”等记录标签左侧的“切换项目开/关”，如图 1-86 所示。

图 1-85　图像文件

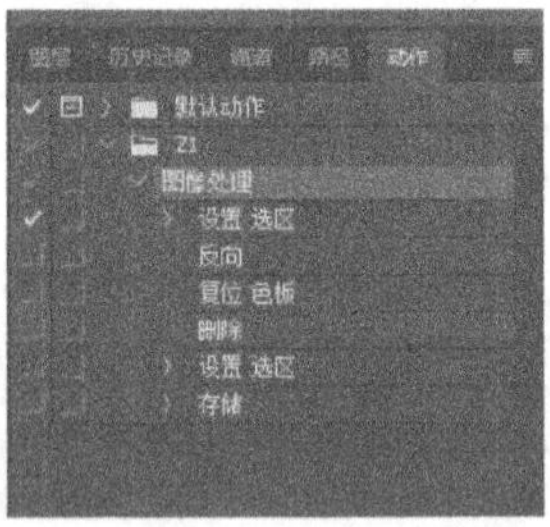

图 1-86　删除“切换项目开/关”

单击“▶”图标播放动作，执行“动作”面板中的设置选区命令，图像窗口如图 1-87 左图所示。单击“动作”面板中的“设置选区”标签，单击“●”（开始记录）图标，选择“选择”→“修改”→“羽化”命令，在弹出的“羽化”对话框中输入参数 20，单击“确定”按钮，这时所添加的羽化操作已记录在动作“Z1”中，如图 1-87 右图所示。

图 1-87　图像窗口及添加“羽化”动作

单击“■”（停止播放记录）图标，停止记录动作。

在对图像进行处理时如果要改变某个命令参数的设置，则需要插入模态控制，在“动作”面板中选中此命令后，在其左侧的“切换对话开/关”方框内单击，呈现红色“□”图标（由于本书是黑白印刷，无法显示颜色，请读者结合软件界面查看），当命令进行到此时将弹出相应参数设置对话框。

1.6.3　动作的应用和图片的批处理

1）播放动作

单击如图 1-88 左图所示“动作”面板“Z1”中的反向、复位色板、删除、设置选区等动作的切换项目开/关，单击面板底部的“▶”（播放选定的动作）播放动作，执行完成后的效果如图 1-88 右图所示。

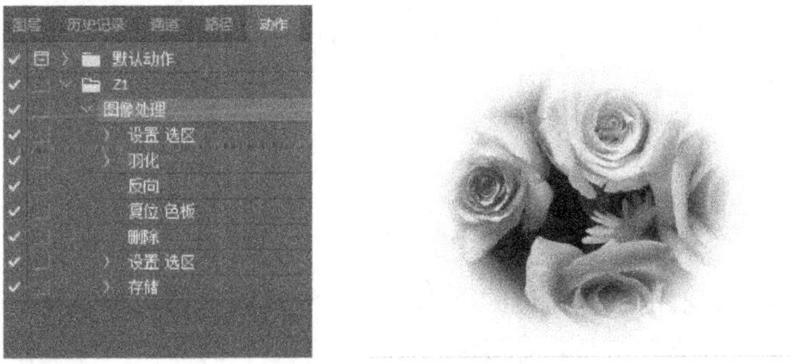

图 1-88　执行动作

如果要删除动作中的标签，拖动“动作”面板中想要删除的标签至“🗑”（删除）图标上即可。

2）动作批处理

批处理命令是指对指定文件夹内的每张图片都播放同样的动作，这样就可以将动作连续应用于多张图片。当用户有大量图片要做相同处理时使用批处理非常方便，可以大大地提高工作效率。

应用批处理的方法如下。

先将所有图片放在一个指定文件夹下。在 Photoshop 中打开一张图片，并新建一个动作，录制对图片编辑操作的过程。在系统菜单选择“文件”→“自动”→“批处理”命令，将弹出如图 1-89 所示的“批处理”对话框。

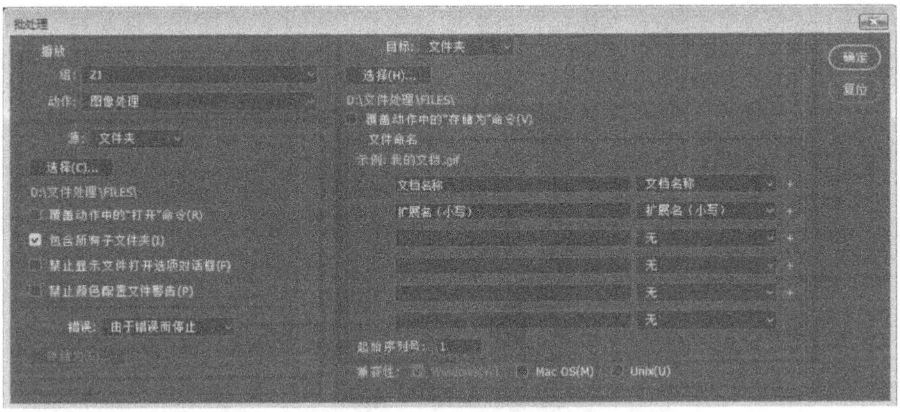

图 1-89　“批处理”对话框

在“批处理”对话框中选择动作所在的序列、应用动作的名称、要处理的源文件夹的路径，以及目的文件夹的路径，并设置好命令方式。最后单击“确定”按钮，系统就开始进行批处理，被处理的图片将会自动保存在目的文件夹下。

在进行批处理时，如果动作组中的某命令设有模态控制，每张图片在进行到该命令时都会弹出参数设置对话框，调节好参数单击“确定”按钮，就可以继续向下执行其他命令。

3）从动作创建快捷批处理

从动作创建快捷批处理是一个特殊的批处理应用程序，可便捷地将动作应用于一张或多张图片，操作时只需将要处理的图片拖放到设置好的快捷图标上就可以完成快捷批处理中所包含的动作。其创建方法与批处理相似。

动作仍然是创建快捷批处理的基础。在创建快捷批处理前，必须先在“动作”面板中创建所需的动作。

选择“文件”→“自动”→“创建快捷批处理”命令，将弹出“创建快捷批处理”对话框，该对话框中的参数设置内容与如图 1-89 所示的“批处理”对话框相似，设置相应的源和目标后，单击“确定”按钮会在指定目标文件夹中生成图标为“”的快捷批处理文件。当图片要应用时，只需将图片文件拖放到相应快捷批处理文件的图标上就可以了。

本章小结

本章讨论了 Photoshop 软件图像处理的基本操作，涉及较多的内容。其中文件格式、像素及图像色彩的概念是图像处理的重要基础，而图像大小及基本形状的操作同样是在后期工作任务中不可或缺的，特别是图像的自由变换是非常基础的操作技巧。

此外，在 Photoshop 中进行图像处理时，将不断用到工具栏、历史记录、前景色和背景色等，并会随着相关的图像编辑方式的引入，不断扩展多种应用技巧，因此对这些概念必须熟练掌握。

作为全书的基础章节，这里的内容都将在后面的图像编辑学习和操作中使用到，所以读者务必认真体会和理解本章各部分内容。

实例之窗

实例 1-07　变换图案

利用 Photoshop 的图形绘制和变换操作形成创意图案，如图 1-90 所示。据此可以设计出其他个性化的图案创意。

图 1-90　创意图案

新建一个 800 像素×800 像素的空白文档，设置文件分辨率为 160 像素/英寸，背景内容为黑色。

在“图层”面板底部单击“”（创建新图层）图标，建立“图层 1”，单击工具栏中的“”（自定形状工具），在工具选项栏左侧设置模式为“像素”，在工具选项栏右侧“形状”下拉列表框单击向下的箭头，在打开的图形选择面板中单击右上角的“”图标，如图 1-91 左图所示。在弹出的功能菜单中选择“音乐”命令，弹出关于添加形状的提示对话框，单击“确定”按钮，即替换当前图形组面板，如图 1-91 右图所示。在当前图形组面板中选择“低音谱号”形状。

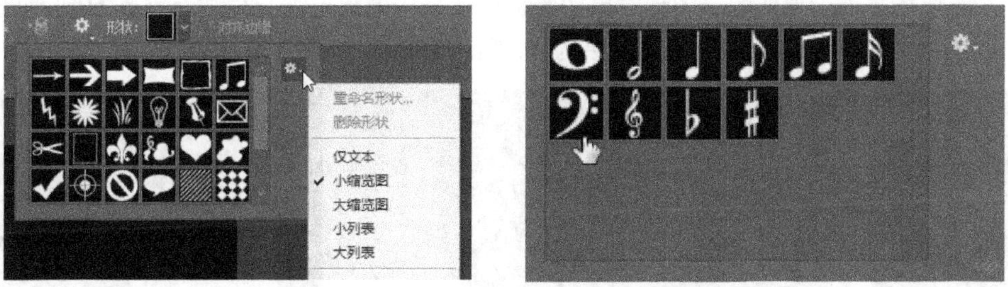

图 1-91　自定形状工具与图形组面板

在“图层”面板单击“背景”左侧的“”图标，暂时隐藏该图层。在文件编辑区拖动鼠标（使用形状工具）绘制一个“低音谱号”，如图 1-92 所示。按 Ctrl 键并单击“图层”面板中“图层 1”图层的缩览图，载入选区，音符图像周围出现闪动的选区如图 1-93 所示。

按 Ctrl 键在“图层”面板单击“图层 1”图层标签左侧的缩览图，建立音符的轮廓选区。

图 1-92　绘制音符

图 1-93　建立“音符”轮廓选区

在工具栏单击“渐变工具”图标，在工具选项栏设置渐变填充方式为“”（角度渐变），并选择系统提供的预设渐变填充样本“色谱”，如图 1-94 所示。在选区所在区域内拖动鼠标，形成如图 1-95 所示的效果。

图 1-94　设置渐变方式

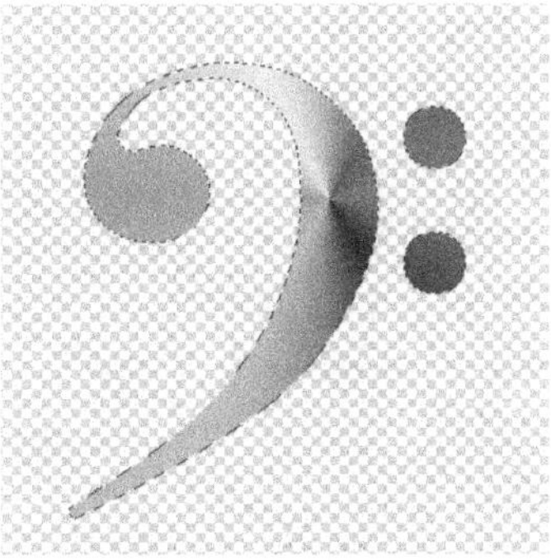

图 1-95　渐变效果

在“图层”面板单击“背景”左侧的“”图标，显示该图层。按 Ctrl+D 组合键，取消当前选区。按 Ctrl+J 组合键复制当前图层，按 Ctrl+T 组合键进入“自由变换”编辑状态，如图 1-96 所示。

将鼠标指针移到选框外并拖动使图像旋转适当的角度，鼠标指针移至角控制点上，按 Shift+Alt 组合键（按原比例缩放）拖动略做缩小，用鼠标拖动旋转中心点至画布的右上角，如图 1-96 所示。

按 Enter 键并退出“自由变换”编辑状态，在工具栏单击 “移动工具”图标，按 Alt+Ctrl+Shift 组合键，并连续按 T 键，当前图层图形对象按照自由变换中的设定变化值进行变换复制，产生多个新的图像（图层），得到一组由多个变换图层构成的漂亮图案，如图 1-97 所示。

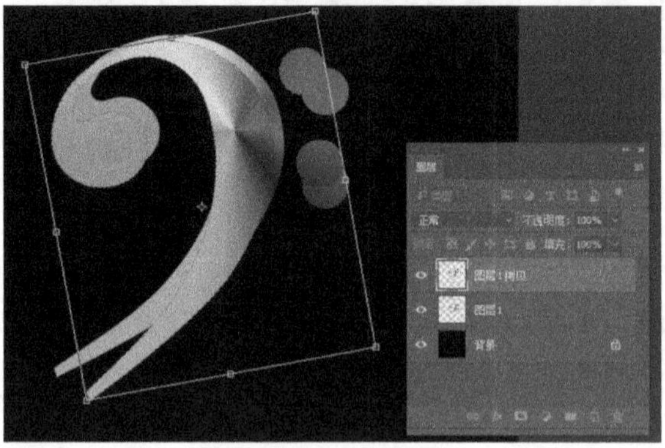

图 1-96 设置图像变换

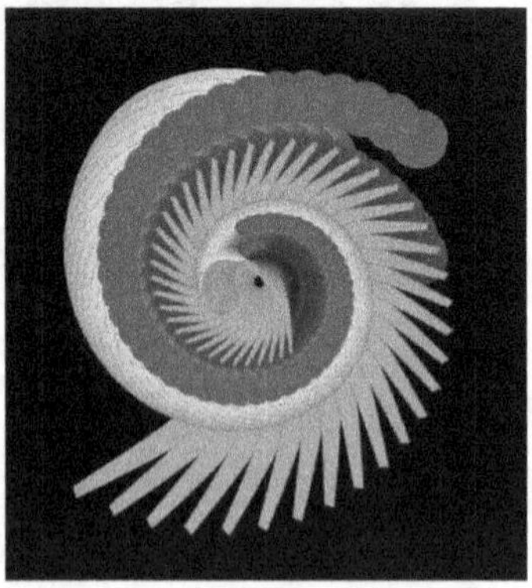

图 1-97 变换复制形成新图案

利用自由变换实施变换复制是一种常用的构图方式，可以通过设定的变换规律构建变化丰富的图案。比如对上述图像在“自由变换”编辑状态下进行移动、缩放、旋转等不同的设置，会得到不同的图案效果，如图 1-98 所示。

图 1-98 更多的变换复制形成的图案效果

第2章

选　区

在 Photoshop 中图像处理操作经常要用到选区，这是一个非常重要的概念，在进行图像或图形编辑时需要建立简单选区或复杂选区，甚至半透明的选区，以便于对图像的局部进行编辑，选区是 Photoshop 中一个非常重要的编辑方式。本章介绍选区的创建和应用。

本章要点

- 选区的概念。
- 快速选区工具、规则选框工具、套索工具的使用方法。
- 通过路径和色彩建立选区的方法。
- 填充选区。
- 选区的编辑方式。
- 选区的存储与载入。

2.1 认识选区

实例 2-01 眼中的游泳健将

利用如图 2-1 左图所示的图像文件进行图像合成，实现如图 2-1 右图所示的效果，该作品表达了对游泳选手的关注。

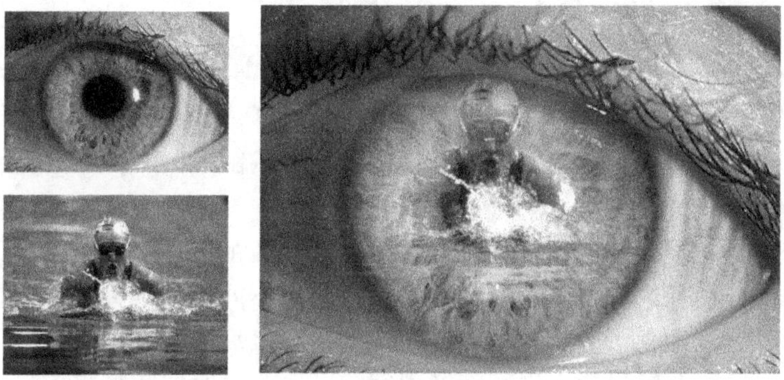

图 2-1 眼中的游泳健将

在 Photoshop 中打开图像文件“眼睛”，在工具栏中单击“椭圆选框工具”图标，鼠标移到图像中眼球的中心部位，按 Shift+Alt 组合键，拖动鼠标依眼睛大小形成圆形区域，放开鼠标即形成一个圆形选区，如图 2-2 所示。

选择“选择”→“修改”→“羽化”命令，打开“羽化选区”对话框，设定羽化半径值为 30 像素，如图 2-3 所示。

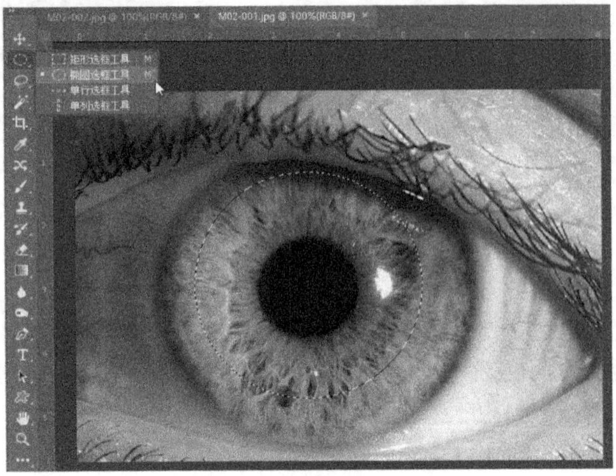

图 2-2　绘制圆形选区

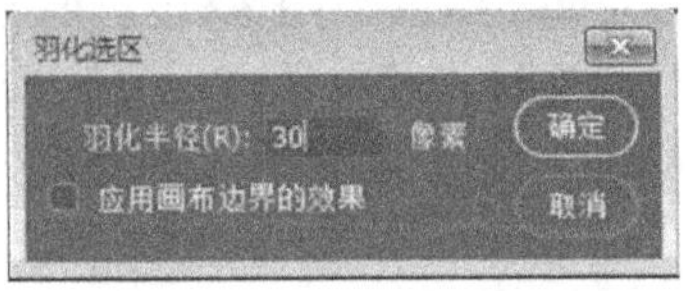

图 2-3　设置羽化选区

在 Photoshop 中打开图像文件“游泳运动员”，选择“选择”→“全部”命令，选中图像，也可以按 Ctrl+A 组合键，注意这时已经出现的选区表示当前的作用区域为整个画面，如图 2-4 所示。

选择“编辑”→“拷贝”命令（或按 Ctrl+C 组合键）复制当前选区内容，即复制整幅图像并放到剪贴板中。选择“眼睛”图像文件，选择“编辑”→“贴入”命令（或按 Shift+Ctrl+V 组合键）将“游泳运动员”图像置入眼中，并将选区范围内的图像内容显示出来，其余部分被遮盖，即得到合成效果，在“图层”面板的左上角设置图层混合模式为“滤色”，使眼中图像呈现较好的融合效果，如图 2-5 所示。

图 2-4　全选“游泳运动员”图像文件

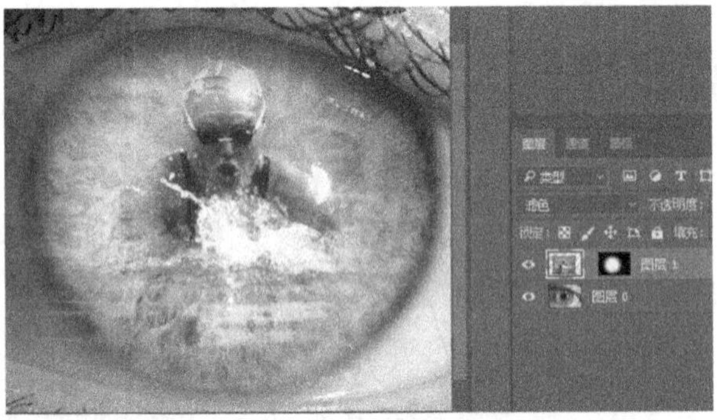

图 2-5　选择“贴入”命令并设置混合模式为“滤色”

在上述操作中可以看到，选区起到了限定操作区域的作用，这是选区的基本功能，也是在 Photoshop 中处理图形图像的一个重要特点。

在实际图像处理中，准确地选取处理区域是首先要完成的工作，所谓选区，实际上是对需要编辑的图像的某一部分进行选取，在上述实例中就是通过不同方式选择将要进行处理的区域，这时可以看到所选择的区域建立了一个闪烁的虚线轮廓。在最后的效果中可以看到，由于前面建立了圆形选区，所以粘贴的图像只会出现在选区限定的区域，而所做的编辑效果对于其他区域没有影响。

2.2　创建选区

可以根据具体情况和要求使用合适的工具和方法创建选区。无论使用什么方法建立选区，选区的最终轮廓一定是封闭的，即起始点和结束点是同一点。

创建选区的方法主要有直接绘制、依图像色差（容差）识别绘制及通过路径转换等，可以通过不同的工具实现区域选取，由于选区的设置就是选取图形范围的过程，因此通常把用于绘制选区的工具称为选区工具。

2.2.1　规则选区

规则选区通常可以使用规则选框工具，Photoshop 的工具栏左上角的规则选框工具包括矩形选框工具、椭圆选框工具、单行选框工具和单列选框工具，如图 2-6 所示。

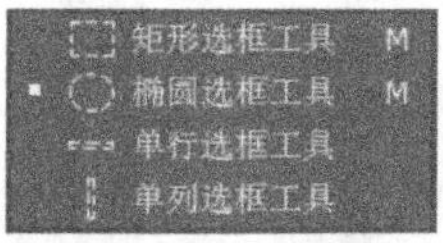

图 2-6　规则选框工具

使用时只需在工具栏中单击，即可选择一种选框工具，然后在图像中任意区域拖动鼠标即可。使用规则选框工具能够建立简单规则形状的选区，操作简便，但精度不高，不能建立复杂的选择区域。

矩形选框工具、椭圆选框工具用于建立矩形或椭圆选区。单行选框工具或单列选框工具将边框定义为 1 像素宽的行或列。

选择相关选框工具绘制选区，通常是用鼠标拖动起始点单向开始生成选区图形的，如图 2-7 所示。拖动鼠标并按 Alt 键，生成的图形会以起始点为中心放射状生成选区，如果需要设置正图形选区如正圆、正方等，则应在拖动鼠标的同时按 Shift 键进行绘制。

在拖动鼠标的同时按 Shift+Alt 组合键进行绘制，可以形成以起始点为中心的正图形选区，如图 2-8 所示。辅助键的有效结合可以更准确地设置所需选区。

图 2-7　拖动鼠标生成选区

图 2-8　以起始点为中心的正图形选区

需要注意的是，生成选区时使用辅助键，必须先拖动鼠标，再按辅助键；结束时反过来，先放开鼠标，再放开辅助键。否则辅助键起到的是选区编辑的作用（选区的加、减）。

2.2.2　选区的羽化

选区范围可以是规则的，也可以是不规则的。而对选取设置羽化后，根据羽化设置的等级，位于当前选区的图像会沿选区边缘呈现渐虚效果。

实例 2-02　选区羽化

通过设置选区羽化可以形成图像边缘的朦胧效果，打开图像文件，在工具栏上单击“矩形选框工具”图标，在工具选项栏上设置“羽化”选项的值为 100 像素，说明羽化作用的区域，并设置“样式”为“固定大小”，然后设置适当的宽度和高度，如图 2-9 所示。

图 2-9 矩形选框工具选项栏

在文件编辑区上单击，绘制设定大小的矩形选区，如图 2-10 所示。选择“选择”→“反向选择”命令（或按 Ctrl+Shift+I 组合键），这个操作可以使选取的区域相反，即将选区转为原选区的外围区域，如图 2-11 所示。

图 2-10 绘制边缘羽化 100 像素的矩形选区

图 2-11 设置选区反向

按 Delete 键，在弹出的“填充”对话框中设置内容为“白色”，如图 2-12 所示，这里的内容指的是删除选区的背景色，单击“确定”按钮后，即可看到图像选区轮廓周围的羽化效果，如图 2-13 所示。如果不再需要选区，可选择“选择”→“取消选择”命令，或按 Ctrl+D 组合键，就可以取消选区。

图 2-12 按 Delete 键设置删除背景色

图 2-13 选区羽化效果

应注意前面使用了两种羽化设置方式，在“选择”菜单中的“羽化”是针对已有选区来设置的，而且是一次性应用。而在选框工具选项栏中的羽化，则是在选区生成之前设定的，对于后续的选区创建一直有效，除非重新设定该羽化值。

选区的概念不只针对几何图形区域的选取，它还涉及图像的色彩和像素的因素。制作选区时不可能选取半像素，因此在确定选区时，只有选取程度在 50%以上的像素才会通过浮动的选区表现出来；有时在选取操作中，系统提示没有像素被选中，原因是在所进行的选取操作中像素的选择程度低于 50%或当前图层没有图像信息。

2.2.3 套索工具

使用规则选区工具只能设定规则图形选区，操作简便但有局限性。对于不规则选区的设定，可以采用套索工具、路径、色彩范围、通道等多种方式，这里讨论关于套索工具组的基本使用方法，其他的选区建立方式将在后续相关章节进行讨论。

套索工具可以实现比较复杂的选取工作。其中比较常用的套索工具组包括 3 个相关工具：套索工具、多边形套索工具、磁性套索工具。

1）套索工具

套索工具也称自由套索工具，可以用圈选的方式设定指定的不规则区域选区，先单击“套索工具”图标，然后在图像中单击作为起始点，拖动鼠标圈选区域，当回到起始点时，松开鼠标即可生成一个闭合的选择区域。如果在未到起始点处就放开鼠标，这时系统将自动以直线连接放开鼠标的点和起始点形成闭合选择区域。图 2-14 所示为使用套索工具设定选区。

套索工具可以实现任意区域的选取，操作简便、灵活，但不能分段选取，必须一次拖动完成，因而使用时不容易把握。

2）多边形套索工具

“多边形套索工具”用于选取形状不规则的多边形区域，可以分段选取，在建立选区范围时单击鼠标再拖动鼠标，每次从拖动到单击操作都会形成一段直线，如此反复操作，当鼠标移至起始点附近，鼠标指针的右下角出现小圆圈标示“”时单击，或在此之前按 Enter 键，即可形成由多段直线构成的多边形封闭区域。由于可以分段选取，多边形套索工具在选取变化较多的区域时比较容易把握，常用来设置选区的裁剪。图 2-15 所示为使用多边形套索工具设定选区。可见设定的选区结果的贴近程度较好。

图 2-14　使用套索工具设定选区

图 2-15　使用多边形套索工具设定选区

多边形套索工具可以与套索工具交互使用，使用多边形套索工具时按 Alt 键可随时转为套索工具，放开 Alt 键即恢复为多边形套索工具，如此可以在连续的选区设定过程中充分利用不同选区工具的特点，根据图形不同部位的情况尽可能准确地设定选区。但多边形区域是以直线构成选区边缘的，对于形状为曲线的轮廓选区贴合的效果不太好。

3）磁性套索工具

磁性套索工具根据色差自动捕捉图像中物体的边缘来形成选区，其操作如同磁性吸附的感觉，可以形成分段但不规则的选区，但只适合各种层次清晰的对象轮廓。

使用磁性套索工具建立选区时，只需在起点处单击，然后沿物体边缘滑动鼠标，系统将以起始点的像素颜色为参照色根据图像颜色的反差自动勾勒选取路径，回到起点时再次单击，就可以形成由物体边缘构成的闭合选区。如果在移动到起始点之前按 Enter 键或双击，将会自动根据环境颜色差值路径连接起始点和终点，形成闭合选区。

在鼠标沿物体边缘滑动的过程中，会在闪烁的边缘线上看到方形固定点，称为固定边缘的节点。图 2-16 所示为使用磁性套索工具设定选区的操作示意。

图 2-16　使用磁性套索工具设定选区的操作示意

磁性套索工具允许分段选取，即在选取拖动过程中，可以单击，这时系统会以单击点像素为新基准色，调整路径走向；也可以按 Delete 键返回到前一个节点，以修正路径，再继续拖动。由于系统自动寻找有效定位区域（由预设套索宽度值决定）颜色反差最大的路径，因此在实际使用中需要不断地进行路径调整。

磁性套索工具也可以与套索工具交互使用，同样在使用磁性套索工具时按 Alt 键可以转至套索工具进行勾绘选取，放开 Alt 键又恢复为磁性套索工具，直到选取过程结束，这样可以利用不同工具的特点更准确地设定选区。

2.2.4　快速建立选区

除了直接根据图形轮廓勾绘选区，Photoshop 还提供了一组快速建立选区的工具，即魔棒工具和快速选择工具，这一组工具可以根据图像的颜色及边缘快速选取图像。

1）魔棒工具

“魔棒工具”是基于图像中相邻像素的颜色近似程度进行选取的，能够选择出颜色相同或相近的区域，当使用魔棒工具在图像中单击某处时，附近与它颜色相同或相近的像素点将自动被选入选区中。图 2-17 所示为使用魔棒工具一次性确定图像选区。由于魔棒工具的选取过程是自动执行的，一般要求选择的目标与周边图像有较明确的颜色色差，否则会同时选中许多颜色相近但不相关的区域。

使用魔棒工具选择一些颜色相似的物体非常有效，是选区工具中应用相对简单的工具；但对于较复杂的选区，需使用其他选区工具，以及在工具选项栏设定适当的选取方式进行选取。

2）快速选择工具

“快速选择工具”主要基于色彩边缘进行选择，可配合“调整边缘”（单击工具选项栏中的按钮调出）对话框进行快速精确定位。

操作时单击“快速选择工具”图标，适当调整画笔笔尖大小，在应选图像部分拖动或单击，即可快速识别所选图像部分得到主轮廓，从而形成图像选区。图 2-18 所示为使用快速选择工具设定目标选区。

图 2-17　使用魔棒工具一次性确定图像选区

图 2-18　使用快速选择工具设定目标选区

快速选择工具可以在工具选项栏中选择 3 种操作状态之一，即“ ”(新建、添加和减去)，在使用快速选择工具时可以在交替选择不同的工作状态下通过单击目标图像实现选区的增减。

在开始应用快速选择工具时通常是在新建状态下，第一次单击后即自动转为添加选区状态，这是快速选择工具的主要工作状态，鼠标指针中含有一个“+”符号，在编辑中需要减去部分选取区域时可以从工具选项栏中单击“ ”(减去)图标转为减选区状态，这时鼠标指针中的符号变成“-”符号，也可以按 Alt 键转为减去选区状态进行操作，放开 Alt 键又会恢复为添加选区状态。

2.2.5　存储和载入选区

当所创建的选区需要反复调用时，可通过选择“选择”→“存储选区”命令保存当前选区。这时会弹出“存储选区”对话框，如图 2-19 所示，在其中设置选区的名称后单击“确定”按钮即可。

当需要打开或调入某个预存选区时，选择“选择”→“载入选区”命令，将弹出如图 2-20 所示的“载入选区”对话框，在“通道”下拉列表中可以选择已保存的选区，以便打开指定选区。如果执行“载入选区”时图形编辑区没有选区，则“操作”栏的选项是虚显的；如果图形编辑区已有作用选区存在，则需在“载入选区”对话框的“操作”栏选择新选区与原选区的关系，这实际上是做多选区的编辑。

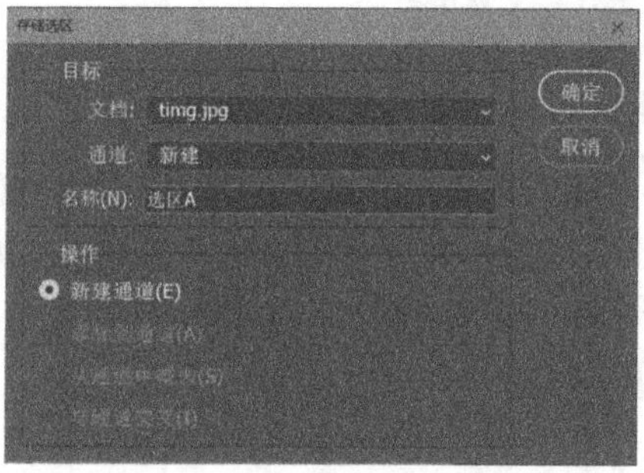

图 2-19　“存储选区”对话框

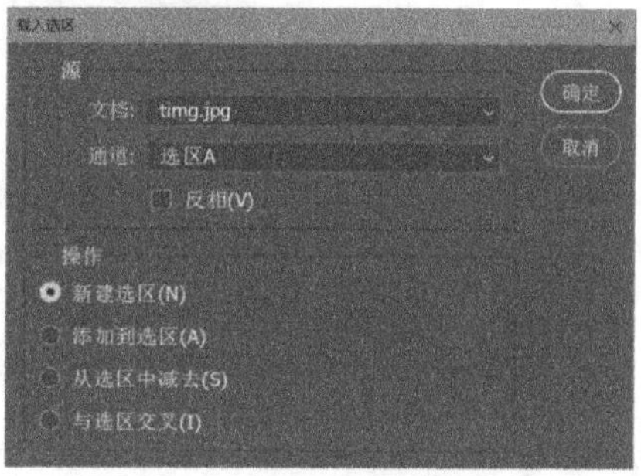

图 2-20　“载入选区”对话框

“存储选区”与“载入选区”的对话框界面类似，但是应注意存储选区总是形成并存储一个新的选区，而载入选区只是对已有选区的编辑应用，并不存储选区编辑结果。

2.3　选区编辑

2.3.1　选区工具选项栏

选区工具主要用于设定选区，其相应的工具选项栏主要选项相似，但不同工具也有自己的特殊属性。

1）规则选框工具选项

规则选框工具组包括椭圆、矩形、单行、单列等 4 个选框工具。图 2-21 所示为椭圆选框工具选项栏，它共分为 5 个部分：当前工具标识、选取方式、边缘设置（羽化、消除锯齿）、图形样式（样式、宽度、高度）、调整边缘（选择并遮住）。椭圆选框工具和矩形选框工具的工具选项栏是相同的，而另外两种选框工具没有“消除锯齿”选项和“图形样式”选项。

图 2-21　椭圆选框工具选项栏

工具选项栏左侧有 4 个选取方式图标，分别是“□”（新选区）、“□”（添加到选区）、“□”（从选区减去）和“□”（与选区交叉），它们的作用是在已有选区合成新选区。

实例 2-03　合成选区

打开图像文件，在工具栏单击矩形选框工具，设置工具选项栏羽化值为 0，选取方式为“新选区”，样式为“固定大小”，宽度为“600 像素”，高度为“450 像素”，单击图像中间即可绘制一个定制的矩形选区，如图 2-22 所示。

图 2-22　绘制一个定制矩形选区

单击椭圆选框工具，在工具选项栏选择选取方式为“□”（从选区减去），羽化值设置为 0，样式为“固定大小”，宽度和高度均为“200 像素”，鼠标移到当前矩形选区的一个顶角，单击鼠标，再按 Alt 键，放开鼠标后再放开 Alt 键，就会在顶角挖除一个 1/4 圆形；按同样的方式单击矩形选区其他 3 个顶角，即呈现一个新的选区图形，如图 2-23 所示。

选择“选择”→“修改”→“羽化”命令，设置羽化值为 10 像素，按 Ctrl+Shift+I 组合键，对当前选区反选，按 Delete 键，删除周边选区区域图像形成了一个特殊的画框，如图 2-24 所示。

图 2-23　在当前矩形选区顶角处修形

图 2-24　对选区设置羽化形成特殊的画框

利用选区的修整可以构成各种特殊的选区形状，这不仅适用于规则形状的选区设置，也适用于利用各种不同的选区工具，通过任意形状的选区进行综合构图，这是一个很重要的选区构建方式。

- 边缘设置。

“羽化”选项用于设定选区的羽化效果，通过数值定义羽化边缘的宽度，范围为 1～250 像素。当设置羽化值后，在进行图像处理时（如填充、删除等）选区的边缘部分会产生渐变晕开（边缘模糊）的柔和效果，羽化值即设定了边缘模糊化的程度。

选择“消除锯齿”选项，可使选区的边界较光滑，不出现锯齿。只有椭圆选框工具可选择此属性。

- 图形尺寸。

规则选区工具选项栏中的“样式”包括“正常”“固定比例”“固定大小”3 个选项。选择“正常”时，最终选区采用鼠标在图像中选取的实际区域大小；选择“固定比例”时，在图像中绘制的选区始终保持预设的长宽比；而选择“固定大小”时，单击即形成设定“宽度”和“长度”的选区。使用单行选框工具或单列选框工具无此选项。

- 选择并遮住。

用 Photoshop 抠图时经常遇到的一个问题是：由于无法精准建立选区，抠完的图像会残留下背景中的杂色，或者一些复杂边缘难以选取。规则选区工具选项栏中的“选择并遮住”按钮可以直接抠取图像，并可以较方便地抠选一些图像边缘。

打开一幅动物图像，首先使用选区工具，大致抠选图像，尽可能包括主要边缘，如图 2-25 所示。

单击选区工具选项栏右侧的“选择并遮住”按钮，在打开的对话框中，在右侧选择一种适合观察的视图，比如选择“黑底”，并在右侧底部设置输出到“图层蒙版”，在左上部单击“”（调整边缘画笔工具）图标，然后选取图像边缘进行涂抹，以选取边缘细小部分（绒毛），选择完成后，可以看到抠取的效果，如图 2-26 所示。单击“确定”按钮退出对话框，即可看到在当前图层增加了一个记录抠取图像信息的图层蒙版，图像呈现抠取的效果。

图 2-25　使用选区工具抠选图像

图 2-26　在“选择并遮住”对话框中整理边缘

在“选择并遮住”右侧的“视图模式”中，可以选择 7 种不同的临时图像视图模式以屏蔽选择区外的图像对操作的影响，便于观察目标边缘的变化，包括洋葱皮、闪烁虚线、叠加、黑底、白底、黑白、图层模式。可以直接单击某一模式，也可以按 F 键循环切换视图，按 X 键可以暂时停用所有视图。

调整边缘，主要是运用调整边缘画笔工具进行操作的。可根据需要在右侧设置“全局调整”调整参数，包括“平滑”“羽化”“对比度”“移动边缘”等。

输出设置将决定所做的调整是直接应用于图像，还是记录在图层蒙版中，包括“图层蒙版”“新建图层”“新建带有图层蒙版的图层”“新建文档”“新建带图层蒙版的文档”等输出方式。

2）套索工具选项栏

图 2-27 所示为套索工具选项栏，套索工具选项栏和多边形套索工具选项栏与规则选框工具选项栏参数相同，相关选项的意义和操作也是一致的。

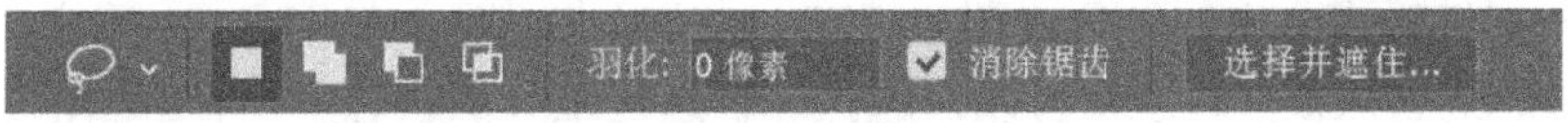

图 2-27　套索工具选项栏

磁性套索工具与前两种套索工具有不同的参数设置，选项栏如图 2-28 所示。

图 2-28　磁性套索工具选项栏

- 羽化：设定选区范围的羽化效果。
- 消除锯齿：选中此项，选区的边界较光滑，不会出现锯齿。
- 宽度：用于设置在选取时磁性套索工具所能检测的边缘宽度，其取值范围为 1～40 像素，值越大检测范围越大，可能会导致边缘不准确。
- 对比度：用于设置磁性套索工具对边缘的敏感程度，值越大则只能检测到背景反差比较大的边缘，值越小则能检测到低对比度的边缘。
- 频率：用于设置选取选区边缘时固定点的数量，其取值范围为 0～100，值越大，生成的固定点越多，越能更快地固定选区边缘。
- 钢笔压力：用于设定绘图板的笔刷压力。该选项只有在安装了绘图板及驱动程序才会有效。

3）魔棒工具选项栏

图 2-29 所示为魔棒工具选项栏，该工具选项栏也有一些与其他选区工具不同的参数设置。

图 2-29　魔棒工具选项栏

- 容差：用来设置颜色相似的容差范围，其数值范围为 0～255。值越小则选取范围颜色越接近，选取的区域也就越小；值越大则选取范围颜色大，选取的区域也越大，默认值为 30。
- 连续：选中此项，选取的区域是连续的，否则选取的区域是不连续的，在整幅图像中可有多处符合条件的选取区域。
- 对所有图层取样：用于设置是否对所有图层都有效，如果不选，则魔棒工具只对当前图层的图像有效，勾选此项可以作用于该图像的所有构建图层。

4）快速选择工具

“”（快速选择工具）主要基于色彩边缘进行选择，可配合“选择并遮住”对话框（单击工具选项栏按钮调出）进行快速精确定位。图 2-30 所示为快速选择工具选项栏。

图 2-30　快速选择工具选项栏

快速选择工具选项栏 “” 中的效果方式，分别为“新选区”“添加到选区”“从选区减去”，可以根据选区选取的需要使用不同的效果方式。

在快速选择工具选项栏中勾选“对所有图层取样”复选框则选取操作可识别当前图像文件的所有图层，而不只是当前图层；勾选“自动增强”复选框可减少选区边界的粗糙度和块效应，自动将选区向图像边缘进一步流动并应用一些边缘调整。当然也可以在“选择并遮住”对话框中通过“平滑”“对比度”“半径”等选项手动应用这些边缘调整。

2.3.2　填充和描边选区

选区可以根据编辑需要进行颜色或图案填充，或者添加选区的轮廓色，也称为“描边”。对选区进行填充或描边的方法很多，通常可以在选择一种选区工具的状态下，右击图像选区，在弹出的快捷菜单中选择“填充”或“描边”命令。

实例 2-04　填充选区

在 Photoshop 中打开图像文件“骑单车的小女孩”，如图 2-31 所示。利用选区填充的方法，改变图中小女孩的裙子颜色，首先选择适当的方式设置裙子部分为选区，如图 2-32 所示。为了便于后续操作，选择“选择”→“存储选区”命令，在弹出的“存储选区”对话框中设定一个名称，存储当前选区。

图 2-31　图像文件“骑单车的小女孩”

图 2-32　建立选区

根据要设计的裙子颜色选择前景色，比如设置为橙色，在工具栏中单击“油漆桶工具”图标，注意在工具选项栏设置以前景色填充，单击当前选区，小女孩的裙子被改为橙色了，如图 2-33 所示。

取消所做的填充操作，回到图像的原始选区状态（见图 2-31），试使用图案填充改变裙子的表面。在油漆桶工具选项栏左侧选择填充方式为“图案”，并选择适当的填充图案，如图 2-34 所示，使用油漆桶工具单击当前选区，小女孩的裙子被改为设定的图案了。

图 2-33　填充颜色

图 2-34　填充图案

使用选区的描边功能再给裙子加一个边，在工具栏中选择一种选区工具（如矩形选框工具），然后右击当前选区，在弹出的快捷菜单中选择“描边”命令，即弹出“描边”对话框。在该对话框中可以设置适当的描边宽度、颜色、位置等，注意这里的位置是指描边轮廓与选区轮廓的相对位置，还可以适当设置色彩混合模式、不透明度等叠加效果，如图 2-35 所示。

图 2-35　设置描边效果

无特别颜色的浓度（不透明度）要求时，可直接按 Ctrl+Delete 组合键以背景色填充和按

Alt+Delete 组合键以前景色填充选区。

如果需要改变颜色的不透明度、填充模式、特定灰度或填充图案时，可选择“编辑”→“填充”命令调出“填充”对话框进行操作。

油漆桶工具常用于直接针对图像的特定颜色区域进行填充色或图案填充操作。

2.3.3 使用“色彩范围”命令

在“选择”菜单下的“色彩范围”命令是利用图像中的颜色变化关系来制作选择区域的。它如同一个功能强大的魔棒工具，除了以色彩差别确定选取范围，还可以使用相加、相减、相似等命令。

选择“选择”→“色彩范围”命令，将弹出如图 2-36 所示的“色彩范围”对话框。在对话框中有一个图像预览区，可以预览图像基于指定的选择区域的选择情况。对一幅图像第一次使用该命令时，在打开的“色彩范围”对话框中看到的预览区域是黑色的，将鼠标移到预览区域内或图像上时，鼠标指针变成吸管，这时单击指定区域，则单击的部分相邻颜色相近的区域变成白色，而其他区域仍为黑色。单击“确定”按钮后显示为白色的区域被设为选区。

此对话框中“选择”下拉列表中的“取样颜色”选项，表示用吸管吸取的颜色作为基准色。此外还可以在下拉列表中选择一种颜色，表示以此为选择区域的基准色，如图 2-37 所示。

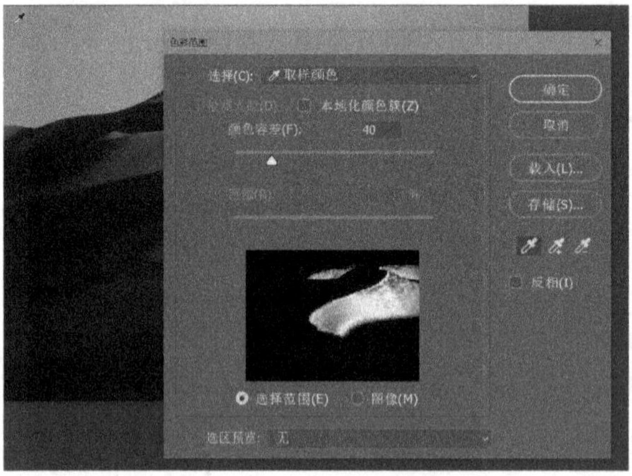

图 2-36 “色彩范围”对话框

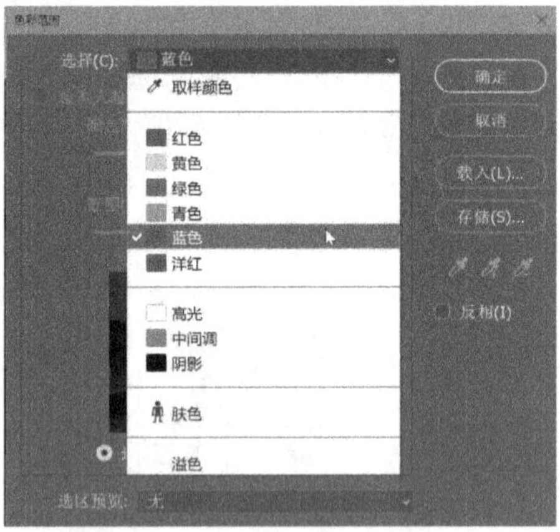

图 2-37 “选择”下拉列表

单击不同的吸管图标“”可呈现不同的选取效果。选择带加号的吸管，当在预览区多次单击鼠标时，选择的区域将不断增加；如果选择带减号的吸管，当在预览区多次单击鼠标时，选择区域将不断减少；如果选择不带符号的吸管，每当在预览区单击鼠标时表示重新以当前颜色选择区域（只能选择一片区域）。

“选区预览”的设定是为了在图像窗口更清楚地表现选择区域的形状，当使用色彩范围选择区域时，使用该选项可以控制选择区域在绘图窗口中的显示方式，有 5 种不同的选择。

- 无：不显示选择区域。即图像窗口在确认选择（关闭“色彩范围”对话框）前不发生任何变化。
- 灰度：以灰度图表示选择区域。即在图像窗口以白色部分表示被选中的区域，而以黑色部分表示未选中区域。与预览图的默认显示方式一致。
- 黑色杂边：图像窗口中被选中的区域保持原样，而未被选中的部分区域以黑色表示。
- 白色杂边：图像窗口中被选中的区域保持原样，而未被选中的部分区域以白色表示。
- 快速蒙版：以快速蒙版来表现选择区域。此时在图像窗口中未被选中的区域被一层半透明的蒙版色遮盖，而选择区域的内容保持原样。

2.3.4　将路径转化为选区

可以采用将路径转化为选区的方法建立选区，由于路径的建立和编辑较为灵活、方便，在一定程度上也可以比较准确地把握图形轮廓。如果所选取的图像形状不规则、颜色差异大，采用其他方法创建选区会比较困难，此时，可以先绘制路径，再将路径转换为选区。

要在如图 2-38 所示图像中抠取天鹅图样，可使用钢笔工具绘制轮廓路径，并可使用路径编辑工具进行细节调整，然后在路径编辑工具状态下，右击路径图形，在弹出的快捷菜单中选择“建立选区”命令，就可以快速得到边缘光滑的天鹅轮廓选区，如图 2-39 所示。

图 2-38　利用路径勾绘轮廓

图 2-39　建立选区

在将路径转换为选区时，如果当前图像中已有其他选区，会弹出如图 2-40 所示的“建立选区”对话框，需选择与已有选区的合成方式，在“操作”栏选择“新建选区”则取代现有选区；选择“添加到选区”则扩充现有选区；选择“从选区中减去”则裁剪现有选区；选择“与选区交叉”则将与现有选区重叠的部分作为新选区。

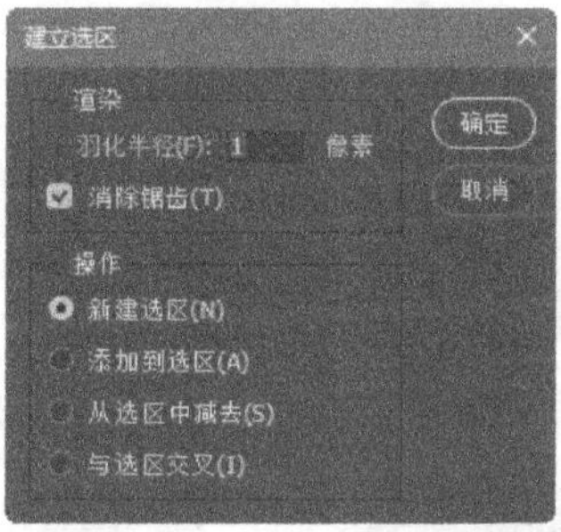

图 2-40　“建立选区”对话框

2.3.5　选区的编辑

在编辑图像过程中，往往创建一次选区很难完成理想的选择范围，需要对选区进行加、减、变形等一系列操作，即对选区进行编辑和修改。

1）选区的修整

在前面学习的图形绘制和路径设计中已用到了图形的修整功能，即可对绘制区域进行扩充、裁剪、交叠等操作，在已有选区基础上使用各种选区工具都可以进行选区加减或选区修整操作。在选区工具选项栏的左边有 4 个图形修整方式图标。

- ▢：在当前编辑区创建新选区。
- ▢：在当前编辑区现有选区基础上增加（扩充）选区，操作时窗口中鼠标指针的右下角出现“+”符号，操作的结果是将在已建选区的基础上扩充至新建选区。
- ▢：在当前选区中减去一部分区域，窗口中鼠标指针的右下角出现“-”符号，操作的结果是将在原有选区的基础上减去与当前选区范围重叠的部分。

- ：实现选区相交，操作时鼠标指针的右下角出现“×”符号，操作的结果是将保留与当前绘制选区重叠的部分。

选区的加减和相交操作也可以使用键盘快捷键方式切换，按 Shift 键，即为增加选区；按 Alt 键，同时拖动鼠标，即为减去选区；按 Alt+Shift 组合键，同时拖动鼠标，即实现选区相交操作。

2）扩大选取范围

在“选择”菜单中有“扩大选取”命令和“选取相似”两个命令，与魔棒工具一样，都是根据颜色的相似程度来增加选择范围的。

先使用魔棒工具或快速选择工具选定一小块选区，如图 2-41 所示。

图 2-41 使用魔棒工具或快速选择工具选定一小块选区

再从“选择”菜单中分别选择“扩大选取”和“选取相似”命令，就可以在图像内将颜色差值范围内的区域选中。图 2-42 所示为选择“扩大选取”命令的效果，图 2-43 所示为选择“选取相似”命令的效果。两者的不同之处是：“扩大选取”命令只作用于相邻的像素，而“选取相似”命令是针对图像中所有颜色相近的像素的。

图 2-42 选择“扩大选取”命令的效果

图 2-43 选择“选取相似”命令的效果

3）修改选区

在图像中已经存在选区的情况下，可以使用“选择”菜单中的“修改”子菜单项下的相关命令对选区进行修改。包括边界、平滑、扩展、收缩和羽化等命令，每一个命令都对应一个对话框，在对话框中设置具体的参数值作为修改变化的范围，单击“确定”按钮后，即可按设定的范围对当前选区进行相应修改。

图 2-44 所示为已建立选区的图像，对其执行选区“边界”操作，即以当前选区形状创建新选区轮廓，将提示输入轮廓的宽度以定位新建的选区边界，输入相应宽度值并确认后，其效果如图 2-45 所示。执行“扩展”或“收缩”命令是在当前选区基础上扩大或缩小选区范围。图 2-46 所示为在图

2-44 中的选区基础上扩展选区的效果。

图 2-44　基本选区

图 2-45　边界

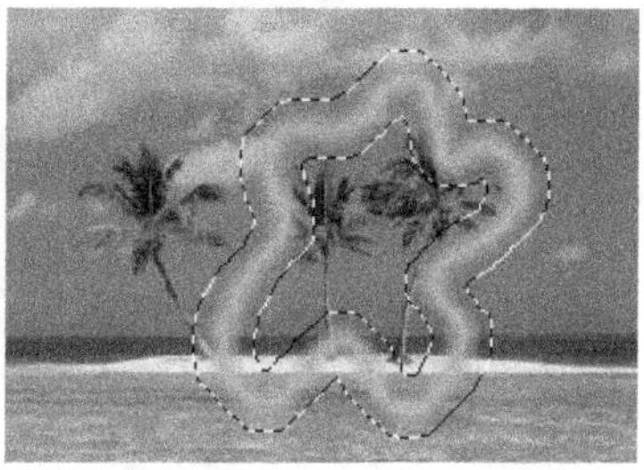

图 2-46　扩展

对选区进行“平滑”修改，可修整选区形状尖锐或不规整的部分，平滑的效果取决于原选区形状和设定的平滑值。图 2-48 所示为对图 2-47 中的选区设置平滑的效果。

羽化是指图形边缘呈现渐虚效果，选区修改选项中的羽化设置，可预设选区边缘的羽化，并不能直接看到变化，但是以选区为基础，执行删除、复制时就可以看到边缘羽化的效果。对如图 2-48 所示的选区设置羽化修改，选择“选择”→“反向”命令设置相反的选区范围，按 Delete 键，即可看到如图 2-49 所示的图形羽化效果。

在上述操作中，选择“选择”→“反向”命令，可以将当前选区转为当前选区以外的选取范围作为新的选区，这常常是一种便捷的选取方式，可以根据选择对象的特点，实现由易到难的选取设置。

图 2-47　基本选区 B

图 2-48　平滑图

图 2-49　羽化

本章小结

选区的确定在图像处理中是一个重要的操作，并有一定的技巧性，熟练的选区操作会大大提高图像处理的效率。必须注意各种不同工具、操作方法的特点。选区操作中的一些手法，如选区工具的适当选择和应用，特别是相关参数如魔棒工具的容差值、套索工具的对比度和频率等的设置需要读者在使用过程中摸索、体会和总结，在不断积累经验的基础上才能熟练、准确地掌握。

实例之窗

实例 2-05　跃出画面

本例在 Photoshop 中利用如图 2-50 左图所示的图像文件，合成右图画面效果，使海豚“跃出”画面，并完成整个画面效果。本例操作主要涉及选区操作、图层设置。

图 2-50　跃出画面

在 Photoshop 中打开图像文件“海豚”，首先把这个图像背景层拖动到“”（创建新图层）图标上或按 Ctrl+J 组合键复制图层，命名为“背景-B”。由于要对背景图像进行处理，通常应复制一份以备恢复，这一步骤是使用 Photoshop 时的一个好习惯，可以避免破坏原图。

用选区工具勾出海豚轮廓，然后按 Ctrl+J 组合键从图像中提取海豚图形并生成一个独立图层，在该图层标签文字上双击修改图层名为“海豚”，如图 2-51 所示。

图 2-51　勾选海豚轮廓并提取海豚

制作照片的画框。在“图层”面板的底部单击“”（创建新图层）图标，即在当前图层上生成一个新图层，双击该图层的文字标签，命名新图层为“画框”。用矩形选框工具做出一个矩形选区，如图 2-52 所示。右击画面，在弹出的快捷菜单中选择“填充”命令，在弹出的“填充”对话框中，设置填充“内容”为“颜色”，选择一个适当的颜色（如#98700d）进行填充。

选择“选择”→“修改”→“收缩”命令，适当设置收缩量（约 22 像素），确认后得到新的矩形选区。然后按 Delete 键删除中间部分以挖空形成方框，如图 2-53 所示。按 Ctrl+D 组合键取消选区。

图 2-52　建立画框矩形选区

图 2-53　选区收缩并删除内部矩形区域

选择“编辑”→“自由变换”→“透视”命令，通过拖动控制点对矩形框进行适当的横向“透视”变换，可再次选择“编辑”→“自由变换”命令（或按 Ctrl+T 组合键），对画框图形进行一些细节变形调整，这里使用整体变形（按 Alt 键）和切变形（按 Ctrl 键）分别调节 8 个控制柄，对画框进行变形调整，如图 2-54 所示。

将“海豚”图层移到“画框”图层前面，单击“背景”图层标签左侧的“”图标暂时隐藏“背景”图层。

单击“画框”图层标签，使用“魔棒工具”在画框之外的任何地方单击一下，整个画框图层的外围区域都被选中。单击“背景-B”图层标签，按 Delete 键清除画框外部区域多余的背景，再单击“海豚”图层标签，用“橡皮擦工具”在画框外部涂抹海豚外露的尾部，除去海豚在画框外的尾巴，如图 2-55 所示。

图 2-54　调整图形形成画框

图 2-55　删除多余背景和海豚外露尾部

单击“画框”图层标签，按 Ctrl 键单击“画框”图层标签左侧的缩览图，即设置当前选区为画框轮廓，单击“海豚”图层标签，用“橡皮擦工具”涂抹海豚尾部位于画框上的部分以去除这里的尾部图案，如图 2-56 所示。然后取消选区。

在 Photoshop 中打开图像文件“小狗”，将其拖动添加到海豚图像编辑文件中，命名图层为“小狗”。选择“编辑”→“变换”→“水平翻转”命令，通过按 Ctrl+T 组合键进入“自由变换”编辑状态，适当调整小狗图像的大小和位置，如图 2-57 所示。注意调整大小时应按 Shift 键，并拖动角部控制点，以保证图像不变形。

图 2-56　去除画框上的海豚尾部图案

图 2-57　添加和调整小狗图像

将“小狗”图层移到“背景-B”图层之下，并新建图层命名为“背景-C”，按 Shift+F5 组合键调出“填充”对话框，选择“内容”为“颜色”，将弹出“拾色器”对话框，移动鼠标指针到文件编辑区小狗图像的附近，鼠标指针呈吸管状时单击提取该点的像素值（颜色），如图 2-58 所示。单击“确定”按钮对当前图层（背景-C）填充该颜色。

由于“小狗”图层的背景是渐变的，目前与“背景-C”的色调明显没有很好融合，需要做些羽化设置。单击“套索工具”图标，在文件编辑区小狗图像附近勾绘选区，注意要包括小狗的阴影，如图 2-59 所示。

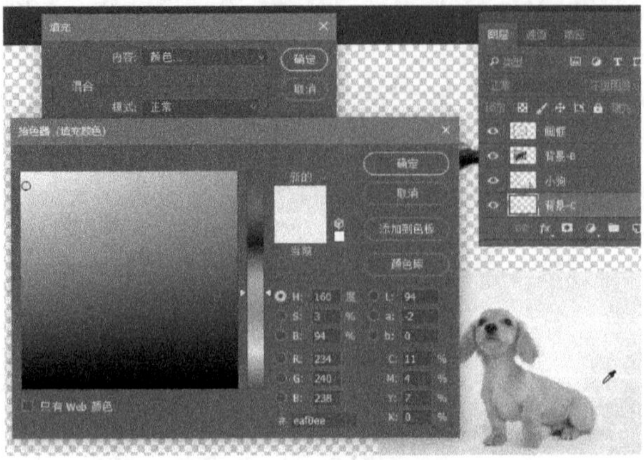

图 2-58　提取背景颜色

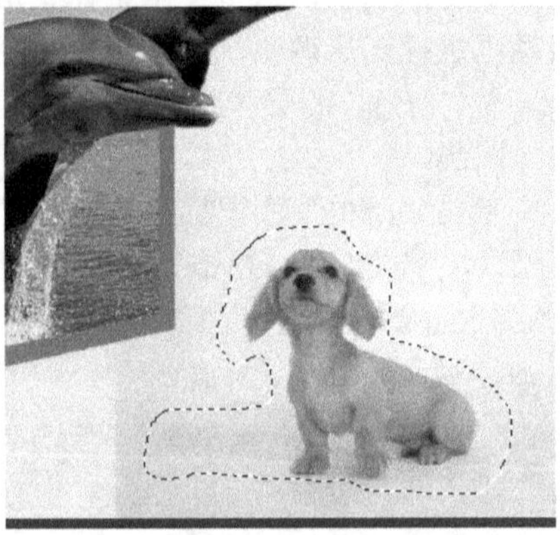

图 2-59　勾绘小狗局部选区

按 Shift+F6 组合键设置羽化，在“羽化选区”对话框中设置羽化值为 20 像素，如图 2-60 左图所示。

按 Ctrl+Shift+I 组合键设置当前选区反向，单击“小狗”图层标签，按 Delete 键删除该图层小狗和阴影图像以外的区域，如图 2-60 右图所示，背景看起来基本一致了。

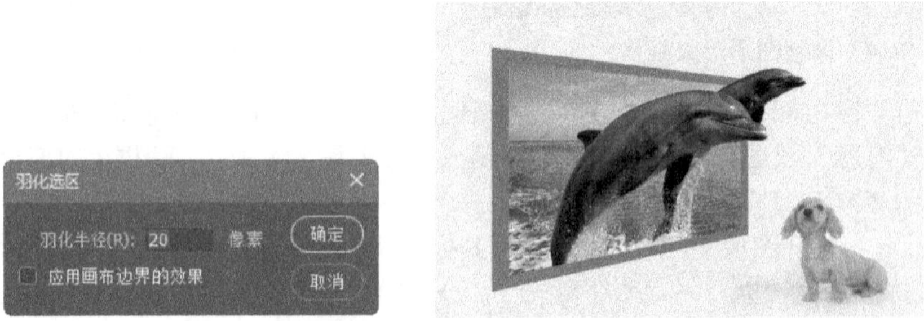

图 2-60　通过局部选区羽化及裁剪融合背景色调

通过“亮度/对比度”命令将画框的颜色略微调暗一些，双击“画框”图层标签，在打开的“图层样式”对话框中勾选“斜面和浮雕”复选框，添加立体效果，如图 2-61 所示。选择“滤镜”→“杂色”→“添加杂色”命令，设置数量为 2%、单色和高斯分布，如图 2-62 所示。

图 2-61　对画框添加“斜面和浮雕”样式

图 2-62　对画框添加“杂色”效果

在“背景-B”图层下面建立一个新图层，命名为“阴影”，用“多边形套索工具”制作出一个符合当前边框透视的多边形选区，如图 2-63 所示。按 Shift+F6 组合键设置“羽化”值为 6 像素，使用黑色填充，在“图层”面板顶部设置该图层的填充不透明度为 55%，如图 2-64 所示。

图 2-63 绘制选区

图 2-64 设置羽化和填充不透明度并填充形成画框阴影

最终效果如图 2-65 所示。

图 2-65 最终效果

第3章

图　层

本章要点

- 图层的基本概念，不同图层的特点。
- “图层”面板。
- 图层样式设置。
- 图层编辑。

3.1　应用图层

图层是 Photoshop 中重要的构图要素，是基本的操作，通过图层可实现图像效果的构建、修改、编辑等操作，它不仅不可或缺而且很多便捷的操作或复杂的效果都需要图层的支持。

实例 3-01　缤纷世博

本例使用如图 3-1 左图所示的图像文件，实现如图 3-1 右图所示的多张照片叠放的构图展示效果。

图 3-1　缤纷世博

在 Photoshop 中打开图像文件“世博”，单击 “矩形选框工具”图标，找到适当的图景绘制矩形选区，按 Ctrl+J 组合键，由“背景”图层复制该选区图像生成“图层 1”，如图 3-2 所示。

图 3-2 选取并复制局部图像

在“图层”面板上单击“背景”图层标签左侧的“”图标，隐藏“背景”图层，可以看到截取的局部图像，在“图层”面板中“图层 1”标签左侧也可以看到一幅缩小的同样图像，称为缩览图。

双击“图层 1”图层标签右侧（没有文字的区域）打开“图层样式”对话框，勾选对话框左侧的“投影”复选框设置投影参数，“角度”为 135 度，“距离”为 12 像素，“扩展”为 11%，“大小”为 2 像素，其他参数为默认，如图 3-3 所示。

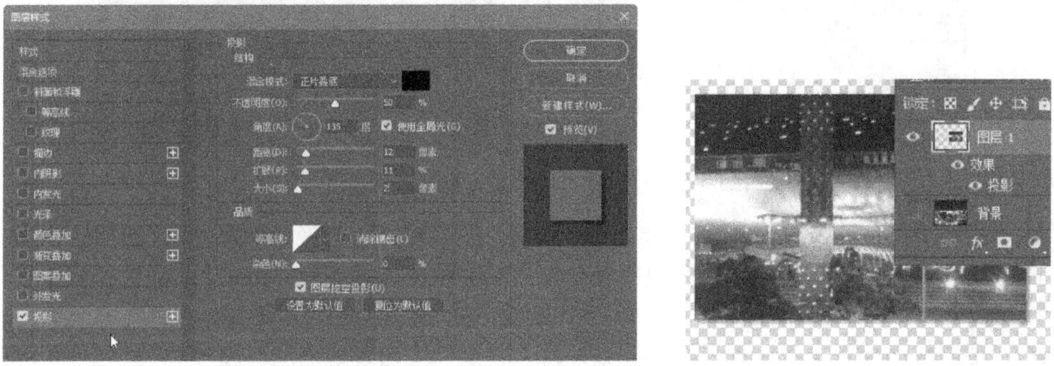

图 3-3 设置“投影”图层样式

在“图层样式”对话框中继续勾选“描边”复选框，设置描边参数，“大小”为 5 像素，“位置”为“居中”，“颜色”为白色，其他参数为默认，如图 3-4 所示。

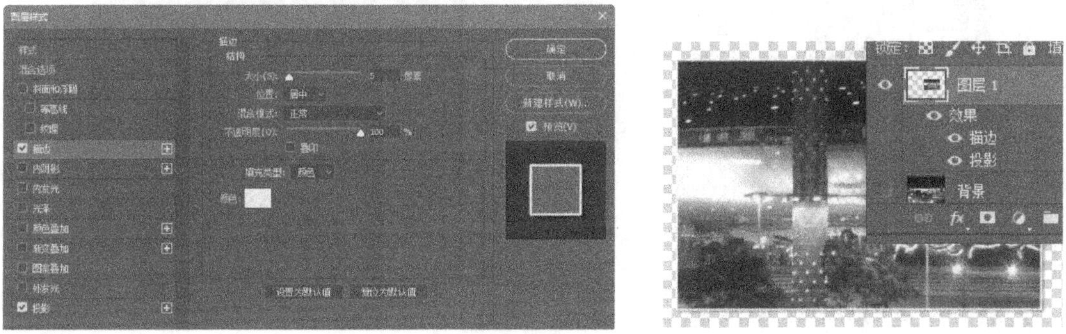

图 3-4 设置“描边”图层样式

设置完成后可以看到第一张照片的效果，同时可以看到“图层 1”右侧出现图层样式标记“fx”，在图层标签下面，可以看到已设置的图层样式记录。

单击“背景”图层标签左侧的“”图标以显示“背景”图层，按 Ctrl 键并单击“图层”面板中“图层 1”图层标签左侧的缩览图，获取该图层相关图像的轮廓选区，然后单击“矩形选框工具”

图标，移动当前的矩形选区获取新的画面，在“图层”面板中单击“背景”图层标签，按 Ctrl+J 组合键提取画面得到新的图层。

执行同样的操作可以得到多张不同画面、相同尺寸的“照片”，注意应取相对完整的画面内容，并使画面有所重叠，提取的画面应覆盖背景的大部分区域，这样最终的构图效果才比较逼真，并构成完整画面。

所有选区设置的照片应具有样式效果，在“图层”面板中单击“图层 1”图层标签，然后右击“图层 1”图层标签，在弹出的快捷菜单中选择“拷贝图层样式”命令，然后可以按 Shift 键分别选择所有提取的画面所在图层，再次右击图层标签，在弹出的快捷菜单中选择“粘贴图层样式”命令，这时所有作为照片的画面都有了相同的效果，如图 3-5 所示。

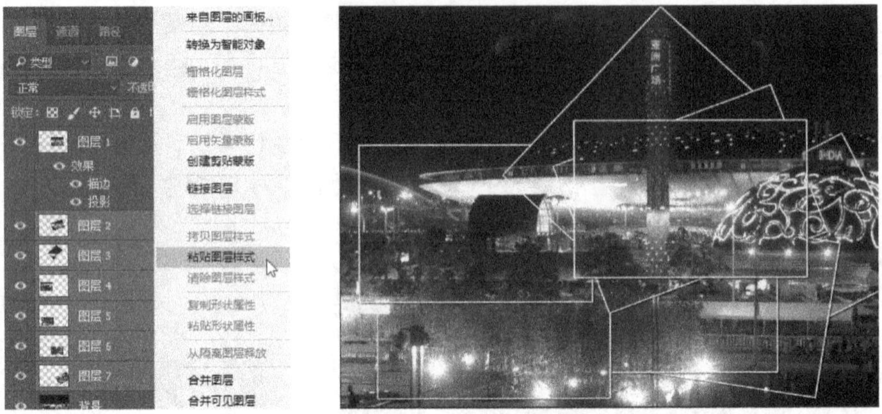

图 3-5　对所有照片图层应用同样的效果

为了操作方便，可以按 Shift 键并单击除“背景”图层外的所有提取的照片所在图层，单击“图层”面板底部的“”（创建新组）图标建立包括当前图层的图层组“组 1”，即把相关图层归到一个图层组中，如图 3-6 所示。

在“图层”面板双击“背景”图层标签，将“背景”改为普通图层（图层 0），以便于对画面进行编辑，如图 3-7 所示。

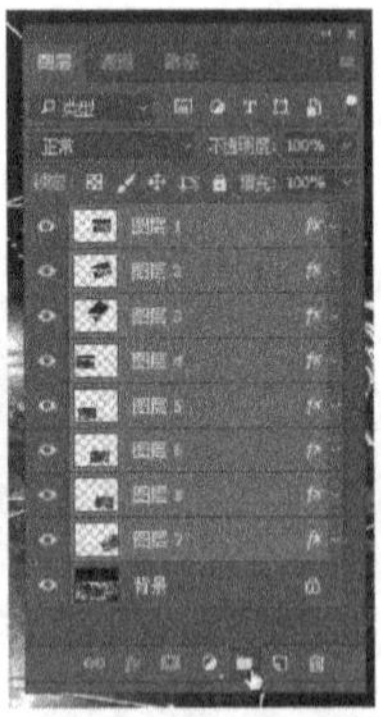

图 3-6　建立图层组

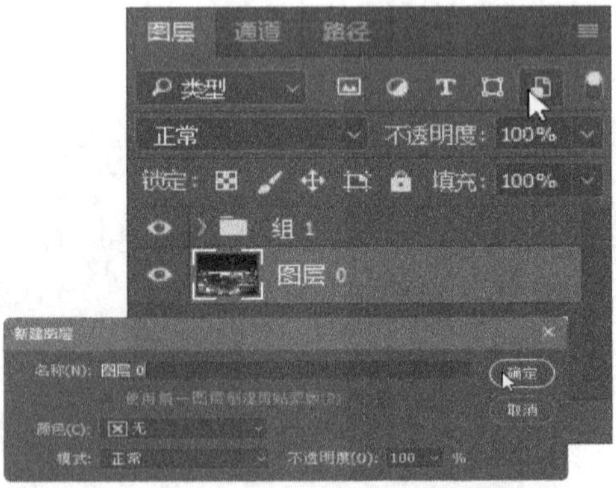

图 3-7　将“背景”图层改为普通图层

单击“图层”面板底部的“”（添加图层样式）图标，在弹出的图层样式列表中选择“图案叠加”选项，如图 3-8 所示。在打开的“图层样式”对话框中已勾选“图案叠加”复选框，如果默认图案中没有合适的图案，可单击图案列表框右上角的“”图标，在打开的功能菜单中选择“图案”命令，如图 3-9 所示，并确认替换默认图案。

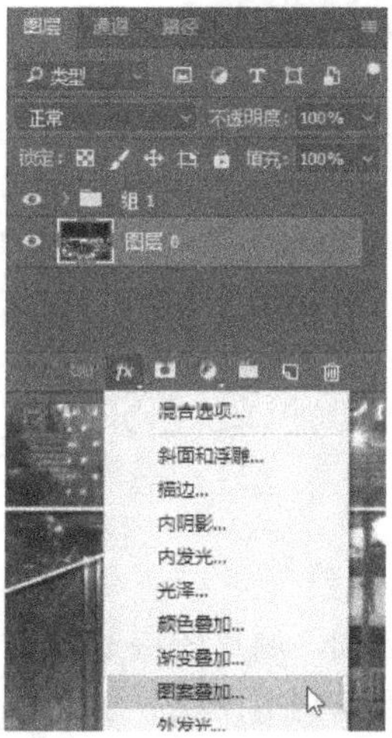

图 3-8　添加图层样式

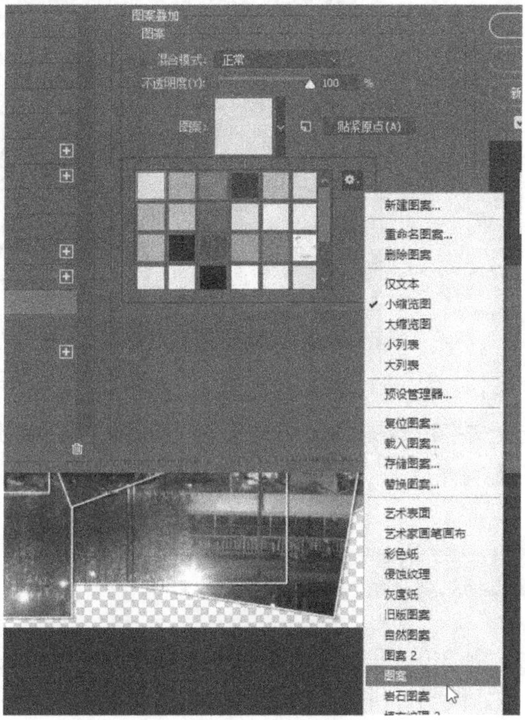

图 3-9　选择“图案”命令

在新的图案列表框中选择“编织”图案作为效果图背景，如图 3-10 所示，可通过“缩放”调整图案的大小。

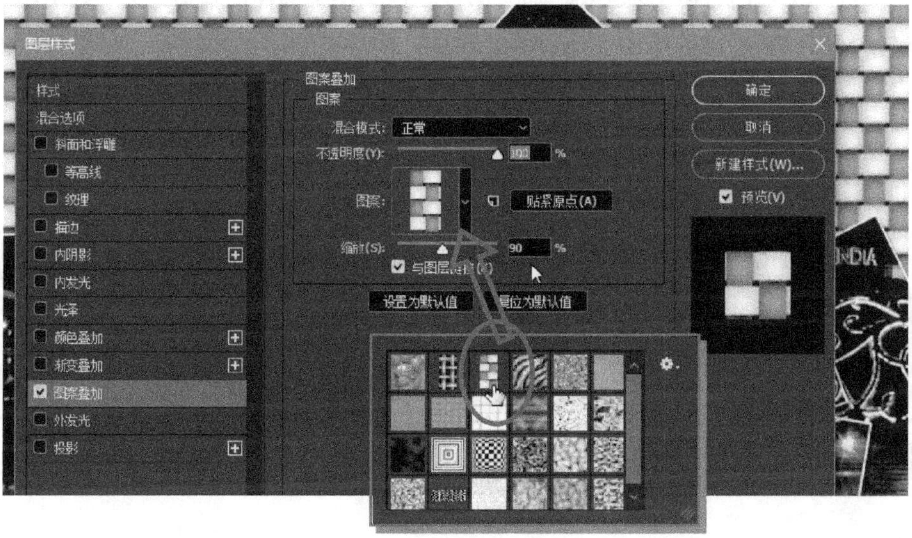

图 3-10　设置背景图案

将素材文字和中国馆图像文件置入编辑窗口，两幅图像应置于当前编辑页面左上方适当位置，文字图层应在中国馆图像图层的下面。

单击中国馆图像图层标签，按 Ctrl+Alt+G 组合键创建剪贴蒙版，这时下方的文字图案成为蒙版，中国馆图案依文字轮廓显示，图案被剪辑，因此这种效果也称为剪切图层，如图 3-11 所示。可对剪切图层的相关图层对象分别进行效果编辑，调整为适当的大小和相对合适的位置。

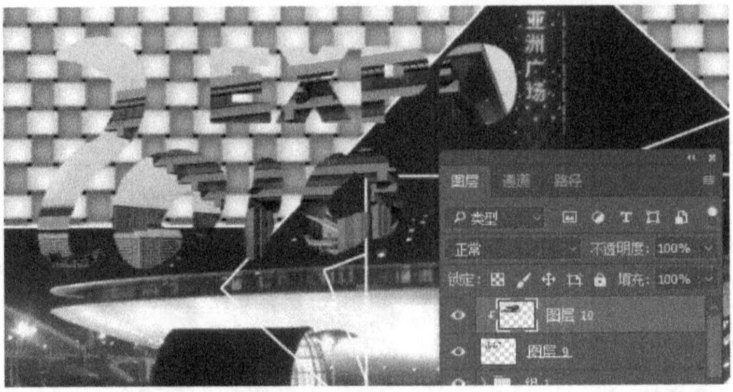

图 3-11　应用剪切图层

选择文字图像图层，双击图层标签右侧，在弹出的“图层样式”对话框中添加“外发光”“投影”效果。

3.2　图层的基本操作

由实例 3-01 可以看到图层是 Photoshop 进行图像处理操作的基础，通过图层的设置可以很方便地修改、编辑、拼接、组合图像，实现很多复杂的图像效果，也可以利用图层分别设计图像的不同部分，使图像组织结构清晰，同时可以便捷、准确地实现对指定图层对象的操作。

3.2.1　图层的概念

图层即在同一图像中设置多个绘制层面，图层是用来绘制图像的重要工具，利用图层可以把不同的图像内容分别放在不同的层面上进行单独操作，而不同的图层叠放在一起形成一幅完整的图像，如图 3-12 所示。

图 3-12　图层

而这些层面是透明的，可以看见所有内容的综合效果。由于不同图层相互之间不受影响，在修改、编辑图像时就可以在不同的图层做不同的修改，不会影响其他层面的内容，这使得图像的组织结构清晰，便于编辑。

在默认状态下，Photoshop 图层中灰白相间的方格表示该区域没有像素。当某个普通图层中的某部分图像被删除时，该部分就会变成透明的，而当“背景”图层中删除某部分时，则显示预设的背景色。

3.2.2　“图层”面板

对图层的操作和管理可以通过“图层”面板来完成，选择“窗口”→“图层”命令或按 F7 键，可调出如图 3-13 所示的“图层”面板，F7 是“图层”面板的开/关快捷键。

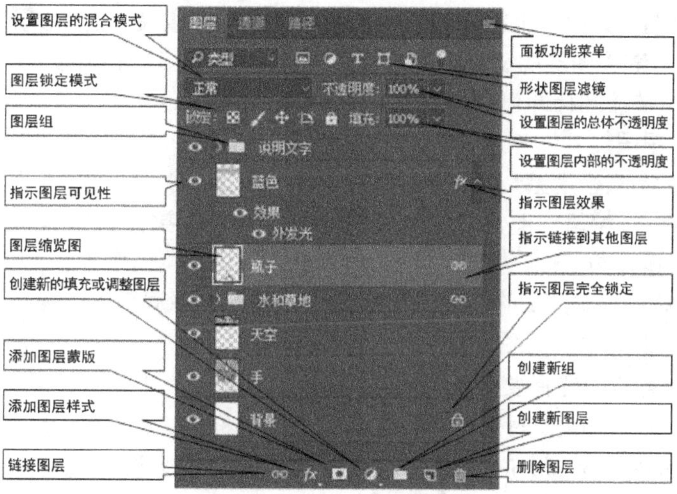

图 3-13　“图层”面板

在“图层”面板中可以显示及设置图像各图层的属性、编辑状态、附加效果、排列层次等，可以准确地选择和处理某一个或多个关联图层或图层组。单击“图层”面板右上角的“”图标可以调出“图层”面板功能菜单，在其中选择图层编辑的相关命令。

“图层”面板由多个图层标签构成，每个图层标签标识构成图像的一个画面，可以单独编辑，各图层的排列顺序可以根据构图的需要进行调整，直接拖动图层标签就可以改变图层所在的层次。图层标签通常包括显示标识、图层缩览图、图层名称、图层样式、锁定标志等信息标识，不同类型的图层会有不同的标识状态，如图 3-13 所示。

对多个图层进行统一移动、变形或删除操作，可以按 Shift 键并单击相关图层标签，被选中的图层均呈灰色，同时作为当前激活图层。

在“图层”面板的底部设置了常用的图层操作功能图标，包括链接图层、添加图层样式、添加图层蒙版、创建新组、创建新图层和删除图层等。

1）创建新图层

创建新图层可以单击“图层”面板下方的“”（创建新图层）图标，即在当前图层上创建一个新图层，新建图层被自动命名为“图层 1”“图层 2”“图层 3”等，可以双击图层名称，对其重新命名。

也可以通过菜单命令创建新图层，选择“新建”→“图层”命令，会弹出“新建图层”对话框，如图 3-14 所示，可在对话框中设置新图层的名称，图层缩览图的颜色，图层混合模式和不透明度等。按 Alt 键并单击“”（创建新图层）图标，也会弹出“新建图层”对话框。

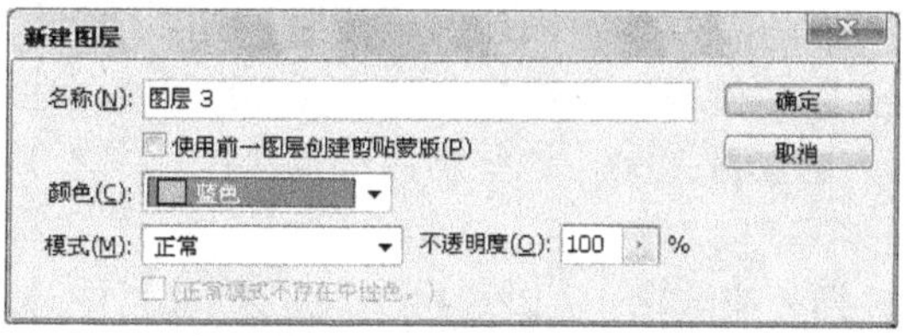

图 3-14　“新建图层”对话框

2）建立链接图层

选定多个相关图层，单击“图层”面板底部的“”图标，或右击当前图层标签，在弹出的快捷菜单中选择“链接图层”命令，即实现对当前图层的链接，在相应图层标签上会出现“”，对于链接图层，只要选择其中任何一个图层，即可对所有链接图层进行统一的移动或图形变换。在取消图层链接时只要选中其中一个链接图层，单击“图层”面板底部的“”图标就可以了。

按 Shift 键并单击链接图层的链接图标可以暂时停用链接，这时链接标志将出现一个“×”，再次按 Shift 键并单击链接图标即可启用链接。

3）复制和删除图层

复制图层可以在当前图层上产生一个与原图层完全一致的图层副本，当需要利用某个已有的图层效果或图像进行进一步编辑，但又需保留原图层内容时可直接复制图层。

复制图层有多种操作方式。

- 在“图层”面板中将要复制的图层标签拖动至“图层”面板底部的“”（创建新图层）图标。
- 可以按 Ctrl+J 组合键实现图层复制。
- 使用系统菜单操作，选择要复制的图层，选择“图层”→“复制图层”命令，可在弹出如图 3-15 所示的“复制图层”对话框中设定新图层的名称，以及图层所属目标文档等，其中目标文档可以是已在 Photoshop 中打开的图像文件，也可以新建图像文件，单击“确定”按钮即可完成图层复制。

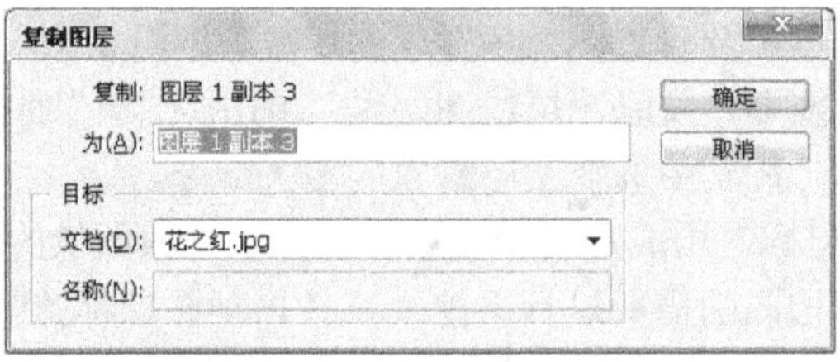

图 3-15 “复制图层”对话框

- 使用快捷菜单操作，右击当前图层标签，在弹出的快捷菜单中选择“复制图层”命令或单击“图层”面板右上角的“”图标，选择“复制图层”命令，也可以直接建立当前图层的副本。
- 对于已打开的不同图像文件之间的图层复制，可单击“”（移动工具），将图层从源图像中拖动至目标图像中。

图层复制会在当前图层上面生成与原图层相同的图层副本，它是一个新的独立图层。如果当前图像文件中存在激活的选区，则所复制的图层内容仅为当前图层包含在选区内的图像内容。

对于不用的图层可以将其直接拖到“图层”面板底部的“”（删除图层）图标，或单击该图标即可实现图层删除，当然也可以通过右击选中的要删除的图层标签，或单击“”图标，在弹出的功能菜单中选择“删除”命令，这些操作适合对单个或多个选中图层的删除。

3.2.3 图层的操作属性

图层的常用操作属性，包括图层类型、图层的可视性、图层混合方式、图层锁定、图层透明度及内部填充透明度等，它们在图像处理中被频繁使用，适当的图层属性设置有利于提高操作效率和准确性，并可以形成变化无穷的图像效果，这些属性可直接在“图层”面板上进行设置。

1）图层类型

在“类型”下拉列表中选择相应选项，可以选择在“图层”面板中显示特定类型或效果的图层，以便于有针对性地进行编辑。

2）图层锁定

在“图层”面板上方单击锁定标志可实现对相应图层操作的限定，以保证在进行某种图层操作时不会造成其他的误操作，可设置为锁定透明像素、锁定图像像素、锁定位置、锁定全部等。

单击“锁定全部”图标时在图层标签后显示“ ”图标，图层或图层组的所有编辑功能被锁定，图像不能进行任何编辑或移动操作。若选择其他锁定选项将在图层标签后显示部分锁定图标“ ”，表示只能对指定区域进行编辑。

- ：锁定透明像素。

为了保护图层中的透明区域，可将当前图层中的透明部分保护起来，由于透明表示图中没有任何像素，这时的操作将只针对图像中有像素的部分有效，选择锁定透明像素后不能对图层的透明区域进行编辑。

- ：锁定图像像素。

单击“锁定图像像素”后除可移动图层上的图像以外，不能对图像进行任何编辑。

- ：锁定位置。

单击“锁定位置”图标后，本图层上的图像不能被移动，但可进行其他编辑操作，也可移动或编辑当前选区所包含的内容。

- ：防止在画板内外自动嵌套。
- ：锁定全部。

3）图层显示或隐藏

在“图层”面板左侧可见性标识框出现眼睛“ ”图标表示该图层可见，否则表示图层被隐藏，可通过单击该图标转换图层的显示状态。

4）不透明度

透明度表明图层或图层组的可视程度和穿透效果，图层的不透明度确定它遮蔽或显示其下方图层的程度。不透明度为 1%的图层看起来几乎是透明的，而不透明度为 100%的图层则显得完全不透明。

“图层”的“不透明度”是设置图层的总体不透明度的，影响应用于图层的任何图层样式和混合模式，如“填充”是设置图层的内部不透明度的，影响图层中绘制的像素或图层上绘制的形状，但不影响已应用于图层的任何图层效果的不透明度。

在一个图像背景上新建图层，使用填充像素方式绘制图形，并设置“描边”图层样式，如图 3-16 所示。对图形设置图层“不透明度”为 100%，“填充”为 36%，只有图形填充颜色呈现透明效果，其描边区域保持不变，如图 3-17 所示。对图形设置图层“不透明度”为 36%，“填充”为 100%，则图形所有区域呈现为透明效果，如图 3-18 所示。

图 3-16　设置“描边”图层样式

图 3-17　填充透明效果

图 3-18　图层透明效果

5）为图层指定混合模式

图层的混合模式是指确定当前图层像素以某种方式与其下层对应像素混合呈现的效果。可选择“图层”面板的左上方的图层混合下拉列表，在下拉列表中选择一个模式，应用相应的混合模式效果，关于图层混合模式将在后续章节详细叙述。

3.2.4 图层组及合并图层

合并图层通常是为了进一步编辑的需要，把不同的图层合并为一个图层，图层组则可以归类管理相关的图层。如果只是为了简化和整理“图层”面板的图层，使用图层组更好，因为合并图层后，参与合并的多个图层合为一个图层，这是不可恢复的操作，不能再对其中的某些信息进行单独编辑。

1）图层组

对于一些内容相关、层次确定相连的图层，可以建立图层组，以规范或简化“图层”面板的图层结构，也便于组织和调整图像文件。可以同时选择这些相关的图层，单击“图层”面板底部的“”（创建新组）图标即可建立图层组，将选中图层剪切到所选图层组，也可以把相关的图层拖进已建立的图层组。

可以通过选择图层组对所含组内图层对象统一进行变换、移动、隐藏或显示操作，或通过图层组统一设置组内图层的样式，从而便于对相关图层统一调整，而不会改变这些图层对象的相对位置。也可以单独选择图层组内的任何一个图层进行编辑。

2）合并图层

在 Photoshop 图像编辑过程中，图层信息的相对位置非常重要，也是实现图像合成效果的重要手段，为了统一设置某些有关联图层的图像构成的效果，在通过不同图层编辑图像效果后，需要将这些图层合并以便进行进一步的编辑，同时合并图层也可以简化“图层”面板的图层结构，并可以减小文件大小。

合并图层后，所有透明区域的交叠部分都会保持透明，同时上部图层数据替代被其覆盖的图层数据，相关图层合并为一个图层。

- 选择所有要合并的图层或图层组。右击所选图层标签，在弹出的快捷菜单中选择“合并图层”命令，即可完成合并图层的操作，如果在所选图层中包括隐藏图层，则该图层的图像信息将被清除，因此，需保留数据信息并参与合并的图层，必须处于显示状态。
- “向下合并”命令可以合并相邻的两个图层，或当前选择的所有图层。可以按 Ctrl+E 组合键执行“向下合并”命令，也可以通过菜单方式执行。
- “合并可见图层”是针对可见图层操作的，可将不需要合并的图层设置为隐藏，按 Ctrl+Shift+E 组合键即可实现图层合并，也可以右击一个可见图层标签或打开“图层”面板功能菜单，选择“合并可见图层”命令，这时所有可见图层都合并为一个图层，保留隐藏的图层。
- “盖印图层”可以将多个可见图层的内容合并为一个目标图层，同时使其他图层保持完好。其操作结果是增加一个由当前选定图层中的可见图层合成的目标图层，不删除所有原图层。按 Ctrl+Shift+Alt+E 组合键就可以实现盖印图层的操作。
- “拼合图像”操作可以减小文件大小，将所有可见图层合并到背景中，并扔掉隐藏的图层，使用白色填充其余的任何透明区域。通过右击任何一个图层标签或打开“图层”面板功能菜单，选择“拼合图像”命令，就可以完成拼合所有图层的操作。

3.3　图层样式

图层样式是指应用于一个图层或图层组的一种或多种效果。

图层样式是图层操作中功能强大的工具之一，它能够在一个图层中同时应用多达十余种不同的效果，并且可以随时取消和隐藏效果的应用，轻松实现图层对象的各种特效。

Photoshop 也提供了可直接用于构成图层效果的“样式”，可以一次性调用系统预设的包括多种图层样式选项的综合效果。

3.3.1　建立图层样式

图层样式反映了在图层应用的特殊效果设置，通过在如图 3-19 左图所示的“图层样式”下拉列表中选择设置当前图层的图层样式。

通过以下操作可以打开如图 3-19 右图所示的“图层样式”对话框，在其中进行图层样式设置。

- 在“图层”面板的底部单击“fx”（添加图层样式）图标，可在弹出的如图 3-19 左图所示“图层样式”下拉列表中选择图层样式选项，在弹出的“图层样式”对话框中会自动选中相应选项，并可设置相关参数。
- 在“图层”面板双击当前图层标签打开“图层样式”对话框。
- 右击图层标签，在弹出的快捷菜单中选择“混合选项”命令；或单击“图层”面板右上角的面板功能菜单“☰”，在下拉菜单中选择“混合选项”命令。
- 选择“图层”→“图层样式”命令，在子菜单中选择相关的图层样式命令。

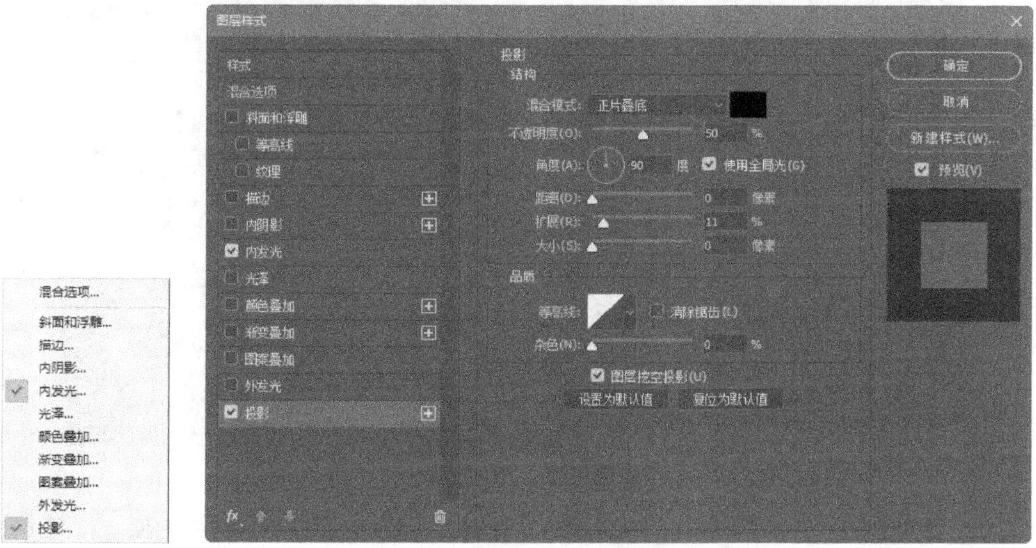

图 3-19　图层样式的设置

应用了图层样式的图层，在其图层标签后将显示图层样式图标“fx”，双击该图标可以在“图层”面板中展开或隐藏图层样式，以便查看或编辑合成样式的效果。在该图层下会出现记载相应图层样式的子图层，可直接拖动图层样式图标或子图层到其他图层实现图层样式的复制，以应用同样的图层样式。

如果图层应用了图层样式，当改变图层内容时，相应的图层效果也会自动应用于当前内容，这对于不同图层的图像效果编辑和修改及应用提供了极大的方便。

3.3.2 编辑图层样式

在系统菜单“图层”→“图层样式”子菜单中还含有清除图层样式、拷贝图层样式、粘贴图层样式的命令，在设置图层样式后该命令被激活，使用该命令可对当前图层样式进行删除、复制等操作。

在“图层样式”对话框中编辑图层样式，必须选中左侧相应的样式选项，不同的样式选项，编辑界面中的参数及选项会有所不同。

1）结构类图层样式

结构类图层样式主要包括投影、内阴影、外发光、内发光、斜面和浮雕、光泽等，主要实现图像的结构化效果。这些样式的效果选项都有对应的设置参数。

其中的“混合模式”是指不同图层对象间色彩重叠的覆盖、融合或增强效果，即在不同的混合模式下，图层对象的层叠将显示为不同的色彩效果。每个图层都可以设置独立的图层混合模式，图层的混合模式效果与其上部的图层无关。

2）用于图像填充的图层样式

图层样式中的另一部分用于图像填充效果，包括颜色叠加、图案叠加、渐变叠加、描边等，用于修饰图像的色彩效果。

- 颜色叠加：在对应图层中的图像表面覆盖一种设定颜色，即纯色填充。
- 图案叠加：在对应图层中的图像表面覆盖预先设置的样本图案。选择“图案叠加”样式选项后，可单击“图案”右侧的向下箭头，在弹出的图案样式列表框中选取一种图案，如图 3-20 所示。

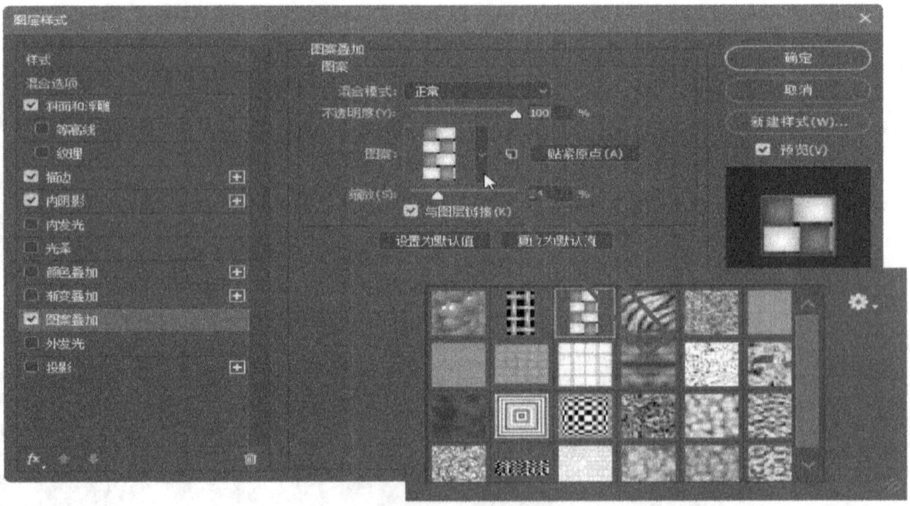

图 3-20　图案叠加

可以设置图案的相对位置，单击“贴紧原点”按钮，使图案的原点与文档的原点相同（在勾选“与图层链接”复选框状态时），或将原点放在图层的左上角（如果取消勾选了“与图层链接”复选框）。如果希望图案在图层移动时随图层一起移动，应勾选“与图层链接”复选框。拖动“缩放”滑块，或输入一个值可调整所填充图案的大小。

- 渐变叠加：可以在对应图层中的图像表面覆盖一种渐变色。在样式编辑区单击“渐变”下拉列表右侧向下的箭头“”，可从弹出的列表框中选取一种预设的渐变。可以使用渐变编辑器编辑渐变或创建新的渐变，如图 3-21 所示。单击“渐变”列表可打开“渐变编辑器”对话框，可以编辑渐变色或不透明度。

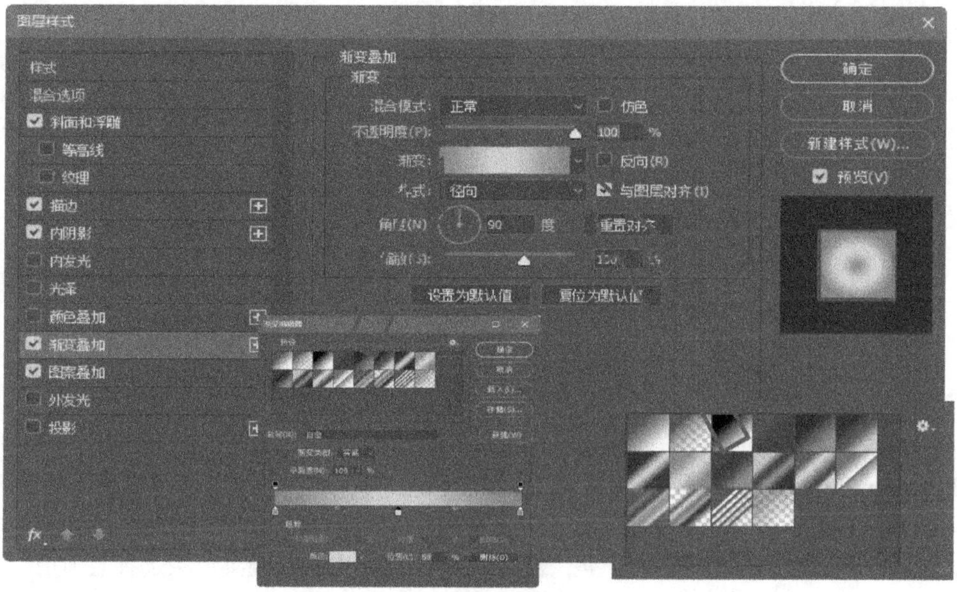

图 3-21　渐变叠加

- 描边：使用颜色、渐变或图案在当前图层的对象上描绘轮廓，对于硬边形状（如文字）特别有用。描边样式的结构参数选项中的“位置”可指定描边效果的位置是“外部”“内部”还是“居中”。其他的设置参数与上述样式的相应参数设置类似。

3）预设样式

“图层样式”对话框中包括了众多的预设样式选项，在右侧的“样式”列表框中列出了许多样式效果的综合应用的样本，如图 3-22 所示。这里包含了系统提供的多种样式的应用预设，可以直接选用。也可以将自定义创建的样本添加到样本库中，留待以后选用。

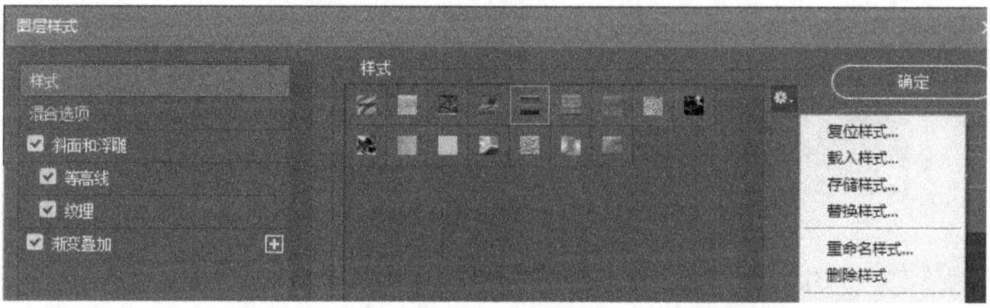

图 3-22　预设样式选项

可以单击右上角的“ ”图标，在弹出的功能菜单中选择一个样式分组，从而可以选用不同的样式。也可以对选择的样式进行再编辑。

可直接在“图层样式”对话框中设置新的图层样式，在勾选选项并设定相关效果参数后，单击“图层样式”对话框右侧的“新建样式”按钮，即弹出“新建样式”对话框，可在其中设置样式名称及设定包含效果范围，然后单击“确定”按钮保存当前设计的样式。注意保存到“样式”列表框中的是相关的图层样式效果，而不包含其他图像内容。

实例 3-02　金色画框

通过编辑图层属性，给“油画”图像文件设计一个金色画框，如图 3-23 所示。

图 3-23　金色画框

在 Photoshop 中打开“油画”图像文件，新建“图层 1”，在工具栏单击“自定形状工具”图标，单击工具选项栏右侧的“形状”下拉列表标识“ ”，打开系统图形样本列表框，当前样本可能没有需要的图形，然后单击样本窗口右上角“ ”图标，在弹出的功能菜单中选择“画框”命令，设置替换当前的形状样本，在新的图形样本中选择“边框 3”图形，如图 3-24 所示。

图 3-24　设置形状图形

在工具选项栏左侧选择“像素”绘图模式，在文件编辑区绘制画框图形，如图 3-25 所示。双击“背景”图层标签，将其改为普通图层（图层 0），如图 3-26 所示。

图 3-25　绘制画框图形

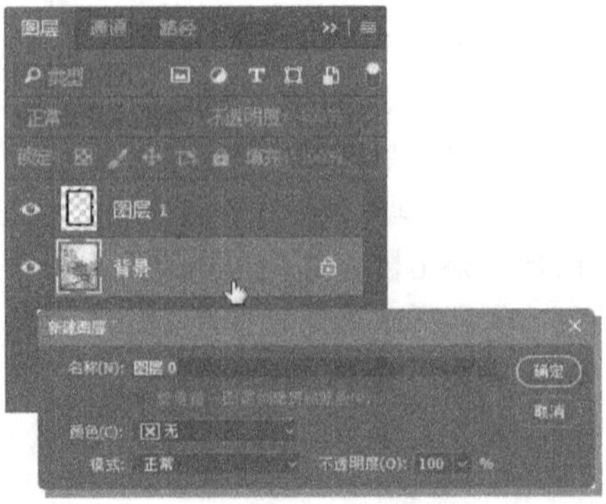

图 3-26　将“背景”图层改为普通图层（图层 0）

按 Ctrl+T 组合键进入“自由变换”编辑状态，对“图层 1”的内容进行尺寸调整，使之在画框中呈现适当的内容画面，如图 3-27 所示。结束自由变换，在工具栏单击“魔棒工具”图标，单击画框内部建立内框选区，按 Ctrl+Shift+I 组合键设置选区反向，单击“图层 0”（油画），按 Delete 键删除多余画面，如图 3-28 所示。按 Ctrl+D 组合键取消当前选区。

图 3-27 调整油画图像大小

图 3-28 裁剪油画以适合画框

双击“图层 1”图层标签，打开“图层样式”对话框，在左侧列表中选择“样式”选项，单击窗口右上角“”图标，在弹出的功能菜单中选择 “Web 样式”命令，如图 3-29 所示。

在当前样式列表框中，选择“铬黄”样式，如图 3-30 所示，单击“确定”按钮应用该样式于当前图层。

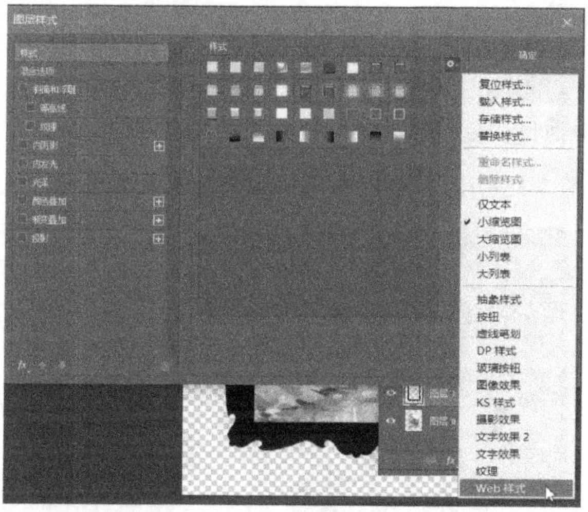

图 3-29 选择“Web 样式”命令

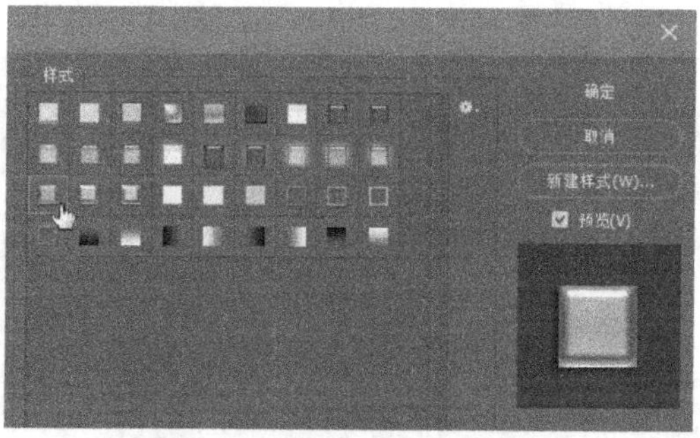

图 3-30 选择“铬黄”样式

这里的样式通常是由多种图层样式合成的，从而可以简化图像编辑。图 3-31 所示为应用样式后的画面效果和图层。

图 3-31　应用样式后的画面效果和图层

当前应用的预设样式，是由多种样式效果组成的，可以根据需要做进一步参数设置，适当设置“图层 1”的“斜面和浮雕”效果，如图 3-32 所示。

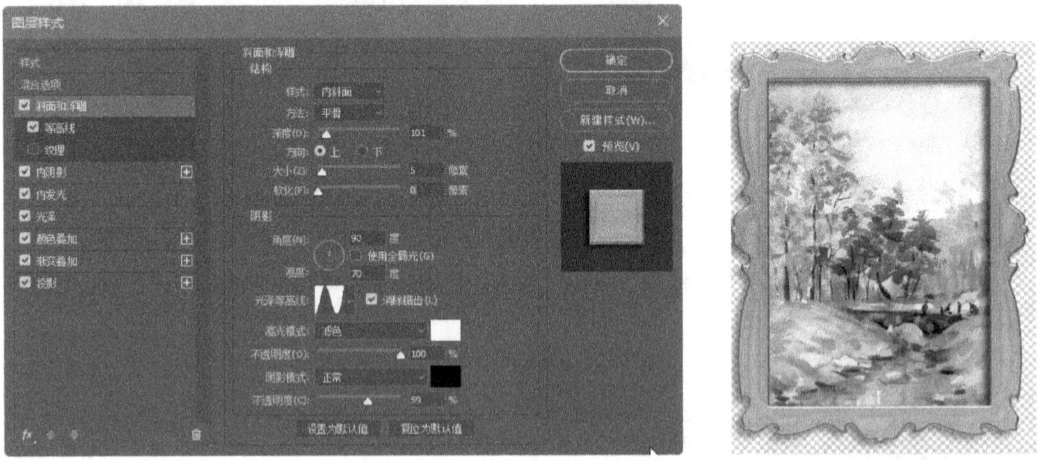

图 3-32　设置“斜面和浮雕”效果

然后设置“光泽”和“颜色叠加”效果，如图 3-33 所示。最后即可得到金色画框效果。

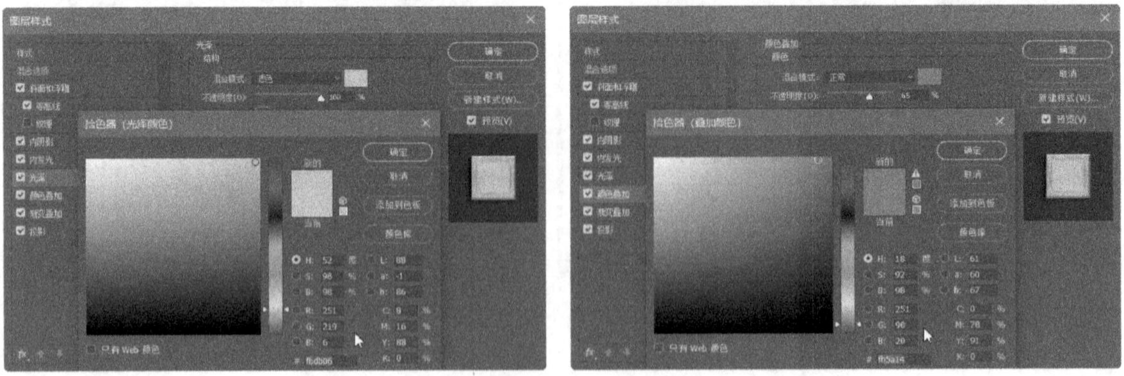

图 3-33　设置“光泽”和“颜色叠加”效果

3.3.3　混合选项

“图层样式”对话框中的“混合选项”是对图层混合效果的综合设置，选择“混合选项”后，在对话框中部的参数设置区将出现相关的设置栏，如图 3-34 所示。

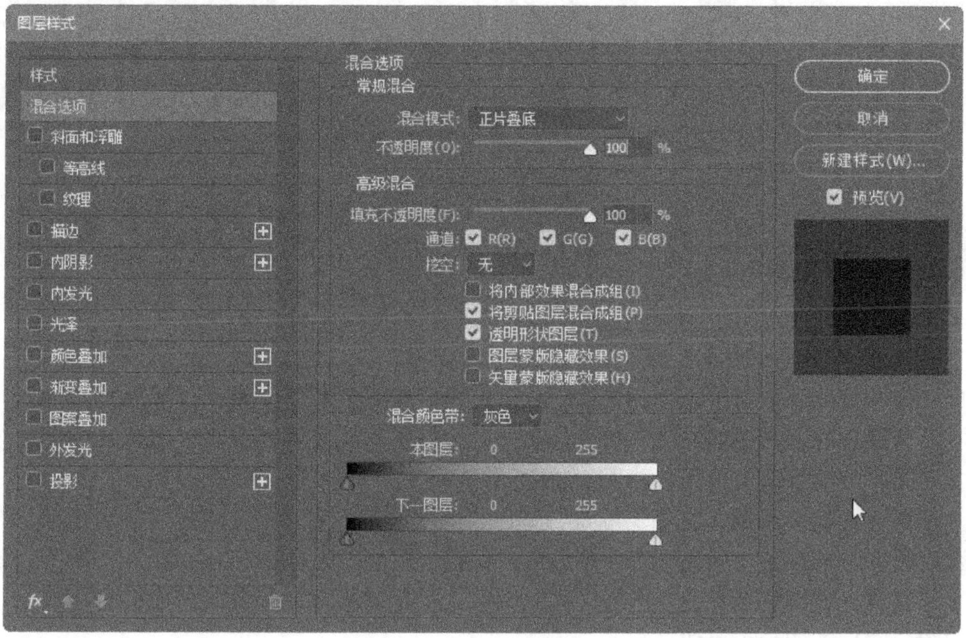

图 3-34　混合选项

1）常规混合

常规混合主要包括混合模式和不透明度的设置，这里的设置与相关图层设置同步。

2）高级混合

- 填充不透明度：用于改变原有的像素或绘制图形。这里的“填充不透明度”设置也与“图层”面板中的设置同步，它不影响设置图层样式以后加入的对象，只改变图层中设置样式前已存在的像素或图形。
- 通道：根据当前对象的颜色模式选择执行混合设定的通道。
- 挖空：用于设定是否可透过图层看到其他图层的内容。设置“挖空”（浅、深）并适当减小“填充不透明度”后，可以由当前图层穿透后面的图层显现“背景”图层的内容，如果没有“背景”图层，则显示透明背景。

3）关于“挖空”设置

选择顶部图层（将为该图层创建挖空效果），选择“图层”→“图层样式”→“混合选项”命令，设置“高级混合”栏的“挖空”选项，当有图层组，“挖空”设置为“浅”时，则效果只限于本图层组，“挖空”设置为“深”时，则会挖至“背景”图层或透明层。如果未使用图层组或剪贴蒙版，则“浅”或“深”都会创建显示“背景”图层或透明层的挖空效果。应适当设置顶部挖空效果图层的不透明度或图层混合模式才能显现挖空效果。

实例 3-03　春

利用图片素材使用挖空设置以下效果，如图 3-35 所示。

图 3-35　图像素材和效果

在 Photoshop 中打开图像素材“浇花”和“雪中梅花”，把“雪中梅花”图像拖动到“浇花”编辑窗口，自动生成一个新图层“图层 1”，适当调整新图层对象位置。

在工具栏单击“T 横排文字工具”图标，在文件编辑区输入“迎春”文字，输入文字时会自动增加一个文字图层，设置适当大小，如图 3-36 所示。

在“图层”面板中双击文字图层标签，调出“图层样式”对话框，选择“混合选项”选项，在中部参数设置区适当设置“填充不透明度”，并设置“挖空”为“深”，如图 3-37 所示。这时可以看到文字部分可以透视到“背景”图层，适当调整文字位置可以调整背景画面的呈现效果，完善画面整体构图。然后添加一个描边效果。

图 3-36　输入文字并设置大小

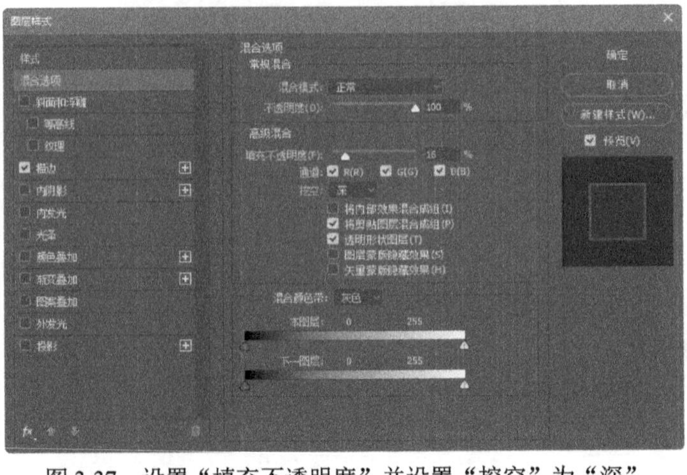

图 3-37　设置“填充不透明度”并设置“挖空”为“深”

在“挖空”下方，还有一些可选项，涉及“挖空”设置具体效果的实现范围或程度。

- “将内部效果混合成组”的设定将控制执行“外发光”“光泽”“颜色叠加”“图案叠加”“渐变叠加”等的图层效果，亦即“挖空”效果会在这些效果区域显现，即设置“挖空”后，将看不到上述图层效果。不勾选“将内部效果混合成组”复选框，上述效果区将不受“挖空”设置的影响。
- “将剪贴图层混合成组”的选择将使挖空对剪切图层有效。
- “透明形状图层”的选择，当执行图层样式的图层有透明区域时，透明区相当于蒙版，生成的效果如果延伸到透明区将被覆盖。
- “图层蒙版隐藏效果”的选择，当执行图层样式的图层有图层蒙版时，生成的效果如果延伸到图层蒙版区域将被覆盖。
- “矢量蒙版隐藏效果”的选择，当执行图层样式的图层有矢量蒙版时，生成的效果如果延伸到矢量蒙版区域将会被覆盖。
- “混合颜色带”选项用于调整图层合成时图像颜色阶调分布的参数。“本图层”表示当前图层，“下一图层”表示处于当前图层以下的所有像素点，拖动滑块将调整构成图像的像素范围，从而决定最终的图像显示效果。

3.4 图层的对齐与分布

一幅正在被编辑的图像可能由多个图层组成，其中不同图层所含对象的相对位置决定了图像的综合效果，因此通过调整图层内或图层间对象的分布是有效实现图像编辑的重要手段之一。

3.4.1 图层对象对齐与分布

图层的对齐是将不同图层的对象依设定基准对齐排布，图层的分布则是将选定的相关图层按设定的方式等距离均布。设置对齐或分布都必须链接或同时选择所有相关的图层，这时单击移动工具，工具选项栏上会出现相应的对齐或分布的可选方式图标，如图 3-38 所示。而基准图层即为当前图层，对于多选图层则是依据对象的相对几何位置。在实际操作中，通常会采用设置相关图层链接的方式，因为这样可以根据需要选择参照图层。但注意不要链接“背景”图层，因为“背景”图层总是被锁定的，链接“背景”图层将使对齐和分步操作不能进行。

图 3-38　移动工具栏上的对齐与分布图标

在执行图层对齐或分布操作时，还可选择系统菜单“图层”子菜单中的“对齐”或“分布”命令，在如图 3-39 所示的相应子菜单中选择图层排列方式以实现自动对齐。

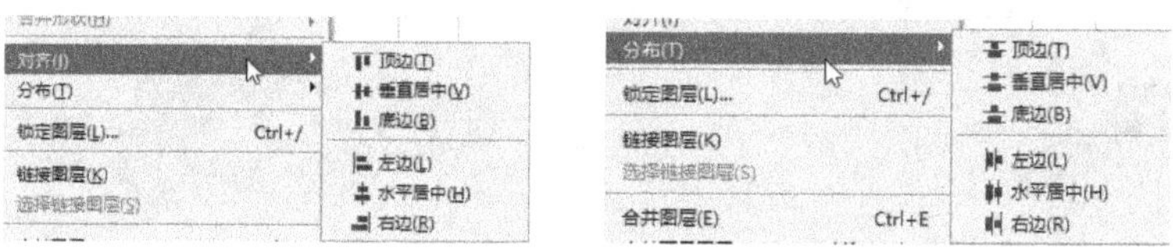

图 3-39　图层子菜单下的对齐和分布命令

1）图层与图层之间的分布

“分布”的操作是与所有相关图层对象相对位置有关的，并统一按照指定边界形成均布，效果只是位于相对中部的图形调整位置，而两端的图层对象不动。图 3-40 为任意分布的车辆图像，各车辆均在不同图层，同时选择 3 种车辆所在图层，选择“右边(R)”和“顶边(T)”分布命令，由图 3-41 可以看到只有中部的摩托车移动了位置，3 种图像的右边线和顶边线呈均布效果。

图 3-40　任意分布的车辆图像

图 3-41　选择“右边(R)”和“顶边(T)”分布命令

2）图层与图层之间的对齐

“对齐”的效果与选择不同的参照图层有关，对几个车辆图层设置链接，在图 3- 41 基础上单击“红跑车”图层标签，选择“左边(L)”对齐命令，如图 3-42 所示。单击“摩托车”图层标签，选择“右边(R)”对齐命令，如图 3-43 所示。

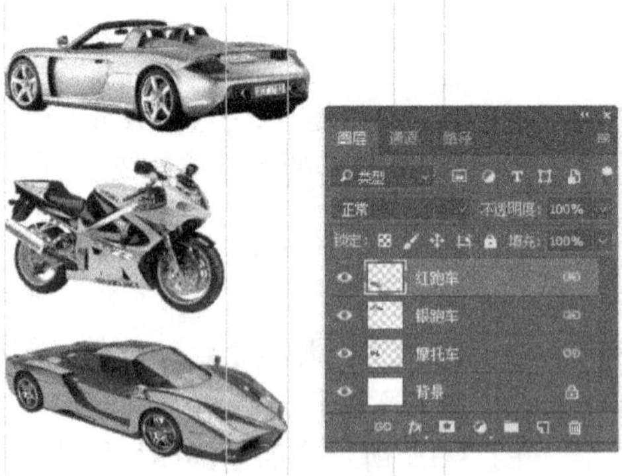
图 3-42　单击“红跑车”图层标签并设置左对齐

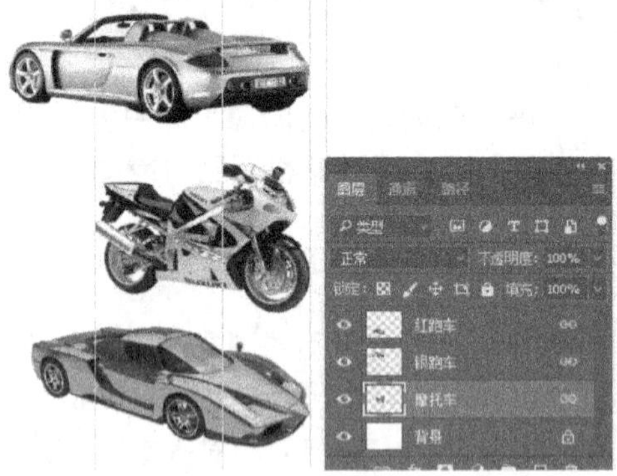
图 3-43　单击“摩托车”图层标签并设置右对齐

3）利用选区设置对齐

可以设置选区作为参照基准设置多图层对齐，在图像中设置选区，如图 3-44 所示。选择任何一个链接图层，选择“底边(B)”对齐命令，即形成如图 3-45 所示的效果，设定选区后，原来图层菜单下的“对齐”命令将显示为“将图层与选区对齐”。

图 3-44　设置选区

图 3-45　对齐选区

3.4.2　自动对齐图层

“自动对齐图层”命令与图像的内容有关，可以根据不同图层中的相似内容（如角和边）自动对齐图层。可以指定一个图层作为参考图层，也可以让 Photoshop 自动选择参考图层。其他图层将与参考图层对齐，以便匹配的内容能够自行叠加。

在图层对齐操作前需要打开多幅相关图像，并复制到一个文件中，也可以使用脚本将多幅图像载入同一文件的图层中。选择“文件”→“脚本”→“将文件载入堆栈”命令，在“载入图层”对话框的“使用”选项可以选择“文件”或“文件夹”，从而一次性载入所有文件或文件夹中的所有图像。

参与自动对齐的图层不要选择调整图层、矢量图层或智能对象，它们不包含对齐图层所需的信息。同时参与设置自动对齐图层的素材必须有 40%的画面像素是重合的，这对于修整同一地点拍摄的类似画面，或拼接由多幅图像构成的大场面图像是很有用的。

首先在“图层”面板中选定某个图层来创建参考图层，如果未设置参考图层，Photoshop 将分析所有图层并选择位于最终合成图像的中心的图层作为参考图层。

通过选择“编辑”→“自动对齐图层”命令也可以执行图层自动对齐操作。

在如图 3-46 所示的“自动对齐图层”对话框中，要将共享重叠区域的多幅图像缝合在一起（例如，创建全景图），可使用“自动”“透视”“圆柱”等选项。要将扫描图像与位移内容对齐，可使用“调整位置”选项。

“自动对齐图层”的操作要根据不同的整理需求，选择“自动”“透视”“拼贴”“圆柱”“球面”“调整位置”等不同选项，与要整理的图像源有关，适当的操作选项可以更好地实现图像整合。

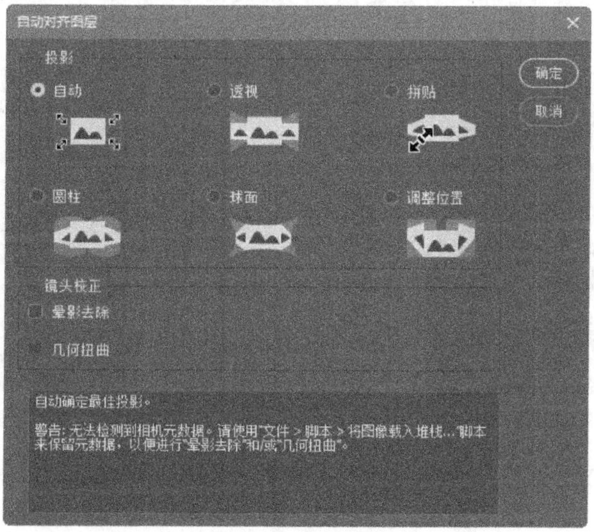

图 3-46　“自动对齐图层”对话框

“镜头校正”选项的设置可在图层调整中自动校正以下镜头缺陷。

- “晕影去除”选项对图像边缘（尤其是角落）比图像中心暗的镜头缺陷进行补偿。
- “几何扭曲”选项补偿桶形、枕形或鱼眼失真缺陷。

3.4.3　自动混合图层

“自动混合图层”命令是依据多幅相似图像自动调整因取景误差而造成的画面缺陷，合成相对完美的画面。使用“自动混合图层”命令可缝合或组合图像，从而在最终复合图像中获得平滑的过渡效果。“自动混合图层”命令将根据需要对每个图层应用图层蒙版，以遮盖过度曝光或曝光不足的区域，以及内容差异。

实例 3-04　使用“自动混合图层”命令修整画面

图 3-47 所示为两张不同焦点的同景照片，可以明显地看出由于取景的不同造成局部景物的虚化，经过图层对齐、混合整理后形成清晰的照片效果，如图 3-48 所示。

图 3-47　两张不同焦点的同景照片

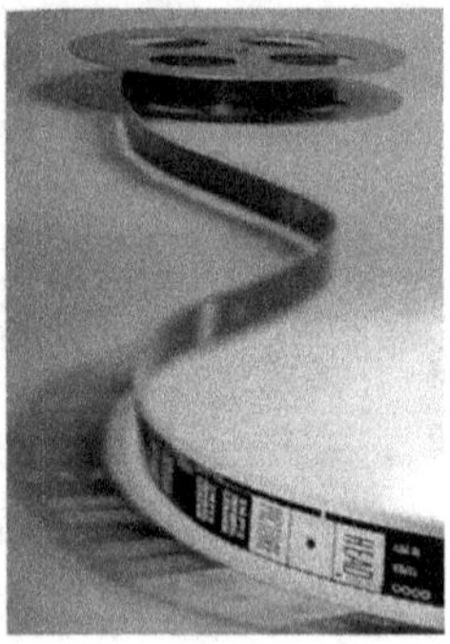

图 3-48　清晰的照片效果

打开两张图片，把其中一张复制到另一个图片文件中，成为其图层之一，把“背景”图层转为普通图层，同时选中两个图层，如图 3-49 所示。选择“编辑”→“自动对齐图层”命令打开“自动对齐图层”对话框，选择投影为“自动”，执行自动对齐图层可以使不同图层对象内容较好地吻合。

选择“编辑”→“自动混合图层”命令，打开“自动混合图层”对话框，如图 3-50 所示。系统会自动对比两张图片的重叠部位，对像素进行平滑过渡处理，从图 3-48 可以看到处理后的图片效果，原来不清晰的地方已经有所改观。

图 3-49　选中两个图层

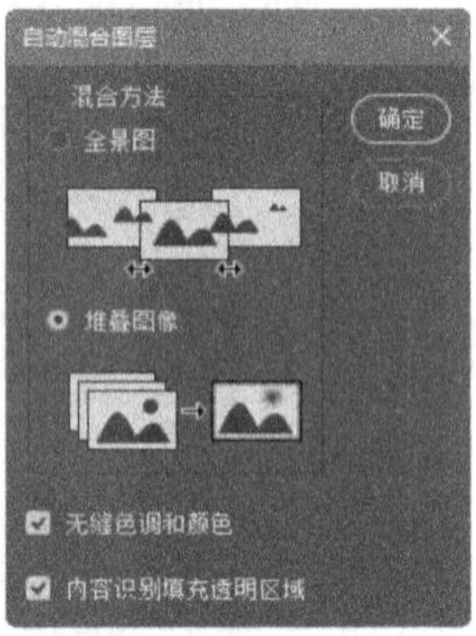

图 3-50　“自动混合图层”对话框

执行“自动混合图层”命令前必须选择所有相关图层，并对这些图层执行“自动对齐图层”命令，然后可以通过执行“自动混合图层”命令混合同一场景中具有不同焦点区域或不同照明条件的多张图片，以获取所有图片的最佳效果。“自动混合图层”仅适用于 RGB 或灰度图像，不适用于智能对象、视频图层、3D 图层或“背景”图层。

在“自动混合图层”对话框中，设定“混合方法”为“全景图”可将重叠的图层混合成全景图；选择“堆叠图像”可混合每个相应区域中的最佳细节，该选项最适合已对齐的图层；选择“无缝色调和颜色”调整颜色和色调以便进行混合。

3.4.4　图层复合

在实际设计工作中，设计师通常会创建页面版式的多个合成图稿（或复合），或者需要多个不同的效果比较方案。使用图层复合，可以在单个 Photoshop 文件中创建、管理和查看版面的多个版本。图层复合的作用就是将各图层的位置、透明度、样式等信息存储起来，之后可以通过简单地切换来比较几种布局的效果。

3.5　图层蒙版

蒙版是 Photoshop 中的一种图像编辑手段，即在图层对象上设置一种区域遮蔽效果，显露部分图像，而完全或一定程度上遮盖（隐藏）另一部分图像。关于蒙版的进一步分析在后续章节会介绍，这里仅讨论图层蒙版的使用。

3.5.1　建立图层蒙版

在 Photoshop 中打开图像素材“荷花”和“垂柳”，使垂柳图像置于顶层（图层 1），使用“套索工具”绘制选区，按 Ctrl+Shift+I 组合键执行反向，并设置适当的羽化，如图 3-51 所示。

图 3-51　导入图像素材并建立选区及设置羽化

单击“图层 1”图层标签，单击“图层”面板底部的“”（添加蒙版）图标即在当前图层（新添加的素材图层）选区创建了图层蒙版，如图 3-52 左图所示。

然后可将“背景”（荷花）图层转为普通图层（图层 0），并通过自由变换适当调整其位置和尺寸，使之通过蒙版显示的内容与整体画面协调，得到如图 3-52 右图所示效果。

图 3-52　创建图层蒙版及最终效果

可以把图层蒙版效果应用到另一个图层，拖动蒙版缩览图到另一个图层可实现移动蒙版的操作，按 Alt 键并拖动将实现复制蒙版到目标图层的操作。

删除图层蒙版时可直接拖到“图层”面板底部“ ”图标，会弹出如图 3-53 所示的操作提示，单击“应用”按钮将图层蒙版效果合并到图层对象中，即保留效果，或单击“删除”按钮移去蒙版，图层对象恢复创建蒙版前的状态。

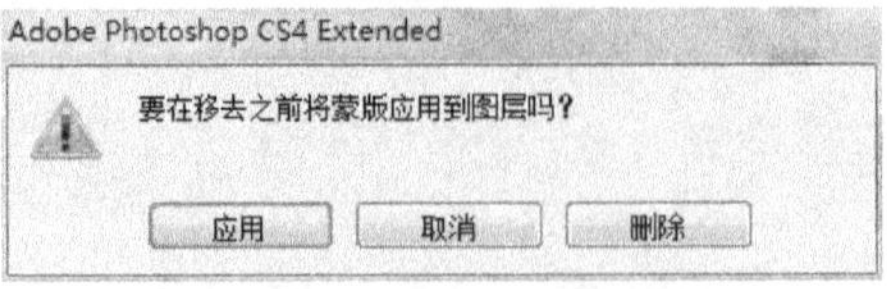

图 3-53　保留或移去图层蒙版

如果要暂时屏蔽蒙版效果，可按 Shift 键并单击“图层”面板中的图层蒙版缩览图，执行同样操作可解除屏蔽。

3.5.2　剪贴蒙版

剪贴蒙版可依某个图层对象内容（轮廓）来控制其上方图层显示区域。基底图层的非透明内容将在剪贴蒙版中裁剪（显示）它上方图层的内容。

单击作为被蒙版对象所在图层标签，按 Alt+Ctrl+G 组合键即可创建基于下一图层的剪贴蒙版。

可以在剪贴蒙版中使用多个图层，但它们必须是连续的图层。建立剪贴蒙版后，蒙版中的基底图层名称带下画线，上层图层的缩览图是缩进的。叠加图层将显示一个剪贴蒙版图标“ ”。

“图层样式”对话框中的“将剪贴图层混合成组”选项可确定基底的混合模式是影响整个组，还是只影响基底。

实例 3-05　建立剪贴蒙版

在 Photoshop 中打开图像素材，并整理到同一图像编辑窗口，把当前“背景”图层转为普通图层（双击“背景”图层标签），新建图层，并设置为“背景”图层（选择“图层”→“新建”→“背景图层”命令），为“背景”图层填充花卉图案。注意把要作为蒙版图形的图层放在被蒙版图像图层之下，如图 3-54 所示（图中为便于观察，隐藏了图层 2）。

图 3-54　打开图像素材并新建图层

使所有图层均在显示状态，单击“图层 2”图层标签并按 Ctrl+Alt+G 组合键即创建剪贴蒙版，如图 3-55 所示。

图 3-55　创建剪贴蒙版

上述创建剪贴蒙版的操作也可以通过将鼠标移到两图层之间右击图层标签选择“创建剪贴蒙版”命令或通过选择“图层”→“创建剪贴蒙版”命令实现。

可以向剪贴蒙版添加其他图层，如果在剪贴蒙版中的图层之间添加图层，该图层即成为剪贴蒙版的一部分。

释放剪贴蒙版可以使用与创建剪贴蒙版同样的方式来实现。

3.6　图层的种类

在 Photoshop 中图层根据使用特点和所提供的编辑功能的不同分为几种不同的类型，其中常用的图层类型包括图像图层、背景图层、调整图层、文本图层和填充图层，它们具有不同的特点，不同的图层之间可以相互转换。

3.6.1　图像图层

图像图层又称为普通图层，是使用较为普遍的图层，用于绘制、编辑图像的一般图层，图 3-56 中除“背景”图层外，其他为图像图层。在图像图层中可以添加和编辑图像，可以将不同的图像放在不同的图像图层上进行独立操作而对其他图层没有影响，在默认情况下，图层中以灰白相间的方格表示该区域没有像素，是透明的，如图 3-56 所示的“背景”图层。

图 3-56　图像图层与“背景”图层

3.6.2　背景图层

背景图层是一种特殊的图层，打开或创建新图像时，“图层”面板中最下面的图层为背景图层。一幅图像只能有一个背景图层。背景图层不能直接编辑，无法更改背景图层与其他图层的堆叠顺序、混合模式或不透明度。但同时背景图层可以作为相对稳定的图层，不会因误操作而破坏图层的图像效果，需要时也可以将背景图层转换为图像图层进行编辑。

在“图层”面板中双击“背景”图层标签，将弹出“新建图层”对话框，在对话框中“背景”图层被默认命名为“图层 0”，可以根据需要进行修改，单击“确定”按钮即可将“背景”图层转换为图像图层。

还可以选择“图层”→“新建”→“图层”命令，将进行与上述相同的操作。

如果图像中没有“背景”图层，也可以将普通图层转换成“背景”图层，一旦转换完成，新建的“背景”图层自动移到图层的最下层，透明处将由背景色填充。在“图层”面板中选择某普通图层为当前图层，选择“图层”→“新建”→“背景图层”命令，就可以将当前图层转换为“背景”图层。

3.6.3 文本图层

文本图层是使用文字工具输入文字时自动生成的一种图层，如图 3-57 所示。文本图层具有矢量图形的特点，可以任意放大或缩小。但由于文本图层的内容是矢量图形，Photoshop 中可用于图像图层的滤镜及许多图形效果编辑命令都不能在文本图层上使用，如不能在文本图层中使用图像绘制工具、填充等，如果要使用这些编辑功能，必须先将文本图层转换成普通图层（图像图层）。

将文本图层或填充图层转换为普通图层，要通过矢量图形栅格化来实现。在“图层”面板中将需要转换的图层设为当前图层，选择 “图层”→“栅格化”→“图层”命令，即可将原图层转化为普通图层（图像图层），而该图层的内容一经栅格化就不可以再更换图形或进行相应的矢量图形或文字编辑了。

3.6.4 调整图层和填充图层

调整图层用于图像的填充效果和色彩调整，它可以调整位于其下方的所有可见图层中的像素色彩及色调效果，而不必对整幅图像都进行色彩调整，同时又不会破坏原图像的色彩，可以随时调整或恢复图像色调效果。这与将在后续章节介绍的色彩调整有所不同，用色彩调整是对整幅图像的色调进行调整，而利用调整图层可以实现图像中部分图层的色彩效果设置。对于存储后的图像不能再恢复以前的色彩状况，也可以使用调整图层解决，在对图像进行色彩调整时，应注意对调整图层的灵活应用。如图 3-58 所示，当前图层为调整图层。

图 3-57　文本图层

图 3-58　调整图层

填充图层可以用纯色、渐变或图案填充。与调整图层不同，填充图层不影响它下面的图层，只是覆盖一层色彩或图案填充效果。

选中需覆盖效果的图层，单击“图层”面板底部的“ ”图标，即可调出创建新的填充或调整图层选项，可根据需要选择相应的操作。

3.6.5　蒙版图层和形状图层

蒙版图层可以通过图层蒙版覆盖或隐藏一部分图层区域，形成特殊图像效果，有图层蒙版和矢量蒙版两种，图层蒙版是与分辨率相关的位图图像，使用绘画或选择工具进行编辑；矢量蒙版与分辨率无关，可使用钢笔或形状工具创建，如图 3-59 所示。

形状图层是由形状绘制工具创建的，是一种矢量蒙版图层，其构图形状可编辑，并具有矢量图形的特点。如图 3-60 所示，当前图层为形状图层，该图层由路径边缘和纯色填充效果构成，可以通过路径编辑的方式调整形状，也可以调整色彩，或通过图层样式编辑填充效果，但是不能进行一些普通图层的图像编辑操作，如使用画笔工具或在图层上添加图形对象。如果需要进行进一步的图像编辑，需要将形状图层转换为普通图层。

图 3-59　图层蒙版和矢量蒙版

图 3-60　形状图层

3.6.6　智能对象和智能图层

智能对象包含栅格或矢量图像（如 Photoshop 或 Illustrator 文件）中的图像数据，因此设置为智能对象的图层也可称为智能图层。智能对象将保留图像的源内容及其所有原始特性，从而能够对图层执行非破坏性编辑。

智能对象有两个特点，对图层对象进行缩小并确认操作后，可以无损还原；可以“记忆”相关智能对象的编辑，进行快速编辑修改。

实例 3-06　智能对象

新建图像文件，命名为“叶”，大小为 16 厘米×12 厘米，分辨率为 300 像素/英寸，背景色为白色。分别打开图像文件“叶”和“雏菊”，如图 3-61 所示。

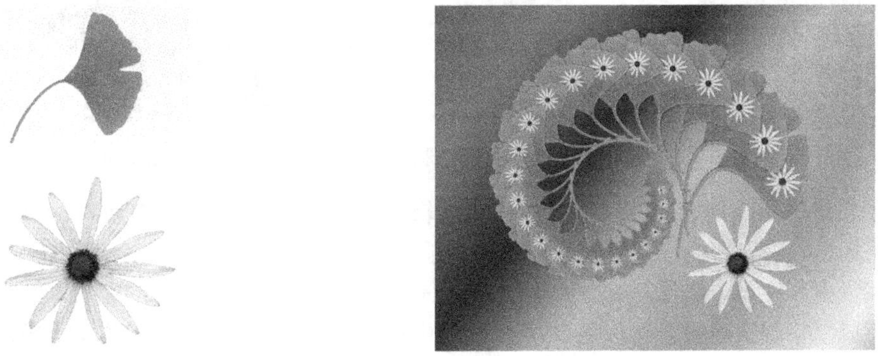
图 3-61　“叶”和“雏菊”

在 Photoshop 中打开“叶”图像文件，将其移动到“叶”文件编辑窗口。并通过“图层样式”设置适当的投影效果。进入“自由变换”编辑状态，设置旋转中心位于叶的左侧靠下，设置叶图像缩小和旋转，并将其移到画面右侧。这是进行图像移动和复制的预设变形（位移和旋转）操作，如图 3-62 所示。

在“叶”图层标签名称上右击，在弹出的快捷菜单中选择“转换为智能对象”命令，在图层缩览图右下角出现智能对象图标，如图 3-63 所示。确认变换后，在后续操作中可以充分利用智能对象的编辑特点。

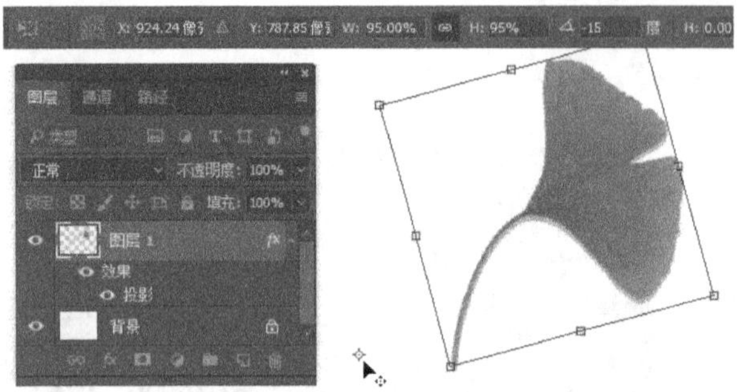

图 3-62　调整叶图像位置

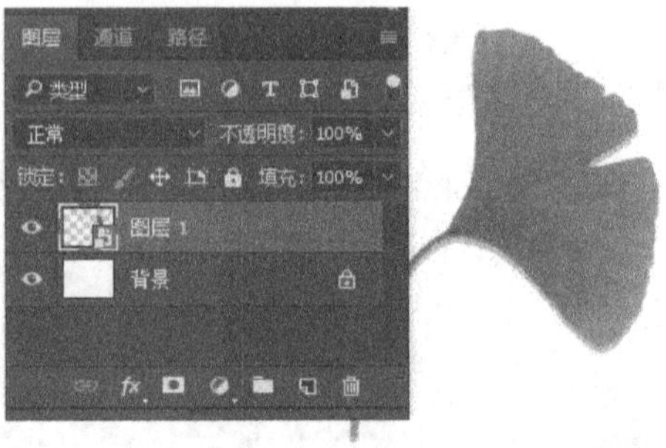

图 3-63　转换为智能对象

按 Ctrl+Shift+Alt 组合键，并不断按 T 键，将按照前面自由变换时设定的参数不断旋转变形，即进行图像复制变换，如图 3-64 左图所示。

将所有与叶相关的图层选中，单击“图层”面板底部的“■”（创建新组）图标，将这些图层整理到一个图层组，命名该图层组为“叶”。

把“雏菊”图像文件复制到上述“叶”所在文件窗口中，按同样的方式将“雏菊”图层定义为智能对象，然后把“雏菊”图像文件缩小至 45%，如图 3-64 右图所示。注意如果不定义智能对象，在进行了后续其他编辑操作后，图像不能再还原，放大后会出现马赛克，而作为智能对象，则可以根据需要进行缩放，只要不超过原图的大小，就可以无损还原。

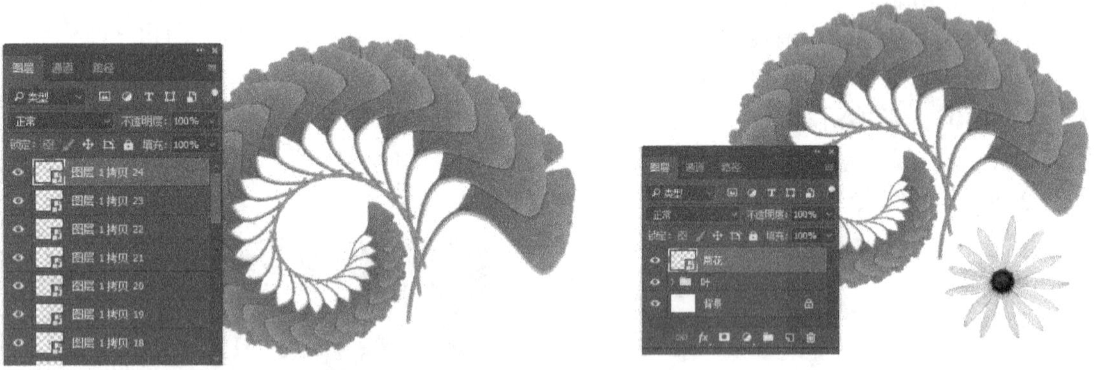

图 3-64　进行图像复制变换并添加“雏菊”图像文件

现在对已定义的智能图层进行进一步编辑。双击“叶”图层组中任何一个图层标签缩览图的智能图层标志，进入智能图层编辑窗口，在智能对象窗口中叶图像的右下角添加一朵雏菊图像，并适当调整大小、位置，如图 3-65 所示。按 Ctrl+S 组合键存储智能图层的编辑，或直接关闭智能图层编辑窗口，并确认编辑，可以看到所有相关智能图层都发生了相应的变化，如图 3-66 所示。

图 3-65 在智能对象窗口中图像的右下角添加一朵雏菊图像

图 3-66 应用智能对象编辑后的效果

完成智能对象编辑后，可关闭智能对象编辑窗口，单击窗口右上角的“×”图标关闭智能对象编辑窗口即关闭智能对象编辑状态，回到原图像文件编辑界面，编辑效果如图 3-61 右图所示。

智能对象可以转换为普通图层。将智能对象转换为普通图层的操作将按当前大小栅格化内容，选择智能对象图层，选择“图层”→“栅格化”→“智能对象”命令即可完成转换。注意在对某个智能对象进行栅格化之后，应用于该智能对象的变换、变形和滤镜将不可再编辑。因此仅当不再需要编辑智能对象数据时，才可将智能对象转换为普通图层。

应用于智能对象的任何滤镜都是智能滤镜。智能滤镜将出现在“图层”面板中应用这些智能滤镜的智能对象图层的下方。可以调整、移去或隐藏智能滤镜，而且这些滤镜是非破坏性的。关于滤镜及其使用方法将在后续相关章节详细介绍。

3.6.7 3D 图层和视频图层

目前的 Photoshop 已经能很好地支持 3D 图像编辑，在 Photoshop 中打开 3D 文件或创建 3D 效果时，将出现 3D 图层，该图层的缩览图以左下角图标“”表示。在 Photoshop 中打开视频文件或图像序列时，帧将包含在视频图层中。

Photoshop CC 还可以进行视频编辑，视频文件同样可作为一个图层添加到“图层”面板中，图层标签缩览图左下角用“”（连环缩览幻灯胶片）图标表示视频图层。可以使用 Photoshop Extended 编辑视频的各个帧和图像序列文件。除了使用任意一种 Photoshop 工具在视频上进行编辑和绘制，还可以应用滤镜、蒙版、变换、图层样式和混合模式编辑视频。进行编辑之后，可以将文档存储为 PSD 文件（该文件可以在其他类似于 Premiere Pro 和 After Effects 的 Adobe 应用程序中播放，或在其他应用程序中作为静态文件访问），也可以将文档作为 QuickTime 影片或图像序列进行渲染。

本章小结

本章主要叙述了图层的建立、编辑等相关操作，图层是图像处理中非常重要的概念，想要灵活有效地进行图像处理，必须熟练地掌握图层的操作，其中图层样式的设置，以及填充图层和调整图层的应用尤为灵活，而图层效果的一些特殊操作，如图层混合、图层复合、剪切图层等，如果对其熟练使用，会对图像的处理和编辑起到非常重要的作用，图层的属性和操作技巧需要在实践中逐步体会和掌握。

实例之窗

实例 3-07 邮票

图 3-67 所示为关于邮票宣传的图像设计，主要通过对不同图层的编辑来实现整体图形的叠放效果。

图 3-67 邮票宣传的图像设计效果

打开素材图像“西湖”和“邮票”，并将“西湖”图像与“背景”图层放在同一编辑窗口。为“邮票”图层添加“投影”效果，如图 3-68 所示。

图 3-68 为“邮票”图层添加“投影”效果

单击“邮票”图层标签，按 Ctrl+T 组合键执行自由变换操作，利用辅助线依据变换控制点标记邮票图像的边界和中心，如图 3-69 所示。使用“矩形选框工具”选中邮票的半边区域，然后按 Ctrl+J 组合键可以提取邮票的左侧，并建立“图层 1”，如图 3-70 所示。

图 3-69 标记邮票的边界和中心

图 3-70 提取邮票左侧画面并建立“图层 1”

单击“图层 1”图层标签，再次按 Ctrl+T 组合键进入“自由变换”编辑状态，可以使用辅助线标记邮票左侧图的中心，如图 3-71 所示。使用“矩形选框工具”框选邮票的最左侧图形区域，再次按 Ctrl+J 组合键得到邮票左图左侧画面图层“图层 2”。

单击“图层 1”图层标签，使用“矩形选框工具”框选邮票左半边的右侧区域，按 Ctrl+J 组合键得到邮票左侧的第 2 个区域图样“图层 3”，如图 3-72 所示。

图 3-71　标记邮票左半图的中心

图 3-72　分割邮票左侧图形

单击“邮票”图层标签，依当前辅助线绘制邮票右侧区域，如图 3-73 所示，按 Ctrl+J 组合键得到邮票的右侧图案“图层 4”。单击“图层 4”图层标签，依上述方式做分割操作，可得到邮票右侧分割区域“图层 5”“图层 6”，即把邮票等分割为 4 部分，如图 3-74 所示。

图 3-73　绘制邮票右侧区域

图 3-74　把邮票等分割为 4 部分

单击“移动工具”图标，按 Shift 键，同时选择除“邮票”“背景”以外的图层，单击“图层”面板底部的“”（创建新组）图标建立包含这些图层的图层组，命名为“备份”，以备后续修改使用。选择“备份”图层组标签，按 Ctrl+J 组合键复制一个副本，命名为“分割”，打开“分割”图层组，删除其中除分割后的“图层 2”“图层 3”“图层 5”“图层 6”以外的其他图层，这些图层可拼合邮票完整图像，隐藏除“分割”图层组以外的图层及图层组，如图 3-75 所示。

图 3-75　整理拼合图样

单击“移动工具”图标，按 Shift 键同时单击“分割”图层组中的“图层 2”图层标签和“图层 5”图层标签，按 Ctrl+T 组合键通过自由变换使两图层的图像旋转 90 度，并进行适当移动，如图 3-76 左图所示，分别向内移动图层组中各图层，形成“井”字，如图 3-76 右图所示。

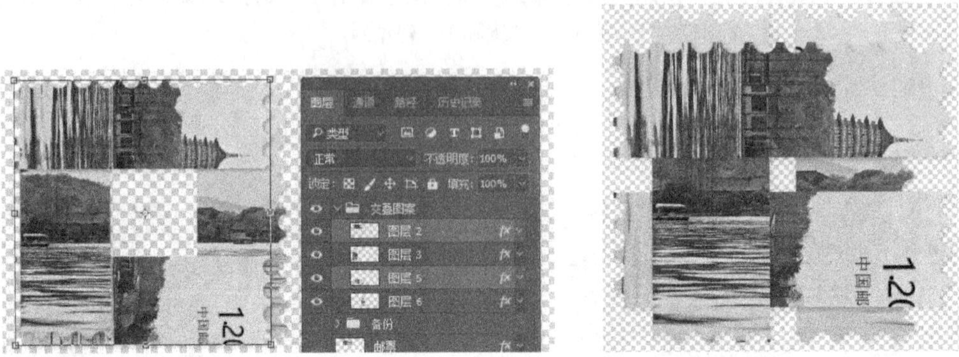

图 3-76　调整邮票分割图像形成“井”字

想要形成各图层画面交错的效果，需要做进一步编辑。单击“图层 6”图层标签，绘制包括与其上部图层（图层 2）图像交叠区域的矩形选区，如图 3-77 左图所示。按 Ctrl+J 组合键提取图像并建立“图层 7”，将其移到“图层 2”之上，盖住“图层 2”上的图像形成“图层 6”错叠在上层的效果，如图 3-77 右图所示。

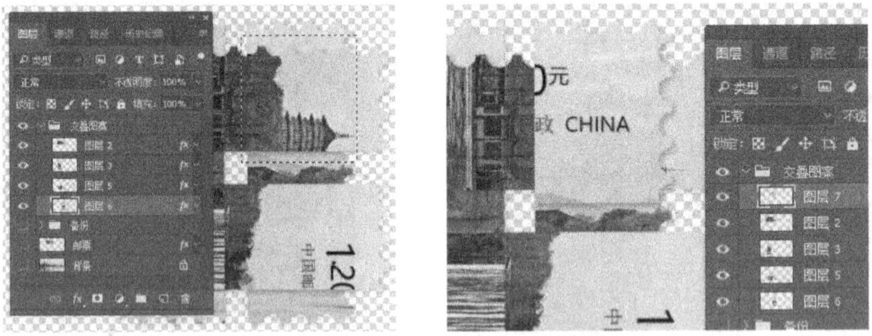

图 3-77　通过图样覆盖改变交叠效果

注意到补充的“图层 2”图像下部的边缘因阴影样式使贴合效果不准确，再次单击“图层 6”图层标签，通过绘制局部区域选区，提取该“图层 6”局部区域的图像并建立“图层 8”，将该图层置于顶层（“图层 7”之上），并清除“图层 8”的阴影样式，如图 3-78 所示，成功遮住了“图层 8”底部露出的阴影，但不影响其他边的正常阴影效果。

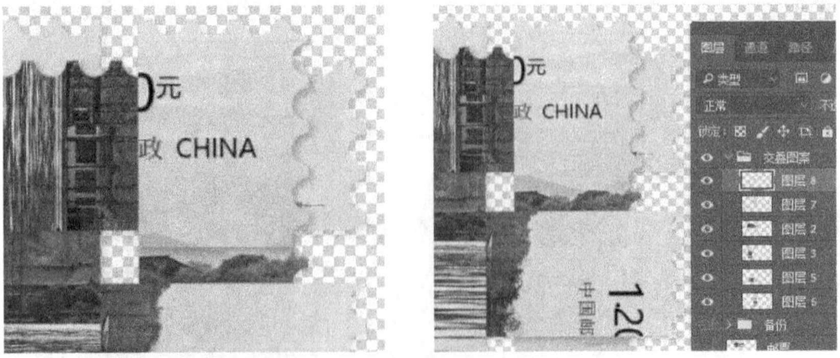

图 3-78　补充覆盖“图层 7”底部阴影效果

复制图层组“交叠图案”命名为“堆叠”，按 Ctrl+E 组合键合并“堆叠”图层组为普通图层，隐藏“交叠图案”图层组。

单击“堆叠”图层标签，按 Ctrl+T 组合键进入“自由变换”编辑状态，按 Shift 键适当缩小图形，再按 Ctrl 键，拖动上部中间的控制点，使之倾斜变形，如图 3-79 所示。

按 Ctrl+J 组合键复制当前图层，按 Ctrl+T 组合键进入“自由变换”编辑状态，按 Shift 键并按上移键，使当前图层（“堆叠 拷贝”）上移 10 像素，结束自由变换，按 Shift+Ctrl+Alt 组合键并按 T 键，以同样方式移动复制多层，如图 3-80 所示。

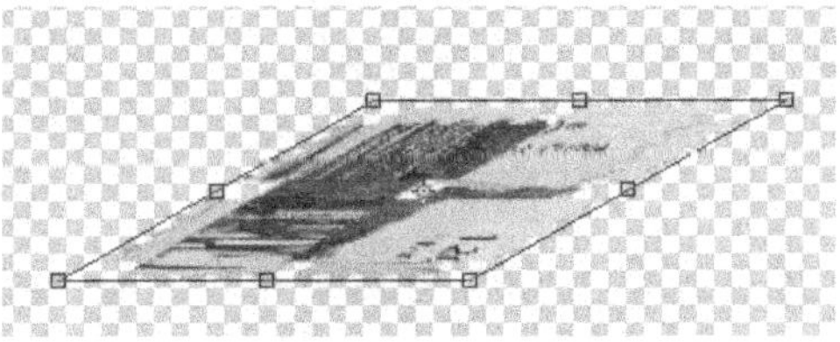

图 3-79 倾斜变形

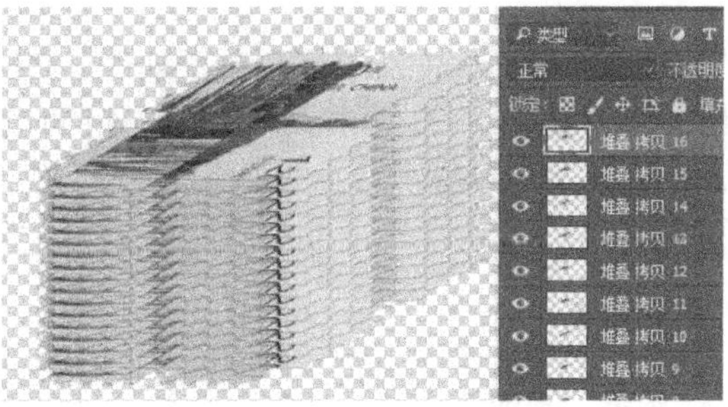

图 3-80 设置多层叠放效果

将上述相关的“堆叠”及其拷贝图层同时选中，放在一个图层组，命名为“叠放”，选择该图层组中底部的图层，使之向下移动一些，如图 3-81 所示，构成一个特殊的效果。

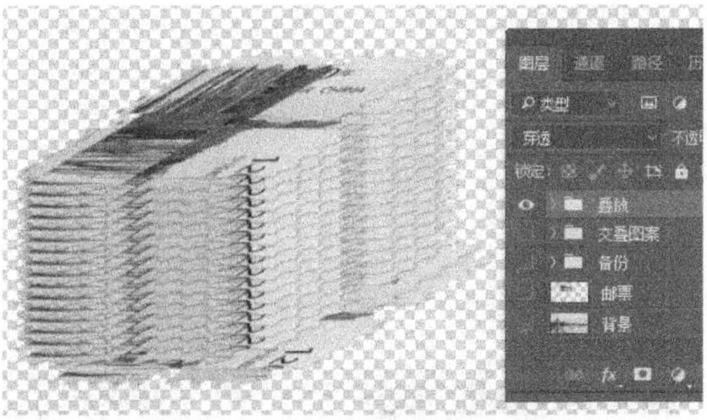

图 3-81 底部图层下移效果

最后适当调整图层组“叠放”图像的大小和位置，显示“邮票”和“背景”图层，并适当调整“邮票”图层的位置和大小。

第4章

画笔工具和填色

Photoshop 是专业的图像编辑处理软件，它同时也具备较强的图形绘制的功能，系统设置了多种图形绘制和编辑工具，这些图形绘制功能同时为图像处理提供了有效的编辑手段，画笔工具是其中重要的图形效果编辑工具，本章将讲述画笔工具的使用方法和色彩填充方式。

本章要点

- 画笔工具的使用方法。
- “画笔”面板的设置。
- 擦除工具组。
- 绘图模式。
- 色彩填充方式。

4.1 认识画笔工具

实例 4-01 星空

使用画笔工具制作如图 4-1 所示的星空效果。

图 4-1 星空效果

新建 Photoshop 文件，颜色模式为 RGB，设置适当的宽度和高度，分辨率设为 300 像素/英寸，背景色为黑色。

选择“滤镜”→“杂色”→“添加杂色”命令，为当前背景添加杂色，勾选“单色”复选框，设置“数量”为 30%，分布方式为“高斯分布”，如图 4-2 所示。

选择“图像”→“调整”→“阈值”命令，通过“阈值”设置，调整画面杂点的密度，如图 4-3 所示。

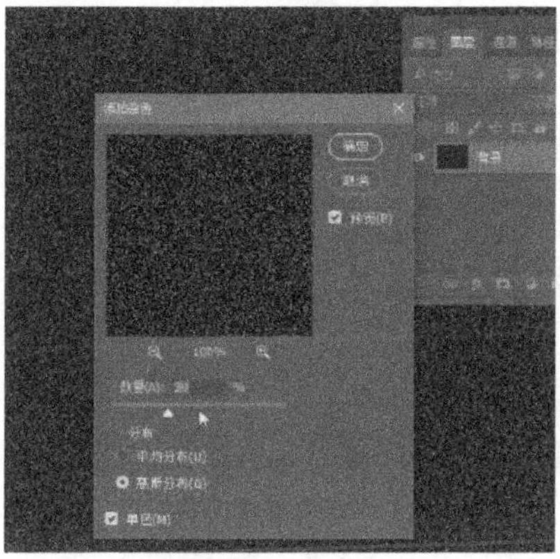

图 4-2　添加杂色

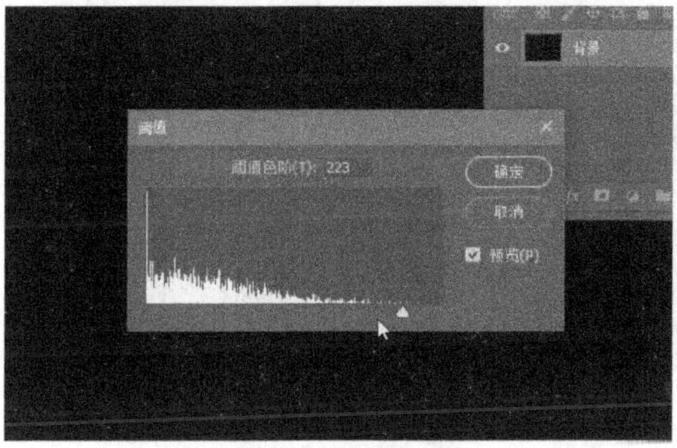

图 4-3　设置阈值

单击“椭圆选框工具”图标，在文件编辑区按 Shift 键绘制正圆选区，如图 4-4 所示。

另外打开“M040100 沼泽”图像文件，按 Ctrl+A 组合键选择该图，按 Ctrl+C 组合键复制该图，在“星空”编辑窗口，按 Alt+Shift+Ctrl+V 组合键将其贴入当前圆形选区内部，适当调整图像的大小和位置，如图 4-5 所示。

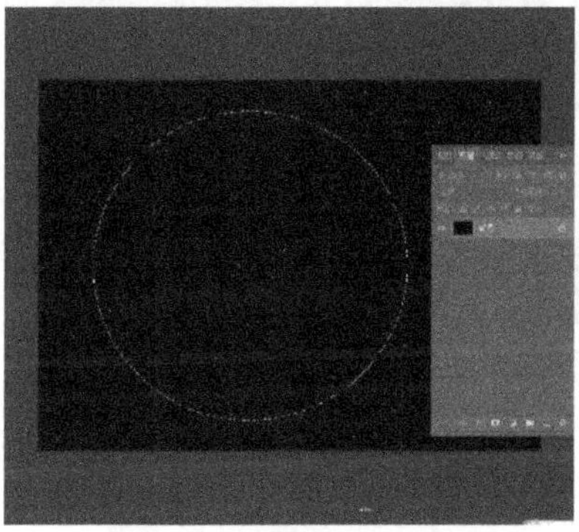

图 4-4　绘制正圆选区

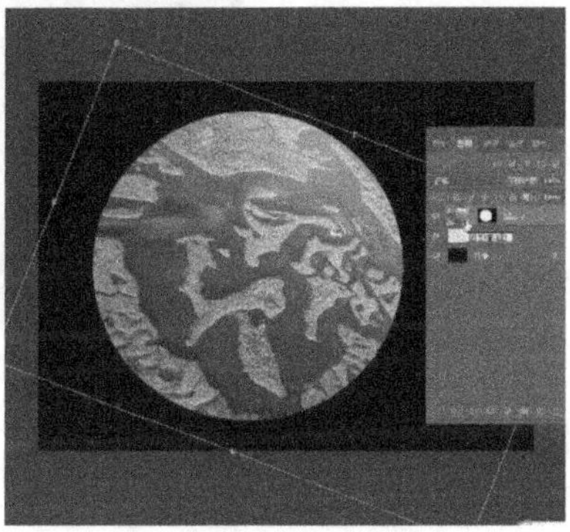

图 4-5　添加图像

按 Enter 键结束自由变换，按 Ctrl 键并单击“图层”面板中的圆形蒙版缩览图，调出圆形轮廓选区，选择“滤镜”→“扭曲”→“球面化”命令，设置球体效果，如图 4-6 所示。

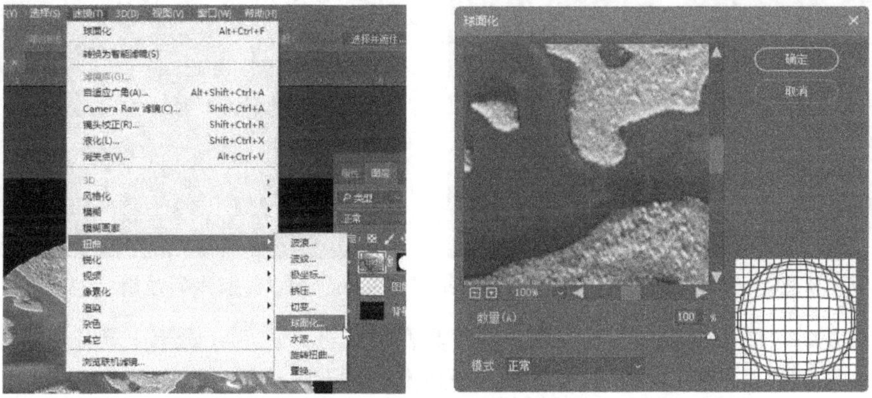

图 4-6　设置球体效果

向左下角移动圆形选区，如图 4-7 所示。新建图层，填充黑色，选择“滤镜”→“模糊”→“高斯模糊”命令，适当设置模糊参数，如图 4-8 所示。

图 4-7　移动圆形选区

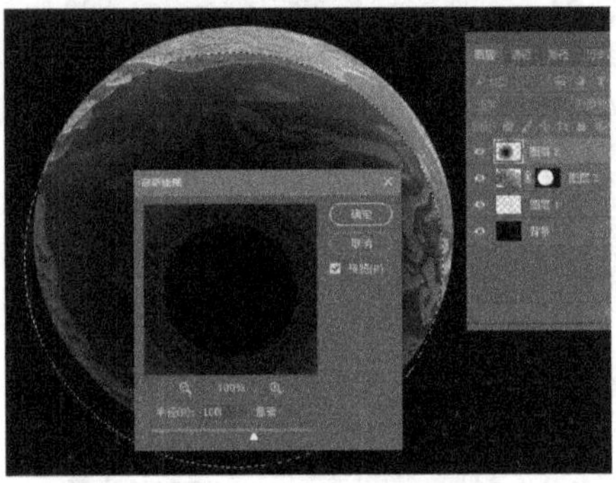

图 4-8　设置高斯模糊

按 Ctrl+D 组合键取消选区，单击“图层 2”图层标签和“图层 3”图层标签，然后右击，在弹出的快捷菜单中选择“从图层建立组”命令，得到“组 1”，命名为“星球”，在工具选项栏中设置自动选择“组”，向左下角拖动当前“星球”图层组到适当位置，如图 4-9 所示。

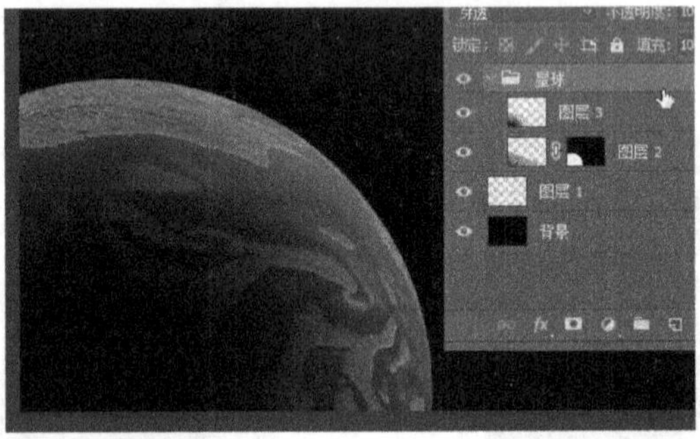

图 4-9　建立图层组并将该图层组向左下角拖动到适当位置

双击“星球”图层组标签，在弹出的“图层样式”对话框中分别设置“内发光”“外发光”效果，如图 4-10 所示。

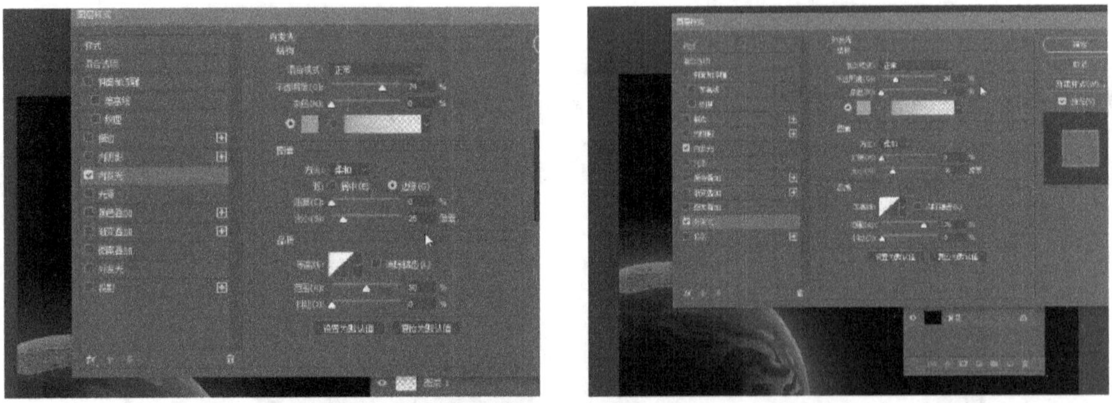

图 4-10　设置“星球”图层组“内发光”和“外发光”效果

为当前“星球”图层组添加图层蒙版，在工具栏中单击“ ”（画笔工具）图标，然后单击画笔工具选项栏左侧的“画笔预设”下拉箭头，在弹出的预设画笔笔尖列表框中选择柔性笔刷，并适当设置笔尖大小，如图 4-11 所示。设置前景色为黑色，在当前蒙版涂抹以隐藏边框部分发光区域，如图 4-12 所示。

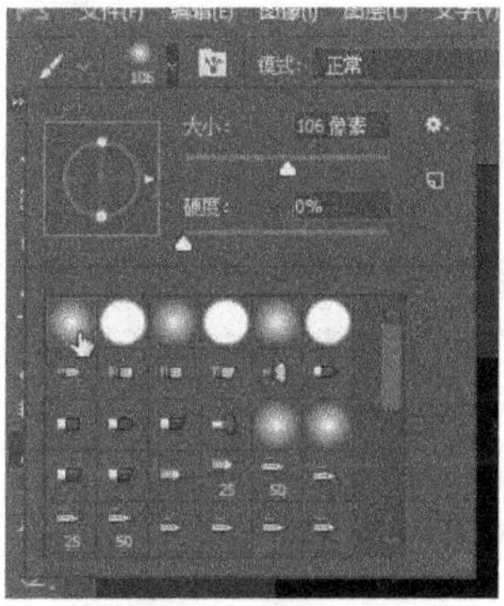

图 4-11　选择柔性画笔笔尖并设置大小

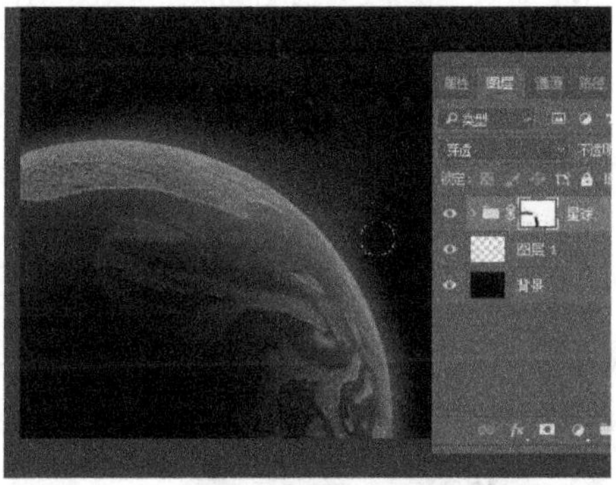

图 4-12　使用画笔工具修饰发光效果

在“组 1”上新建图层，设置前景色为白色，选择画笔工具，在“画笔预设”列表框中选择硬笔尖，设置笔尖大小为 3 像素，如图 4-13 所示。

单击工具栏中的放大镜工具，设置以 100%显示，在文件编辑区上部图案较空区域，切换为画笔工具，按 Shift 键绘制一条水平线段，如图 4-14 所示。

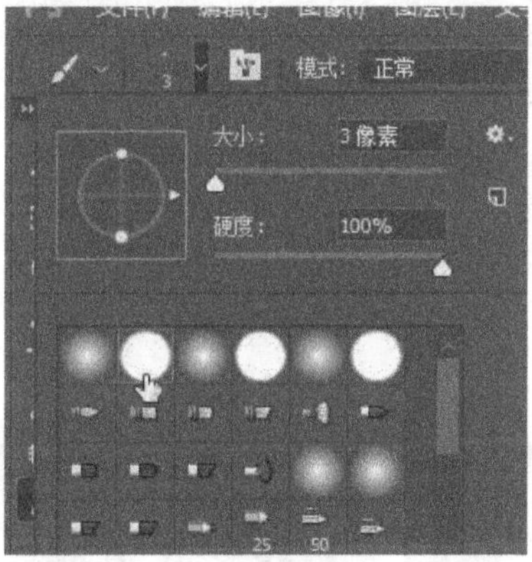

图 4-13　选择硬笔尖并将笔尖大小设为 3 像素

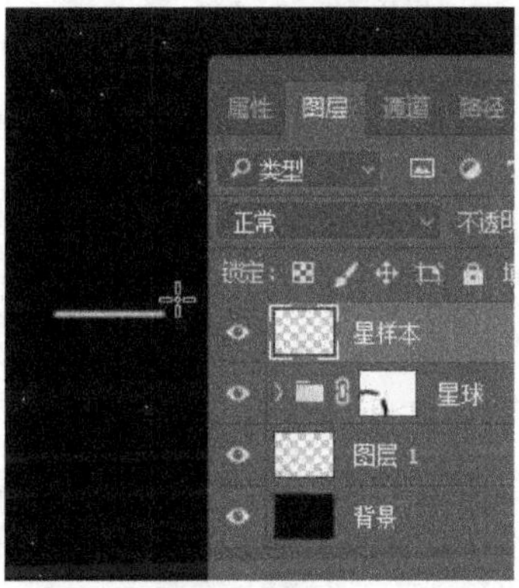

图 4-14　使用画笔工具绘制水平线段

选择“滤镜”→“模糊”→“动感模糊”命令，在弹出的“动感模糊”对话框中设置适当的模糊“距离”，形成线段两端的渐虚效果，如图 4-15 所示。按 Ctrl+J 组合键复制当前图层，选择“编辑”→“变换”→“顺时针旋转 90 度”命令，形成十字图形，如图 4-16 所示。

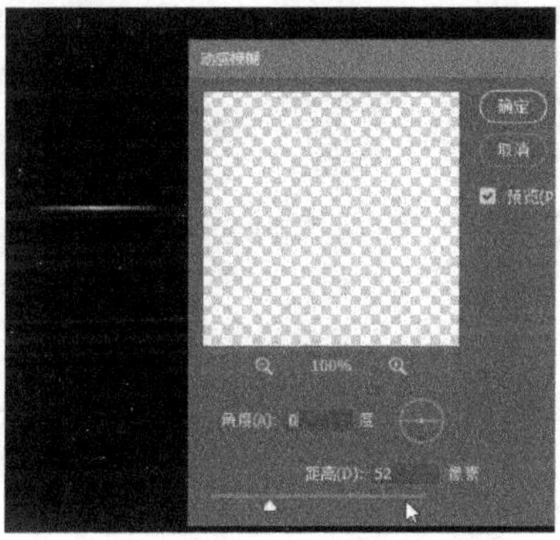

图 4-15　对线段设置模糊“距离”

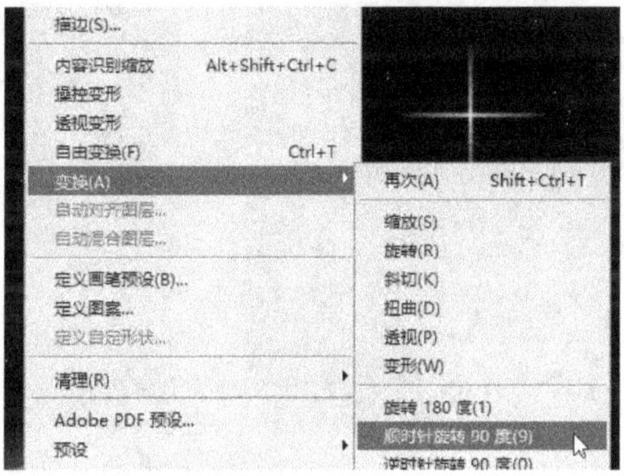

图 4-16　绘制十字图形

选中构成十字图形的两个图层，按 Ctrl+J 组合键复制这两个图层，按 Ctrl+T 组合键使当前的两个图层进入“自由变换”编辑状态，在自由变换选项栏设置旋转角度为 45 度，单击“ ”（链接图层）图标，设置图形大小为 60%，如图 4-17 所示。

形成星形，选择 4 个线条图层，按 Ctrl+E 组合键合并当前图层，命名为“星样本”。按 Ctrl+I 组合键执行“反相”命令，将“星样本”图层图形变为黑色。按 Ctrl 键并单击“星”图层的缩览图，设定星轮廓选区。

选择“编辑”→“定义画笔预设”命令，在弹出的“画笔名称”对话框中，设置新画笔名称为“星”，如图 4-18 所示。单击“确定”按钮即设置了星图案画笔笔尖，并将其添加到画笔笔尖库中。

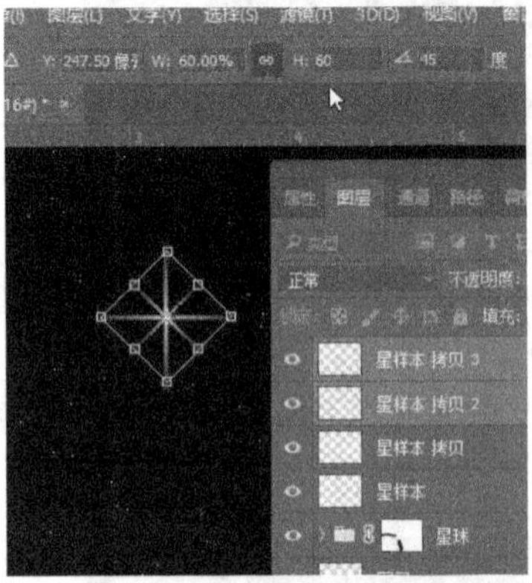

图 4-17 设置星形效果

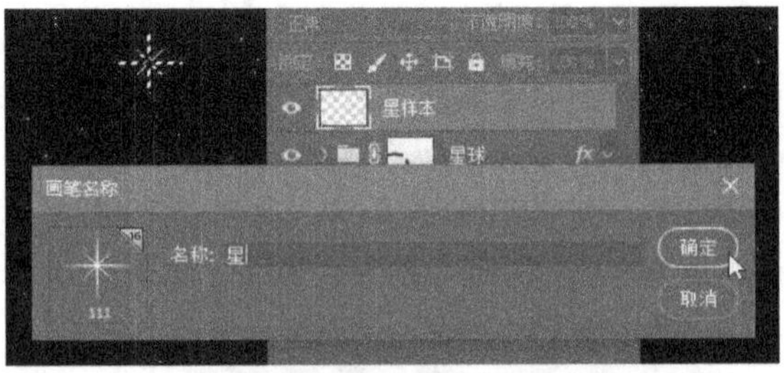

图 4-18 设置新画笔名称为“星”

按 Ctrl+D 组合键取消当前选区，并在“图层”面板中设置隐藏“星样本”图层。

新建图层，命名为“星光”。单击画笔工具，按 F5 键，打开“画笔”面板，在“画笔笔尖形状”中，当前画笔笔尖应该已经自动选择为新定义的“星”了，设置适当的笔尖“大小”“间距”；在“画笔”面板中，选择“形状动态”选项，适当设置“大小抖动”“最小直径”“角度抖动”等参数；选择“散布”选项，适当设置“散布”“数量抖动”等参数，如图 4-19 所示。

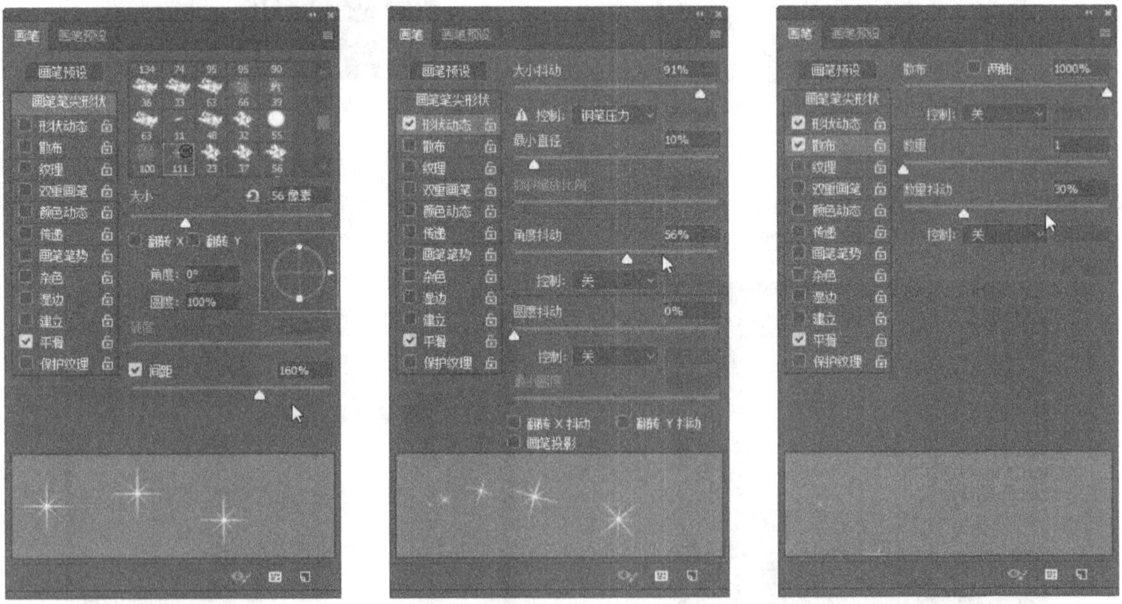

图 4-19 画笔工具的相关参数设置

进行画笔工具参数设置后，在文件编辑区拖动或单击即可添加星光图案，完成“星空”效果设计。

4.2　用画笔工具编辑图形效果

画笔工具是 Photoshop 中使用频率很高的绘图工具，可以使用鼠标像操作真正的绘图笔一样在文件编辑区拖动绘图，画笔工具可以使用系统预设的多种画笔笔尖勾绘特殊的轮廓效果，这些画笔笔尖也可以用作相应的填充图样效果。使用画笔工具绘制时使用的是当前前景色的颜色。

4.2.1　画笔工具

画笔工具类似于传统的毛笔，可以直接在普通图层编辑区中描绘图样，画笔工具使用当前的前景色为绘图颜色，因此通常在使用画笔工具时首先要设置好前景色，然后在工具栏中单击“”（画笔工具）图标，再设置相应的画笔参数。图 4-20 所示为画笔工具选项栏，可设置画笔工具绘制的预设参数。

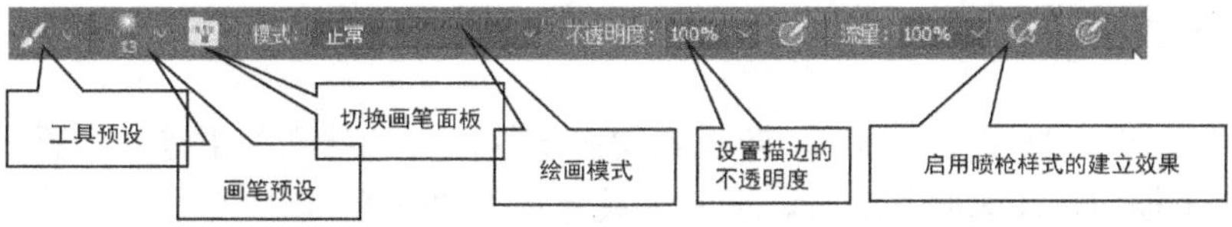

图 4-20　画笔工具选项栏

- “工具预设”中可以选择预设的画笔工具及相应预设样式。

单击“画笔预设”下拉箭头可以打开“画笔预设”选取器，如图 4-21 所示。Photoshop 系统预设了可选用的不同笔触形态的笔尖，在“画笔预设”中会显示常用的画笔笔尖，鼠标在每种笔尖的缩览图上略做停留即可显示相应笔尖的名称，单击笔尖缩览图就可以设定当前的画笔笔尖。也可以单击“画笔预设”选取器右上角的“”图标打开子菜单，选择追加或替换其他的画笔笔尖系列，更多的画笔笔尖可以通过“画笔”面板选取。

图 4-21　画笔预设

- “绘画模式”用于控制图像中不同图层的像素叠加时呈现的综合效果，在“图层”面板中也有类似的设置选项。
- “不透明度”用于设置画笔的不透明度，该值越低，线条的透明度越高。
- “流量”是指当光标移动到某个区域上方时应用颜色的速率，即画笔工具绘制时的色彩浓度；单击“”（喷枪）图标，在按住鼠标绘制时将连续依据当前笔尖形状不断填入当前颜色，并形成轻微的虚化边缘，按住鼠标移动绘制将保持图形的虚化边缘，不过通常喷溅效果不是非常明显，与色调、笔尖硬度、流量，以及绘制方式有关。“流量”“喷枪”“压力”等用于设置使用画笔工具绘制时的效果呈现方式。

4.2.2 自定义画笔

为了满足绘图的需要，也可以建立新画笔来绘制图形，可以自定义一些特殊形状的画笔，例如将一个文字或图形定义成画笔笔尖。

自定义画笔的基本过程是，定义已有图形为选区，选择“编辑”→“定义画笔预设”命令，在弹出的对话框中命名并确认，自定义一经完成即可将当前图形添加到画笔笔尖库，可像其他系统画笔笔尖一样应用于画笔描绘。

4.3 “画笔”面板

“画笔”面板用于选择和设置画笔，可以设置画笔的大小、特殊效果等，设置过的画笔效果，也可以直接应用于描边、图像修复工具、擦除工具等相关图形绘制中。

直接单击画笔工具选项栏左侧的“ ”图标或按 F5 键即可打开“画笔”面板，如图 4-22 所示，可以设置各种相关参数，也设计画笔的绘制效果，在“画笔”面板选项卡右侧选择“画笔预设”选项卡，可以打开“画笔预设”面板。

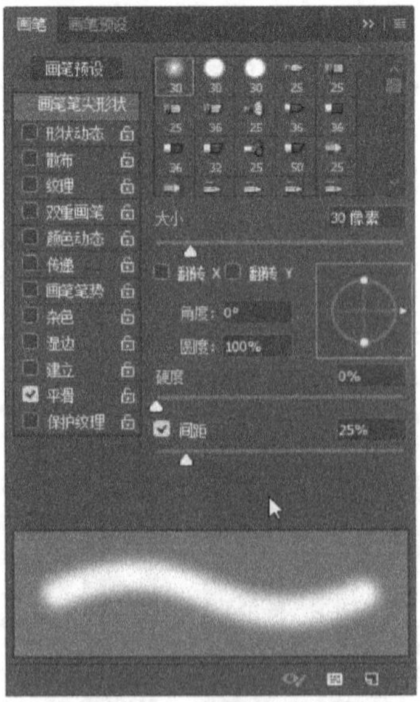

图 4-22 “画笔”面板

“画笔”面板中左侧为选项列表，包括画笔预设和其他画笔设置选项，右侧为对当前画笔选项的相关设置选项，可根据图形及效果要求设置画笔笔尖及绘制效果属性，相应的图样效果将显示在面板底部的预览区。

4.3.1 画笔笔尖形状

选择“画笔笔尖形状”选项，在右侧的参数设置区域可对画笔笔尖的基本形状属性进行修改，如调整画笔笔尖的大小、角度、圆度、硬度和间距等形状特性。

- 翻转 X/翻转 Y：用于改变画笔笔尖在其 X 轴或 Y 轴的方向。
- 角度和圆度：用于设置画笔的旋转角度，以及画笔长轴和短轴之间的比率。这里的相应数值，也可以在右侧示意图中拖动调整。
- 硬度：用来设置画笔硬度中心的大小。该值越小，画笔的边缘越柔和。
- 间距：用来控制描边中两个画笔笔迹之间的距离。该值越大，笔迹之间的间隔距离就越大。如果取消选择，则根据绘图操作时鼠标移动速度自动调整笔迹的间距效果。

4.3.2 形状动态

“形状动态”决定了画笔描绘时笔迹的变化，选择“形状动态”选项，在“画笔”面板右侧可以设置相应的描绘效果动态变化参数，包括“大小抖动”“角度抖动”“圆度抖动”等。

图 4-23 所示为对“枫叶”笔尖设置了相应的“形状动态”后的画笔勾绘效果。

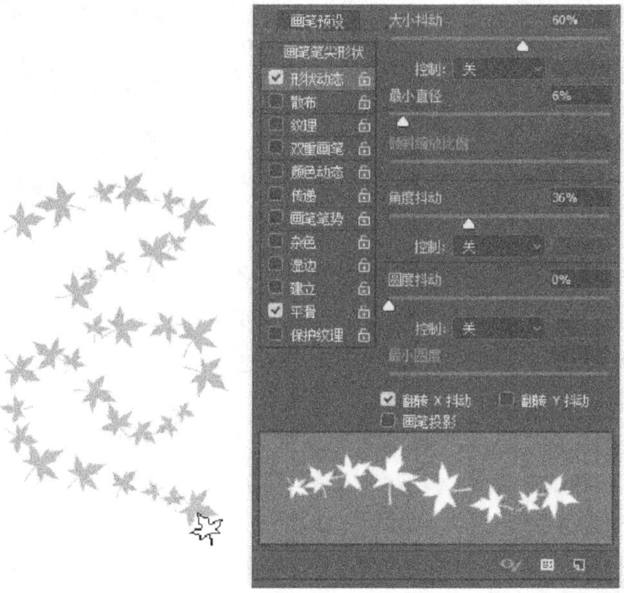

图 4-23　对“枫叶”笔尖设置了相应的“形状动态”后的画笔勾绘效果

相应的“控制”选项可设置变化的控制方式，可选控制方式包括“关”，表示不控制画笔笔迹的大小变化；“渐隐”，表示可按照指定数量的步长在初始直径和最小直径之间渐隐画笔笔迹的大小，使笔迹产生逐渐淡出的效果；如果计算机配有数位板，还可以选择“钢笔压力”“钢笔斜度”“光笔轮”等选项，可依据钢笔的压力、斜度、光笔轮位置或钢笔的旋转来改变初始直径和最小直径之间的画笔笔迹大小。

对于“角度抖动”的控制还可以选择方向控制，“初始方向”选项使画笔笔迹的角度基于画笔描边的初始方向，“方向”选项使画笔笔迹的角度基于画笔描边的方向。

“翻转 X 抖动”和“翻转 Y 抖动”选项：用来设置画笔的笔尖形状相对其 X 轴或 Y 轴翻转。勾选“画笔投影”复选框可使设计者在使用手绘板绘画时，通过光笔的倾斜状态呈现不同的绘制效果。

4.3.3 散布

“散布”可设定画笔描绘时笔迹中笔尖图案的数目和位置。选择“画笔”面板中的“散布”选项，会显示如图 4-24 所示的“散布”效果。

- 散布：用来设置画笔笔迹的分散程度，该值越大，画笔笔迹分散的范围越广。如果勾选“两轴”复选框，画笔笔迹将以中间为基准，向两侧分散。
- 数量：指定在每个间距间隔应用的画笔笔迹数量，增加该值可增加重复笔迹的密度。

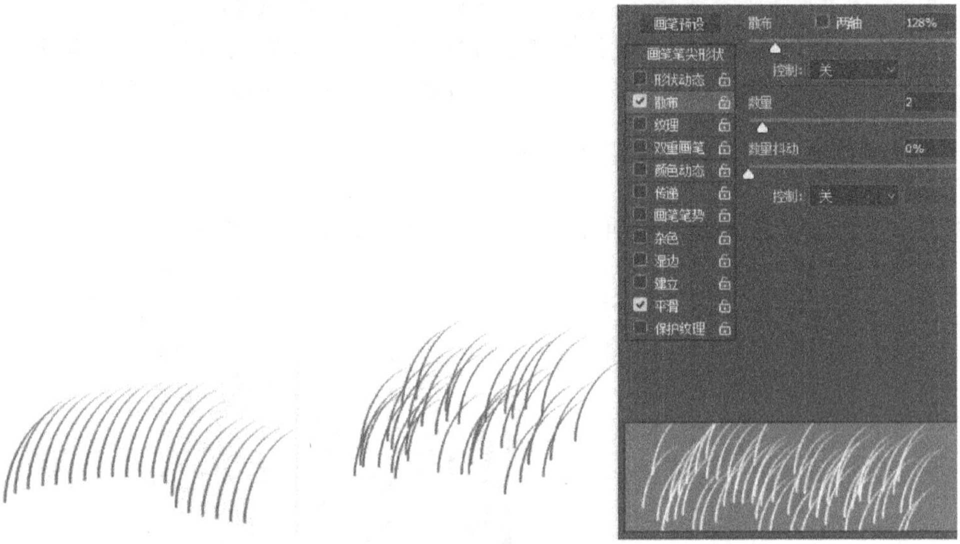

图 4-24 “散布”效果

- 数量抖动：用来指定画笔笔迹的数量如何针对各种间距间隔而变化。

可通过设定“控制”选项选择散布和散布数量的变化方式，来设置画笔笔迹的数量如何变化。关于“控制”选项的设置方法可参阅上一节的相关叙述。

实例 4-02 使用画笔描绘图案

新建 Photoshop 文件，尺寸设为“16 厘米×12 厘米”，分辨率为 300 像素/英寸，在工具栏单击“自定形状工具”图标，在相应的工具选项栏，选择“路径”绘图模式，并在“形状”列表框选择心形图样，在文件编辑区绘制心形路径，如图 4-25 所示。

图 4-25 绘制心形路径

单击画笔工具，按 F5 键打开“画笔”面板，选择“画笔”面板中的“纹理”选项，会显示相关的设置内容，如图 4-26 所示。选择笔尖形状为柔角，设置画笔笔尖大小为 360 像素、间距 36%。选择“纹理”，选择“气泡”图案，设置“缩放”为 100%并设置笔尖的混合模式为“颜色加深”。

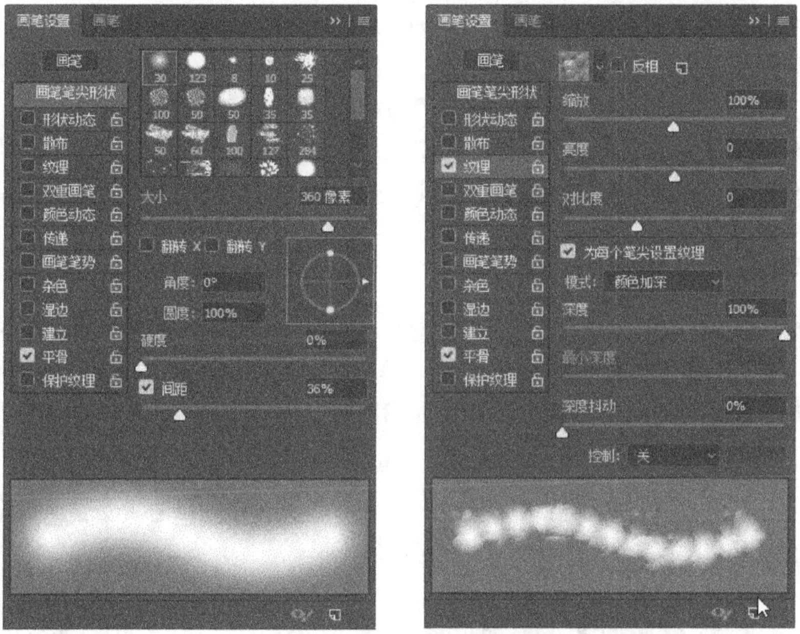

图 4-26　设置画笔及纹理参数

在“图层”面板新建图层，设置适当的前景色，在工具栏单击“路径选择工具”图标，单击文件编辑区的心形路径，然后右击该路径，在弹出的快捷菜单中选择“描边路径”命令，在弹出的“描边路径”对话框中选择“画笔”选项，即在路径图形上应用画笔描边的效果，如图 4-27 所示，即可看到图样的编辑效果，可在“路径”面板设置不选择当前路径，调整前景色可以改变纹理的颜色。

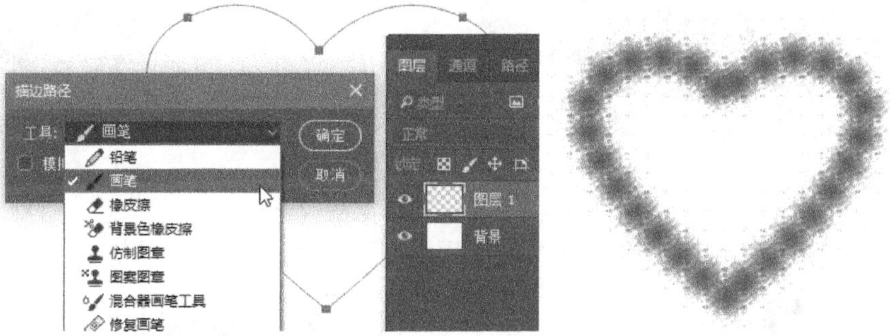

图 4-27　在路径图形上应用画笔描边的效果

4.3.4　为画笔设置纹理

在上述实例中，通过设置纹理，使画笔得以合成笔尖图案进行描绘，在“画笔”面板的“纹理”选项中，可以进行以下设置。

- 设置纹理图案：单击顶部图案缩览图右侧的下拉箭头“”，可以在打开的下拉列表框中选择一个图案，勾选“反相”复选框，可基于图案中的色调反转纹理中的亮点和暗点。
- 缩放：用来缩放选择的图案，设定纹理图案的大小。
- 亮度和对比度：用于设置纹理图案的相应效果。
- 勾选“为每个笔尖设置纹理”复选框可以为描绘笔迹中的每个单独点（笔尖图案）设置纹理混合，否则将为勾绘笔迹整体设置纹理混合，勾选此项后，才可以同时设置“最小深度”及“深度抖动”。

- 模式：在该选项下拉列表中可以选择图案与前景色之间的混合模式。
- 深度：用来指定油彩渗入纹理中的深度。该值为 0 时，纹理中的所有点都接收相同数量的油彩，进而隐藏图案；该值为 100%时，纹理中的暗点不接收任何油彩。
- 深度抖动：设置纹理抖动的最大百分比，即深度的变化程度。
- 最小深度：使用画板绘图时的笔触效果设置，可适当设置“控制”方式（非关闭）。

4.3.5 双重画笔

“双重画笔”可以使用两个笔尖创建画笔笔迹。如果要使用双重画笔，首先要在“画笔笔尖形状”选项设置主要笔尖的选项，如图 4-28 所示。然后选择“双重画笔”选项，从“双重画笔”选项右侧的笔尖列表中选择另一个画笔笔尖，并设置相应的“大小”“间距”“散布”“数量”等，如图 4-29 所示。

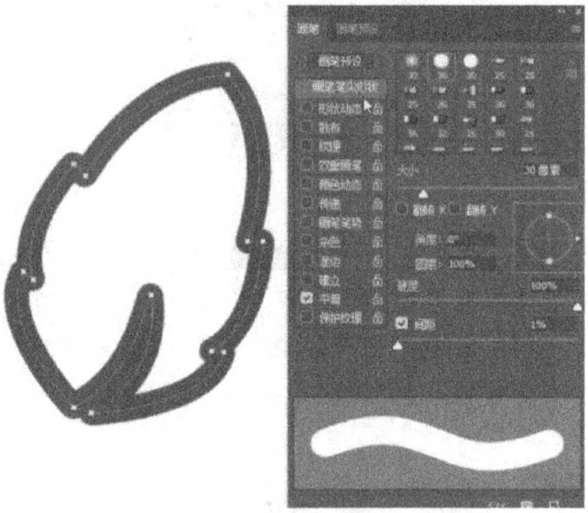

图 4-28　设置主要笔尖的选项

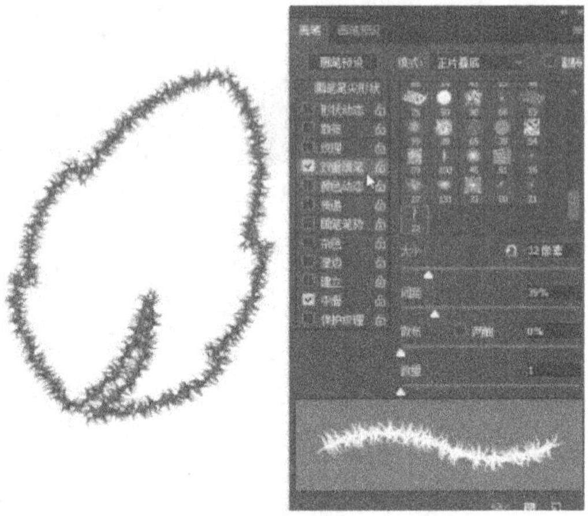

图 4-29　设置第二重画笔

4.3.6 颜色动态

“颜色动态”可使画笔勾绘中笔尖颜色随机变化，呈现五颜六色的笔迹效果，如图 4-30 所示。

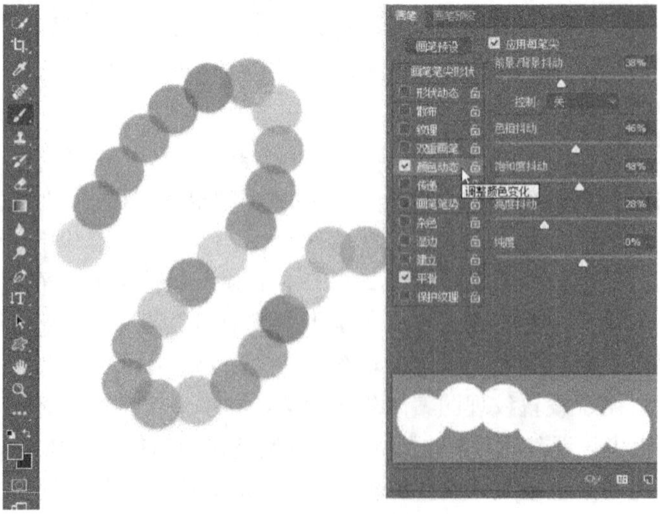

图 4-30　设置“颜色动态”选项

- 前景/背景抖动：用来指定前景色和背景色之间的油彩变化方式。该值越小，变化后的颜色越接近前景色；该值越大，变化后的颜色越接近背景色。
- 色相抖动：用来设置笔迹颜色色相的变化范围。该值越小，颜色越接近前景色；该值越大，色相变化越丰富。
- 饱和度抖动：用来设置笔迹颜色饱和度的变化范围。该值越小，饱和度越接近前景色，该值越大，色彩的饱和度差异越高。
- 亮度抖动：用来设置笔迹颜色亮度的变化范围。该值越小，亮度越接近前景色；该值越大，颜色的亮度值差异越大。
- 纯度：用来设置笔迹颜色的纯度，其输入值为-100%～100%。该值为-100%时，笔迹的颜色为黑白色；该值越大，颜色饱和度差异越高。

4.3.7　传递

“传递”用来确定色彩在描绘轨迹中的其他改变方式，主要包括“不透明度抖动”和“流量抖动”设置，如图 4-31 所示。

- 不透明度抖动：用来设置画笔笔迹中色彩不透明度的变化程度。
- 流量抖动：用来设置画笔笔迹中色彩流量的变化程度，即所设画笔动态变化的速度。

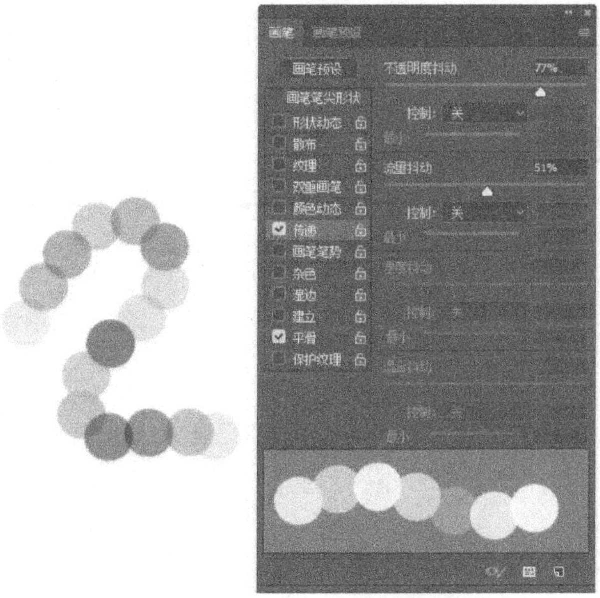

图 4-31　“传递”设置及勾绘效果

4.3.8　画笔的其他效果选项

在“画笔”面板左侧的选项列表中，有几个特殊效果设置选项，包括“画笔笔势”“杂色”“湿边”“建立”“平滑”“保护纹理”等。

- 画笔笔势：可以设置画笔笔尖的形态，如倾斜、旋转等。
- 杂色：可以为画笔笔尖勾绘的图形随机添加杂点，当应用于柔画笔笔尖或灰度较低的画笔笔尖时，效果比较明显。
- 湿边：沿画笔描边的边缘增加色彩，呈现增强效果。

- 建立：将渐变色调应用于图像，同时模拟传统的喷枪技术。该选项与工具选项栏中的喷枪“ ”工具相对应，选择该选项，或者单击工具选项栏中的“喷枪”图标，都能启用喷枪功能。
- 平滑：在画笔描绘时生成更平滑的曲线。当使用压感笔进行快速绘画时，该选项十分有效，但在描边渲染中可能会导致轻微的滞后。
- 保护纹理：将相同图案和缩放比例应用于具有纹理的所有画笔预设。选择该选项后，在使用多个纹理画笔笔尖绘画时，可以模拟出一致的画布纹理。

4.4 混合模式

画笔工具选项栏中的“模式”选项用于设置绘图时的色彩混合模式，绘图混合模式是通过不同的算法对不同图层的叠加色彩进行混合而呈现某种色彩效果的，但不会破坏源图像的像素构成。在很多图像编辑操作中都需要设置和使用某种绘图模式，特别是多个图层之间混合使用。在使用各种绘图工具绘图时也涉及色彩混合模式的设置。

色彩混合是指绘制的颜色与图像原有的底色进行混合，不同的色彩混合模式可以产生截然不同的效果。根据混合模式产生的效果的特点，分为6组共29种，如图4-32所示。这些混合模式也可以在“图层”面板中选择，但“图层”面板的图层混合模式中不包含“背后”和“清除”选项。

组合	正常 溶解 背后 清除
加深	变暗 正片叠底 颜色加深 线性加深 深色
减淡	变亮 滤色 颜色减淡 线性减淡（添加） 浅色
亮度	叠加 柔光 强光 亮光 线性光 点光 实色混合
比较	差值 排除 减去 划分
色彩	色相 饱和度 颜色 明度

图4-32　混合模式

4.4.1 组合模式

组合模式组包括“正常”“溶解”“背后”“清除”4个混合模式，它们不依赖于其他图层，通常只对部分半透明区域起作用。

- 正常。

正常是系统内定状态，其最终色和绘图色相同。当图层的不透明度为100%时，完全遮盖下面的图层，适当降低不透明度可调整与下面图层的混合效果。

- 溶解。

溶解是以点的密度来表现绘制颜色的透明度的，产生与底色溶解在一起的效果。其最终色和绘图色相同，只是根据像素点所在位置的透明度不同，可随机以绘图色或底色取代。其效果是产生图层像素离散，形成点状颗粒，透明度越大，溶解效果越明显。

- 背后。

背后是指可将绘制的线条放在图层中画像的后面，仅在图层的透明部分编辑或绘画，类似在透明纸的透明区域下面绘画。当在有透明区域的图层上操作时，才可选用此模式。必须是未选择“锁定透明像素”的图层才能使用此模式。

- 清除。

选择清除模式可将图层中有像素的部分清除，编辑或绘制像素，使之透明。和“背后”模式一样，在有透明区域的图层上操作时，才可选用此模式。必须是未选择“锁定透明像素”的图层才能使用此模式。

4.4.2　加深模式

加深模式组包括“变暗”“正片叠底”“颜色加深”“深色”“线性加深”5 个混合模式。基本作用是使图像变暗，在混合过程中，当前图层中的白色将被底层较暗的像素替代，大部分模式中比白色暗的对象都会使下面的图像变暗。

- 变暗。

变暗是指查找颜色通道内的颜色信息，并按照像素对比底色和绘图色，以较暗的颜色作为此像素最终的颜色。亮于底色的颜色被替换，暗于底色的颜色保持不变。

- 正片叠底。

正片叠底是指将两种颜色的像素值相乘，再除以 255 得到最终色的像素值。通常执行该模式后的颜色比原来两种颜色都深。任何颜色和黑色混合在该模式下得到的仍然是黑色，任何颜色和白色混合在该模式下则保持原来颜色不变，而其他颜色会产生暗室中以此种颜色照明的效果。

- 颜色加深。

颜色加深是指查看每个通道的颜色信息，通过增加对比度使底色的颜色变暗来反映绘图色。任何颜色和白色混合时没有变化。

- 线性加深。

线性加深是指查看每个通道的颜色信息，并通过减小亮度使底色变暗以反映混合色。任何颜色和白色混合时没有变化。

- 深色。

深色是指比较两个图层的所有通道值的总和并显示值较小的颜色，并不生成第 3 种颜色。

4.4.3　减淡模式

减淡模式组包括 5 种混合模式，和加深模式的效果相反，可以使图像变亮。选用这些混合模式时，图像中的黑色会被较亮的像素替代，任何比黑色亮的像素都可能加亮底层图像。

- 变亮。

变亮是指查找每个通道的颜色信息，按照像素对比两种颜色，以较亮的颜色作为最终颜色。绘图中亮于底色的颜色被保留，暗于底色的颜色被替换。

- 滤色。

滤色是指将两种颜色的互补色像素相乘，然后除以 255 得到最终色的像素值。通常执行该模式后的颜色都较浅。任何颜色和黑色混合在该模式下原颜色不受影响，任何颜色和白色混合在该模式下得到的是白色，而与其他颜色执行此模式会产生漂白的效果。

- 颜色减淡。

颜色减淡是指查找每个通道的颜色信息，通过降低对比度使底色的颜色变亮。任何颜色和黑色混合没有变化。

- 线性减淡（添加）。

线性减淡（添加）是指查看每个通道的颜色信息，通过增加亮度使底色的颜色变亮。任何颜色和黑色混合没有变化。

- 浅色。

浅色是指比较两个图层的所有通道值的总和并显示值较大的颜色，不会生成第 3 种颜色。

实例 4-03 应用色彩混合模式合成图像

打开图像文件，如图 4-33 所示。按 Ctrl+J 组合键复制“背景”图层生成“图层 1”，选择“编辑”→“变换”→“水平翻转”命令，使“图层 1”画面水平翻转。

将复制的图层的“模式”设成“浅色”，则新图层图像中较暗的背景图像不显示，然后将“图层 1”画面适当向左下方移动形成错位，即呈现如图 4-34 所示的效果。

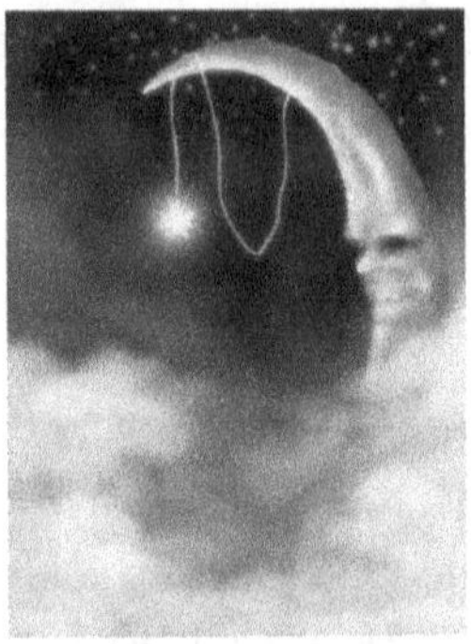

图 4-33 图像文件

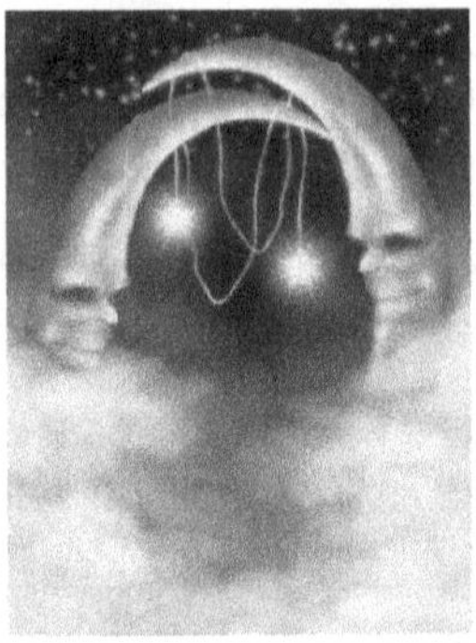

图 4-34 设置“浅色”模式合成效果

4.4.4 亮度模式

亮度模式组包括 7 种混合模式，主要作用是降低底层图像的对比度，这里综合了变暗和变亮混合模式中用过的方法，在所有模式中，50%的灰色会完全消失，任何比 50%灰色暗的区域都会使其下面的图像变暗，而亮于 50%灰色的区域则会加亮下层的图像，实际上是通过对不同区域的加亮和减暗操作来增加图像对比度的。

- 叠加。

叠加是指将绘制的颜色与底色叠加，并保持底色的暗部和高光。使用此模式可使底色图像饱和度及对比度得到相应的提高，使图像看起来更加鲜亮。

- 柔光。

柔光模式就像在图像上投射一个扩散的光点。若绘画的颜色亮度高于 50%，图像会变亮；反之，则变暗。

- 强光。

当绘画亮度大于 50%时，有漂白和增加亮度的效果；反之，会加强图像的暗部，合成的效果类似在图像上投射强光。

- 亮光。

亮光是指根据绘图色通过增加或降低对比度加深或减淡颜色。结果取决于混合色。如果混合色比 50%灰色亮，则自动减小对比度使图像变亮；如果混合色比 50%灰色暗，则增加对比度使图像变暗。

- 线性光。

线性光是指根据绘图色通过增加或降低亮度加深或减淡颜色。结果取决于混合色。如果混合色比 50%灰色亮，则自动增加亮度使图像变亮；如果混合色比 50%灰色暗，则减小亮度使图像变暗。

- 点光。

点光是指根据绘图色替换颜色。如果绘图色亮度大于 50%灰色，则比绘图色暗的像素被替换，比绘图色亮的像素不变化；如果绘图色亮度低于 50%灰色，则比绘图色亮的像素被替换，比绘图色暗的像素不变化。

- 实色混合。

实色混合是指将混合颜色的红色、绿色和蓝色通道值添加到基色的 RGB 值。如果通道的结果总和大于或等于 255，则值为 255；如果小于 255，则值为 0。因此，所有混合像素的红色、绿色和蓝色通道值要么是 0，要么是 255。这会将所有像素更改为原色：红色、绿色、蓝色、青色（Cyan）、黄色（Yellow）、洋红（Magenta）、白色或黑色（Black）。

4.4.5　比较模式

比较模式组包括 4 种混合模式，作用是将当前图层和下面图层进行比较，寻找二者中完全相同的区域，使相同的区域显示为黑色，而所有不同的区域则显示为灰度层次或彩色，结果越接近于黑色的不同区域，就与下面的图像越相似。当前图层中的白色会使下面图像显示的内容反相，而当前图层的黑色不改变下面的图像。

- 差值。

差值是指比较底色和绘图色，用较亮的像素点的像素值减去较暗的像素点的像素值，差值作为最终色的像素值。任何颜色与白色混合使底色反相；任何颜色与黑色混合不产生变化。

- 排除。

排除是指产生与“差值”模式相似的效果，但生成的颜色对比度较小，因而颜色较柔和。任何颜色与白色混合使底色反相；与黑色混合不产生变化。

- 减去。

减去是指查找每个通道中的颜色信息，并从基色中减去混合色。在 8 位和 16 位图像中，任何生成的负值都会剪切为零。

- 划分。

划分是指查找每个通道中的颜色信息，并从基色中划分混合色。

4.4.6　色彩模式

色彩模式组包括 4 种混合模式，将当前图层的部分特性应用到下层图像，应用这些模式时，系统会将色彩分为色相、饱和度和亮度 3 种成分，将其中的一部分应用到混合后的图像中。

- 色相。

色相采用底色的亮度、饱和度及绘图色的色相来创建最终色。

- 饱和度。

饱和度采用底色的亮度、色相及绘图色的饱和度来创建最终色。如果绘图色的饱和度为 0，则原图无变化。

- 颜色。

颜色采用底色的亮度及绘图色的饱和度、色相来创建最终色。它可保护原图的灰阶层次，对于图像的色彩微调，以及给单色和彩色图像着色都非常有用。

- 明度。

明度是指将当前图层亮度应用于底层图像中，可改变底层图像的亮度，但不会对其色相与饱和度产生影响，采用底色的色相和饱和度及绘图色亮度来创建最终色。此模式创建与“颜色”模式相反的效果。

4.5 铅笔工具及画笔工具相关操作

4.5.1 铅笔工具

“”也是使用前景色来绘制线条的，使用铅笔可以手动绘制任意硬边线条，同样可以应用各种画笔笔尖，以及设置笔尖描绘效果来进行绘图。铅笔工具选项栏如图 4-35 所示。

图 4-35　铅笔工具选项栏

铅笔工具的相关操作及设置与画笔工具类似，铅笔工具主要表现为硬笔尖线条效果，没有“流量”控制功能。

铅笔工具具有“自动抹除”功能，选择该选项后，如果鼠标从包含前景色的区域上开始描绘，笔迹将区域涂抹成背景色；如果开始拖动时，鼠标指针位于不包含前景色的区域上，则以前景色进行涂抹，如图 4-36 所示。

图 4-36　铅笔工具的“自动抹除”功能

4.5.2 颜色替换工具

“”可以用前景色替换图像中的颜色、色相或透明度。该工具不适用于位图、索引或多通道颜色模式的图像。图 4-37 所示为颜色替换工具选项栏。

图 4-37　颜色替换工具选项栏

- 模式：用来设置笔迹勾绘时替换的内容，包括“色相”“饱和度”“颜色”“明度”，它可以同时替换色相、饱和度和明度。
- 取样方式：用来设置颜色取样的方式。单击“”（连续）图标，替换掉所有笔刷刷过地方的颜色；单击“”（一次）图标，只替换笔刷起始处颜色相同的图像区域的颜色；单击“”

（背景色板）图标，只替换包含当前背景色的图像区域颜色。其中替换的颜色与前景色一致。

- 限制：设定颜色替换的区域。选择“不连续”选项可以替换所有笔迹勾绘区域的颜色，选择“连续”选项则只替换与采样颜色相关的色域，选择“查找边缘”选项可以让所替换区域的边缘处理得很平滑。
- 容差：用来设置目标颜色的容差，颜色替换工具只替换鼠标单击点颜色容差范围内的颜色，因此该值越大，包含的颜色范围越广。
- 消除锯齿：勾选该复选框，可以为编辑区域定义平滑的边缘，从而消除锯齿。

4.5.3　混合器画笔工具

混合器画笔工具可以模拟真实的绘画技术，如混合画布上的颜色、组合画笔上的颜色，以及在描边过程中使用不同的绘画湿度。图 4-38 所示为混合器画笔工具选项栏。

图 4-38　混合器画笔工具选项栏

- 潮湿：控制画笔从画布拾取的油彩量。设置的值较高会产生较长的绘画条痕。
- 载入：指定储槽中载入的油彩量。载入速率较低时，绘画描边干燥的速度也较快。
- 混合：控制画布油彩量与储槽油彩量的比例。比例为 100%时，所有油彩将从画布中拾取；比例为 0 时，所有油彩都来自储槽（不过，“潮湿”设置仍然会决定油彩在画布上的混合方式）。
- 对所有图层取样：拾取所有可见图层中的画布颜色。

图 4-39 所示为使用混合器画笔工具，设置前景色为白色、绘画潮湿度为 100%，在已有的彩色线条上涂绘的效果。

图 4-39　使用混合器画笔工具涂绘的效果

实例 4-04　儿童房色彩编辑

打开素材图像“M040400 儿童间”，如图 4-40 所示。

图 4-40　素材图像“M040400 儿童间”

单击“颜色替换工具”图标，在工具选项栏中单击左侧的“画笔预设”下拉箭头打开“画笔预设”选取器，适当设置画笔参数。同时在工具选项栏设置取样方式为一次“ ”，设置“限制”为“连续”，并设置适当的容差，如图 4-41 所示。

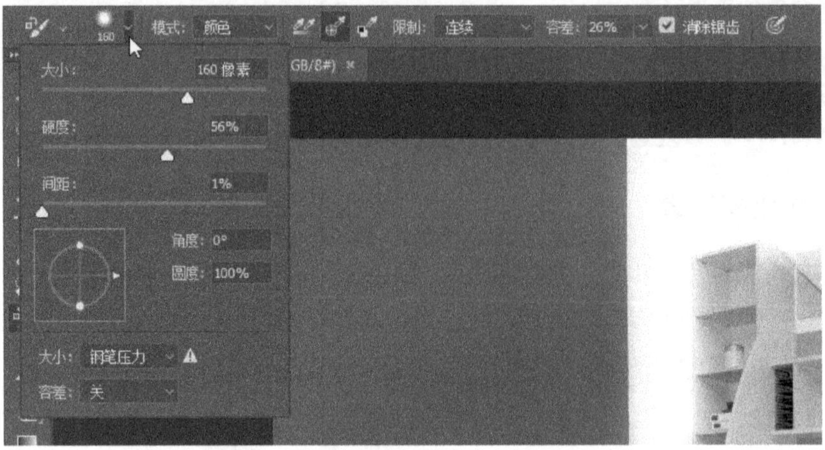

图 4-41　设置颜色替换工具选项栏参数

将前景色设置为紫色。将鼠标指针放在图像的蓝色区域单击并拖动鼠标，替换墙壁的颜色。由于光照的不同墙壁色泽会有所不同，最好分区域拖动涂抹，并适当调整不同的容差，使得每个区域填充均匀，但不能替换墙壁以外物体的颜色。

由于设置了取样方式为“一次”，连续涂抹时只会覆盖与鼠标起始处同一颜色的区域，而不会影响其他图像，使得替换颜色的操作非常方便。

将前景色设置为橙色。使用同样的操作方式，在床、书桌上方的绿色区域和抽屉的蓝色区域处拖动涂抹，替换床、书桌上方和抽屉的颜色。图 4-42 所示为替换后的儿童房效果。

图 4-42　替换后的儿童房效果

4.5.4　历史记录画笔工具和历史记录艺术画笔工具

“历史记录画笔工具”是 Photoshop 中的图像编辑恢复工具，历史记录画笔工具可将选定状态或快照的副本绘制到当前图像窗口中，将图像编辑中的某个状态还原出来。

使用历史记录画笔工具可以起到突出画面重点的作用。在 Photoshop 中对素材图像“M040001 荷花”进行编辑，选择“编辑”→“定义图案”命令，即可保存当前图像效果，如图 4-43 所示。

图 4-43　定义保存原图效果

对图像设置适当的模糊效果，然后选择历史记录画笔工具，在荷花部位涂抹，即局部显示前面保留的荷花效果，达到突出画面主题的目的，如图 4-44 所示。

图 4-44　设置画面模糊后使用历史记录画笔工具涂抹图像

“历史记录艺术画笔工具”具有与历史记录画笔工具相似的操作特点，所不同的是在还原记录的画面历史效果的同时，可以通过设置施加一些艺术效果。

4.5.5　管理画笔

1）保存画笔设置

新建的画笔，被放置在“画笔”面板中，可以保存对画笔笔尖所做的设置，以便调用，即使重新安装 Photoshop 软件，在本机所做的画笔设置仍不会消失，可以随时调用。

在画笔工具状态，在如图 4-45 所示的工具选项栏的“画笔预设”选取器中单击右上角的“ ”图标，在弹出的功能菜单中选择“预设管理器”命令，打开如图 4-46 所示的“预设管理器”窗口，选择要保存的画笔笔尖，单击窗口右侧的“存储设置”按钮，打开“存储”对话框，在其中设置保存画笔的文件名，并单击“保存”按钮即可将画笔保存为特定的 ABR 格式文件。

图 4-45　“画笔预设”列表框选取器

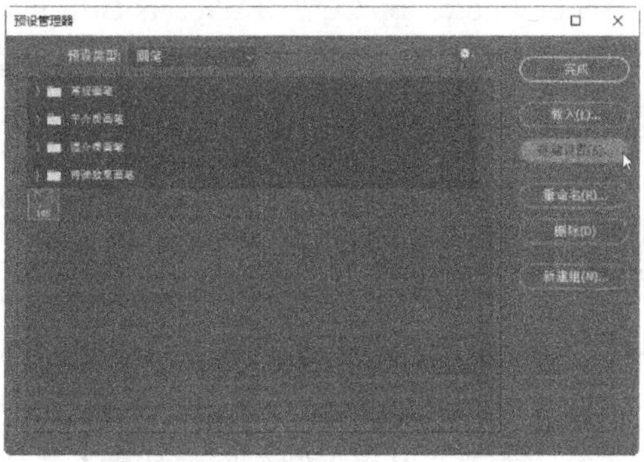

图 4-46　“预设管理器”窗口

应注意，在“画笔预设”选取器的功能菜单中直接选择“存储画笔”命令，也可以进入“存储”对话框保存画笔，但保存的是当前画笔列表中的所有画笔，而不只是选择的某种画笔笔尖。

需要使用相应画笔设置时可以将经过保存后的画笔载入使用，在“画笔预设”选取器的功能菜单中选择“载入画笔”命令，打开“载入”对话框。在该对话框中选中相关的画笔文件，单击“载入”按钮，即可在“画笔”面板中导入相关画笔。

2）删除画笔

要删除当前画笔列表中暂时不用的画笔笔尖，可以在“画笔预设”面板中选中要删除的画笔，然后在功能菜单中选择“删除画笔”命令，也可以在准备删除的画笔下右击，在弹出的快捷菜单中选择“删除画笔”命令，或者在选中画笔后，单击“画笔预设”面板底部的“”图标。

3）替换、载入画笔

替换、载入画笔即更换当前画笔列表。在“画笔预设”选取器的功能菜单中选择“替换画笔”命令，可以打开“载入”对话框，从中选择要载入的画笔，单击“载入”按钮就可以在载入新画笔的同时，替换“画笔预设”选取器中所有的画笔。

载入画笔操作与替换画笔类似，不过要在“画笔预设”选取器的功能菜单中选择“载入画笔”命令，可以通过弹出的“载入”对话框选择计算机上存放的相关画笔文件，单击“载入”按钮后即可载入当前画笔列表。

4）复位画笔

复位画笔即恢复默认画笔列表。选择“画笔”面板功能菜单中的“复位画笔”命令，可以将“画笔”面板中的所有画笔的设置恢复为初始的默认状态。选择“复位画笔”命令后将出现提示对话框，单击“确定”按钮将替换原有画笔，如果单击“追加”按钮，则在保留原有画笔的基础上增加新载入的画笔。

5）重命名画笔

在“画笔预设”选取器中右击一个画笔笔尖缩览图，然后在弹出的快捷菜单中选择“重命名画笔”命令，可以打开“画笔名称”对话框以便对当前所选画笔重新命名。

6）更改画笔显示方式

可以根据使用习惯更改“画笔预设”中画笔列表的显示方式。打开“画笔预设”选取器，如图4-45所示，单击右上角“”图标，在弹出的功能菜单中将列出可选显示方式，可选择相应的显示方式。

7）外挂画笔

有很多设计好的Photoshop画笔笔尖文件，提供了丰富的画笔图案，可以直接引入使用，这些画笔笔尖是扩展名为ABR的文件。下载到本机后，可以把*.ABR文件复制到Photoshop系统应用目录的Adobe\Photoshop CC2018\Presets\Brushes文件夹下面，可以采用前面“替换画笔”或“载入画笔”的操作载入画笔，也可以使用类似的操作直接载入存放在计算机上其他文件目录的画笔文件，引入使用。重启Photoshop，在“画笔预设”选取器里就可以看见外挂画笔了。

4.6　颜色编辑

在Photoshop中绘图着色，最直接的是通过工具栏的前景色和背景色实现，而色彩选择也可以通过拾色器进行，还可以通过“颜色”面板、“色板”面板、油漆桶工具等实现颜色填充，“样式”面板和图案填充则可以提供图形图案的综合填充或图案填充功能。

4.6.1　填充颜色

图像的颜色填充可以在当前图层、路径、选区进行，可以选择系统菜单命令，这只适用于当前图层和选区，也可以通过右击对路径或选区进行填充。

选择“编辑”→“填充”命令，或按 Shift+F5 组合键，即可弹出如图 4-47 所示的“填充”对话框。

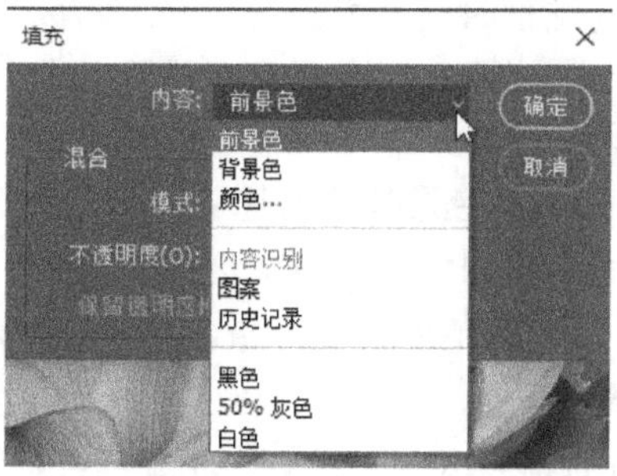

图 4-47　“填充”对话框

（1）内容：确定填充色，在“内容”右侧单击下拉箭头，可在弹出的着色方式列表中选择适当的填充方案，如图 4-47 所示。

- 前景色（背景色）：使用前景色绘画、填充和描边选区，使用背景色生成渐变填充并在图像的抹除区域中填充。系统默认色为前景色是黑色，背景色是白色。
- 颜色：可通过弹出的“拾色器”自定义填充颜色。
- 内容识别：这是一种特殊的填充方式，可以智能化地以填充或删除区域周边的图像效果进行填充，通常用于小区域快速效果修补或去除局部杂色。
- 图案（系统图案和自定义图案）：采用系统已设定的图案或自定义图案来进行填充。
- 历史记录：将选定区域恢复为在“历史记录”面板中设置为“源”的图像的状态或快照。
- 黑色（50%灰色、白色）：采用黑色或 50%灰色、白色来进行填充。

（2）混合：设定色彩混合模式和不透明度，其中“混合”模式控制图像中已有的色彩与填充色的融合方式，在不同混合模式下填充后的色彩效果会因所在位置底层像素、不透明度、亮度、色彩自动编辑方式的不同而呈现不同的效果。

对于选区、路径，可在相应的操作状态下调用“填充”或“描边”对话框进行着色，关于选区和路径填充的相关操作在前面的相关章节已有叙述。

4.6.2　拾色器

在 Photoshop 中可使用拾色器选取自定义颜色，如图 4-48 所示。

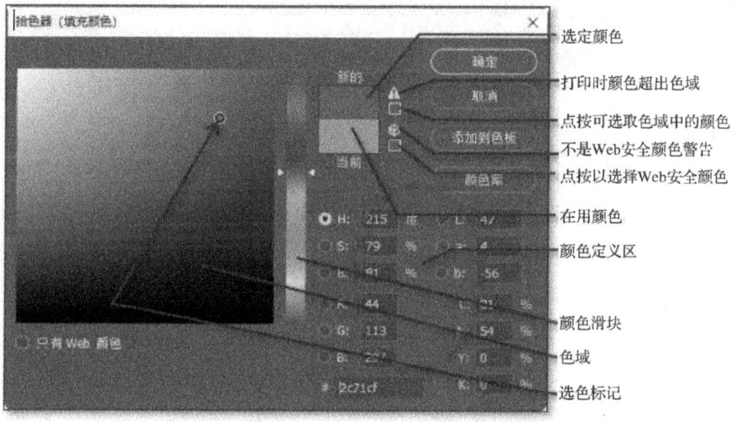

图 4-48　“拾色器”对话框

在拾色器上可以在“色域”区手动选择颜色，拖动颜色滑块可以设定显示在“色域”区的可选色区域。也可在右下侧拾色器的颜色定义区输入相应颜色模式的分色值精确定义颜色。

当鼠标指针移出“拾色器”对话框时会变成吸管“ ”图标，可以直接单击文件编辑区域选取颜色，单击点的颜色会准确反映到拾色器中，作为当前选取颜色。

- 选色标记：标示所选色彩。
- 颜色滑块：其中的颜色对应右侧色彩模式被选中的单选按钮，拖动滑块在左侧的“色域”区中显示相应的颜色内容。颜色条越靠近顶部其饱和度越大，越靠近底部其饱和度越小。
- 色域：对应由颜色滑块定义色阶值的颜色分量。
- 选定颜色：显示目前选择的颜色。
- 在用颜色：显示正在使用的颜色，方便将所选的颜色进行比较。
- 打印时颜色超出色域：当选择的颜色超过 CMYK（或 Web）颜色色域的范围时，将显示警告标志，表示该颜色无法在印刷过程中实现。
- 点按可选取色域中的颜色：当出现“溢色”警告时，在此显示与所选颜色最接近的可用颜色，可以用该颜色代替用户所选的颜色。如果确认选择该颜色，可单击该色框将提示色彩作为所选色，警告标志及该色框随即消失。
- 不是 Web 安全颜色警告：提醒当前选择的颜色不能在网页上准确显示。由于网页的特点，其能采用的颜色比标准的 RGB 编辑颜色少，因此不适合的颜色可能在网页上不能达到要求的效果。
- 点按以选择 Web 安全颜色：当出现“不是 Web 安全颜色警告”时，会出现与此色框显示最接近的 Web 可用色，如果确认选择该颜色，可单击该色框将提示颜色作为所选色，警告标志及该色框随即消失。
- 颜色定义区：在此输入相应颜色值精确定义所选颜色。“拾色器”对话框中可针对 4 种色彩模式进行精确设置，可以根据需要选择一种进行准确的参数输入确定颜色，选择任何一种颜色模式的输入值后，其他模式区域的值都会自动更新，表示结果一致，也可以直接在拾色器底部的#文本框输入用十六进制定义的 RGB 颜色值。
- RGB 颜色模式区，可分别输入 0～255 的 R（红色）、G（绿色）、B（蓝色）颜色分量值。
- Lab 颜色模式区，L 表示亮度，它的数值范围是 0～100%；a、b 分别代表任意的颜色轴，它们的数值范围是-127～127。
- HSB 颜色模式区，H（色度）表示光线照射在物体上的角度，它用 0～360° 的圆弧来表示。S（饱和度）与 B（亮度）的数值范围是 0～100%。
- CMYK 颜色模式区，该模式是印刷业中主要使用的颜色类型。可在文本框中输入 C（青色）、M（洋红）、Y（黄色）及 K（黑色）4 项参数的数值来定义新的颜色，所有分量的输入值范围是 0～100%。
- 颜色值，#文本框提供 RGB 颜色模式的十六进制值表达方式的输入，共 6 位，依次输入 R、G、B 颜色分量，每两位表示一种颜色的分量值，值域是 00～ff。例如，000000 是黑色，ffffff 是白色，ff0000 是红色。

4.6.3 “颜色”面板

“颜色”面板用于编辑当前图像的前景色和背景色，可通过选择“窗口”→“颜色”命令打开“颜色”面板，如图 4-49 所示。该面板左上角的两个色块表示设置前景色和设置背景色，双边框的色块为当前编辑色块。

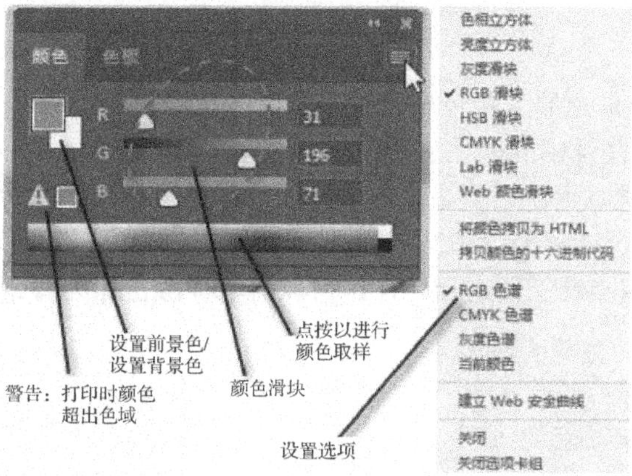

图 4-49　“颜色”面板及功能菜单

单击面板右上侧图标可以打开面板功能菜单（见图 4-49），设置颜色模式和色谱，如果选择“建立 Web 安全曲线”命令，则调用仅含 Web 安全色的色谱，可以保证颜色选择符合 Web 应用色的要求。“当前颜色”命令用于显示从前景色到背景色的过渡色谱。

“颜色”面板中的“警告：打印时颜色超出色域”与拾色器的功能一致，没有 Web 安全颜色警示，但提供了专用的“Web 颜色模块”。

4.6.4　“色板”面板

“色板”面板是一种快速选取颜色的颜色样板，如图 4-50 所示。它提供和存取常用的颜色作为前景色或背景色，可以在其中添加或删除颜色，或者显示适合不同项目的颜色组，可以快捷地选取既定的颜色。

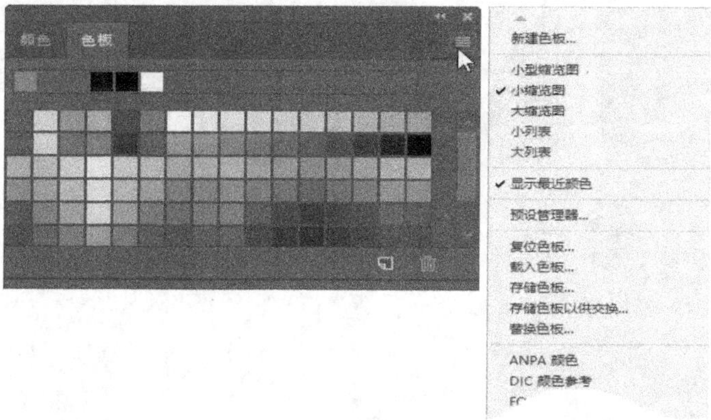

图 4-50　“色板”面板及功能菜单

当鼠标指针移到“色板”面板上时将变成吸管形状，在选定的颜色块上单击即把前景色定义为该色块颜色，若按 Ctrl 键同时在选定的色块上单击，则替换背景色。

每个色块都有相应的颜色名称，鼠标在色块上略做停留就会显示色块名称，双击色块可以对其重命名。

要删除“色板”面板中的色块，可把色块拖到下边的“🗑”图标，或按 Alt 键（图标将变成剪刀“✂”形状）并单击要删除的色块。

右击色块，在弹出的快捷菜单中也可以选择“重命名色板”、“删除色板”和“新建色板”命令。

“色板”面板的功能菜单内容很多，主要包括新建色板、预设管理器、复位色板等（见图 4-50）。

4.6.5 吸管工具组

Photoshop 中提取颜色信息的工具包括吸管工具、颜色取样器工具和 3D 材质吸管工具。

“吸管工具”可直接由图像中的颜色进行取样，吸管工具也可结合拾色器、“颜色”面板及“色板”面板灵活地创建和编辑颜色。

在默认情况下，在图像中使用吸管工具单击某一点取样颜色，将取样颜色作为前景色，如图 4-51 所示。按 Alt 键的同时使用吸管工具进行取样，可以将取样颜色作为背景色，如图 4-52 所示。

图 4-51　取样前景色

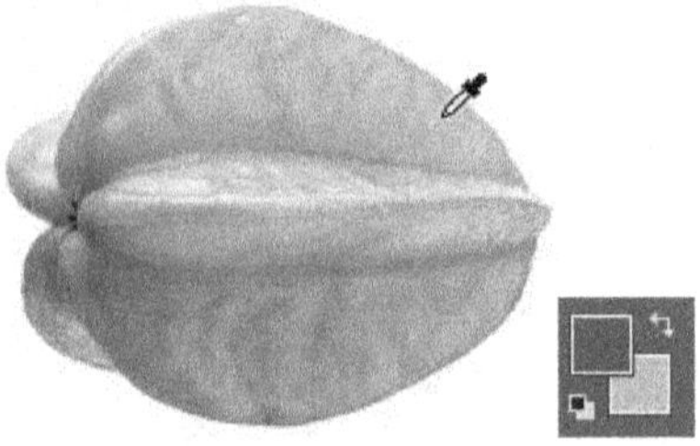

图 4-52　取样背景色

“颜色取样器工具”用于提取多个点的颜色样本数据。

在图像中单击取样点将呈现取样标记，同时这些数据将显示在弹出的“信息”面板中，如图 4-53 所示。如果想删除某个取样点，可单击“信息”面板中的某个取样工具吸管图标，然后在文件编辑区右击取样点，在弹出的快捷菜单中选择“删除”命令。也可以直接在文件编辑区拖动取样标记以选择合适的取样点。

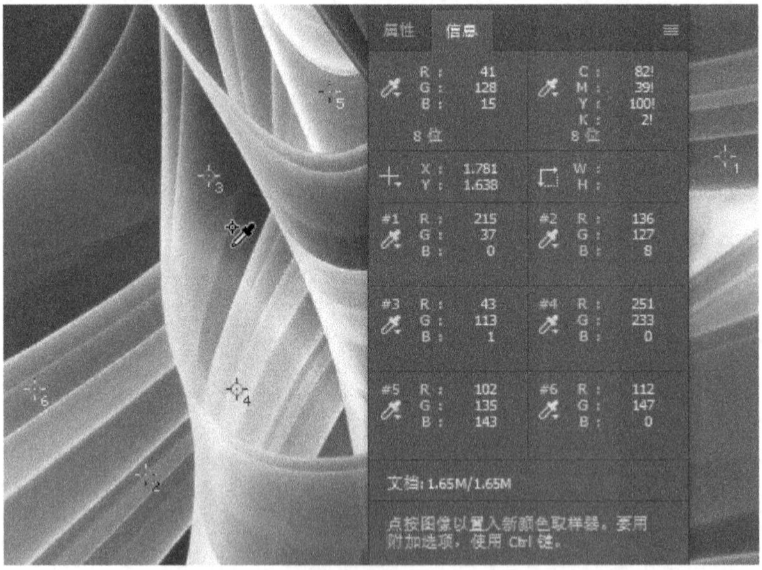

图 4-53　颜色取样器工具与“信息”面板

“3D 材质吸管工具”主要用于 Photoshop 中的 3D 编辑，提取 3D 图样的表面材质效果，使用方式与吸管工具类似。

4.6.6 油漆桶工具

“油漆桶工具”可对图层图像的相似像素区域填充颜色，类似魔棒工具+填色的操作效果，通过当前工具选项栏设定以“前景”或“图案”进行填充。使用油漆桶工具单击某区域即实现相似颜色区域的填充。图 4-54 所示为油漆桶工具选项栏。

图 4-54　油漆桶工具选项栏

- 油漆桶的填充方式通过选项栏选择，在其工具选项栏的左侧选择使用“前景”填充或“图案”填充。当选择图案填充时，会激活右边的“图案”选项，可以选择相应的图案样本进行填充。
- “模式”“不透明度”“容差”的设置将影响颜色叠加的效果，与其他图像操作相同，可参照前面相关章节的叙述。
- 勾选“消除锯齿”复选框可使填充的边缘保持平滑。
- 勾选“连续的”复选框，使用“油漆桶”工具单击填充时仅填充与单击区域颜色相似（取决于“容差”值）且连续的区域，否则，将填充所有与单击区域颜色相似的区域。

4.6.7　渐变编辑

渐变效果是指创建多种颜色间的渐变混合，可以从预设渐变填充中选取或创建渐变。

使用“■”（渐变工具）进行渐变填充，需要设定填充选区，否则填充作用于整个图层画面。使用渐变工具在填充区域拖动，拖动的长度和方向决定了渐变填充的效果，拖动鼠标的同时按 Shift 键可保证拖动限定填充为正 45 度的倍数方向。

图 4-55 所示为渐变工具选项栏，可由此预设渐变填充，在选项栏左侧可依次看到“工具预设”选取器、“渐变”拾色器、渐变填充方式及其他相关选项。

图 4-55　渐变工具选项栏

1）“渐变”拾色器

单击“渐变”拾色器右侧的下拉箭头“■”，会弹出如图 4-56 所示的“渐变”拾色器，其中列出了部分预设渐变样板，可以单击选用预设的渐变样板。

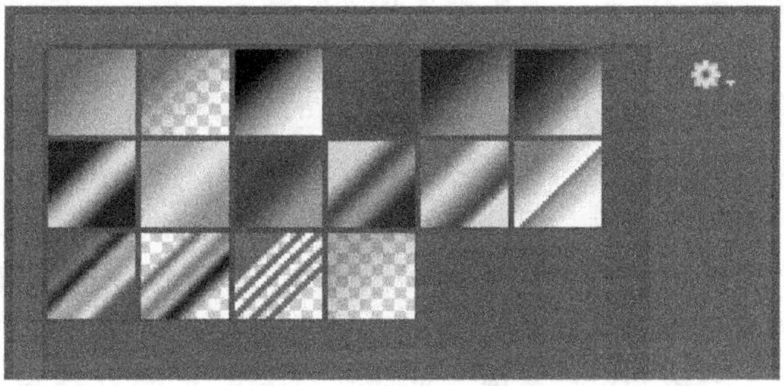

图 4-56　“渐变”拾色器

2）渐变编辑器

单击渐变工具选项栏中的渐变预设图标，弹出如图 4-57 所示的“渐变编辑器”窗口，可以在上部“预设”列表框中单击选择一个预设渐变，在下面的“名称”文本框显示其对应的渐变名称，并可在下部的渐变编辑区，编辑所选渐变。

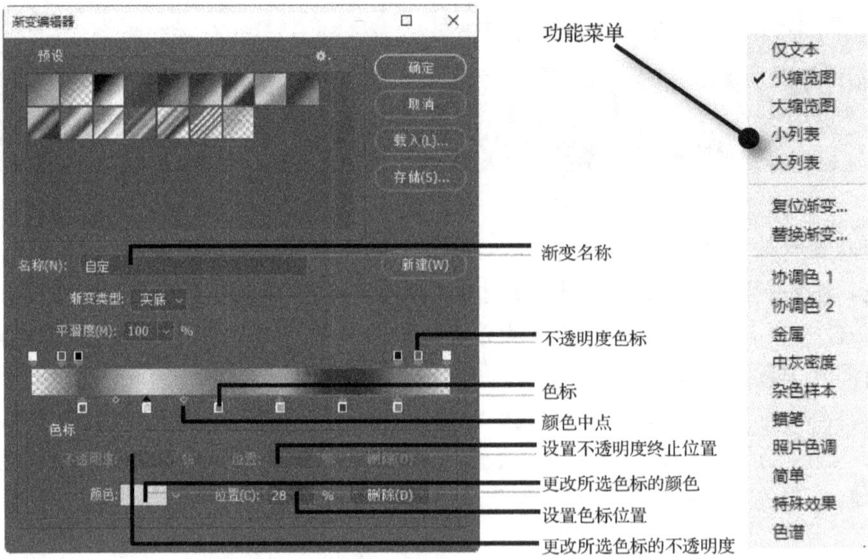

图 4-57　“渐变编辑器”窗口及功能菜单

“渐变编辑器”窗口上部“预设”列表框包含了预设渐变样本，单击右侧的“ ”图标，在弹出的功能菜单（见图 4-57）可以设置样本显示方式，也可以载入其他样本。在“名称”文本框显示当前选定样本的名称，如果对样本做了编辑，则文本框中的名称会自动改为“自定”，也可以在文本框中自己定义名称。对于完成编辑的渐变方案，可以单击“名称”文本框后面的“新建”按钮添加到渐变预设方案中。

在下面的渐变编辑区，可以对渐变的不透明度和颜色进行编辑。在“渐变类型”下拉列表中可选择“实底”或“杂色”两种渐变类型，其下部的编辑设置将分别改为“平滑度”“粗糙度”。

- 平滑渐变。

选择“实底”选项即进入平滑渐变编辑，参与渐变的颜色分段平滑过渡，如图 4-57 所示。

编辑当前渐变颜色，单击相应的渐变色标“ ”，该色标上方的三角形将变黑“ ”，这表明正在编辑该颜色。在下面的“色标”栏中，双击“颜色”后面的色标在弹出的“拾色器”对话框中修改颜色。当鼠标指针移出“渐变编辑器”窗口时会变成吸管图标，这时也可以直接在文件编辑区单击吸取颜色样本。或者在渐变色条下方单击添加新的渐变色标，然后可以设置该点的渐变色。也可以直接在“预设”列表框选择其他预设渐变方案。

如果要删除某个渐变色或不透明度，可以单击“色标”栏右下角的“删除”按钮即删除当前渐变色及色标，或将色标向下拖离颜色条也可以实现删除操作。

如果需要添加色标，可以在渐变色条下方的适当位置单击，即可添加一个色标。

渐变色条上方为渐变透明度设置，可采用类似的方式设计渐变透明度。

渐变色的分配可以通过调节渐变色分色点的位置来实现，可使用鼠标拖动调节，或在“色标”栏下面的“位置”后面输入位置的百分比值。拖动渐变色标也可以定义渐变效果。

编辑渐变透明度与编辑渐变色的操作类似，只是对渐变色条上方的不透明标记进行设置。选中标记后，在“色标”栏设置相应的不透明度值及位置，同样可以使用鼠标拖动调整，在渐变色条上方单击添加或向上拖离色标以删除“不透明度色标”。

- 杂色渐变。

在“渐变类型”下拉列表中选择“杂色”选项即进入杂色渐变编辑状态，如图 4-58 所示。

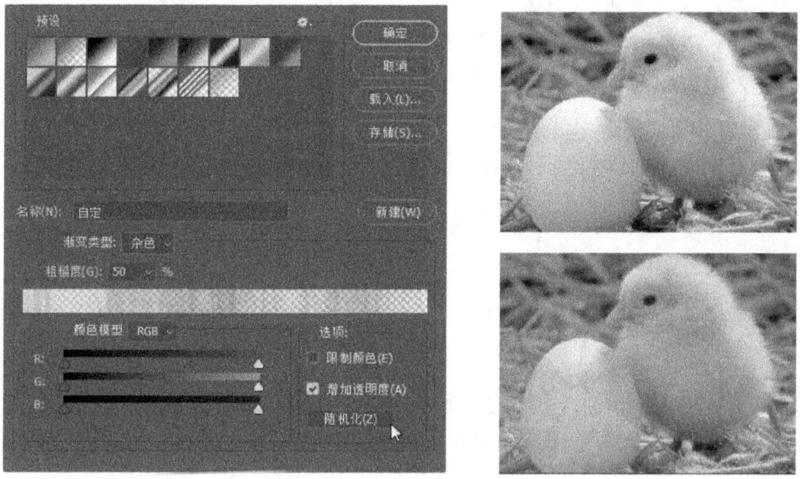

图 4-58　设置杂色渐变

杂色渐变包含了所指定的颜色范围内随机分布的颜色。杂色渐变的编辑主要是改变粗糙度的值和颜色模型，还可以移动底部“颜色模型”的滑动色块调整颜色范围，右下角的选项可设定增加透明度和随机设定颜色分布。

在如图 4-58 所示的案例中，针对素材图片“M040004”，在“杂色”渐变状态下，勾选“增加透明度”复选框，并单击“随机化”按钮，调整杂色分布效果，确定设置后，在渐变工具选项栏选择采用“角度渐变”方式，在文件编辑区拖动可实现渐变效果。

3）渐变填充方式

渐变的填充方式确定了渐变效果的延展方式，直接影响渐变的效果。

- “”（线性渐变）：以直线方式从起点延伸到终点。
- “”（径向渐变）：以圆形图案从起点渐变拓展。
- “”（角度渐变）：围绕起点以逆时针扫描方式延展。
- “”（对称渐变）：均衡的线性延展。
- “”（菱形渐变）：以菱形方式从作为菱形中心的起点向外延展。

使用渐变填充之前要根据需要达到的效果先选择上述渐变填充方式之一，使用渐变工具在需要进行渐变填充的区域拖动实现渐变填充，填充效果将覆盖整个画面，而要针对图像部分区域设置渐变效果，需要通过设置相应选区以选择指定的填充区域，再进行渐变填充的操作。

如图 4-59 所示，对图的画面背景、图样分别实施了线性渐变填充的效果，其中对“背景”图层可直接以设定好的渐变效果填充，而对于曲线图案，需要通过设置图线图样选区，再以设定的渐变效果进行填充操作。

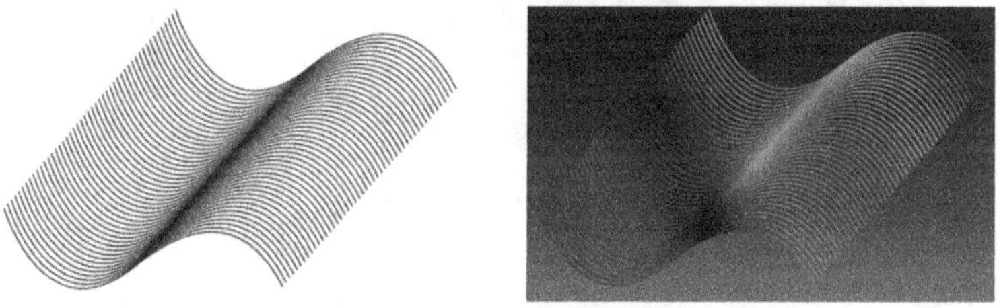

图 4-59　使用渐变填充

4）效果选项

渐变工具选项栏右侧的选项可以改变所做的渐变预设，这些选项对已经应用的渐变效果不起作用，必须在实施渐变填充之前进行设置。

- 模式：在弹出的下拉列表中选择渐变色和底色的混合模式。
- 不透明度：改变整个渐变色的透明度。
- 反向：可使现有的渐变色逆转方向。
- 仿色：用来控制色彩的显示，选中它可以使色彩过渡更平滑。
- 透明区域：对渐变填充使用透明蒙版。

4.7 图案填充和定义

对于图像编辑的区域填充，除了使用各种颜色或渐变混合，还可以使用设定的图案进行填充，这种填充可以使用系统提供的预设图案，也可以自定义图案进行填充。

4.7.1 关于图案填充和设置

图案填充的操作与颜色填充相似，选择“编辑”→“填充”命令，或在选区、路径编辑状态右击编辑图形，由快捷菜单打开如图 4-60 所示的“填充”对话框，在“内容”下拉列表中设置填充方式为“图案”，单击“自定图案”右侧的下拉箭头“ ”，可打开“图案”拾色器，如图 4-60 所示。

在“图案”拾色器中显示了可选用的预设图案。单击“图案”拾色器右侧的“ ”图标，打开如图 4-60 右图所示的功能菜单，可以选择更多的图案分类，并将选定图案分类的图案添加到“图案”拾色器中或替换已有图案备选，在图案功能菜单中包括了图案显示、图案管理、预设图案等操作内容。

必须注意，图案填充不能应用于透明区域。

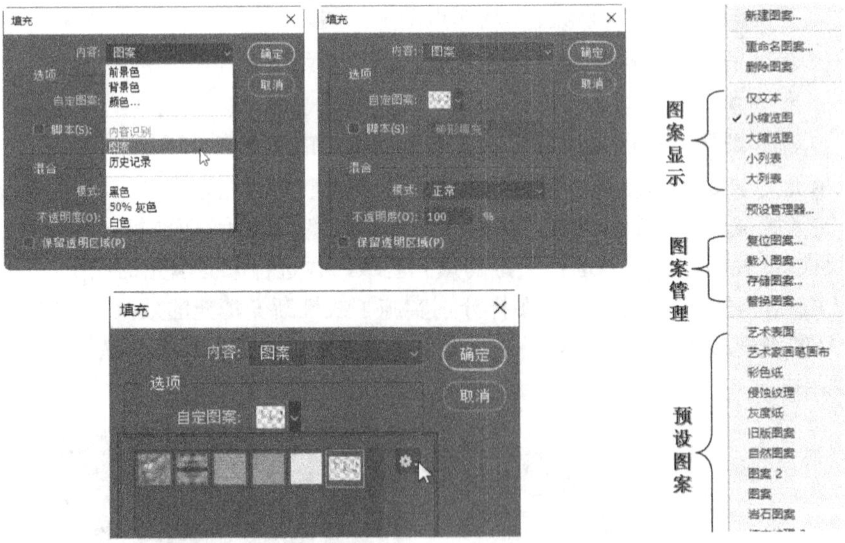

图 4-60　设置图案填充

4.7.2 自定义图案

用于填充的图案，可以使用系统提供的预设图案，也可以使用自定义图案。可以将任何图层的图案或截取的图像定义为图案，即自定义填充图案。在定义图案时，必须首先选取某个图层或使用矩形选区选择作为图案的图像区域，应隐藏路径图形。选择“编辑”→“定义图案”命令即可打开“图案名称”对话框，在“名称”文本框命名自定义的图案，自定义的图案也同样列在“填充”对话框的“图案”拾色器中，可以选择需要的图案用于填充。

同渐变方案一样，自定义的图案也可以通过“预设管理器”进行存储，以便随时调用。

实例 4-05　自定义图案

在 Photoshop 中绘制或打开一个准备定义为图案的图样，在当前编辑画面中，可使用“矩形选框工具”选取图案区域，或不选择即针对整个图案，应注意当前选择的区域就是后续使用的实际大小，因此需要适当调整作为样本的图形大小。

选择“编辑”→“定义图案”命令，打开如图 4-61 右图所示的“图案名称”对话框，在“名称”文本框中输入图案名称，单击“确定”按钮，图案定义即可完成。

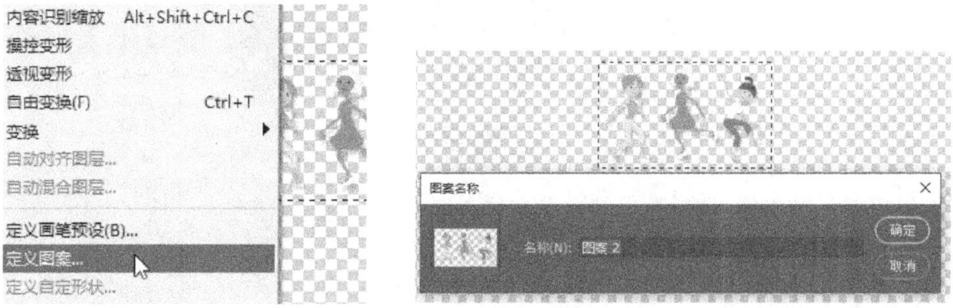

图 4-61　自定义图案

新建 Photoshop 文件，新建图层，在新图层使用路径绘制一个图形并填充一种设定的颜色（前景色、背景色或任何自定义颜色），也可以直接以“像素”绘图方式绘制一个自定义图形，或绘制选区。

设定当前填充区域或图形轮廓选区，选择“编辑”→“填充”命令打开“填充”对话框，在“自定图案”右侧单击缩览图或下拉箭头“”，在弹出的“图案”拾色器中选择已定义的图案，单击“确定”按钮即完成图案填充，可以看到自定义图案以平铺方式填充在设定区域，如图 4-62 所示。

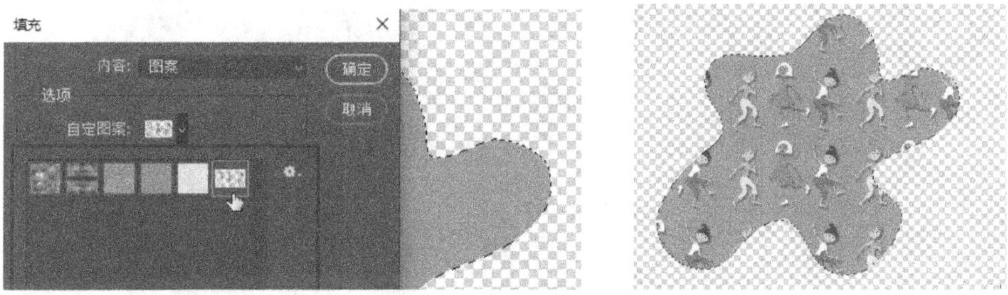

图 4-62　使用图案填充

本章小结

本章主要叙述了 Photoshop 中的画笔工具和颜色填充，在图像的颜色和图案编辑中，画笔工具和颜色填充是基础的操作手段，其中画笔工具不仅可以独立绘图，也是很多相关操作效果的编辑基础工具，画笔主要针对图形轮廓，而图样本身的颜色通过颜色或图案填充实现，作为图像处理效果的基本应用工具和手段，描边和填充是非常重要的技巧，是必须熟练掌握的，必须清楚描边和填充的基本使用方法，还需要通过实际操作学习更多的应用技巧。本章同时介绍了混合模式，这是

Photoshop 中进行分层图像处理及图像合成时，实现图像色彩合成特效的一个重要概念，需要重点掌握。

实例之窗

实例 4-06 美丽的蒲公英

绘制如图 4-63 所示的美丽的蒲公英。其中主要使用画笔工具来完成。

图 4-63 美丽的蒲公英

新建 Photoshop 文件，文件大小为 1200 像素×900 像素，分辨率为 300 像素/英寸。新建图层命名为“蓝天”。将前景色设置成蓝色（#4292f8），背景色设置成淡蓝色（#b5e5f9），选择渐变工具，设置前景色到背景色线性渐变，从上往下拖动鼠标，形成蓝天背景。

新建图层命名为“草”，选择“Dune Grass”画笔，在“画笔”面板中，设置前景色为深绿(#1e7009)、背景色为淡绿（#5ab01c），适当设置“画笔笔尖形状”“形状动态”“颜色动态”，并设置画笔笔尖的大小，拖动鼠标画出如图 4-64 所示的效果。

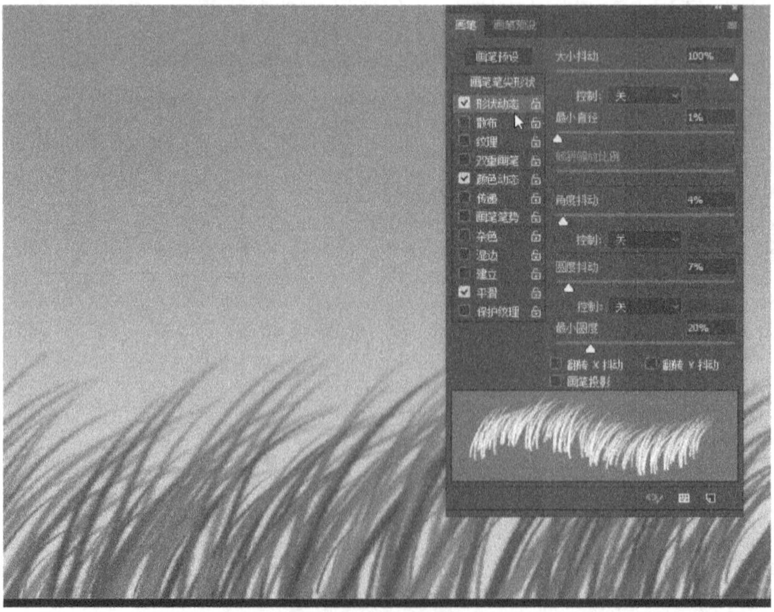

图 4-64 草的效果

新建图层命名为“蒲公英 A”，选择画笔工具，选择一种近似蒲公英绒花的画笔（如 STAR42），根据文件的大小适当调整画笔笔尖的大小，并适当设置画笔形状中的间距，以及形状动态和散布，使图案略呈不规则分布。用该画笔绘制出蒲公英，绘制中注意适当变换画笔角度和笔尖大小，完成圆形花簇的效果，如图 4-65 所示。

按 Ctrl+J 组合键复制 2 个图层副本，对这 2 个图层分别执行自由变换，通过旋转，增加绒花的覆盖面及使其合理分布，旋转移动后的效果如图 4-66 所示。

将 3 个绘制图层合并（或先建图层组、备份后再合并），命名为“蒲公英”。单击“”（橡皮擦工具）图标，在工具选项栏中设置流量为 10%，在“蒲公英”图案外擦除边缘，适当增大流量，再收缩一圈擦除，如此沿着蒲公英边缘由外向里依次减弱流量进行擦除，图像效果如图 4-67 所示。

在“蒲公英”图层的下方新建图层，命名为“核”，绘制一个小圆，填充深褐色（#51410A），可适当设置边缘羽化，如图 4-68 所示。

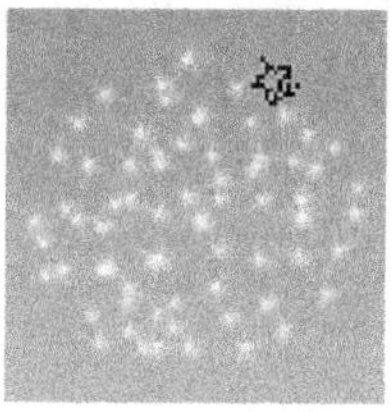

图 4-65　绘制

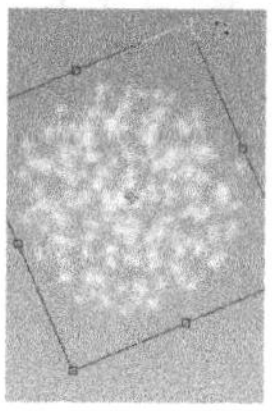

图 4-66　旋转

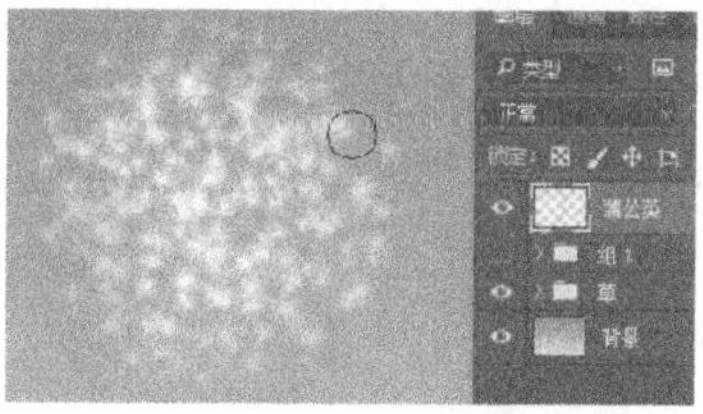

图 4-67　整理图层并擦除边缘

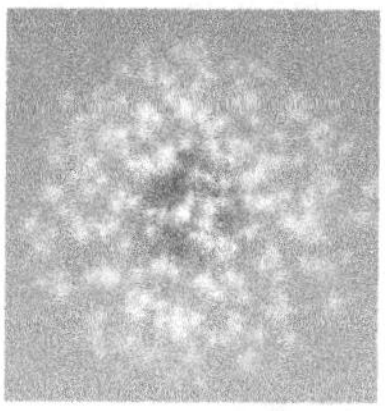

图 4-68　添加核

在“核”图层的下方新建图层命名为“茎”，单击工具栏中的钢笔工具，设置绘图模式为“路径”，在画面中绘制蒲公英的茎，效果如图 4-69 所示。

将路径转换为选区，选择“选择”→“羽化”命令，适当设置羽化半径，然后填充绿色，将“蒲公英”“核”“茎”3 个图层建立成组，命名为“组-蒲公英”，复制两个相同的组，并适当地调整其位置，效果如图 4-70 所示。

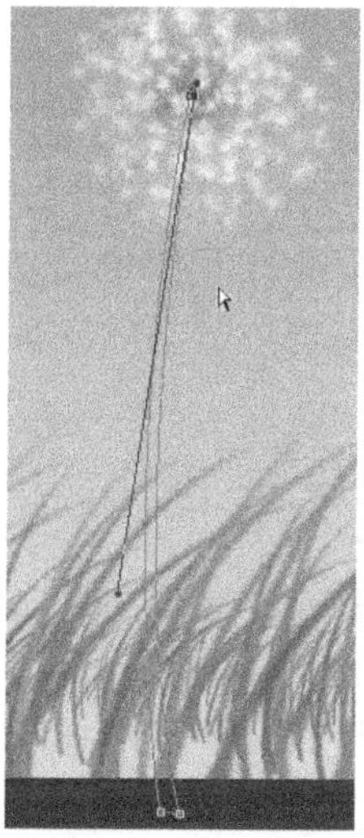

图 4-69　绘制茎

图 4-70　建立图层组并调整其位置

对中间的蒲公英再次使用橡皮擦工具涂抹其右上边的绒花，形成被吹走的效果。

新建图层，命名为“飞扬的蒲公英”，单击工具栏中的画笔工具，选择“Fuzz ball”画笔，在画面的右上方绘制出飞扬的蒲公英，然后单击橡皮擦工具，设置适当的流量值，适当擦除一些绒毛，使飞扬的绒花效果更加自然。

第 5 章

路径与图形编辑

在 Photoshop 中绘图涉及创建矢量形状和路径。路径用于描绘图形轮廓，也用于创建复杂图形的选区。路径是由锚点和锚点所确定的曲线或直线所组成的。路径与选区可以相互转换。

路径用于构建和编辑图形，路径可以使用任何形状工具、钢笔工具建立。选区也可以先转换为路径然后进行存储，因为路径是矢量信息，其占用的磁盘空间比较小，所以路径可作为简单蒙版进行长期存储；此外还可以指定某一路径进行剪贴路径操作，或让路径所包含的图形输出到其他排版应用程序中使用。

本章要点

- 路径的概念。
- 形状工具和规则图形编辑。
- 钢笔工具的使用方法。
- 路径与图形的编辑、转换、描边和填充。
- 颜色和渐变填充设置。
- 图形色彩设置，色彩面板使用方法。

5.1 认识路径

实例 5-01 记事本和铅笔

绘制如图 5-1 所示的记事本和铅笔画面。

图 5-1 记事本和铅笔画面

新建 Photoshop 文件，文件大小为 16 厘米×12 厘米，分辨率为 300 像素/英寸。

对当前编辑背景填充适当的渐变色。

绘制页面效果，首先设置前景色为白色，在工具栏单击“矩形工具”图标，在工具选项栏左侧选择“像素”模式绘制矩形，按 Ctrl+J 组合键，原位复制一个矩形图层，如图 5-2 所示。

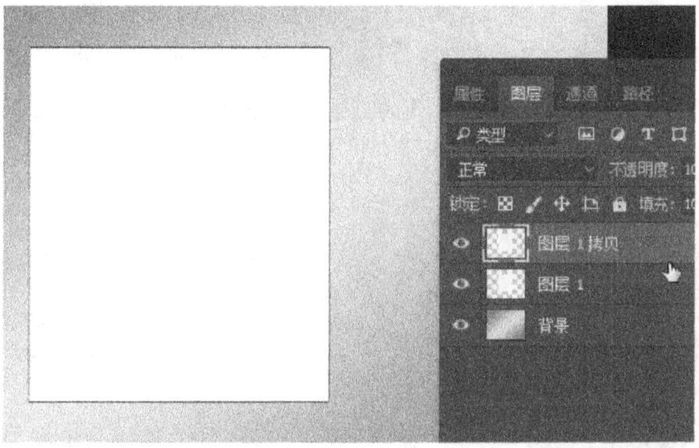

图 5-2　绘制页面矩形并复制图层

在当前图层进行“变形”操作（选择“编辑”→“变换”→“变形”命令），拖动矩形底边左右角控制点，形成两侧边变形效果。

按 Ctrl+T 组合键进入“自由变换”编辑状态，按 Ctrl 键并拖动底边中间控制点，形成翻页效果，如图 5-3 所示。

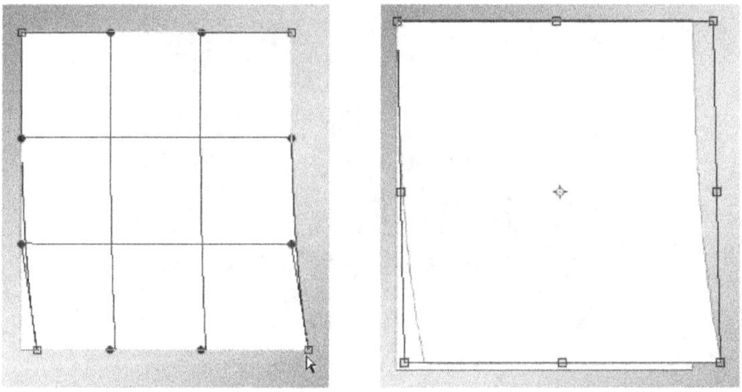

图 5-3　翻页效果

结束“自由变换”编辑状态，按 Ctrl+Alt+Shift 组合键，并连续按 T 键，形成若干页面翻页效果。选择所有页面图像图层，在“图层”面板下单击“”（创建新组）图标，将其归到图层组中，命名图层组为“页面”，如图 5-4 所示。

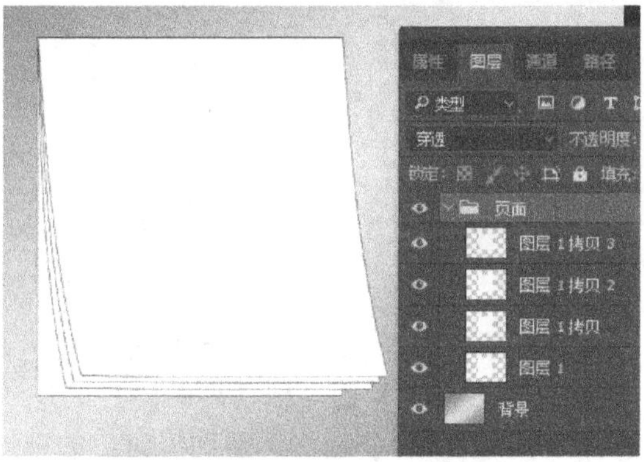

图 5-4　创建“页面”图层组

单击矩形工具，在工具选项栏左侧设置绘图模式为“路径”，在文件编辑区绘制笔杆路径，并添加图形两侧的竖直辅助线，以便于后续绘制。

单击“椭圆工具”图标，在笔杆图形上方依据辅助线绘制椭圆，单击“路径选择工具”图标，拖动椭圆图形与笔杆前部吻合。按 Ctrl+C 组合键，复制当前椭圆图形，使用“”（缩放工具）适当放大当前编辑画面，按 Shift+Alt 组合键，拖动当前椭圆路径控制点向中心缩小，形成铅笔芯的图形，如图 5-5 所示。

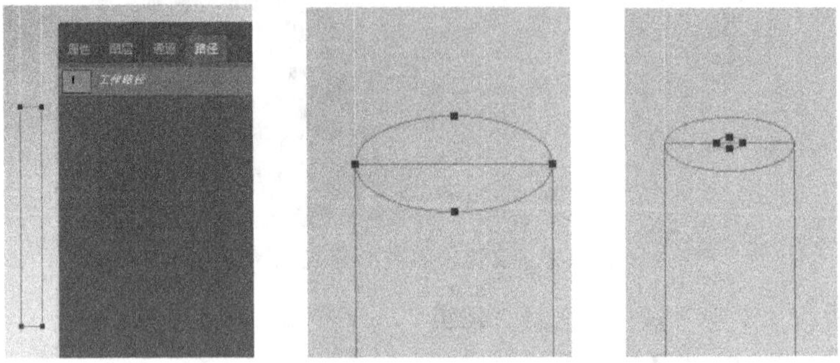

图 5-5　绘制笔杆上端

在“路径”面板双击当前路径标签，命名并保存路径，如图 5-6 所示。

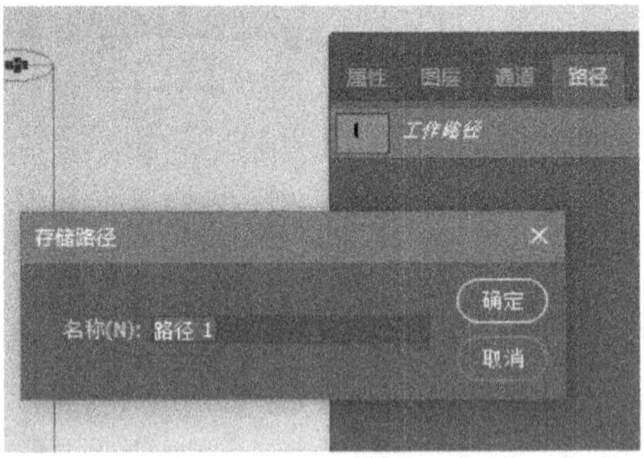

图 5-6　命名并保存路径

使用“钢笔工具”绘制笔尖路径，在笔尖下部绘制一个圆形路径，复制笔尖路径，然后使用“路径选择工具”同时选择笔尖路径副本和圆形路径，在工具选项栏选择路径合成方式为“与形状区域相交”，选择“合并形状组件”选项形成笔尖的铅笔芯部分，如图 5-7 所示。

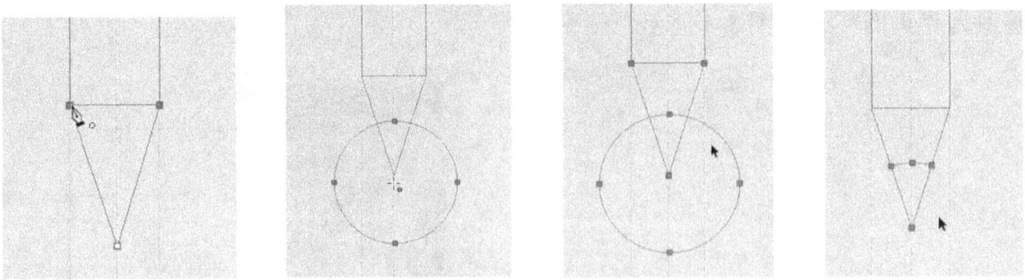

图 5-7　绘制笔尖

选择笔尖上部路径，对起点形状进行修饰，使用添加锚点工具，添加几个锚点，选择“转换点工具”转为曲线，使用直接选择工具适当拖动编辑路径的形状实现削铅笔形成的根部效果。并通过路径填充分别对各部分添加颜色，适当调整图形对象的布局以达到想要的效果，如图 5-8 所示。

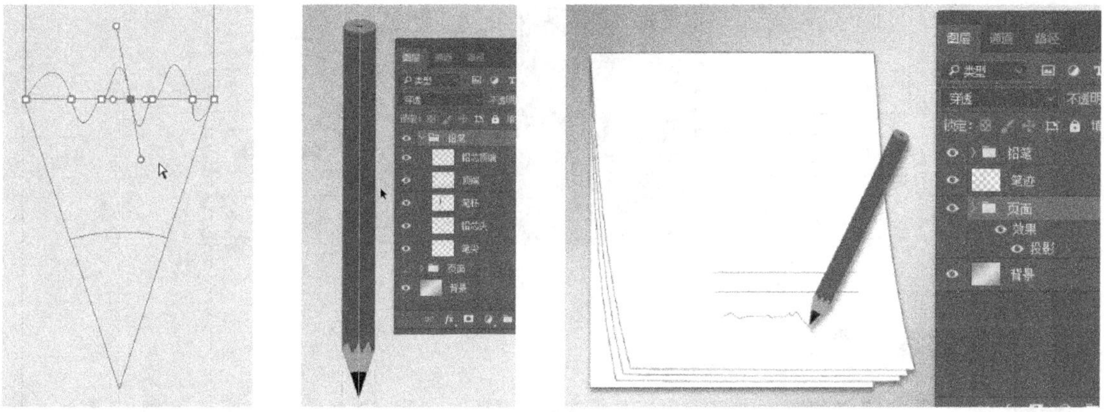

图 5-8　绘制图样效果

5.2　路径编辑

路径是 Photoshop 中进行图形编辑的主要手段，可以通过路径编辑图形轮廓、创建选区，路径的一个重要特点是具有矢量图形编辑的特点。

5.2.1　路径和“路径”面板

路径是由线段和锚点组成的，锚点标记路径上每条线段的两个端点，通过锚点可以控制曲线。在曲线段上，每个选中的锚点显示一条或两条方向线，方向线以方向点结束。拖动方向点可改变方向线进而改变曲线段的曲率和形状，如图 5-9 所示。

路径可以是闭合的，也可以是非闭合的（开放路径）。

锚点可以分为两种：平滑点和角点。平滑过渡的曲线连接锚点称为平滑点；尖锐过渡的曲线连接锚点称为角点。

对于平滑点，当移动平滑点的一条方向线时，将同时调整该点两侧的曲线段。对于角点，当移动角点的一条方向线时，只调整与方向线同侧的曲线段。如图 5-10 所示。

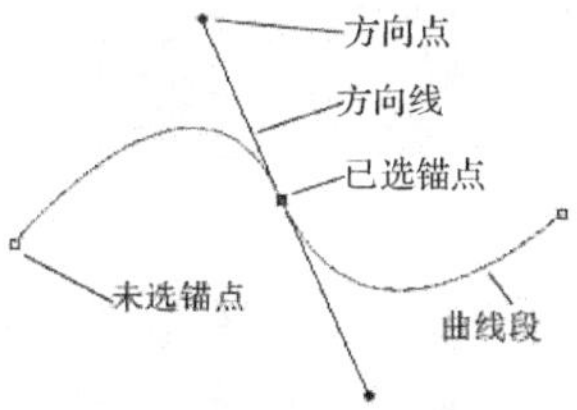

图 5-9　路径构成

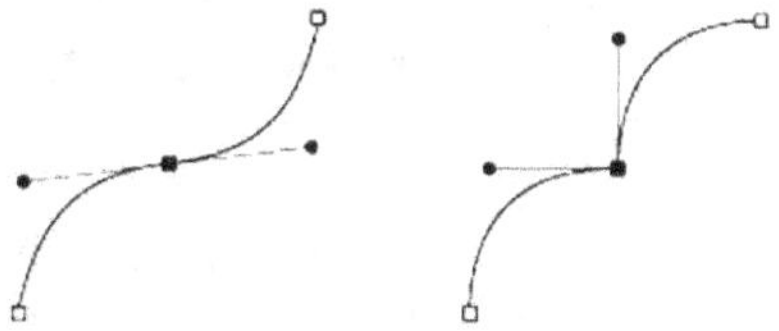

图 5-10　平滑点和角点

路径可以使用钢笔工具、图形工具（椭圆工具、矩形工具、自定形状工具等）进行绘制，绘制路径时相应的工具选项栏中绘图模式应选择“路径”模式。

由于是矢量图形，所以可以通过路径编辑图形，编辑路径应使用“路径选择工具”或“直接选择工具”，使用这两种工具之一选择路径时将显示路径的曲线段和锚点。其中路径选择工具的主要作用是显示和整体移动路径，而直接选择工具可以对路径进行局部修改，即选择某个锚点，拖动锚点或方向线以调整局部线段。

可以通过“路径”面板保存和选取已有路径，以及进行相关的路径编辑和转换操作。图 5-11 所示为“路径”面板。

图 5-11 “路径”面板

5.2.2 路径的基本操作

选择“窗口”→“路径”命令可以打开“路径”面板，通常它会与“图层”面板、“通道”面板一起作为系统默认面板组出现。“路径”面板列出了每条存储的路径、当前工作路径或当前矢量蒙版的名称和缩览图。要查看路径，必须先在“路径”面板中选择路径名。当路径标签为蓝色时，表示该路径为当前路径，此时路径显示于图像中，表示可以对它进行编辑和修改。

1）新建和存储路径

使用相应的绘图工具可以在文件编辑区创建新的路径图形，注意必须在相应的工具选项栏中设定绘图模式为“路径”，在新建文件中绘制路径时，在“路径”面板中会自动产生一个临时路径记录，被自动命名为“工作路径”，如图 5-12 所示。

绘制完成自动产生的“工作路径”只是临时的，在“路径”面板中单击路径标签以外的地方或选择其他路径标签就取消了对前一路径的选择，再次绘制新路径时原有路径会自动消失，因此，对于需要保留或重复应用的路径需要进行存储。双击“工作路径”标签，将弹出如图 5-12 所示的“存储路径”对话框，可以输入路径名或使用默认的路径名存储路径。

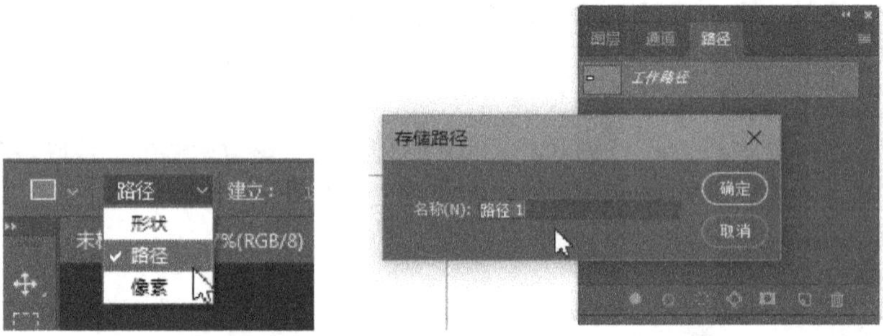

图 5-12 新建和存储路径

存储路径即可以保留当前路径，也可以避免不同的路径混淆，因为在没有取消“工作路径”选择的情况下，不断绘制的路径会临时保留在同一路径标签下，为不同路径图像的编辑造成麻烦，及时存储路径，可以保证总以新的“工作路径”开始编辑，从而可以独立保存和分别编辑不同路径。

单击“路径”面板下部的“■”图标可以预先创建空的路径标签，再添加路径图形。这种标签将以系统默认路径名命名，可以自动存储路径，如果需要更改路径名，也可以双击路径标签名称，然后直接在路径标签上进行修改。

2）删除路径

在“路径”面板中选择要删除的路径，单击面板下部的“■”（删除当前路径）图标，将会弹出删除路径提示，可单击“是”按钮删除当前路径或单击“否”按钮取消删除操作。

也可以将要删除的路径标签拖动至“■”图标上，或右击路径标签，在弹出的快捷菜单中选择“删除路径”命令，这将直接删除所选路径（没有提示）。

单击“路径”面板右上角的“”图标弹出功能菜单，在菜单中选择“删除路径”命令也可以直接删除当前路径。

按 Delete 键也可以直接删除当前路径。

3）复制路径

可以通过复制路径操作生成一个路径副本。在“路径”面板中选择需要复制的路径标签，拖到“”（创建新路径）图标上即可直接复制路径，所复制的路径标签将自动以原路径名+副本的方式命名。

打开“路径”面板功能菜单，在菜单中选择“复制路径”命令，或右击需要复制的路径标签，在弹出的快捷菜单中选择“复制路径”命令，将弹出“复制路径”对话框，可以自定义路径副本的名称，然后单击“确定”按钮生成路径副本。

注意未命名及存储过的“工作路径”不能进行副本复制操作，但可以拖到“”（创建新路径）图标上进行命名存储。

4）填充和描边路径

单击“路径选择工具”图标，在当前路径上右击可以选择“填充路径”或“描边路径”命令。

“填充路径”是对路径图形填充颜色或图案，“描边路径”是使用设定的笔刷样式勾绘路径图形的轮廓，它们都可以通过面板功能菜单、右击快捷菜单或单击路径底部相应的功能图标实现相应操作。

填充和描边是把通过路径编辑的图形转成图像效果的关键步骤，需要注意的是，路径本身与图像图层无关，但是一旦经过填充或描边就转成了含固定像素的图像，因此通常进行填充或描边操作前应先新建图层，以免把生成的像素图形合并到其他已有图像图层中，为后面的编辑造成麻烦，因为同一图层的像素图像是不能分别编辑的。

- 填充路径。

在实例 4-01 中已经应用了填充路径的操作，将路径图形轮廓内部添加颜色后即可生成实体的像素图形。

进行路径填充，首先在“路径”面板中单击右上角的“”图标，在弹出的功能菜单中选择“填充路径”命令，或者单击路径选择工具，然后右击路径，在弹出的快捷菜单中选择“填充路径”命令，这两种操作都会弹出“填充路径”对话框，可以在其中设定填充方式（内容）、混合方式、渲染方式等，然后单击“确定”按钮实现填充，如图 5-13 所示。

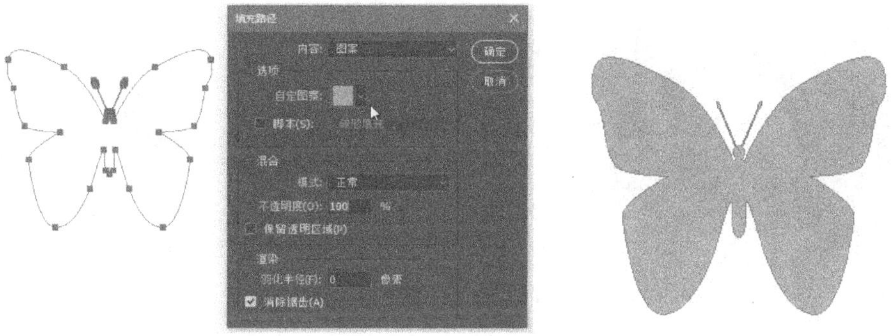

图 5-13　填充路径

在“路径”面板的底部，单击“”图标，可以直接以前景色填充当前路径。

- 描边路径。

描边路径是用选定的笔刷样式（笔尖）沿着路径的边缘来进行描绘的，与选区描边不同，路径描边时可以使用各种绘图工具，通过编辑绘图工具的相关属性，形成多种特殊的描边效果。

描边路径可以通过“路径”面板功能菜单或使用路径选择工具右击当前路径选择“描边路径”命令，这时将弹出“描边路径”对话框，在该对话框中选择相应的描边工具，选择不同的描边工具将会形成相应的描边特效，如图 5-14 所示。

也可以直接单击“路径”面板底部的“”（用画笔描边路径）图标实现路径描边，但只是以当前画笔及前景色状态直接描边，不能选择其他描边工具。

路径描边的颜色是当前的前景色，描边线条的样式取决于画笔的笔尖设定，应在执行描边前设定适当的前景色，以及适当的画笔笔尖形状和尺寸。

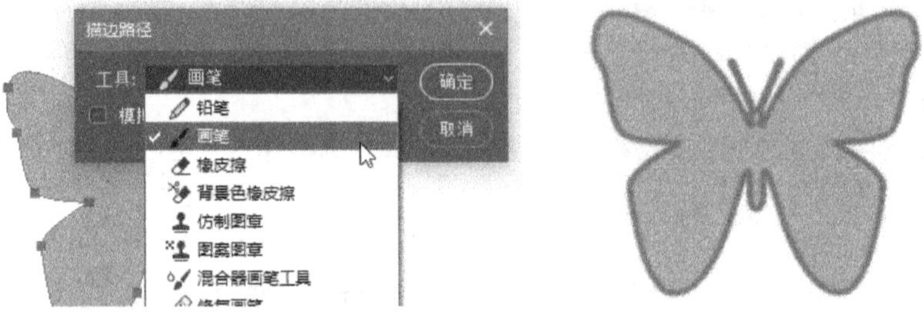

图 5-14　描边路径

5）路径与选区的相互转换

利用路径可以辅助选择复杂边缘的图形，并可以转换成选区，同样也可以把选区转换成路径以便图形的进一步编辑，这种转换同样可以通过“路径”面板下的功能按钮、“路径”面板功能菜单，以及使用路径选择工具右击路径的操作实现。

- 将选区转换成路径。

绘制或载入选区，单击“路径”面板底部的“”（从选区生成工作路径）图标，即可直接将当前选区转换为相同形状的工作路径。也可以选择“路径”面板功能菜单中的“建立工作路径”命令，或在选框工具下右击当前路径，会弹出“建立工作路径”对话框，在该对话框中可以设置适当的容差值，容差值越大路径越光滑。当前选区一旦转为工作路径，选区就自动取消了。如图 5-15 所示。

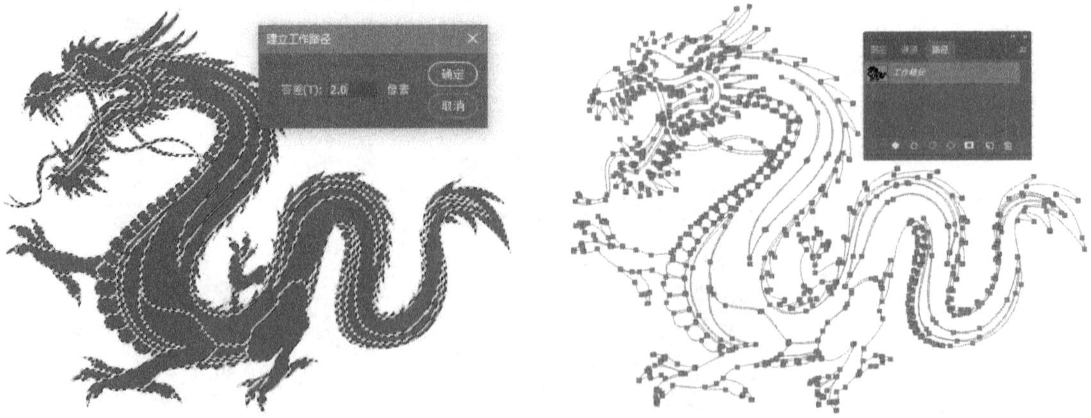

图 5-15　将选区转换成路径

在选择相应的选区工具（选框工具组、套索工具组、魔棒工具、快速选择工具等）状态下，在文件编辑区右击当前选区，在弹出的快捷菜单中选择“建立工作路径”命令，进行相应的工作路径转换操作。

上述操作建立的都是临时工作路径。

- 将路径转换成选区。

在“路径”面板选择需要转换的路径，单击“路径”面板的底部的“”（将路径作为选区载入）图标，可直接将路径转换为选区。按 Ctrl+Enter 组合键可以快速地将当前路径转换为选区。

也可通过选择“路径”面板功能菜单中的“建立选区”命令，将弹出“建立选区”对话框，可对将建立的选区进行相应设置，“建立选区”对话框及选区的相关操作可参阅第 2 章选区中的叙述。

单击路径编辑工具（路径选择工具或直接选择工具），然后右击当前路径在弹出的快捷菜单中也可以选择“建立选区”命令，打开“建立选区”对话框，设置转换为相应选区。

实例 5-02　制作邮票

在 Photoshop 中打开图像文件“M0201 山水”，并做适当画面截取，利用选区以固定尺寸 400 像素×300 像素截取图像画面，如图 5-16 所示。

图 5-16　截取图像

按 Ctrl 键，单击当前图层（图层 1）可得到截取后的图形轮廓选区，选择“路径”面板，单击底部的“”（从选区生成工作路径）图标建立路径，即将当前选区转化成路径，也可选择选区工具，右击选区，在弹出的快捷菜单中选择“建立工作路径”命令，对于比较复杂的轮廓，在弹出的“建立工作路径”对话框中可以适当调整容差，如图 5-17 所示。

图 5-17　“建立工作路径”对话框

单击画笔工具，按 F5 键弹出“画笔”面板，在“画笔”面板中预设画笔笔尖为适当大小（尖角，13 像素），设置画笔笔尖形状选项的间距为 154%，将前景色设为红色。对当前路径使用路径描边命令，如图 5-18 所示。

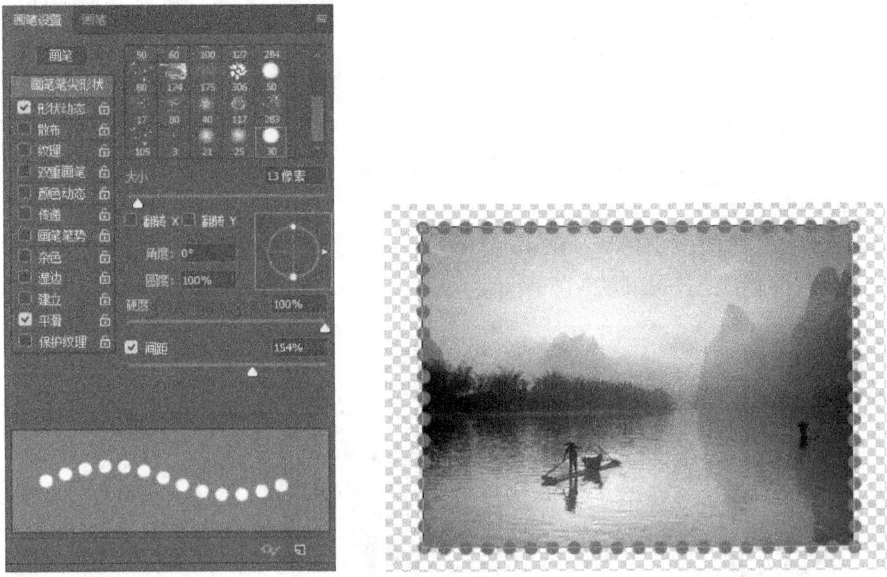

图 5-18　路径描边

单击“魔棒工具”图标，选中所有描边形成的红点（设置选取方式为非连续），将其设为选区。删除当前选区内容，这时已显现邮票牙边。

通过选择“图层”→“图层样式”→“投影”命令制作阴影效果。

制作适当文字效果，并设置相应的图层效果。完成后的邮票图样如图 5-19 所示。

图 5-19　完成后的邮票图样

5.2.3　路径的编辑

在 Photoshop 中可通过路径描绘图形轮廓，路径主要的特点是便于编辑。路径由路径线段和锚点构成。通过拖动锚点改变路径的形状以定义图形。

1）路径编辑工具

对路径进行编辑要使用路径选择工具和直接选择工具。图 5-20 所示为工具栏中的路径编辑工具组。

图 5-20　路径编辑工具组

使用路径编辑工具组的任何一个工具都可以单击路径以显示路径和锚点，同时只有在选用直接选择工具时可以进行路径编辑，右击路径就可以弹出相应的路径编辑快捷菜单。

使用“路径选择工具”单击路径，可同时选中所有锚点，可以整体移动或旋转路径，但是不能改变路径的形状，如图 5-21 所示。

使用“直接选择工具”单击路径时，可以选择单个或部分锚点，从而可以拖动所选锚点来改变图形，如图 5-22 所示。

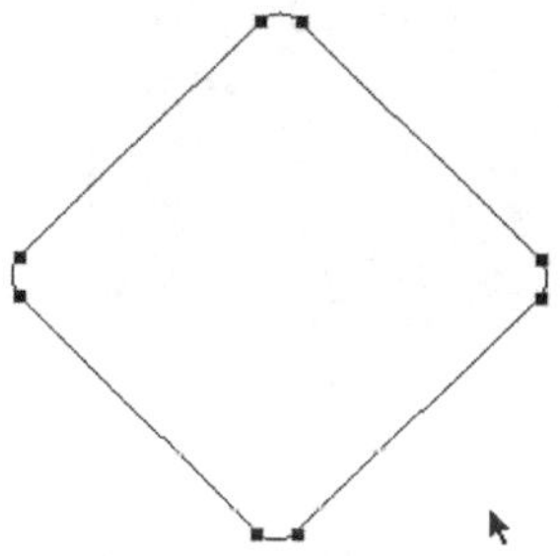

图 5-21　使用路径选择工具显示所有锚点

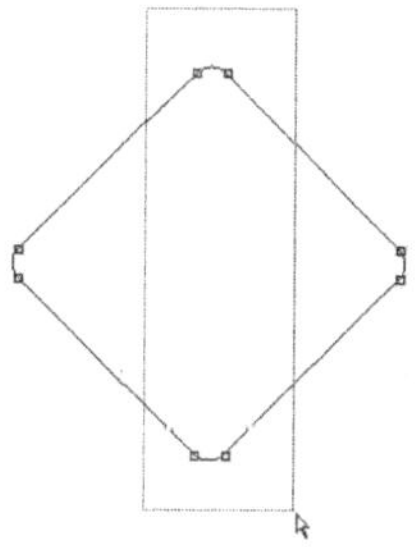

图 5-22　使用直接选择工具圈选指定锚点

使用直接选择工具改变路径形状时，可以拖动选定的锚点进行移动，或调整锚点的方向线，局部修改曲线形状，被同时选中的锚点将会同时随拖动移动。在路径中单击可以选择单个锚点，要选择多个连续锚点可使用拖动圈选的方式，将显示一个包括选取锚点的选框，如图 5-22 所示。如果选择的锚点并不连续，可按 Shift 键并逐个单击需选择的锚点，被选中的锚点将变成黑色实点（其余锚点仍为空心点），如图 5-23 所示。可通过拖动选中锚点使图形产生区域变形，从而构建新的图形，如图 5-24 所示。

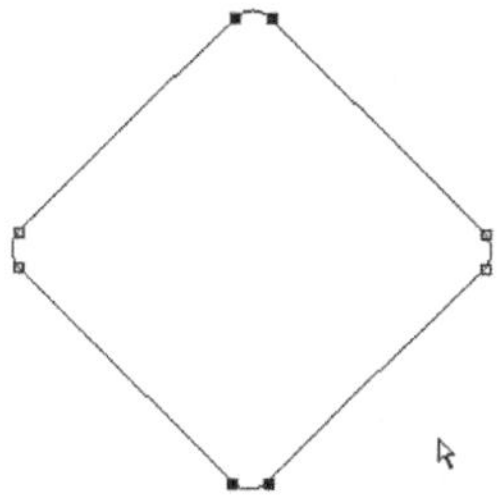

图 5-23　部分选中锚点图

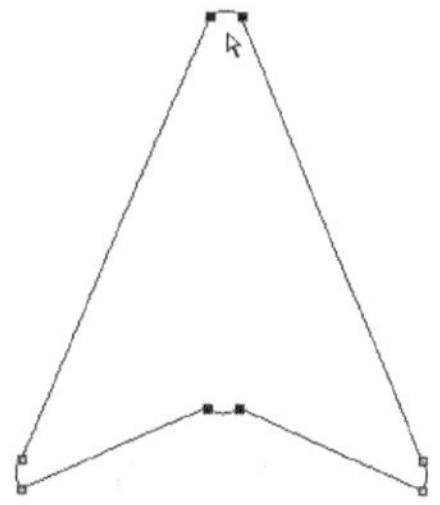

图 5-24　拖动选中锚点进行区域变形以构建新的图形

2）变换路径

使用路径选择工具选中路径后，可以对路径图形进行整体变换，与图像自由变换类似。选择“编辑”→“自由变换路径”命令，可以对路径进行缩放、旋转和移动，也可以选择“编辑”→“变换路径”命令（或按 Ctrl+T 组合键），在子菜单中选择扭曲、斜切、透视等命令，相应的操作方式及快捷键与对图像变换的操作类似。

也可以使用路径选择工具或直接选择工具右击文件编辑区的路径，在弹出的快捷菜单中选择“自由变换路径”命令。在直接选择工具状态，可以针对当前节点进行局部变换。

适当显示方向线才能进行路径形状的调整，有几种方法可以显示方向线：用转换点工具单击并拖动，可显示锚点两侧对称方向线；用“直接选择工具”单击路径，可显示选择的路径一侧的方向线（线段两端），单击节点，可显示该节点两侧的方向线。

首次绘制的尖锐点没有方向线，可使用转换点工具选择该锚点并略做拖动即可出现方向线。

对于角点锚点的方向线是可以进行单边调整的，而对于平滑点的方向线往往是同时出现的，调整时会联动，由于图形调整有时需要单独调整一侧的方向线，所以往往是路径的单向调整。要单独调整一侧的路径，可单击锚点一侧的路径，则只会出现单边方向线，如图 5-25 所示。按 Shift 键拖动可将移动约束到 45 度的倍数。

3）锚点编辑

锚点编辑即改变锚点的属性为平滑或尖角，从而改变路径的轮廓，这里用到了如图 5-26 所示钢笔工具组中的“转换点工具”“添加锚点工具”“删除锚点工具”。

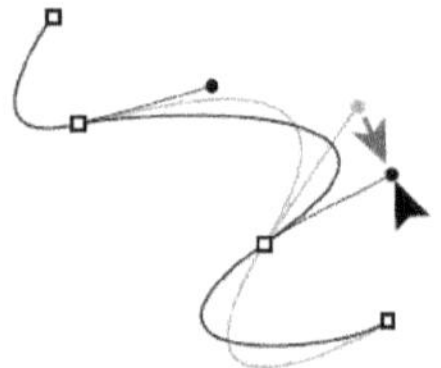

图 5-25　调整单边方向线

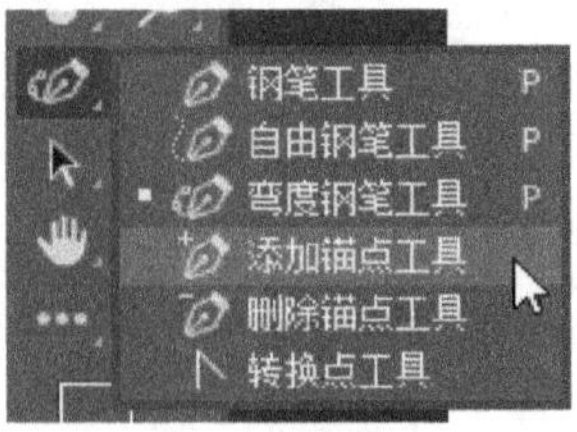

图 5-26　锚点编辑工具

- 转换锚点。

路径由呈现平滑点或角点的锚点连接为平滑曲线或尖角等不同的图形，编辑图形时需要改变描点类型，可以使用“转换点工具”。使用“直接选择工具”选择需要编辑的路径，单击转换点工具，将鼠标移到路径中需要改变类型的锚点处，鼠标指针变成“⌈\”形状，单击鼠标，此时如果锚点是平滑点，即转换成角点，如图 5-27 所示。

若转换锚点是角点，使用转换点工具将鼠标指针移到锚点上，变成“⌈\”形状后，适当拖动出现对称的方向线，形成平滑锚点，如图 5-28 所示。

图 5-27　将平滑点转换成角点

图 5-28　将角点转换成平滑点

- 添加和删除锚点。

在进行路径编辑时，为了精确定义路径，需要添加锚点，而有时为了使路径更加平滑，则需要减少（删除）锚点。锚点的添加可以使用“添加锚点工具”单击路径需要添加锚点的位置，而使用“删除锚点工具”单击已有的锚点就可以删除该锚点，使路径平滑过渡到下一锚点。也可以使用“直接选择工具”单击锚点或路径，或按 Backspace 键或 Delete 键即可删除相应的锚点或路径段，该操作也可以通过“路径”面板功能菜单实现。

5.3　绘图工具和绘图模式

Photoshop 中用于绘图的工具包括钢笔工具、形状工具、铅笔工具、画笔工具等，可以绘制图形、图像，并可以通过图形路径进行矢量图形编辑。其中铅笔工具和画笔工具只适用于绘制像素图像，其具体操作方法将在后续章节讲述。

5.3.1　绘图方式

所有可用于路径编辑的绘图工具都可以直接在文件编辑区拖动或单击绘制形成相应的图形，也可以在相应的工具选项栏设置特定的绘图选项属性，对于绘图工具组单击任意绘图工具选项栏上形状工具右侧的“⚙”图标，即可弹出相应的功能菜单，其中也可以设置精确绘图的方式。

对于各种绘图工具都可以通过约束绘图方式，使绘制操作更加准确、快捷。

约束绘图方式的操作如下。

（1）在绘制过程中按 Shift 键同时拖动鼠标，可实现约束绘制相应正图形及 45 度倍数旋转。

（2）在绘图时按 Alt 键并拖动鼠标绘制，则图形以鼠标绘图起点为中心，向四周扩充。

5.3.2　绘图模式

在使用相应的形状工具或钢笔工具绘图时，有 3 种基本绘图模式，如图 5-29 所示。在选择形状工具或钢笔工具后，根据绘图的不同需求在工具选项栏中进行适当选择，不同的绘图模式具有不同的编辑特点。

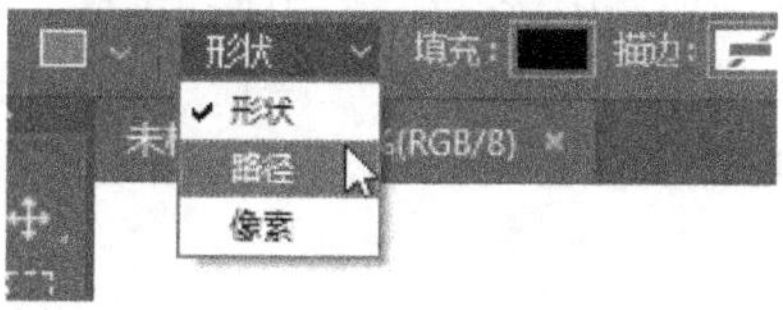

图 5-29　绘图模式

1）形状

在“形状”绘图模式下，绘制图形由路径轮廓和填充像素构成，自动生成一个形状图层，而形成的图形对象是含矢量轮廓的，因而可以直接编辑图形矢量轮廓，并可以填充图形的颜色或样式，矢量编辑比较直观，如图 5-30 所示。也可根据编辑需要转为相应的普通图层或智能图层。

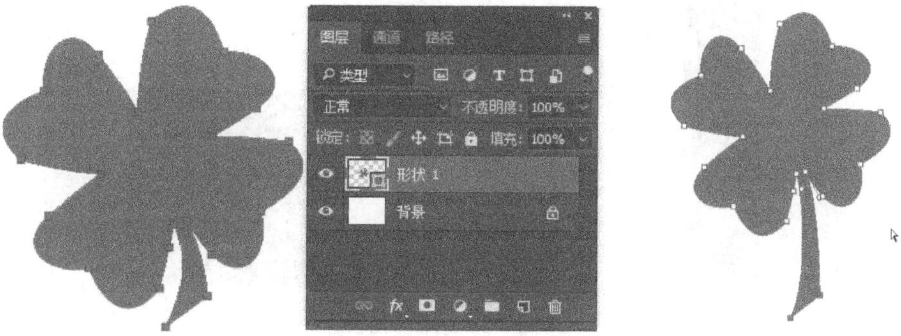

图 5-30　形状图层编辑

在“形状”绘图模式下，工具选项栏有设置图像“填充”及“描边”的图标，可以修改图形的填充色或轮廓色及描边宽度，如图 5-31 所示。

双击图层缩览图，也可以在弹出的“拾色器”对话框中选择填充颜色。

图 5-31　编辑形状图形

2）路径

“路径”绘图模式用于创建新的工作路径，绘制的路径与图层无关，因此不会自动生成新图层，如图 5-32 所示。可以在当前工具选项栏中选择生成相应的选区、蒙版、形状等。

“路径”绘图模式主要用于定义图形轮廓，在“路径”绘图模式下可以根据图像编辑需要进行图像化编辑（描边、填充等），但需要注意对图形进行图像化编辑前应新建独立图层，以便单独编辑新建图像。

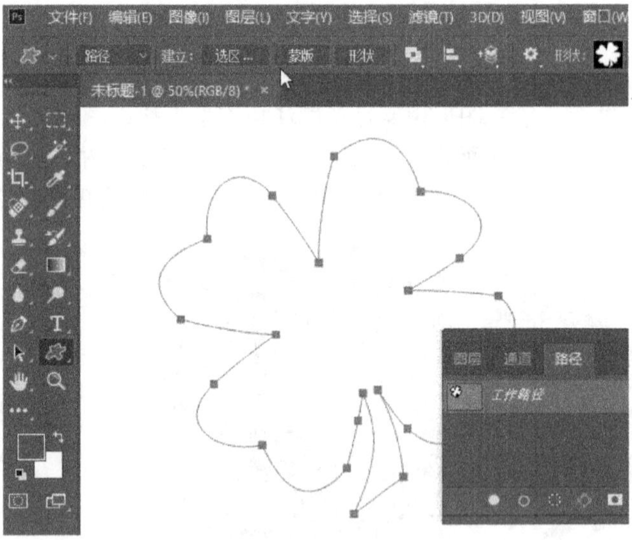

图 5-32　路径编辑

3）像素

在“像素”绘图模式下绘图时将在当前的图层直接创建像素图像，并自动由当前的前景色填充图形，可以直接进行图像编辑，但不能进行矢量图形编辑，也不会自动建立新图层，如图 5-33 所示。如果需要单独编辑所创建的图像，应在绘图之前新建一个独立图层，以便所绘制的图像与其他图层的图像分开。

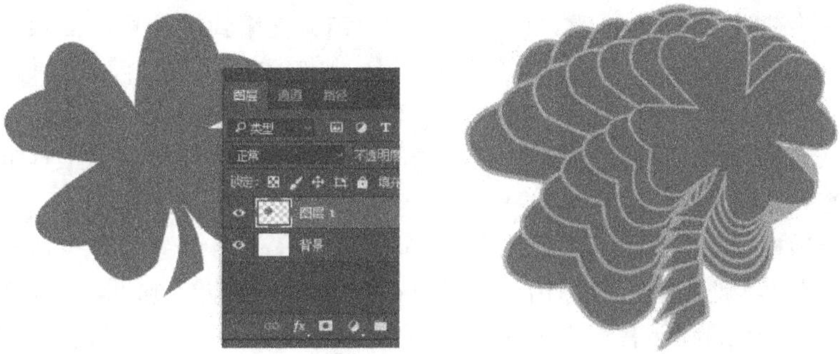

图 5-33　像素图像

5.4　钢笔工具

钢笔工具是 Photoshop 中用于创建图形路径的基本工具之一，可以用于勾画任意形状，并且可用于绘制比较复杂的图形。

5.4.1　钢笔工具及相关操作

在工具栏中单击“钢笔工具”图标，通过在文件编辑区单击并拖动绘制曲线，形成由多个锚点和曲线路径所构成的图形，绘图时可以选用“形状”或“路径”绘图模式。

在使用钢笔工具绘制时，从第二点开始，单击生成锚点和直线段，如图 5-34 所示。而拖动则构成曲线段，如图 5-35 所示。

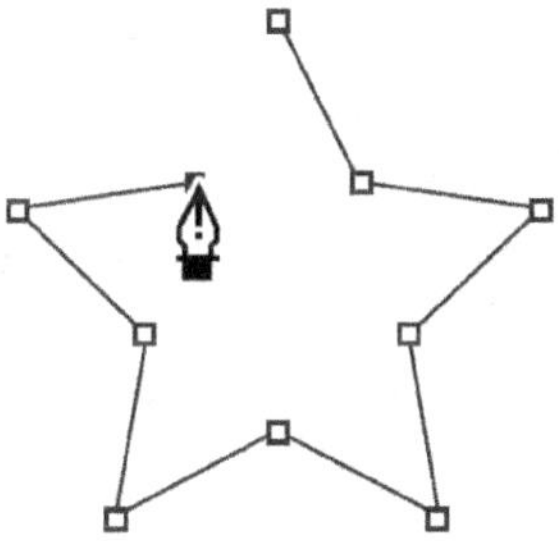

图 5-34　单击绘制直线段

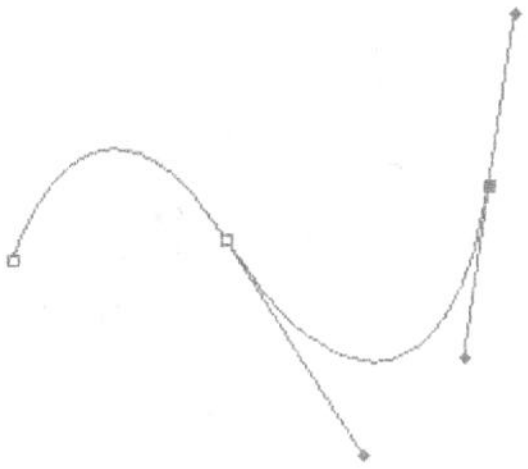

图 5-35　拖动绘制曲线段

在综合绘图时需要组合绘制曲线和直线，如图 5-36 所示。使用钢笔工具绘制直线后可随时转为曲线绘制，但是绘制曲线按直线绘制方式后继续单击而不拖动形成的仍为曲线，继续下一点单击而不拖动才形成直线，如果希望一段曲线绘制结束后接着绘制直线，应当将曲线的结束点转换为角点，可以按 Alt 键单击当前曲线结束点，然后按照绘制直线的方法单击绘制下一锚点。如果不断遇到直线与曲线转换的情况，可以通过锚点转换的方式实现。

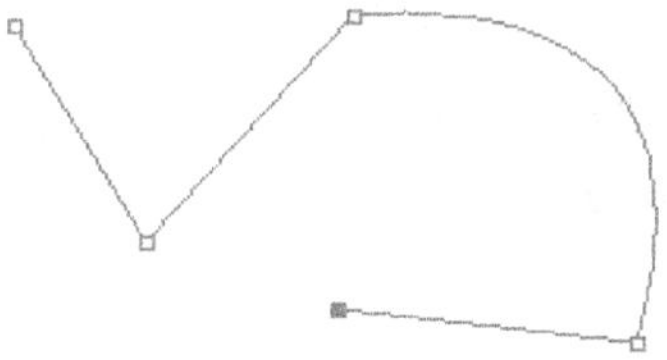

图 5-36　直线与曲线的组合绘制

需要结束路径绘制时，按 Enter 键，或按 Ctrl 键单击文件编辑区即可，必须结束绘制才能继续绘制另一组与之不相连的路径，如果选择其他操作工具，则自动结束当前路径绘制。在结束绘制后，需要继续绘制同一路径，对于开放路径，可单击钢笔工具后直接单击作为绘制起始端的锚点，然后继续下一锚点绘制，而对于封闭路径或开放路径的非端点的锚点，使用钢笔工具单击时将自动清除锚点，路径图形发生改变。

在钢笔工具选项栏中勾选“自动添加/删除”复选框可在使用钢笔工具绘制时随时增删已绘制路径的锚点而不必改换其他工具，鼠标指针移到已有路径段将自动转成“✎₊”（添加锚点工具）形状，可以单击添加锚点，遇到已有锚点将转为“✎₋”（删除锚点工具）形状，可以单击删除锚点。

在钢笔工具选项栏中勾选“橡皮带”复选框，可跟踪钢笔工具的绘制轨迹，在钢笔绘制操作时显示移动路径，如图 5-37 所示，使绘制过程有连贯的感觉。

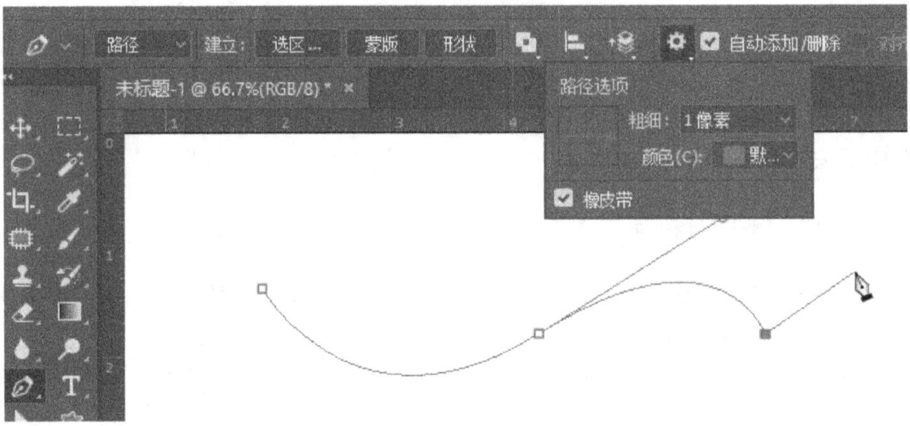

图 5-37　使用钢笔工具的“橡皮带”属性

在使用钢笔工具绘图时还应注意以下操作方式。

（1）使用适当的约束绘制操作方式，以提高绘制的准确度和效率。

（2）要在已结束绘制的路径上继续绘制，可以单击已绘制线段，然后移动鼠标到图形锚点处，当鼠标指针呈“✎”形状时单击该锚点开始绘制。

（3）可以使用添加锚点工具、删除锚点工具、转换点工具对已有图形进行编辑，这同样适用于形状工具绘制的图形。

（4）任何时候按 Ctrl 键，鼠标指针变为“↖”（直接选择工具）形状，即转为直接选择工具，可以编辑已有锚点和路径，放开 Ctrl 键又会回到钢笔工具，但这时单击路径及锚点以外的部分将结束绘制。

（5）使用钢笔工具绘图时，只能选择“路径”或“形状”绘图模式。

5.4.2　自由钢笔工具和磁性钢笔工具

“自由钢笔工具”操作方式是连续拖动一笔完成，可模拟用笔在纸上绘图一样来绘制路径，如图 5-38 所示。在绘图时，图形随手动形成，因而形成的是并不规则的复杂路径，将自动添加相应锚点，可根据需要对绘制的路径做进一步调整。自由钢笔工具与钢笔工具一样可以在“形状”或“路径”绘图模式下操作，可以做图像整合编辑，适合绘制变化较多或自然形成的路径形状。

图 5-38　使用自由钢笔工具绘制路径

在使用自由钢笔工具之前也可以适当设置曲线拟合的参数，在工具选项栏单击“”图标即可弹出自由钢笔工具选项，如图 5-39 左图所示，数值越高所绘制的路径锚点越少，越简洁，而对于复杂图形的相似程度也会越低。

在自由钢笔工具状态下，勾选工具选项栏中“磁性的”复选框，即转为磁性钢笔工具，可以在自由钢笔选项中定义“宽度”“对比”“频率”等参数以设置绘制灵敏度。在文件编辑区的形状变成“”（磁性钢笔工具），可用于绘制与图像中已定义区域的边缘对齐的路径，如图 5-39 右图所示。

磁性钢笔工具和磁性套索工具共用很多相同的选项，其特点都是识别不同色彩区域的边缘，但不同之处在于，分别形成路径和选区。

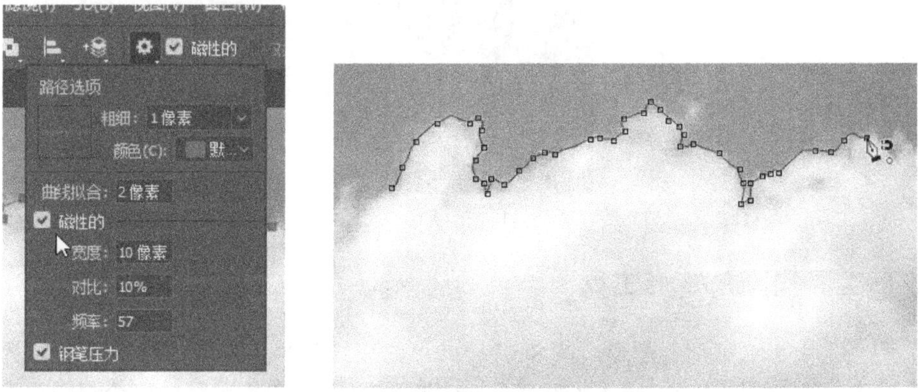

图 5-39　使用磁性钢笔工具绘制路径

- “宽度”选项可输入 1～256 像素的值。磁性钢笔工具只检测从指针开始指定距离以内的边缘。
- “对比”选项输入 1%～100%的值。此值越高，图像的对比度越低。
- “频率”选项输入 0～100 的值，指定钢笔工具设置锚点的密度。此值越高，路径锚点的密度越大。
- “钢笔压力”选项是针对使用光笔绘图板的设置，适应外接压力传感输入板和压力笔的手绘操作。

5.4.3　弯度钢笔工具

Photoshop CC 2018 版本增加了“弯度钢笔工具”，它可以轻松地绘制平滑曲线和直线段。使用这个直观的工具，可以在设计中创建自定义形状，或定义精确的路径，以便轻松地优化图像，如图 5-40 所示。在执行该操作的时候，无须切换工具就能创建、切换、编辑、添加、删除平滑点或角点。

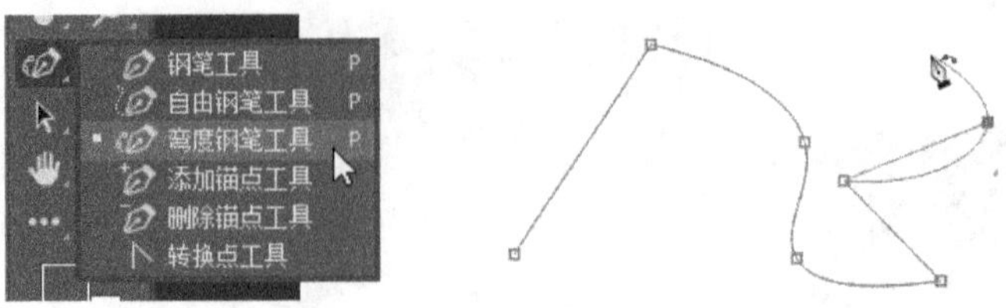

图 5-40 弯度钢笔工具

在使用弯度钢笔工具绘制时，可持续绘制图形依锚点形成曲线路径，要定义为直线时，需要双击前一绘制锚点，再单击下一点形成一段直线，但后续绘制仍然为曲线，只有双击才能定义一条直线段。

绘制后，使用弯度钢笔工具双击锚点可以改变路径为圆滑过渡或尖角。

5.5 形状工具

在 Photoshop 中绘制形状基本图形可以使用形状工具组中的工具，来绘制各种规则形状和一些预设形状，如图 5-41 所示。这些工具中包括规则形状（矩形、圆角矩形、多边形、直线等）工具和自定形状工具，规则形状工具可以直接实现规则形状图形的绘制，可以绘制任意大小的图形，也可以通过相应的设置选项设置其采取固定比例或大小进行绘制。

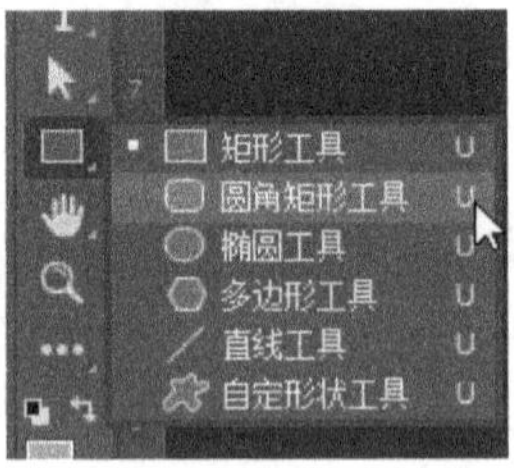

图 5-41 形状工具组

5.5.1 矩形工具和圆角矩形工具

“矩形工具”用于绘制矩形图形，按 Shift 键即可约束绘制为正方形。图 5-42 所示为矩形工具的约束选项列表，默认绘制方式为“不受约束”，勾选“方形”单选按钮则约束绘制图形为正方形，若勾选“固定大小”单选按钮则只要在文件编辑区单击就可以完成设定尺寸的图形绘制。

“圆角矩形工具”可以绘制圆角矩形，并可以通过相应工具选项栏上的“半径”选项预设相应的圆角半径，此选项适合于将要绘制的图形，而对当前已绘制的图形不起作用。也可以通过圆角矩形的工具选项栏中的约束选项列表设置相应的约束绘制方式，如图 5-43 所示，圆角矩形工具的相关约束设置选项与矩形工具相同。

图 5-42 矩形工具的约束选项列表

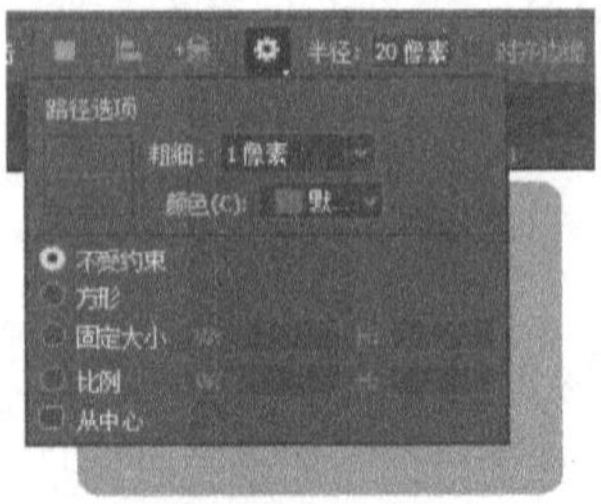

图 5-43 圆角矩形工具的约束选项列表

5.5.2　椭圆工具

“椭圆工具”用于绘制圆形，可绘制椭圆图形，或按 Shift 键即可约束绘制为正圆形。

可通过椭圆工具选项栏的约束选项列表，选择相应的约束方式，如“比例”“固定大小”等，如图 5-44 所示，以实现绘制正圆、椭圆或精确绘制。

椭圆工具选项栏的设置均为预设属性，即不能修改当前的图形，只对将进行绘制的图形有效。

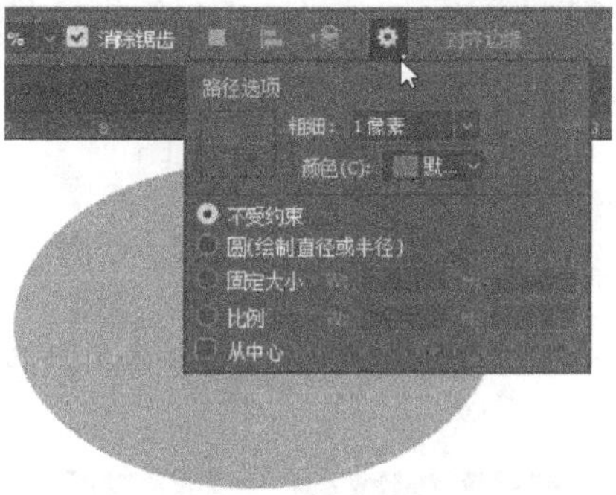

图 5-44　椭圆工具的约束选项列表

5.5.3　多边形工具

“多边形工具”用于绘制多边形，在相关工具选项栏上可以设置图形“边”数，同圆角矩形工具一样，这也是预设属性，必须在绘图前进行设置。

多边形工具的绘制同样可选择相应的约束选项，其中“半径”的输入值可以绘制指定内接圆大小的多边形，如果不输入任何值，可以绘制任意大小的多边形，如图 5-45 所示。

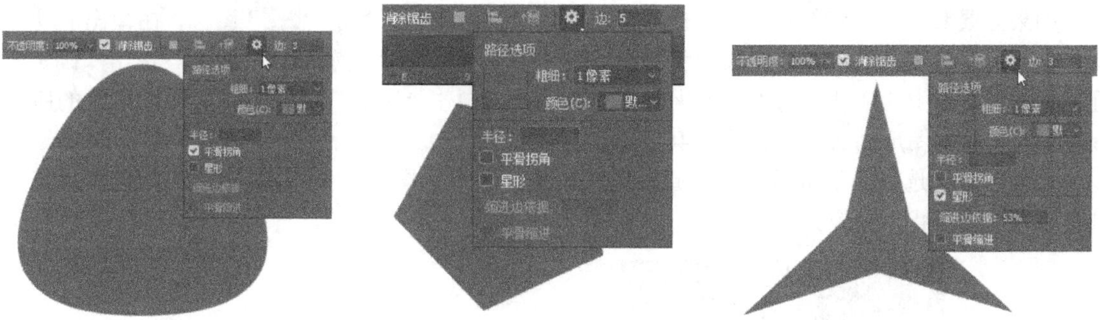

图 5-45　多边形图案及边、角约束

“平滑拐角”选项的选择可以使多边形默认的尖角改为圆角。

“星形”选项的选择可改变多边形为星形图形，将在多边形各边的中点产生收缩角点，而同时可以在“缩进边依据”文本框调整收缩的比例值，以实现不同的图形效果，勾选“平滑缩进”复选框则使各边的缩进呈圆滑形状而非角点。

5.5.4　直线工具

“直线工具”用于绘制直线路径，在相应的工具选项栏上可以在“粗细”文本框预设直线的宽度，直线工具的约束选项是针对线段箭头的，如图 5-46 所示，左图没有选择箭头端点，线段粗细为 1 像素，右图设置线段起点为箭头，设置线段粗细为 1 像素，而相应的“宽度”“长度”“凹度”均以线段粗细的百分比值进行设置。

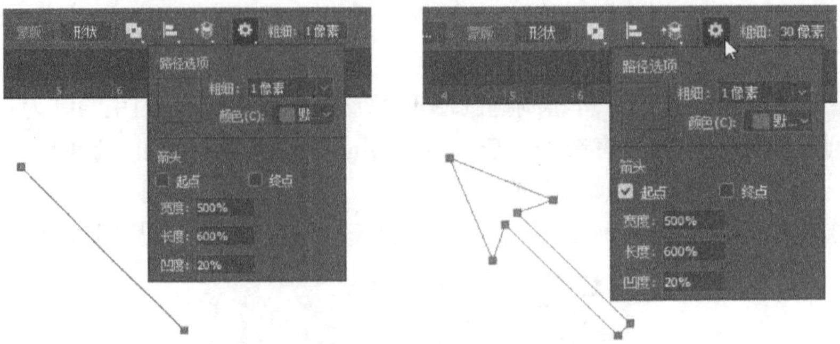

图 5-46　直线工具

5.5.5　自定形状工具

“自定形状工具”用于绘制各种预设图形，单击自定形状工具后，可在相应的工具选项栏选择预设图形和设定约束选项，如图 5-47 所示。

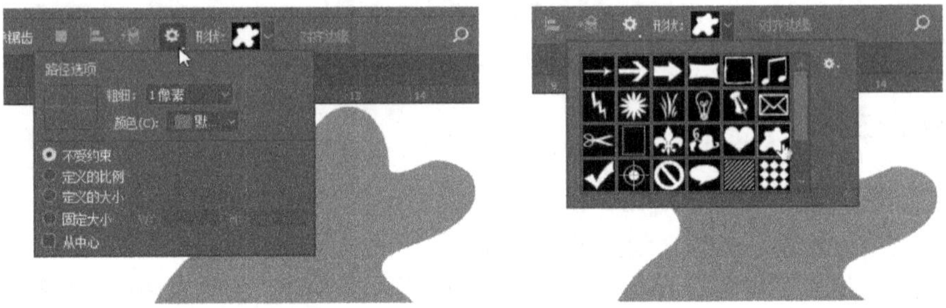

图 5-47　自定形状工具选项

如果需要其他的预设图形，可单击“自定形状”拾色器右上角的“”图标，在弹出的功能菜单中选择相应的图形组，选择相应的图形组后弹出关于是否替换当前形状的提示，单击“确定”按钮仅显示新类别中的形状，而去除原来的图形列表，若单击“追加”按钮则将所选图形组的所有图形添加到当前的图形列表中，如图 5-48 所示。

如果自定义选择图形组后需要还原系统默认预设图形设置，可在“自定形状”拾色器功能菜单中选择“复位形状”命令。

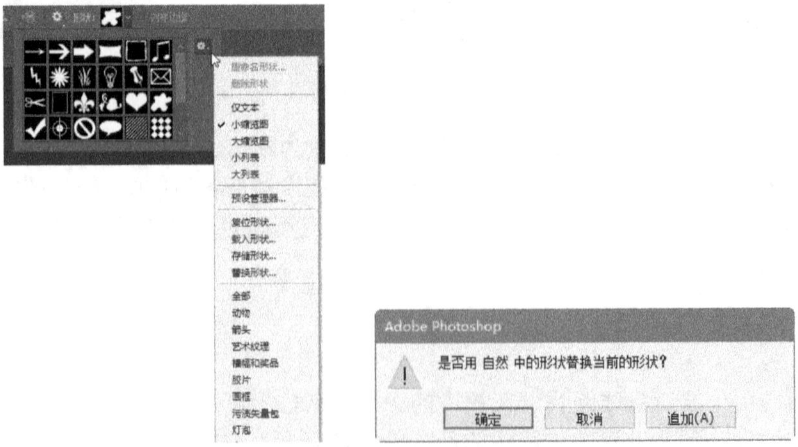

图 5-48　选择相应图形组及替换提示

也可以根据相关图像素材或绘制的路径定义新的预设形状，并添加到当前的预设形状资源中。

实例 5-03　自定义形状

在 Photoshop 中打开图像文件“M050301 小孩”，使用“魔棒工具”单击图形轮廓设置为选区，如图 5-49 所示。

右击当前选区，在弹出的快捷菜单中选择“建立工作路径”命令，把当前选区转为路径，并根据图形对路径做必要的编辑，以贴合路径。

选择“编辑”→“定义自定形状”命令，在弹出的如图 5-50 所示的“形状名称”对话框中命名为“小孩”，单击“确定”按钮。

图 5-49　设置图形选区

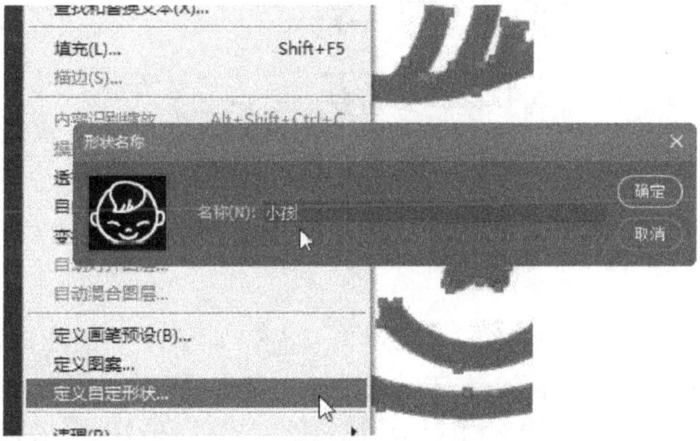

图 5-50　“形状名称”对话框

新形状已成为自定形状工具的一个预设形状，在自定形状工具选项栏上打开“自定形状”拾色器，可以看到新定义的形状，因此可以如同其他预设形状一样直接选用，如图 5-51 所示。

图 5-51　调用自定义形状

对于上述预设形状可以在“自定形状”拾色器中右击形状，在弹出的快捷菜单中，选择“重命名形状”或“删除形状”命令，如图 5-52 所示。对于原有的其他预设图形也可以进行同样的重命名和删除操作。

要将新的自定义形状存储为新库的一部分，可在“自定形状”拾色器中选择相应图形，单击右上角的“”图标，在弹出的功能菜单中选择“存储形状”命令，如图 5-53 所示。在打开的“存储”对话框中命名新图形，然后单击“保存”按钮，即可自动以默认路径保存到 Photoshop 的用户图形文件夹中，需要调用时，可打开功能菜单，选择“载入形状”命令就可以找到并载入已保存的图形文件。

图 5-52　“重命名形状”或“删除形状”命令

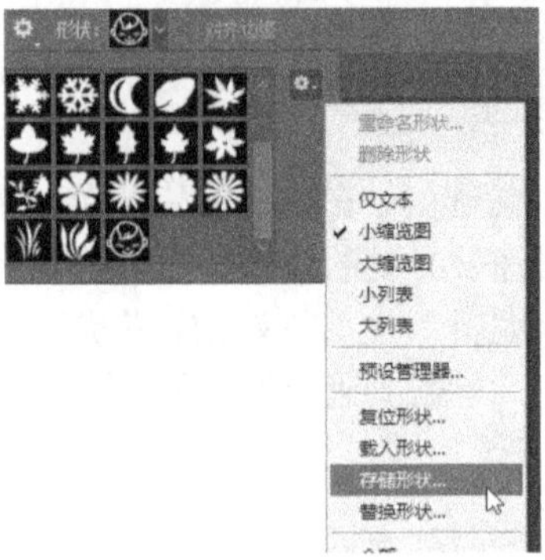

图 5-53　“存储形状”命令

5.6　图形修整

与选区合成类似，在使用“形状”或“路径”绘图模式绘图时，可以由多个不同图形进行整合，从而得到新的图形，在工具选项栏中有路径操作选项，如图 5-54 所示。选择多个图形时实现相应的图形交构效果，选设相应的图形修整方式后，选择“合并形状组件”选项，即可得到重构后的新图形。

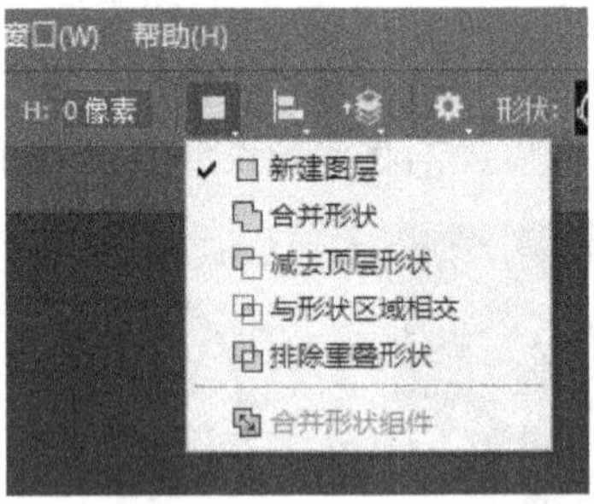

图 5-54　路径操作选项

实例 5-04　太极

使用形状工具及路径编辑工具绘制如图 5-55 所示的太极图。

新建 Photoshop 文件，文件大小为 600 像素×600 像素，分辨率为 300 像素/英寸，背景色为白色。

设置显示网格（按 Ctrl+'组合键或选择“视图”→“显示”→“网格”命令）和标尺（按 Ctrl+R 组合键或选择“视图”→“标尺”命令），建立参考线以标识图形中心，单击椭圆工具，在工具选项栏选择“路径”绘图模式，同时按 Shift+Alt 组合键，单击鼠标并拖动以当前位置为中心绘制正圆形路径，如图 5-56 所示。

图 5-55　太极图

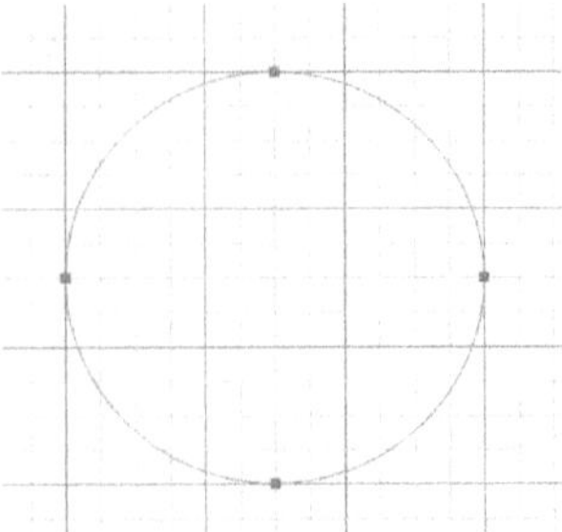

图 5-56　绘制正圆形路径

单击矩形工具，设置图形裁剪方式为“减去顶层形状”，在正圆形的左侧绘制矩形路径，矩形左边应与正圆形纵向中轴线重合，其他边稍大于正圆形外边，如图 5-57 左图所示。

单击“路径选择工具”图标，在文件编辑区选择全部路径，选择工具选项栏上的“合并形状组件”选项，即实现半圆截取，如图 5-57 右图所示。

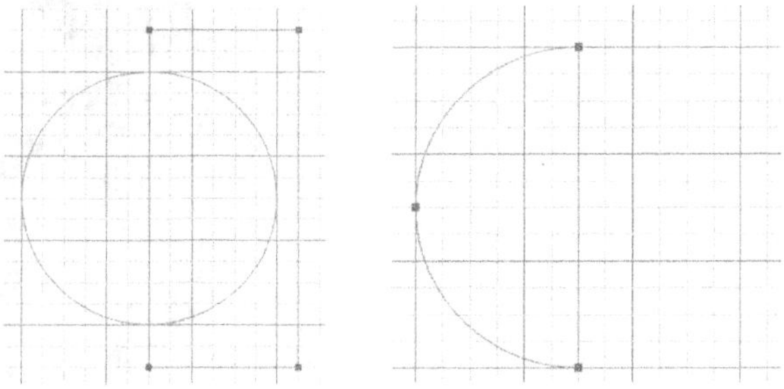

图 5-57　通过图形相减截取半圆

单击椭圆工具，设置图形裁剪方式为“合并形状”，按 Shift+Alt 组合键，以半圆弦（右侧直径边）的一半为直径，弦上半段的中点为圆心绘制正圆，如图 5-58 左图所示。

单击“路径选择工具”图标，选择工具选项栏上的“合并形状组件”选项即实现图形组合，如图 5-58 右图所示。

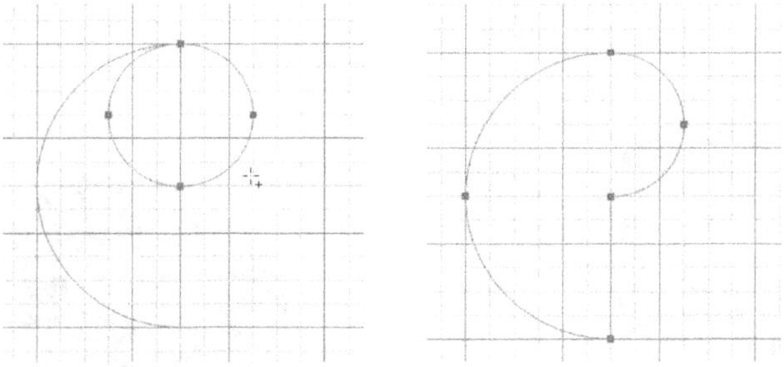

图 5-58　绘制小圆并组合图形

设置当前图形裁剪方式为“减去顶层形状”。单击椭圆工具，以弦的下半段中点为圆心，半圆弦（大圆半径）的一半为直径绘制正圆，如图 5-59 左图所示。

单击“路径选择工具”图标，选择工具选项栏上的“合并形状组件”选项即可实现图形剪裁，如图 5-59 右图所示。

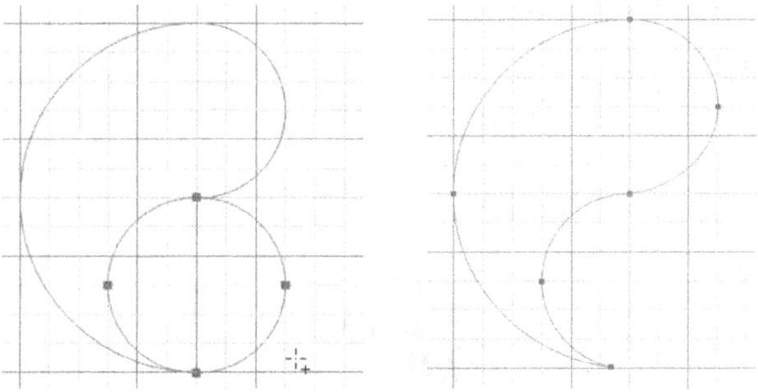

图 5-59　绘制下部小圆弧

单击椭圆工具，设置图形裁剪方式为“减去顶层形状”，以图形上部小圆弧的圆心为中心绘制一个较小的正圆，按上述类似的操作步骤，使用“合并形状组件”完成组合，如图 5-60 所示。

隐藏参考线和网格，保存当前路径（路径 1）。

新建图层命名为“太极 L”，单击“路径选择工具”图标，右击路径，在弹出的快捷菜单中，选择“填充路径”命令，填充图形为黑色，小圆填充白色得到太极左侧的黑色图样，如图 5-61 所示。

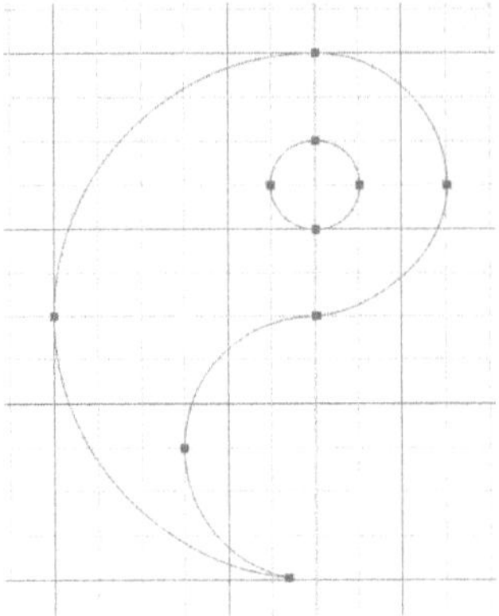

图 5-60　绘制上部小圆

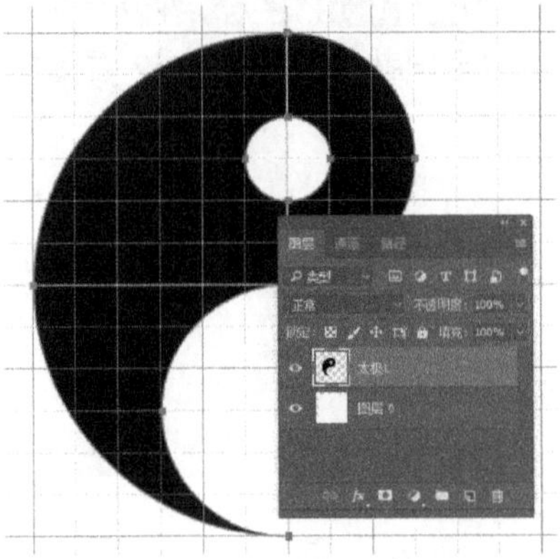

图 5-61　填充左侧黑色太极图样

转到“路径”面板，复制“路径 1”，单击“路径选择工具”图标，按 Ctrl+T 组合键，右击路径图形，在弹出的快捷菜单中，选择“旋转 180 度”命令，并向右做适当移动，使当前路径图形的左边与黑色图形的右边缘吻合，如图 5-62 左图所示。结束自由变换路径，回到“图层”面板，新建图层，对当前路径填充白色，用魔棒工具单击小圆得到小圆的选区，设置小圆填充黑色，如图 5-62 右图所示。

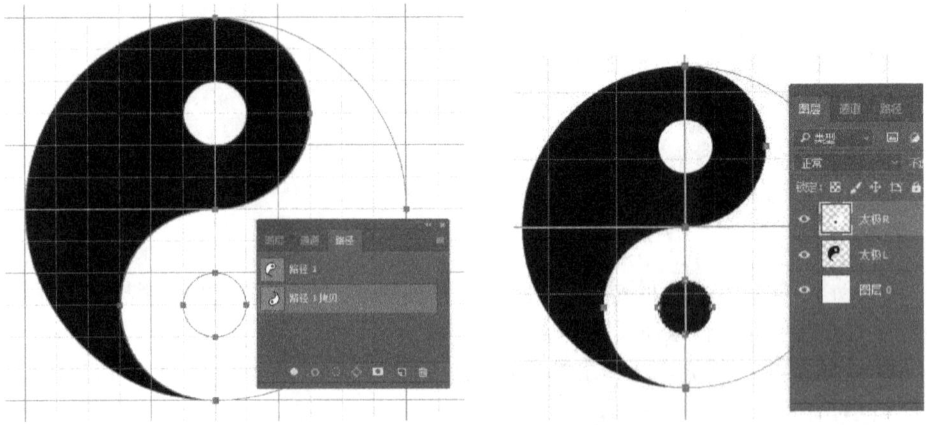

图 5-62　绘制右侧白色太极图案

单击“背景”图层标签，设置“背景”图层以“橙-黄-橙”渐变填充，如图 5-63 所示。同时选中“太极 L”和“太极 R”图层，将其设置为图层组，命名为“太极”。

图 5-63　设置背景效果

新建图层命名为“A01”，单击画笔工具，在工具选项栏中选择硬笔尖，设置前景色为黑色，使用画笔工具在太极图正上方绘制一根水平直线；新建图层命名为“B01”，在太极图下方绘制水平间断直线，如图 5-64 所示。

按 Ctrl+J 组合键分别复制图层“A01”“B01”各 2 次，得到另外 4 个图层，分别对应命名为“A02”“A03”“B02”“B03”，然后将图形复制到不同位置并建立 3 个包括相应图层的图层组“组 1”“组 2”“组 3”，如图 5-65 所示。

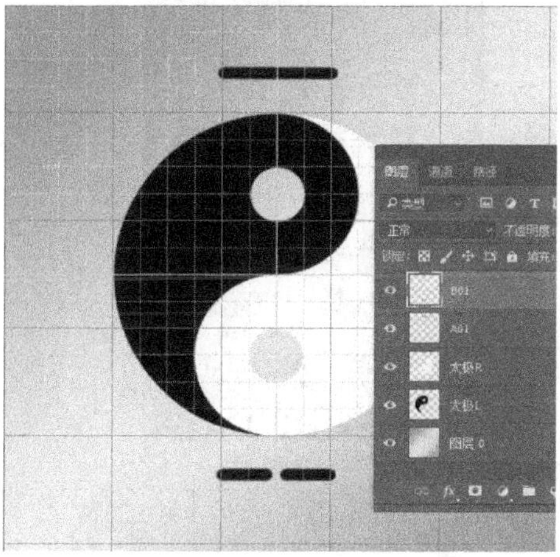

图 5-64　绘制直线

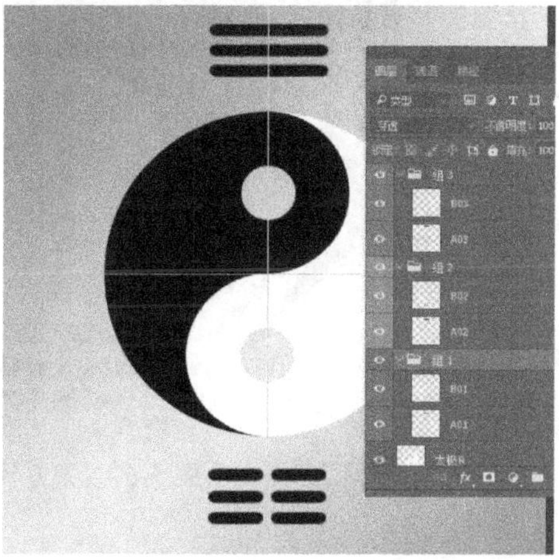

图 5-65　复制图形至不同位置并分别建组

注意到八卦图的每一对图样都是不同的（线段+间断线），设置该图层组图形圆周均布应有 4 组，因此复制“组 1”3 次，得到 3 个组 1 拷贝图层，以太极图形中心为旋转中心，对组 1 各图层组副本进行旋转变换，分别设置旋转角度为-45 度、45 度、90 度得到第一层八卦图形，如图 5-66 左图所示。

针对“组 2”“组 3”采用类似的复制添加组副本，针对“组 2”的操作要包括原图层组（4 个图层）分别做相应的旋转，分别设置旋转角度为 180 度、45 度、90 度、135 度，对于“组 3”的图层组副本分别设置旋转角度 90 度、135 度、225 度，如图 5-66 右图所示。

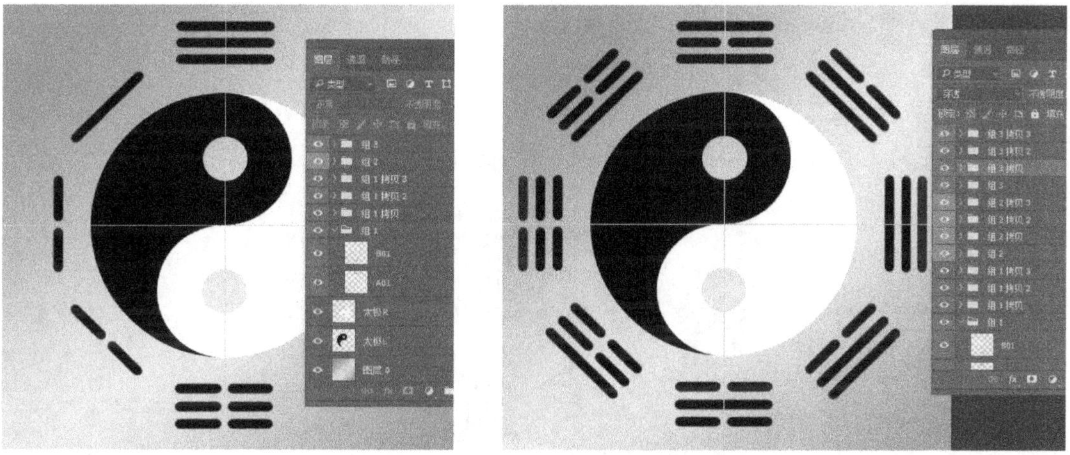

图 5-66　设置直线图形旋转

分别对八卦图形、太极图形的图层（组）建立图层组，以便于管理和浏览“图层”面板，命名为“八卦图”“太极图”，分别对这两组图层设置图层样式，双击图层组，在“图层样式”对话框中勾选“斜面和浮雕”“投影”复选框，如图 5-67 所示。

图 5-67　建立图层组并对其设置图层样式

本章小结

如果要选取的图像形状不规则，颜色差异又大，可借助本章所介绍的钢笔工具来描出路径，再转换成浮动的选区线，这种利用钢笔工具进行路径描绘的过程，称为抠图，是学习 Photoshop 软件的一个重要基本功，需要勤加练习。对于绘图工具而言，在掌握工具使用的基础上，还应对其灵活运用，熟练使用形状工具和钢笔工具，以实现各种复杂图形的构建，对于图像处理来说也是一个重要的构图基础。

实例之窗

实例 5-05　折扇

使用钢笔工具、形状工具和路径编辑工具，绘制传统折扇效果。效果如图 5-68 所示。

图 5-68　传统折扇效果

在 Photoshop 中打开背景素材“M050501”，新建图层（图层 1），填充白色，按 Ctrl+' 组合键显示网格线。

在文件编辑区绘制纵横辅助线，标记一个中心点。新建图层，命名为“转销”，使用画笔工具，在图形底部绘制一个小圆点作为扇骨的转销，同时也是后面绘图的一个基准。

单击矩形工具，在工具选项栏设定绘图模式为“路径”，绘制矩形，如图 5-69 左图所示。

设置矩形旋转-30 度，并向下移动矩形至如图 5-69 右图所示位置。单击钢笔工具，从所标记的中心点开始依矩形边缘绘制一个三角形。

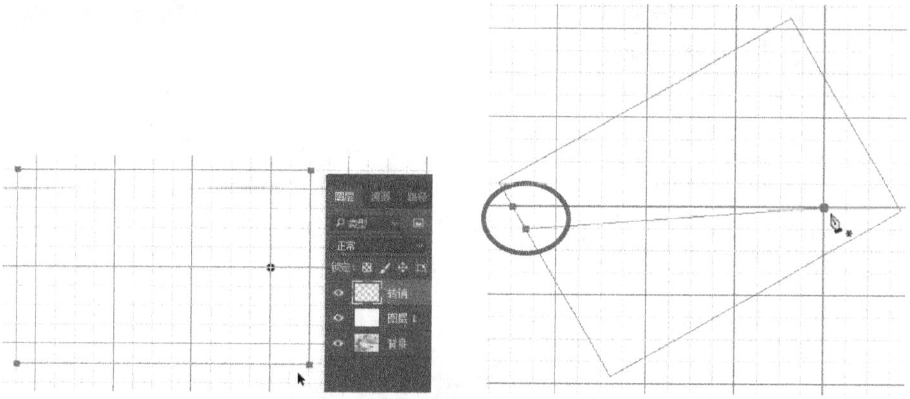

图 5-69　扇叶轮廓

使用“直接选择工具”同时选中矩形右侧两个锚点，平行移动至如图 5-70 所示位置。

在“路径”面板双击“工作路径”标签保存当前路径为“路径 1”，将“路径 1”拖到“路径”面板底部“”图标，复制“路径 1”为“路径 1 拷贝”。

选择“路径 1 拷贝”标签，使用“”（路径选择工具）选择矩形，设置矩形路径的裁剪方式为“合并形状”选项，设置三角形图形路径的剪裁方式为“与形状区域相交”选项，在工具选项栏“路径操作”中选择“合并形状组件”选项，裁剪后的图形如图 5-71 所示。

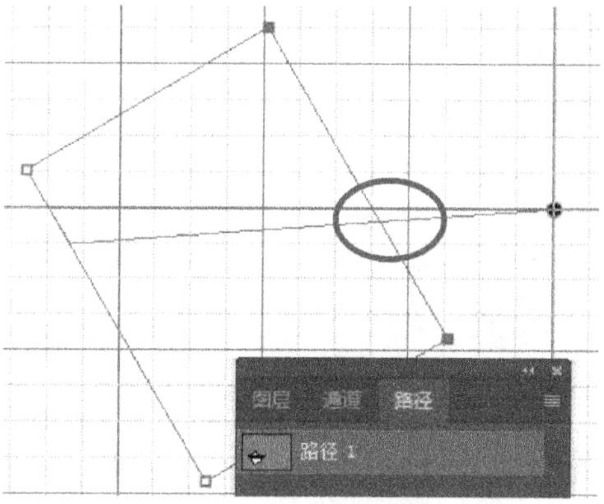

图 5-70　调整矩形与扇叶顶端斜面贴合

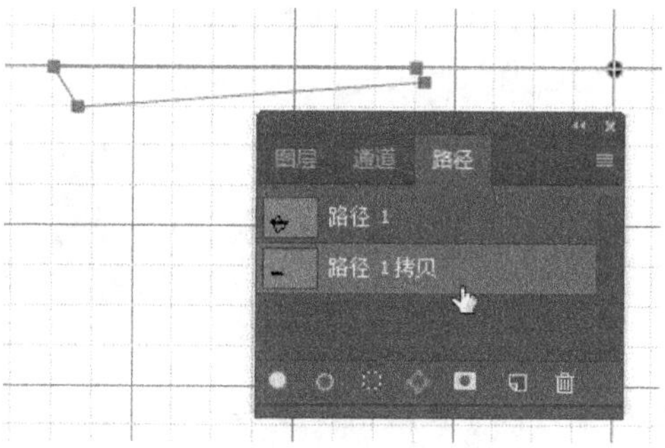

图 5-71　裁剪形成扇叶

新建图层命名为“扇叶 A”，设置填充当前路径，颜色为 30%灰（C0、M0、Y0、K30），如图 5-72 所示。

在“路径”面板单击“路径 1”标签，使用上述类似的方法移动矩形右侧边至如图 5-73 所示位置，构建扇叶边饰区域。

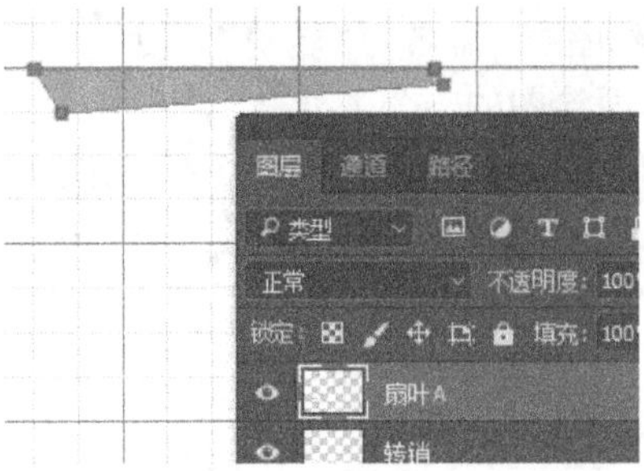

图 5-72 新建图层并填充当前路径为 30%灰

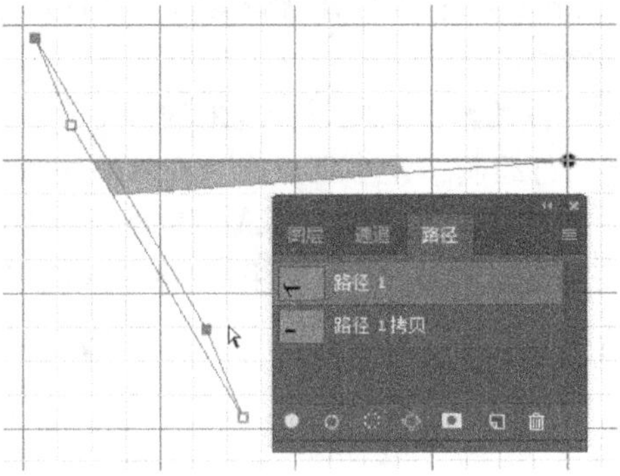

图 5-73 移动矩形

使用同样方式分别设置图形的裁剪方式，并选择“合并形状组件”选项，裁剪如图 5-74 所示的位置。

在“图层”面板中新建图层，命名为“扇叶 B”，对得到的路径图形执行“填充路径”命令，颜色为 50%灰（C0、M0、Y0、K40），如图 5-74 所示。

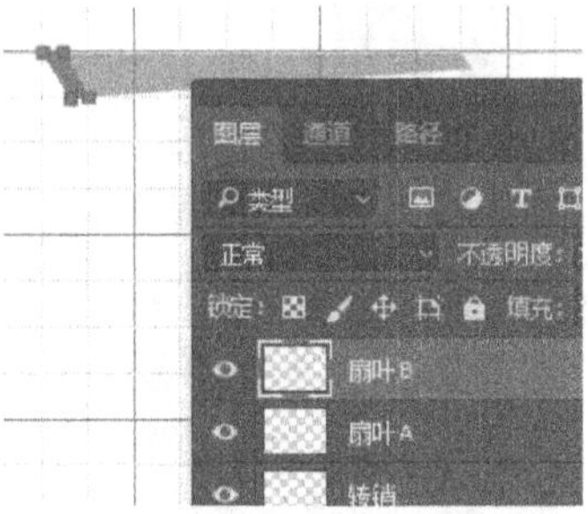

图 5-74 新建图层并填充当前路径为 50%灰

取消网格、路径。在“图层”面板单击“扇叶 B”和“扇叶 A”图层标签建立图层组并移到“组 1”，复制该图层组得到“组 1 拷贝”，对该图层组执行自由变换，在工具选项栏设置变换中心为右侧中点，选择“编辑”→“变换”→“水平翻转”命令，如图 5-75 左图所示。

上述操作完成后结束自由变换，在“组 1 拷贝”图层组中，载入“扇叶”“扇叶 A”图层选区，填充色分别设为 70%灰度、50%灰度，如图 5-75 右图所示。

图 5-75 扇叶的绘制和填充

选中上述两个图层组设置为一个图层组，命名为“扇叶”，按 Ctrl+J 组合键复制该图层组得到“扇叶 拷贝”图层组，右击该图层组，在弹出的快捷菜单中，选择“合并组”命令，命名生成图层为“扇叶 拷贝”。隐藏“扇叶”图层组作为备份。

复制“扇叶 拷贝”图层，按 Ctrl+T 组合键对“扇叶 拷贝 2”图层执行自由变换，将变换中心设置在“转销”处，旋转图形至适当位置，如图 5-76 所示。结束自由变换，按 Ctrl+Shift+Alt 组合键，并连续按 T 键进行旋转复制，如图 5-77 所示。选择旋转复制后的所有扇叶图形，设置为图层组，命名为“扇面”。设置“扇面”图层组以“转销”中心点做适当旋转。

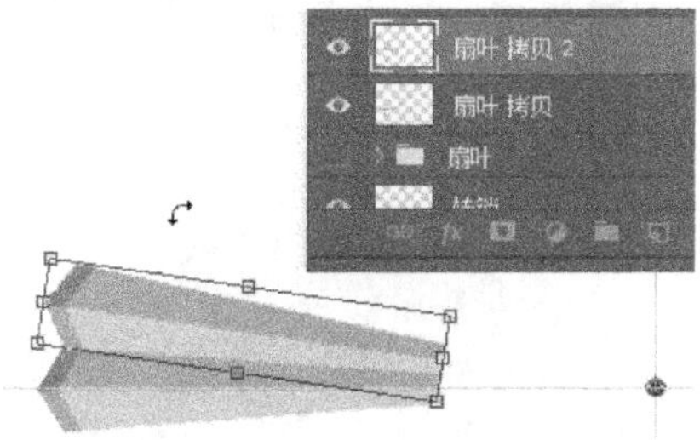

图 5-76　旋转扇叶

图 5-77　旋转复制

复制“扇面”图层组，隐藏“扇面”图层组作为备份，右击“扇面 拷贝”图层组标签，在弹出的快捷菜单中，选择“合并组”命令，生成图层“扇面 拷贝”。

新建图层，命名为“扇骨”，设置前景色为深红色（C36、M96、Y100、K0）、背景色为暗红色（C50、M100、Y100、K46），单击矩形工具，设置绘图模式为“像素”，在画面中间绘制矩形，按 Ctrl 键并单击缩览图载入矩形轮廓选区，应用纤维滤镜（选择“滤镜”→“渲染”→“纤维”命令）得到木纹效果，如图 5-78 所示。然后取消选区，将“转销”图层移到顶层。

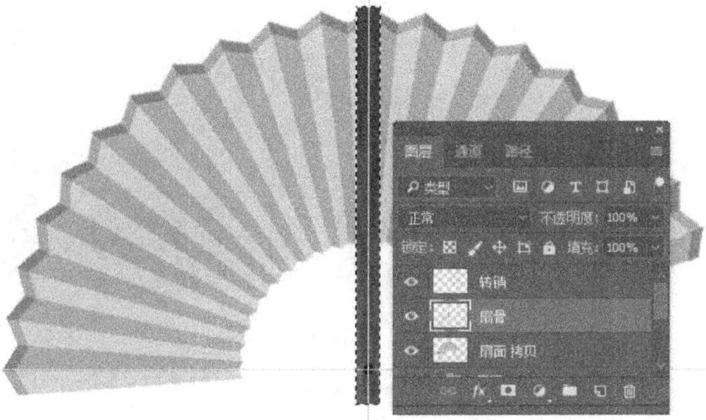

图 5-78　绘制扇骨纹理

适当调整扇骨图形的大小，使用多边形套索工具绘制选区，圈选要去除的部分，按 Delete 键去除两侧图形，复制“扇骨”图层得到“扇骨 拷贝”，命名为“扇骨右”，以“转销”为中心将其旋转至右侧扇面边，适当调整图形大小和位置形成扇子右侧的扇骨图形，适当调整其长度以遮盖住扇面边沿，并设置“斜面和浮雕”图层样式，如图 5-79 所示。

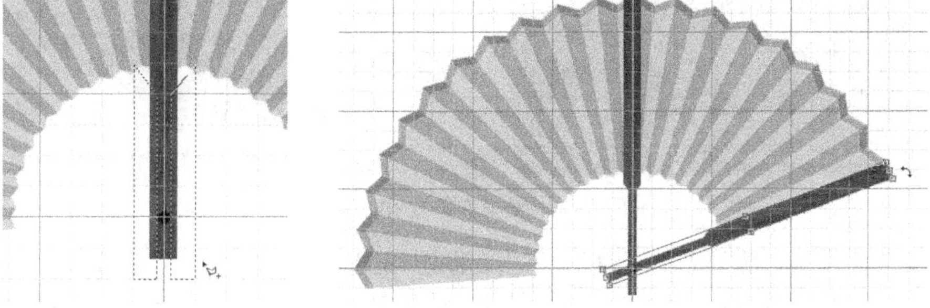

图 5-79　绘制右侧扇骨

将“扇骨”图层命名为“扇骨左”，并将图形旋转到扇面左侧。将“扇骨左”图层移至“扇面（合并）”图层之下，如图 5-80 所示。

复制“扇骨”图层，按 Ctrl+T 组合键进入“自由变换”编辑状态，旋转“扇骨 拷贝”图形至左侧，适当调整形状，使之位于左侧第二个扇叶处，如图 5-81 所示。

图 5-80 绘制左侧扇骨

图 5-81 绘制中间扇骨

复制“扇骨”图层，建立图层组命名为“扇骨左”，将“扇骨”图层及图层副本移到图层组中，单击“扇骨 拷贝”图层标签，按 Ctrl+T 组合键进入“自由变换”编辑状态，旋转图形至下一个扇叶，结束自由变换，按 Ctrl+Shift+Alt 组合键，并连续按 T 键，旋转复制所有扇骨图形。将“扇骨左”图层组移至“扇面 拷贝”图层之下，如图 5-82 所示。

图 5-82 绘制全部扇骨

单击“扇面”图层标签，选择“图像”→“调整”→“色相/饱和度”命令，打开“色相/饱和度”对话框，勾选“着色”复选框，设置各项参数，使扇面呈金黄色，并适当提高亮度，如图 5-83 所示。

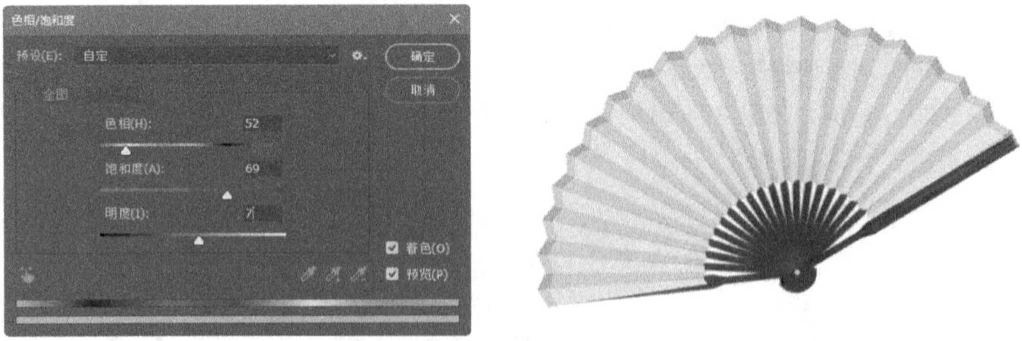

图 5-83 调整扇面的色相和饱和度

复制“背景”图层，将得到的“背景 拷贝”图层移到“扇面 拷贝”图层之上，移动鼠标指针至两图层之间，按 Alt 键单击，即可实现图层剪切，将背景画面嵌入扇面图形中，选择“背景 拷贝”图层，通过自由变换适当调整画面的大小和位置，如图 5-84 所示。

图 5-84　通过剪切图层设置扇面图案并适当调整大小和位置

设置“背景 拷贝”图层的混合模式为“正片叠底”，以呈现扇面折痕效果及色调。

对“转销”图层添加“斜面和浮雕”图层样式，并设置适当的颜色（C67、M57、Y53、K3），如图 5-85 所示。

图 5-85　设置扇面效果及色调

最后隐藏“图层 1”，即白色背景图层，并与“扇面”“扇叶”图层组建立一个“备份”图层组，将其他与扇图样有关的图层及图层组一起建立一个“扇”图层组，以便后续的编辑和调整，适当调整折扇图样的大小和位置，设置适当的投影效果，如图 5-86 所示。

图 5-86　设置折扇最终效果

第6章

文字编辑

文字能使作品传达的信息更直接、更丰富，文字处理也是图像处理中必要的编辑手段，作为图像处理软件的 Photoshop 也同时具有很强的文字编辑和文字效果设计功能。本章介绍 Photoshop 中文字的编辑和应用。

本章要点

- 文字的创建和输入。
- 文字的字符属性和段落属性。
- 文字变形和文字的分布。
- 文字变换。
- 文字图层及转换。

6.1 文字工具初体验

实例 6-01 制作月历

利用图像素材设计月历界面，实现如图 6-1 所示的图像效果。

在 Photoshop 中打开背景图像文件“M060101 黄山”，在工具栏中单击文字工具组中的“T 横排文字工具”图标，在文字工具选项栏中设置字体、大小和颜色（黑色），单击背景图片中的蓝天部位，画面中会出现一个闪烁的光标，在光标处输入文字“壹”，将自动生成文字图层，单击工具选项栏上的“”图标打开“字符”面板，可设置文字的相关属性，为其添加“斜面和浮雕”效果，如图 6-2 所示。

图 6-1 月历效果

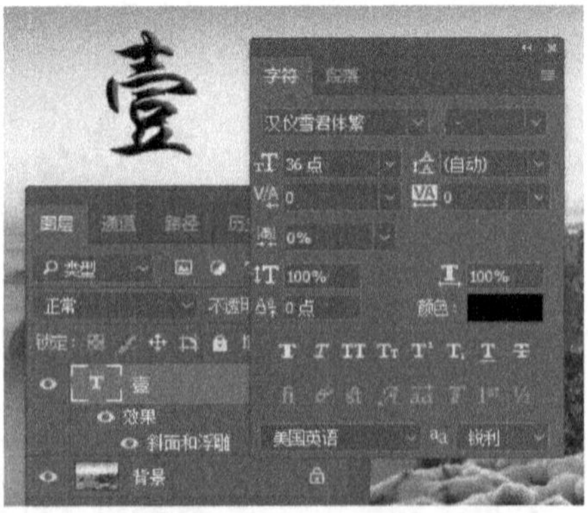

图 6-2 输入和编辑文字

将光标移至文字外面，鼠标指针变成“▸+”形状，可拖动文字至合适位置。也可在“✥ 移动工具”

状态下，通过自由变换，适当调整文字的大小和位置。

使用类似的方式分别输入和编辑“公元 2020 年农历庚子年 鼠年”“JANURY”，设置文字颜色为 60%灰，“公元 2020 年农历庚子年 鼠年”文字字体设置为“方正古隶繁体”，“JANURY”字体设置为“Cooper Black”，设置适当大小及位置，如图 6-3 所示。

将上述 3 个文字图层建立图层组，命名为“年月”，设置该图层组的图层混合模式为“滤色”，并对图层组设置图层样式“投影”和“描边”，适当设置相应参数，效果如图 6-4 所示。

图 6-3 设置文字属性并调整大小及设置

图 6-4 设置图层混合模式和图层样式

单击“T 横排文字工具”图标，在文件编辑区拖动绘制文本框，并输入星期文字，将图层命名为“周”。其中英文星期缩写的字号应比中文数字字号小一号，字体均设置为“微软雅黑”，字体样式为“Bold”，文字颜色可在选中文本后，在工具选项栏设置，也可以在“字体”面板中设置，其中周六、周日的文字使用红色，其他文字使用蓝色，英文与中文之间空一格，每组星期文字之间空两格。为该文字设置“投影”图层样式。效果如图 6-5 所示。

图 6-5 添加和编辑星期文本

单击“T 横排文字工具”图标，使用鼠标在星期文字下面拉一个矩形文本框，输入公历日期数字

1～30，命名图层为“公历”，注意与星期对应控制文字换行（周三为 1 日，每周日期数字行之间应空一行），并移动文字至相应星期位置，设置适当的文字大小。效果如图 6-6 所示。

复制“公历”图层，将名称改为“农历”，单击“T 横排文字工具”图标，选择日期文字，将对应日期改写为农历日期名称，设置适当的文字大小，并调整文本框与相应公历日期对应。

设置上述图层中节、假日的文本为红色，其他文本为白色。应注意，设置文字颜色时应选择文字工具，再进行操作。将上述“公历”“农历”图层设置为图层组，命名为“日期”，对“日期”图层组设置“投影”图层样式。效果如图 6-7 所示。

图 6-6 添加公历日期

图 6-7 添加农历日期并对相应图层设置“投影”图层样式

新建图层，命名为“矩形”，使用“矩形选框工具”在周及日期文本区域绘制矩形选区，按 Shift+F6 组合键（或选择“选择”→“修改”→“羽化”命令），在弹出的“羽化选区”对话框中设置羽化值为 50。设置填充矩形选框为黄色，适当降低该图层的“填充”不透明度（35%）。将“日期”图层组、“矩形”图层建立一个图层组，命名为“日历”，如图 6-8 所示。

图 6-8 绘制矩形选区和设置相应参数并建立“日历”图层组

适当调整各文本区位置和大小，完成编辑。

6.2 编辑文字

在上述操作中可以看到，使用文字工具可以向图像中添加文字，此时会自动增加一个文字图层，并在新图层中显示输入的文本。作为一种特殊的图层，文字图层可以修改和编辑文本，可以控制字体、字间距、行距等参数。

6.2.1　创建文字

文字工具组含有 4 种工具，其中包括文字工具和文字蒙版工具两类，并分为横排和直排两种，如图 6-9 所示。

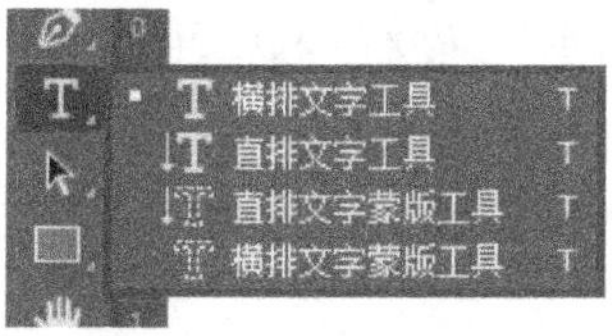

图 6-9　文字工具组

文字的输入可以根据不同的编辑需要采用点文字、段落文字、路径文字 3 种方式。

1）点文字和段落文字

点文字便于对少量文字进行编辑和特效设置，在输入时，先选择一种文字工具，在文件编辑区单击后即可输入文字，可在工具选项栏中设置字体类型、大小、颜色效果等，然后输入文字，也可以在输入文字后编辑相关的文字属性。

而段落文字是使用文字工具在文件编辑区拖动形成矩形文本框，然后输入文字，便于统一输入和编辑较多的文字，如图 6-10 所示。这种形式便于控制文本内容的段落边界，分块布置文字。可以直接编辑段落文字的内容，也可以通过对文本框的编辑整体调整段落文字的效果，直接拖动文本框控制节点可以对文本框进行缩放调整，但不影响内部文字的大小，因而也会使部分文字因文本框减小而不可见，如果按 Ctrl 键缩放文本框可以保证内部的文字内容同步缩放，如图 6-11 所示。按 Alt 键可以实现由文本框中心缩放，按 Ctrl+Alt 组合键拖动将同时缩放文本框和文字内容。

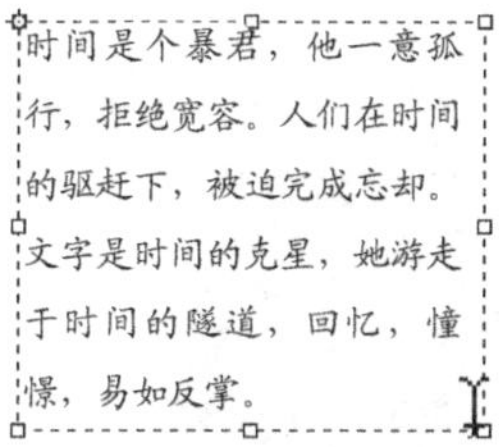

图 6-10　输入段落文字

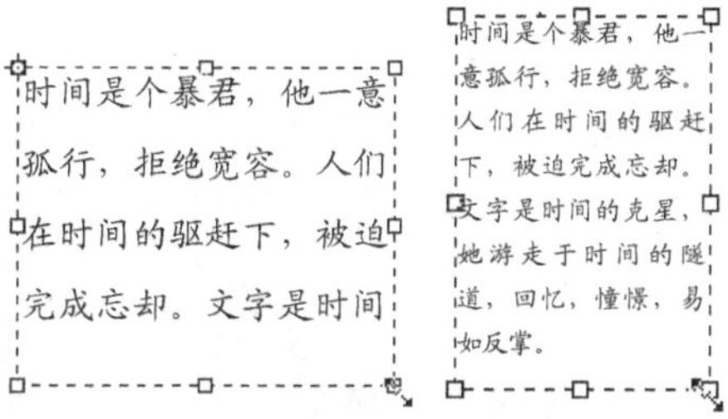

图 6-11　缩放文本框

根据画面布置或文字排版效果的需要，可以旋转或移动文本框，把鼠标指针移到文本框控制节点上方即变成“”形状，如图 6-12 所示。拖动鼠标即可旋转文本框及段落文字内容，移动鼠标到文本框外侧指针变成“”形状时可以拖动文本框到设定的位置，如图 6-13 所示。

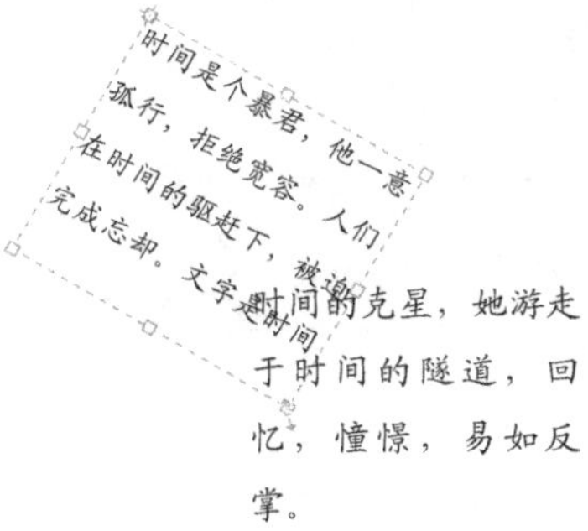

图 6-12　旋转段落文字

图 6-13　移动段落文字

2）段落文字和点文字的转换

在实际编辑中，可以将点文字转换为段落文字，以便在外框内调整字符排列。或将段落文字转为点文字，以便使各文本行彼此独立排列。

- 在“图层”面板中单击文字图层标签。
- 选择“文字”→“转换为点文本”命令，或选择“文字”→“转换为段落文本”命令。

注意 将段落文字转换为点文字时，所有溢出外框的字符都会被删除。为避免丢失文字，应先调整外框，使全部文字在转换前都可见。

3）文字蒙版

其中文字蒙版工具是以蒙版的形式输入文字的。文字蒙版工具主要用于创建文字选区、制作图形文字等特殊文字效果。当使用文字蒙版工具输入文字后，就会形成一个文字选区，它不会依附任何图层，因此也不会自动生成新图层，并可像任何其他选区一样被移动、复制、填充或描边。

关于蒙版的概念和具体操作将在第 8 章叙述。

4）结束文字编辑

在创建或编辑文字后，在工具选项栏末尾（右端）出现“⊘”“✓”图标，可单击“⊘”图标撤销当前编辑，或单击“✓”图标确认当前文字编辑，也可以直接选择（更换）其他工具以结束文字输入。

进行文字输入或编辑后，需确认完成编辑，以便进行其他的编辑操作。结束并确认当前文字编辑操作的方式如下。

- 单击文字工具选项栏右侧的“✓”图标。
- 选择任何其他工具实现退出并保存当前文字编辑。
- 按 Ctrl+Enter 组合键。

实例 6-02　花香

在 Photoshop 中打开图像文件 A，将另一个图像文件 B 拖到 A 图像编辑窗口中，如图 6-14 所示。

图 6-14　复制图像文件

隐藏新复制的图层（图层 1），单击“横排文字蒙版工具”图标，设置字体为“华文琥珀”，字号为“220 点”，单击文件编辑区输入文字“花香”，可以看到界面变成文字蒙版状态，如图 6-15 所示。按 Ctrl+Enter 组合键结束文字输入，将退出蒙版状态，而文字将转为选区，如图 6-16 所示。

图 6-15　使用横排文字蒙版工具输入文字

图 6-16　完成蒙版文字输入

单击“图层 1”图层标签并设置为显示，单击“图层”面板底部的“”图标建立图层蒙版，并适当调整图层 1 图形对象的大小和位置（在两缩览图之间单击“”图标断开图层蒙版链接，选择鲜花图像缩览图），如图 6-17 所示。

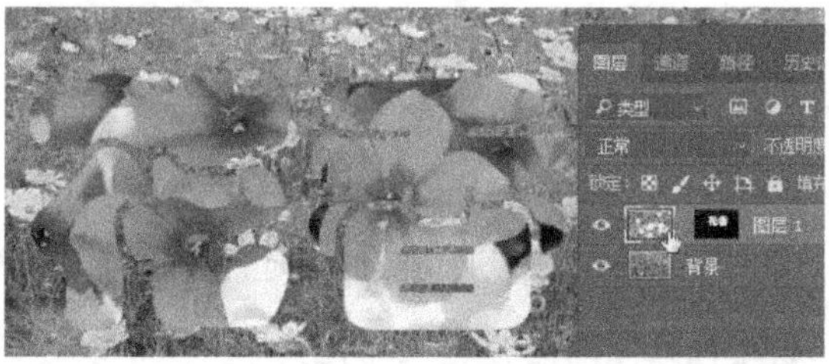

图 6-17　建立图层蒙版并调整图层 1 图形对象的大小和位置

对“花香”文字（蒙版图层）设置适当的图层样式效果，添加“投影”和“内发光”效果，并对“背景”图层做适当的羽化修饰，添加两只翩然而至的蝴蝶（图像素材“M060203”“M060204”）以增加画面效果，如图 6-18 所示。

图 6-18　最终效果

6.2.2 路径文字

路径文字作为特殊的段落文字，可以把任何封闭的图形（不仅是矩形）路径作为文本框，在其中输入文字，也可以沿任何开放或封闭路径添加文字，以设置特殊的路径文字效果。

1）在开放路径上输入和编辑文字

可以沿已绘制的开放路径（直线或曲线）输入文字，即路径文字。使用钢笔工具绘制路径，单击文字工具，当鼠标接近路径时，光标变为跨路径的路径文字光标，单击开始输入文字，文字将沿该路径排列，如图 6-19 所示。

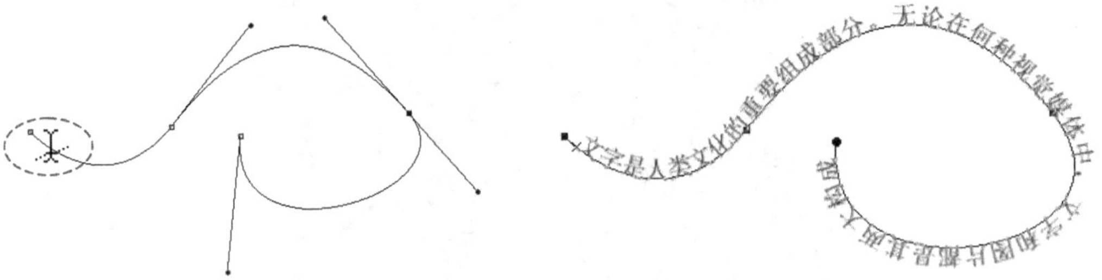

图 6-19　沿已绘制的开放路径输入文字

鼠标移到路径文字的始端，按 Ctrl 键会呈现文字引导光标，这时可以按住鼠标沿路径整体拖动文字，也可以沿垂直路径的方向翻转文字，如图 6-20 所示。

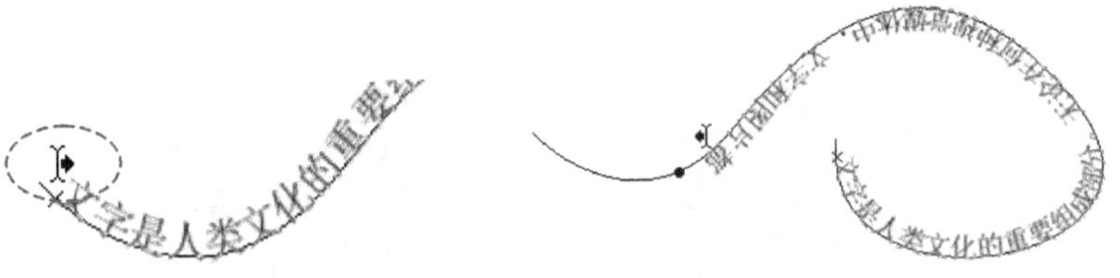

图 6-20　沿垂直路径的方向翻转文字

需要注意的是：对于开放路径只能沿路径建立路径文字，不能将开放路径作为文本框输入文字。

2）在闭合路径上输入和编辑文字

对于闭合路径，可以像开放路径一样使文字沿路径图形轮廓作为路径文字输入，也可以把文字输入到路径内部，作为文本框编辑。

使用“自定形状工具”绘制一个路经图形。单击“T 横排文字工具”图标，把鼠标移动到闭合路径的内部，光标会呈现带有包容圆环的文字输入光标，单击闭合路径内部可在光标闪烁处输入文字，文字会填充路径的内部区域，如图 6-21 所示。可以将输入闭合路径内的文字作为段落文字进行编辑。

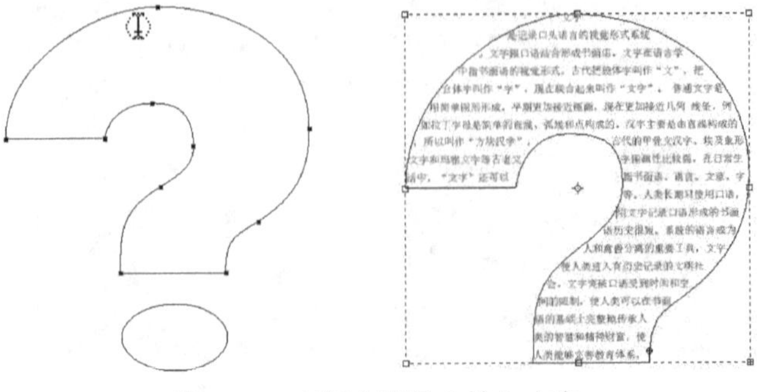

图 6-21　在闭合路径上输入文字

单击“T 横排文字工具”图标，移动鼠标至椭圆图形的轮廓线上，光标呈现路径文字的标识状态（没有包容圈，出现路径标识），如图 6-22 左图所示，这时可以沿图形的路径轮廓输入文字，同开放路径一样，可以对路径文字进行文字属性编辑，也可以通过按 Ctrl 键沿路径拖动，或基于路径轮廓翻转文字，如图 6-22 右图所示。

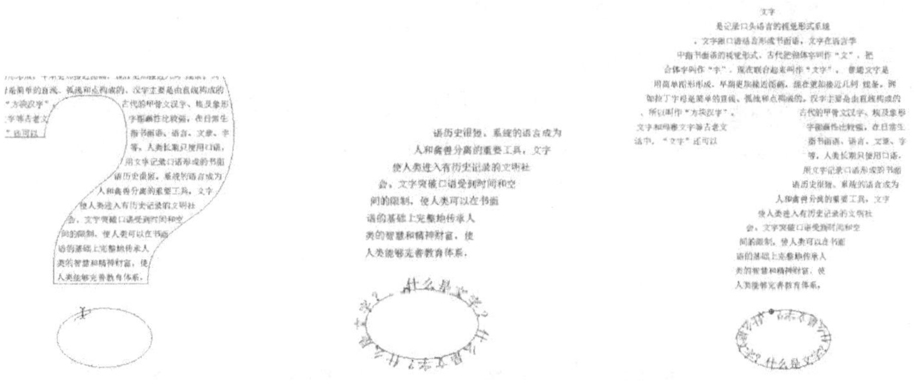

图 6-22 在闭合路径上设置路径文字

6.2.3 文字工具选项栏

文字工具用于输入和编辑一般文字效果，横排文字工具选项栏如图 6-23 所示。

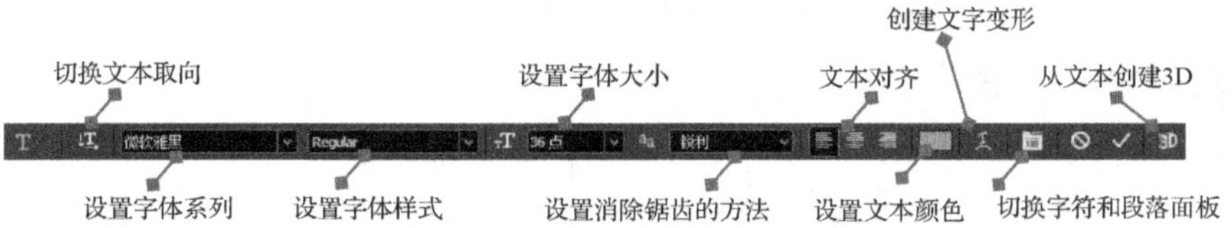

图 6-23 横排文字工具选项栏

1）更改文字排列方向

输入文字后，单击“”（切换文本取向）图标可以更改文字排列方向（横排或竖排），如图 6-24 所示。

图 6-24 更改文字排列方向

2）字体设定

字体设定包括设定文字的字体、字体样式、大小及消除锯齿。

单击“设置字体系列”下拉箭头，可以从弹出的系统字体下拉列表中选择一种字体，列表包括字体名称和样式，便于查询和预览，在 Photoshop 中看到的字体取决于当前 Windows 操作系统中的字库文件，对于特殊字体可以下载相关的字体文件，并复制到 C:\WindowS\Fonts 下，打开 Photoshop 就可以在“设置字体系列”中看到了。

字体样式为特殊字形设定，并非每种字形都有多种可选样式，如图 6-25 所示，它取决于字形本身的设计，多数字形只有一种通用样式（Regular）。

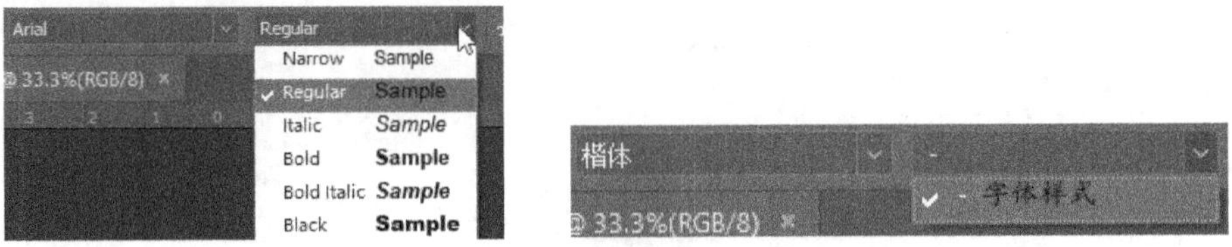

图 6-25　字体样式

文字消除锯齿是针对文字边缘的处理效果，设置消除锯齿的方法：“无”，不应用消除锯齿；“锐利”，文字以最锐利的形式出现；“犀利”，文字显示为较锐利；“浑厚”，文字显示为较粗；“平滑”，文字显示为较平滑。对文字设置不同消除锯齿方法的效果如图 6-26 所示。

图 6-26　对文字设置不同消除锯齿方法的效果

3）设置文本对齐方式

对于段落文本，在文字工具选项栏中可选设文本对齐方式，包括“”（左对齐文本）、“”（居中对齐文本）、“”（右对齐文本）。

4）设置文字颜色

输入文字时文字的颜色与前景色一致，改变已有文字颜色时可以改变前景色或单击文字工具选项栏上的“设置文本颜色”图标重新设置颜色，二者都需要在选择文字对象后设置才起作用。需要注意的是，改变前景色时，文字工具选项栏上的“设置文本颜色”图标颜色也会相应调整，但是直接改变工具选项栏上的“设置文本颜色”图标时，前景色不会改变，即选中的文字对象颜色最终一定与相应工具选项栏上的颜色一致。

6.2.4　“字符”和“段落”面板

对于字符和段落基本编辑命令可以在相应的文字工具选项栏中设置，文字更细致的属性编辑可使用相应的属性面板，单击文字工具选项栏上的“”图标调出“字符”和“段落”面板，在该面板中可以设置字符和段落的相关属性。

1）字符属性

图 6-27 所示为“字符”面板，文字的字符属性可以在“字符”面板中设置或修改，可以在输入文字前预设，也可以在输入文字后通过该面板编辑文字对象。

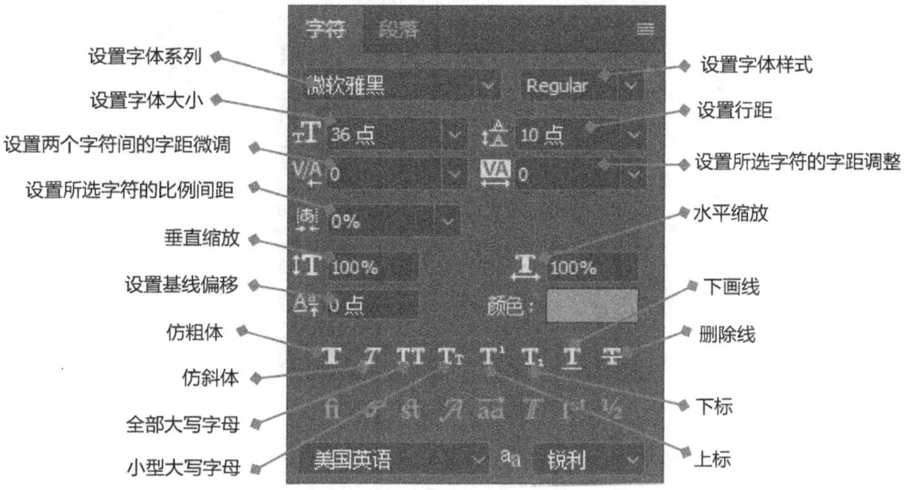

图 6-27 “字符”面板

“字符”面板中的选项可以实现文字字符形态的各种设定，包括文字大小、颜色、字体、特殊字形设置，以及文字间距、偏移等，还可以通过文字特别修饰设置文字加粗、倾斜、设为上标或下标、加下画线等。

对字符属性编辑的一些动态操作，可以使用系统定义的快捷键，这些快捷键可以在“字符”面板的功能菜单中找到，如图 6-28 所示。这些快捷键只有在文本编辑状态才可以使用。

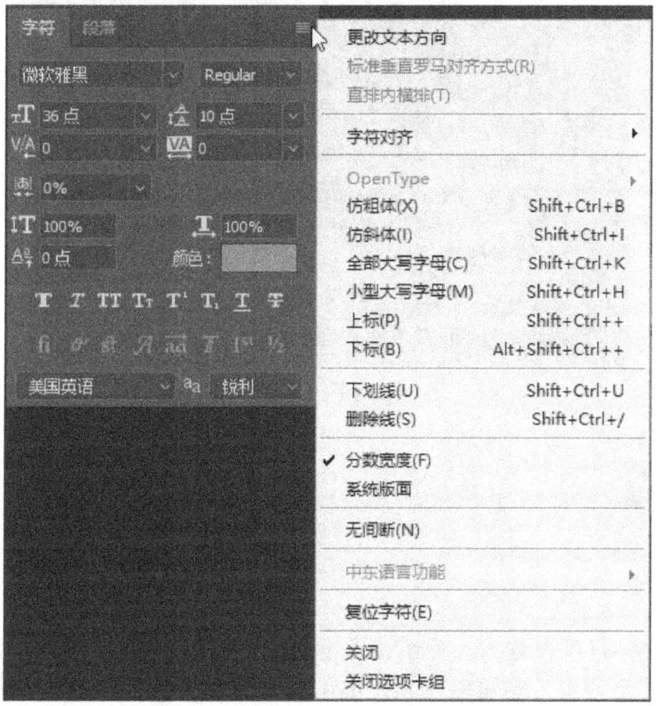

图 6-28 “字符”面板的功能菜单

2）段落属性

图 6-29 所示为“段落”面板，其中包含对段落格式的设定选项。其主要段落设置选项与常规的文档编辑概念一致。

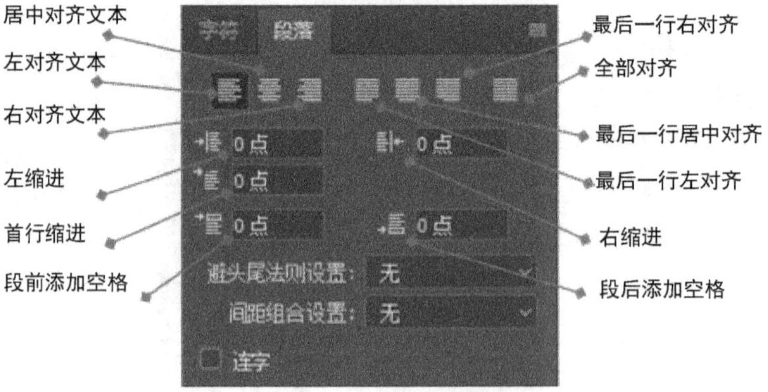

图 6-29 “段落”面板

其中“避头尾法则设置”用于一些特殊的亚洲文本换行方式，不能出现在一行的开头或结尾的字符称为避头尾字符。“间距组合设置”用于日语文本字符、罗马字符、标点、特殊字符、行开头、行结尾和数字等的间距编排。

“连字”主要是指西文词汇在文档中的编排版式，即恰好在段尾不足单词长度时，如果没有设置“连字”则整词移行；如果设置了“连字”则将按连字设置保留单词的前一部分加连字符号，同时转移单词的剩余一部分到下一行。“连字”的具体设定，可以在“段落”面板的功能菜单中选择“连字符连接”命令，在打开的如图 6-30 所示的“连字符连接”对话框中进行设置。

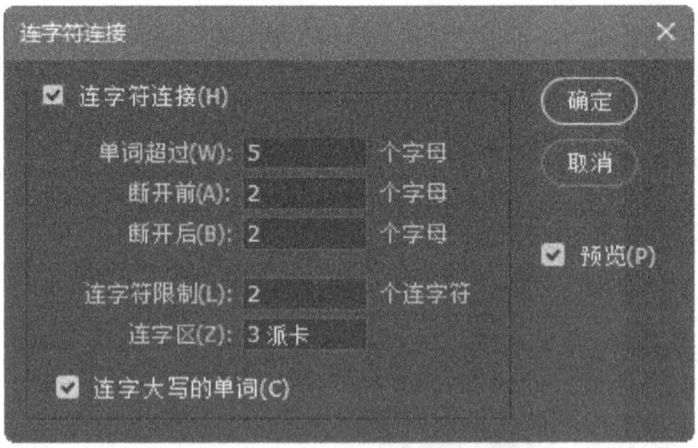

图 6-30 “连字符连接”对话框

6.3 变换文字

6.3.1 文字变形

在 Photoshop 中文字可以设置为各种系统预设的特效图形，可以同其他图像对象一样通过自由变换方式对文字进行变形设置，也可以在系统提供的“变形文字”对话框中编辑文字变形效果。

单击文字工具，然后单击文字工具选项栏中的“”（创建文字变形）图标，也可以选择“文字”→“文字变形”命令，在弹出的如图 6-31 所示的“变形文字”对话框中，选择使用不同的文字变形方案。

图 6-31　“变形文字”对话框

图 6-32 所示为系统提供的各种文字变形效果。可以根据需要设置弯曲、水平扭曲和垂直扭曲的数值，进一步改变文字效果形态。

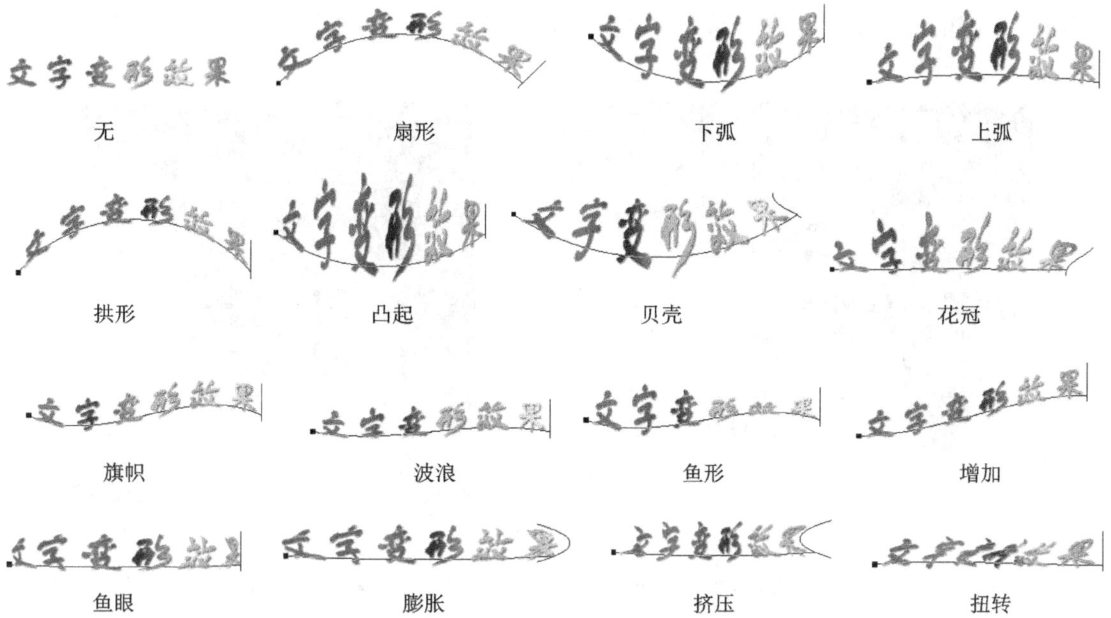

图 6-32　系统提供的各种文字变形效果

对于文本框同样可以直接应用文字变形效果，单击相应文字工具后就可以选择应用“文字变形”效果，与点文字的操作相同，其效果是对于文本框内容整体应用的。图 6-33 所示为文本框应用部分文字变形效果的例子。

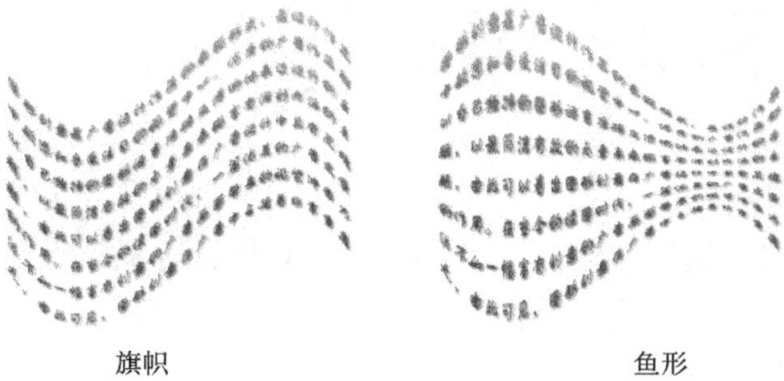

图 6-33　文本框应用部分文字变形效果的例子

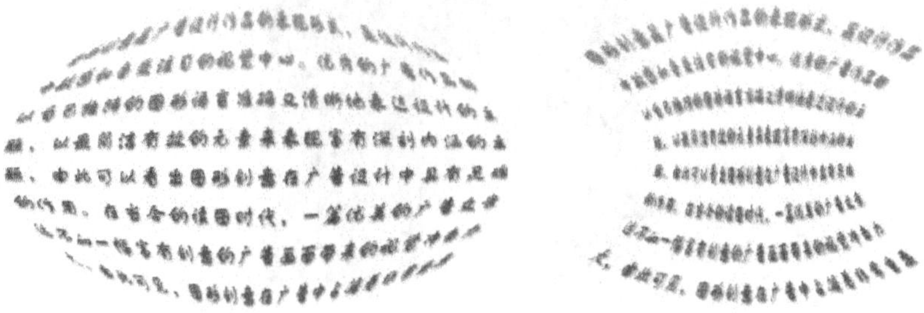

膨胀　　　　挤压

图 6-33　文本框应用部分文字变形效果的例子（续）

6.3.2　从文本创建 3D

在 Photoshop CC 中可以直接创建 3D 文本，首先使用文字工具创建平面文本。单击相关图层标签，通过单击文字工具选项栏上的“3D”图标，直接进入 3D 编辑环境，即由文本图层转为 3D 图层，如图 6-34 所示。

图 6-34　由文本图层转为 3D 图层

在 3D 编辑状态下，相应图层的内容也可以随时转为智能图层，在平面编辑界面进行编辑，如图 6-35 所示。

图 6-35　分别在 3D 和平面编辑环境中编辑文本

实例 6-03　玩转非主流

设计招贴画的文字效果，如图 6-36 所示。

图 6-36　招贴画的文字效果

打开图片文件“M060301 舞者”，单击“T 横排文字工具”图标，设置文字字体为“华文新魏”、字号为“48 点”、颜色值为“#b3ffe4”，输入文字“玩转”，然后输入文字“主流”，其字体及大小与“玩转”相同，按 Ctrl+Enter 组合键结束文字输入，将“主流”文字的颜色值设置为“#6badf7”，如图 6-37 所示。

图 6-37　输入文字“玩转”与“主流”并设置相应参数

使用文字工具单击“玩转”两个字中间位置，在工具选项栏单击“▤”图标打开“字符”面板，设置文字字体为“华文新魏”、字号为“130 点”、颜色值为“#aac34e”，如图 6-37 所示。输入文字“非”，设置字体为“微软雅黑”，按 Ctrl+Enter 组合键结束文字输入，单击“移动工具”图标，移动调整几个文字的相对位置，如图 6-38 所示。

图 6-38　输入“非”字并调整所有文字位置

单击“非”文字图层标签，然后右击该图层标签，在弹出的快捷菜单中，选择“栅格化文字”命令，将图层转为图像图层，单击“矩形选框工具”图标，圈选“非”字左侧最下一横，单击“移动工具”图标，按 Alt 键，并按←键，实现区域移动复制，直至笔画伸长覆盖“玩转”两个字的下方，以同样的方式延长“非”字右侧最上一横，使之与“主流”文字平齐，如图 6-39 所示。

图 6-39　设置文字笔画变形

把“非”图层移到“玩转”图层和“主流”图层之下，单击“玩转”图层标签，然后单击相应文字工具，在文字工具选项栏中单击“3D”图标进入 3D 编辑状态，如图 6-40 所示。

图 6-40　3D 编辑状态

单击“主流”图层标签，以同样的方式进行 3D 文字编辑，适当调整文字位置并设置画面效果，对“非”图层添加“投影”图层样式。

6.3.3　文字图层转换

由于文字图层在具有文字编辑特点的同时，也存在一些效果编辑的局限性，在做一些特殊图像效果编辑的时候，可以根据需要将文字转换为图像或路径，从而可以方便地利用文字的编辑效果，设计文字图形或相关效果。

1）将文字图层转换为图像图层

文字图层是基于矢量轮廓的，不能使用滤镜或画笔的操作，对文字执行操作需要先对文字进行栅格化处理，文字栅格化的过程是一个不可逆的操作，文字编辑属性不再有效，不能作为文字设置字体、间距等，而是作为一个纯粹的图形对象，因此在对文字图层进行转换之前，应保证基本的文字编辑已经完成。

在“图层”面板中单击文字图层标签，如图 6-41 所示。选择“图层”→“栅格化”→“文字”命令，结果如图 6-42 所示。可以看到“图层”面板中文字图层的 T 字母消失了，即文字图层变成了普通的图像图层，此时图层上的文字完全变成了像素信息，不能再进行文字编辑，但可以执行所有图像可执行的命令。但文字图层所用的图层样式并不受影响，在文字图层转化为图像图层后仍然可以修改所应用的图层样式。

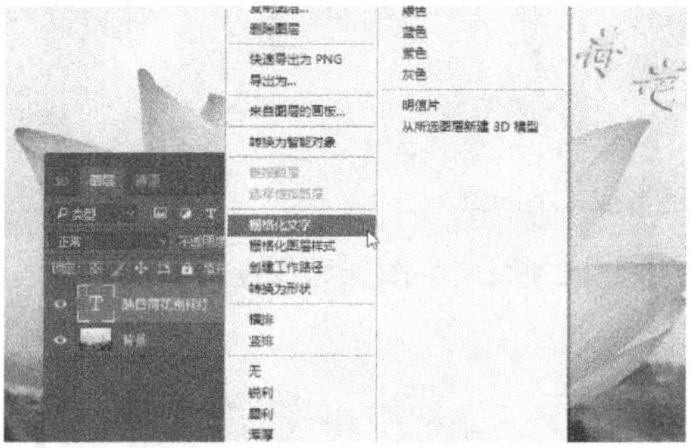

图 6-41　文字图层

图 6-42　将文字图层转换为图像图层

2）将文字图层转换为形状图层

如果需要保留目前文字色彩，同时编辑文字的轮廓，也可以将文字图层转换成形状图层，右击文字图层标签或选择“图层”→“文字”→“转换为形状”命令即可。转换后，将在目前文字图样基础上产生文字轮廓，而文字编辑属性不再保留，“图层”面板上的缩览图同时改为形状图层的样式，可以单击直接编辑填色及将图层对象作为图形的文字轮廓，如图 6-43 所示。

3）由文字创建路径和选区

我们也可以通过文字创建路径，右击文字图层，或选择“图层”→“文字”→“创建工作路径”命令，即可创建相应的文字图形路径，在“路径”面板上出现一个新的工作路径，而不产生图层的变化，并且不改变文字图层属性，如图 6-44 所示。

图 6-43　将文字图层转换为形状图层

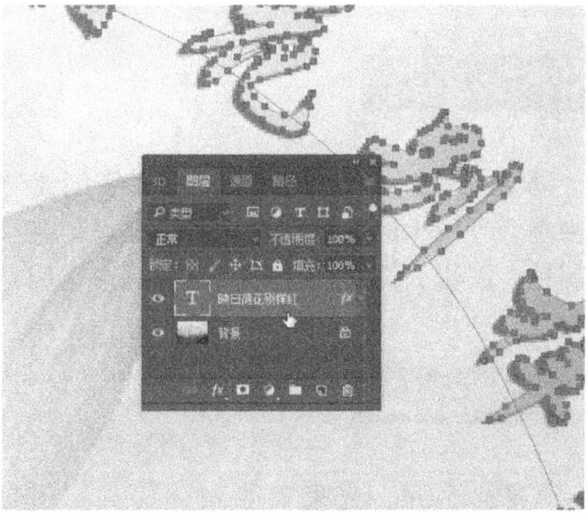

图 6-44　将文字图层转换为工作路径

可以通过文字图层直接创建选区，按 Ctrl 键单击文字图层的缩览图，就可以把相应的文字轮廓创建为文字选区，从而可以利用选区提取其他图层的画面，形成文字图像，如图 6-45 所示。

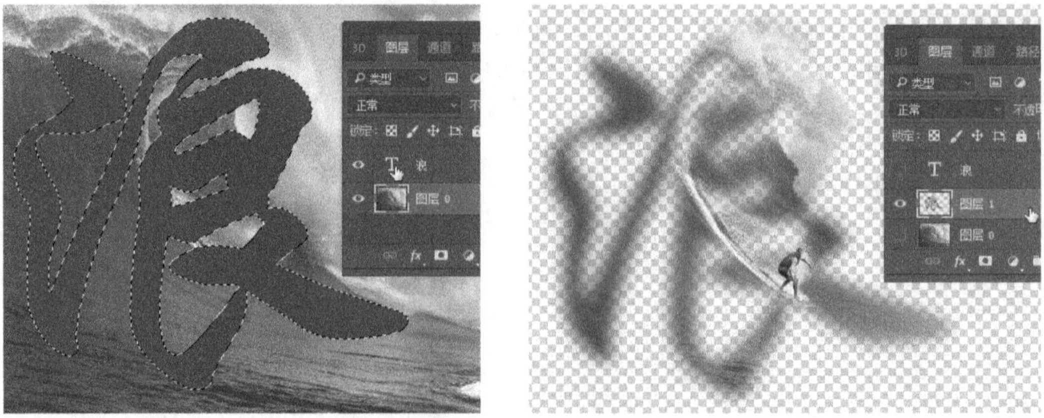

图 6-45 创建文字轮廓选区形成文字图像

文字图层也可以用于直接创建剪贴蒙版，因此可以方便地利用文字图层和相连的图像图层创建文字图像，如图 6-46 所示。

图 6-46 利用文字设置图层剪贴效果

本章小结

本章主要叙述了 Photoshop 中文字创建与编辑的操作，特别是颜色和文字的处理在制作图像效果中是必不可少的手段，点文字、段落文字、路径文字具有不同的输入方式和特点，读者应注意文字属性、编辑、图层转化的学习和综合运用。

实例之窗

实例 6-04 光束文字

利用路径文字处理，设置光束文字效果，其中用到了文字编辑、动感模糊滤镜、画笔等基本操作。效果如图 6-47 所示。

图 6-47　光束文字效果

新建 Photoshop 文档，设置背景色为黑色。使用椭圆工具绘制正圆路径，使该路径位于文件编辑区水平中心位置。

单击“T 横排文字工具”图标，设置文字属性：Elephant、36 点、白色。以路径文字方式输入 ADOBE PHOTOSHOP，命名图层为“字”，如图 6-48 所示。

按 Ctrl 键单击路径文字起始端的标记原点向圆形内拖动，使路径文字反向移至圆内侧。按 Ctrl+A 组合键选中所有文字，打开“字符”面板，适当调整文字的字符间距，使文字沿圆圈排满，如图 6-49 所示。

图 6-48　创建路径文字

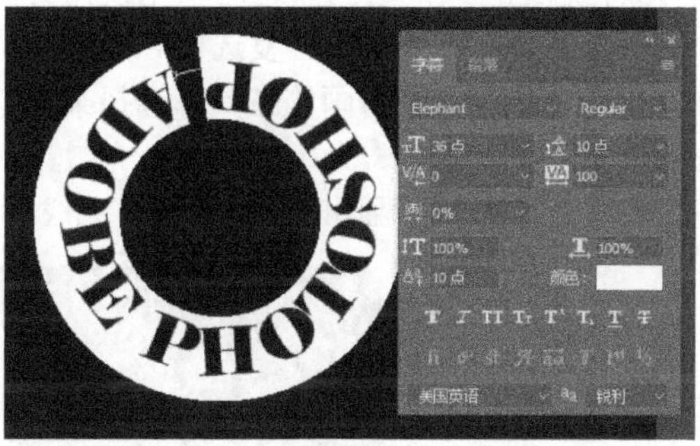

图 6-49　将字移至圆内侧并调整字符间距

复制文字图层，隐藏原来的文字图层（将该图层作为备份图层，以便修改之需），右击“字拷贝”图层标签，在弹出的快捷菜单中，选择“栅格化文字”命令，再次复制图层，命名新图层为“光束”。

单击“光束”图层标签，选择“滤镜”→“模糊”→“动感模糊”命令，适当设置模糊距离（约为 1420 像素，视编辑的图形大小会有所不同），如图 6-50 所示。然后复制几次“光束”图层，使产生的光线效果清晰一些，如图 6-51 所示。合并“光束”及相关图层副本，重命名为“光束”。

图 6-50　对文字副本设置“动感模糊”

图 6-51　增强光线效果

对“光束”图层使用“自由变形”命令进行形状编辑，形成光线发散效果，如图 6-52 所示。

把“字”图层移到光束图层上面，以便于编辑，选择“编辑”→“变换”→“透视”命令，编辑文字的透视变形效果，再通过“自由变形”命令整体调整字的形态，使之具有侧置的立体效果，最后把文字移到合适的位置，如图 6-53 所示。

图 6-52　编辑“光束”形状

图 6-53　编辑文字立体化形态

把“字副本”图层移回到“光束”图层下面，选中两个图层，使用“自由变换”命令适当旋转图形，使图形呈斜向放射状态。单击“光束”图层标签，按 Ctrl 键并单击“光束”图层的缩览图（载入图层对象轮廓选区），对当前选区填充较亮的蓝色。双击“字拷贝”图层标签，在弹出的“图层样式”对话框中勾选“外发光”复选框。效果如图 6-54 所示。

在顶层新建图层，单击画笔工具，选择柔角笔尖，并适当设置形状动态、散布、颜色动态、其他动态等，使画笔有明暗、大小变化及分布效果，设置前景色为白色，背景色与光束相同，在新建图层使用画笔工具拖动形成明暗亮点效果。完成效果如图 6-54 所示。

图 6-54　添加光束颜色并设置背景和文字的效果

第7章

色调与色彩

图像的效果是通过色彩表现的，因而对于数字图像而言，色调及色彩的调整是非常重要的应用技巧，大多数照片在作为素材使用之前都有必要对色调和色彩进行调整，对于一些需要艺术处理的照片而言，色调和色彩的处理更是不可缺少的一个环节。本章的主要内容就是介绍色调与色彩调整的方法。

本章要点

- 图像颜色空间的转换。
- 图像色调与色彩调整的方法。
- 图像的创造性调整。

7.1 认识图像色调与色彩

实例 7-01 图像基本色调与色彩调整

在 Photoshop 中打开图像文件，如图 7-1 所示，这是一幅拍摄的风景图像，由于光照关系，整幅图像偏暗并且对比度过低，图像效果不是很好，要作为设计素材使用的话，有必要对其进行色调的调整。为了使调整有依据，在调整之前，可参考图像的明度直方图，依据图像的明度直方图来进行图像色调的调整。

选择“窗口”→“直方图”命令调出“直方图”面板，并在“直方图”面板的通道下拉列表中选择“明度”选项，如图 7-2 所示。在明度直方图中可以看到，图像中大部分像素聚集在明度直方图的中间部分，表明图像缺失了暗调和亮调，并且对比度有待调整。

图 7-1 图像文件

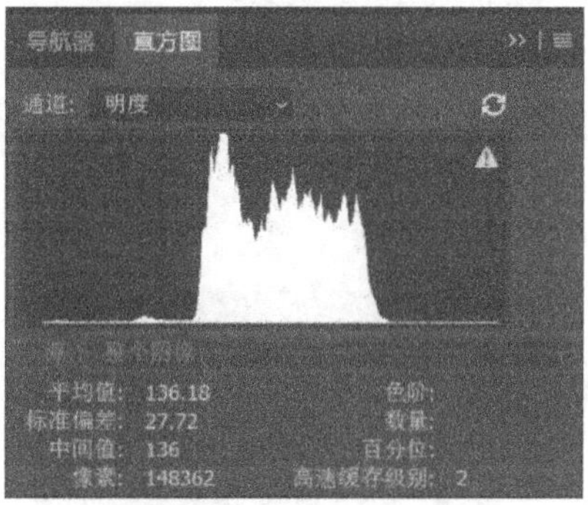

图 7-2 “直方图”面板

根据第一步分析的结果，选择“图像”→“调整”→“曲线”命令调出“曲线”对话框，将左右两端的滑块拖动到如图 7-3 左图所示的位置。同时可以观察到图像的明度直方图发生了变化，如

图 7-3 右图所示，图像的对比度增强了。

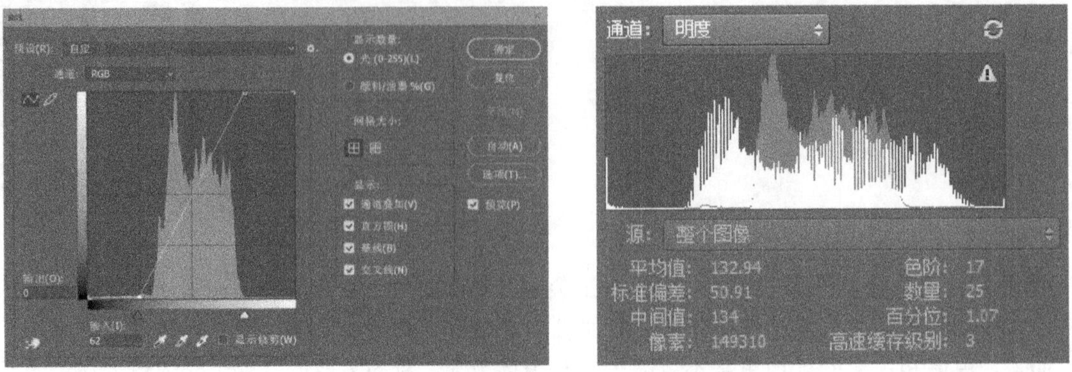

图 7-3　调整曲线以增强图像对比度

在曲线上再增加一个调整点，如图 7-4 左图所示。同时图像的明度直方图也发生了进一步的变化，如图 7-4 右图所示，图像亮度提高了。

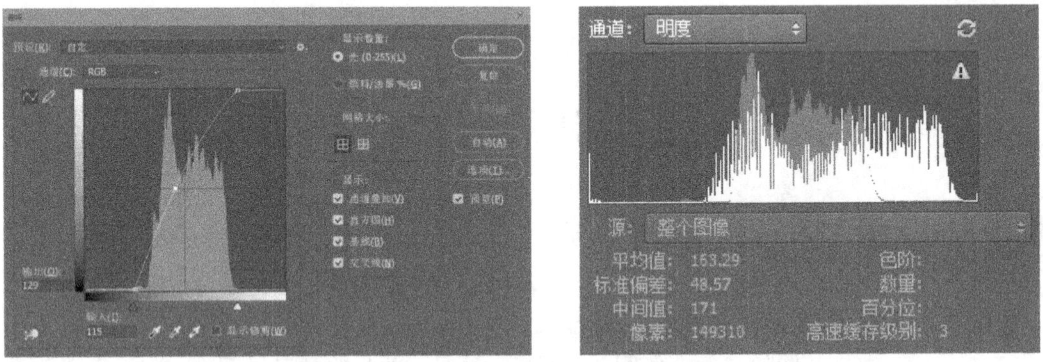

图 7-4　增加另一个调整点以提高图像亮度

图像的亮度和对比度都得到了改善，勾选“预览”复选框对比原图和修改后的效果，可反复地调节滑块的位置来进行细微调整，达到要求效果后单击“确定”按钮。

观察发现整幅图像色彩也不够鲜艳，饱和度不够。选择“图像”→“调整”→“自然饱和度”命令调出“自然饱和度”对话框，在对话框中向右拖动自然饱和度滑块以提高图像的色彩鲜艳程度，如图 7-5 所示。图像经过了色调与色彩的调整后，效果如图 7-6 所示。对比图 7-1 可以看到，图像的视觉效果明显得到了改观。

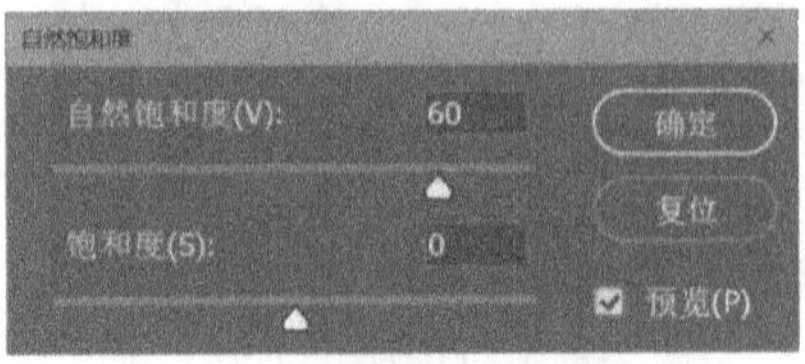

图 7-5　调整自然饱和度以提高图像的色彩鲜艳程度

图 7-6　完成调整后的效果

7.2　图像颜色模式

在 Photoshop 中，可以设置不同的颜色模式。颜色模式决定了用来显示和打印所处理图像的颜色呈现方式。常用颜色模式有 RGB（红色、绿色、蓝色），CMYK（青色、洋红、黄色、黑色），Lab 颜色（基于 CIE L* a* b*）和灰度等。还可以设置用于特殊色彩输出的颜色模式，如索引颜色和双色调。颜色模式决定了图像中的颜色数量、通道数量和文件大小，此外颜色模式还决定了可以使用哪些工具和文件格式。需要对图像的颜色模式进行改变时可以在系统菜单中“图像”→“模式”的子菜单中选择相应的颜色模式。

1）RGB 模式

RGB 模式是以色光三原色红（R）、绿（G）、蓝（B）为基础建立的颜色模式。在 Photoshop 中，RGB 图像以 24 位颜色深度来表示，即 R、G、B 每种颜色的量的多少都用 8 位来表示，R、G、B 变化的标定值为 0～255，0 表示亮度最小，255 表示亮度最大。图 7-7 所示为“颜色”面板 RGB 颜色模式调整状态。

三种色光不同配比的叠加混合，即会产生自然界各种各样的颜色，其总量大约为 1680 万种。当三种基色的值相等时，则会形成一系列的灰色；当三种基色亮度值均为 0 时表现为纯黑色；当三种基色亮度值均为 255 时表现为纯白色。由于颜色的形成是由三种色光混合而成的，所以这种成色方式也称为色光加色法。

RGB 模式是目前应用较广泛的颜色模式，电视、显示器等设备都是以 RGB 颜色模式为成色原理来表示丰富多彩的世界的。其不足就是 RGB 颜色空间是一个与设备相关的颜色空间，即同一幅 RGB 图像在不同显示器中显示，其色彩可能会有差异。

2）CMYK 模式

CMYK 模式是一种印刷颜色模式，C、M、Y、K 分别是指青色、洋红、黄色、黑色，在印刷中代表四种颜色的油墨。CMYK 模式成色原理是光线照到不同比例的 C、M、Y、K 油墨的纸上，部分色光被油墨吸收，其余反射到眼睛的色光形成彩色，这种成色方式也称为色光减色法。

在 Photoshop 中，C、M、Y、K 的数量都为 0～100%，随着四种成色元素成分的变化，为较亮（高光）颜色指定的印刷油墨颜色百分比较低；而为较暗（阴影）颜色指定的百分比较高。例如，亮红色可能包含 2%青色、93%洋红、90%黄色和 0 黑色。图 7-8 所示为“颜色”面板 CMYK 颜色模式调整状态。

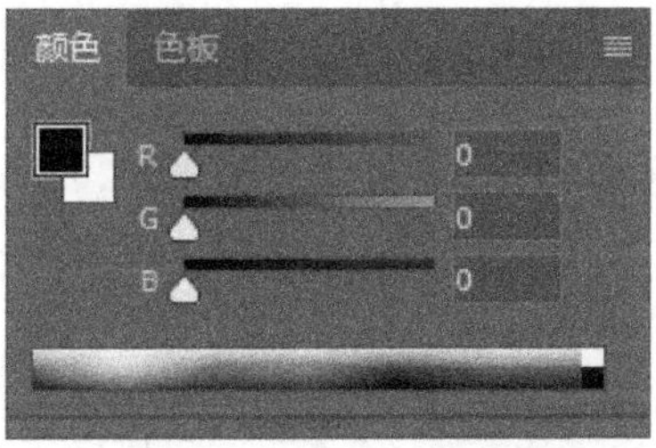

图 7-7　“颜色”面板 RGB 颜色模式调整状态

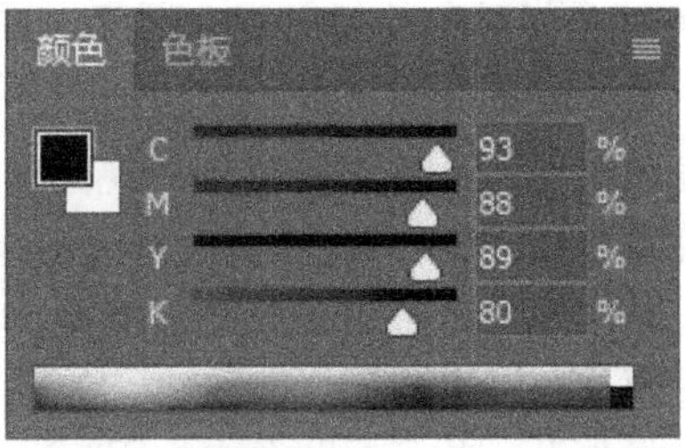

图 7-8　“颜色”面板 CMYK 颜色模式调整状态

理论上只需有 C、M、Y 三种油墨就可以构成相应的颜色效果，当 C、M、Y 的值为 0 时表现为纯白色，当 C、M、Y 的值为 100%时表现为纯黑色，当 C、M、Y 的值不等量混合时，就会得到各种颜色。但是目前实际应用中无法实现高纯度的油墨效果，如 C、M、Y 的值完全叠加（100%）实际上形成暗红色，因此通常要添加黑色油墨以调和形成需要的颜色效果，即 K 值。CMYK 颜色模式被广泛应用于印刷制品的颜色设置中。

同样，CMYK 颜色空间也是一个与设备相关的颜色空间，图像通常在打印、喷绘、印刷等应用中采用 CMYK 模式。

3）Lab 模式

Lab 模式是依据国际照明委员会（CIE）在 1931 年为颜色测量而定的原色标准得到的，它是一种与设备无关的颜色模式。在 Lab 颜色模式中，L 表示亮度，其值为 0～100；a 表示在红色到绿色范围内变化的颜色分量；b 表示在蓝色到黄色范围内变化的颜色分量；a、b 两个分量的变化范围为-120～120。当 a=b=0，L 从 0 变为 100 时，表示从黑到白的一系列灰色。

Lab 模式所包含的颜色范围最广，能够包含所有的 RGB 模式和 CMYK 模式中的颜色。

与 RGB 和 CMYK 颜色空间不同的是，Lab 颜色空间是与设备无关的颜色空间。因此，Lab 颜色模式经常用于不同颜色模式之间转换时的中间颜色模式。例如，某一幅 RGB 模式的图像要作为印刷图像进行应用，在应用之前要将图像的颜色模式由 RGB 模式转换为 CMYK 模式。但在系统内部，图像先是由 RGB 模式转换为 Lab 模式，再转换为 CMYK 模式的。图 7-9 所示为“颜色”面板 Lab 颜色模式调整状态。

4）HSB 模式

HSB 模式是基于人眼对颜色的观察来定义的，在此模式中，颜色用色相（Hue）、饱和度（Saturation）、亮度（Brightness）3 个特性来描述。图 7-10 所示为“颜色”面板 HSB 颜色模式调整状态。

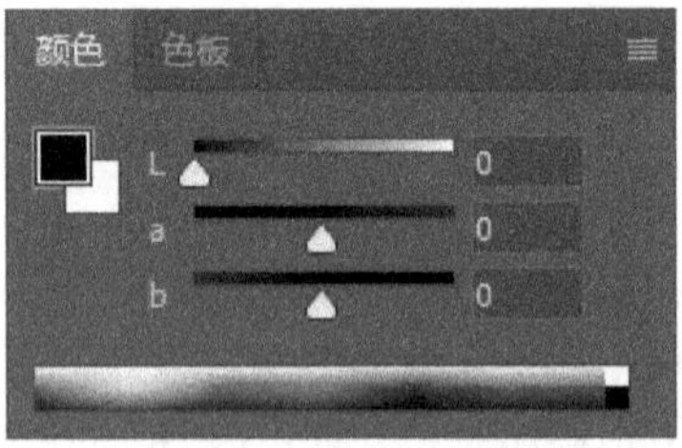

图 7-9 “颜色”面板 Lab 颜色模式调整状态

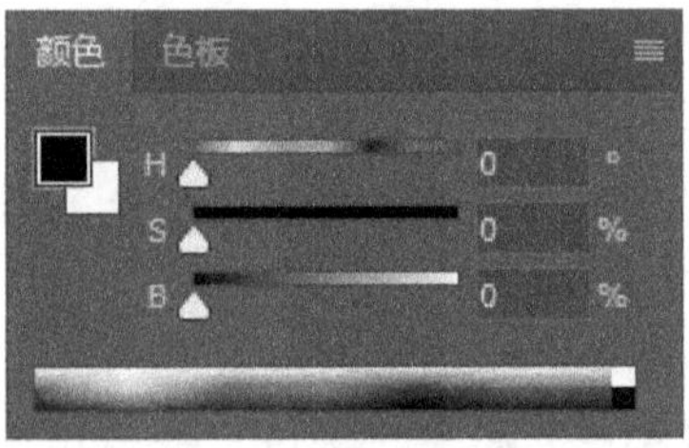

图 7-10 “颜色”面板 HSB 颜色模式调整状态

- 色相是与颜色主波长有关的颜色物理和心理特性，不同波长的可见光具有不同的色相。通常所说的颜色（红色、橙色、黄色、绿色、蓝色、紫色等）就是色相，有时色相也被称为色调。非彩色是指不存在色相属性，黑色、白色、灰色都是非彩色。其变化范围为 0～360°。
- 饱和度是指颜色的鲜艳度或纯度，表示色相中灰色所占的比例，其变化范围为 0～100%。
- 亮度是指颜色的相对明暗程度，通常用 0（黑）～100%（白）来表示。

5）灰度模式

灰度模式是用 256 级灰阶来表现图像明暗的一种颜色模式，图像中的每个像素都具有 256 级灰度，即范围为 0～255 的亮度值。灰度图像中的每个像素范围为 0（黑色）～255（白色）。灰度值也可以用黑色油墨覆盖的百分比来度量（0 为白色，100%为黑色）。

灰度模式可以由扫描仪直接扫描得到，也可以由其他彩色模式转换而来。当彩色图像转换为灰度图像时，Photoshop 放弃原图像中的所有颜色信息。转换后的像素的灰阶（色度）表示原像素的亮度。

6）位图模式

位图模式是用两种颜色（黑和白）来表示图像中的像素的，位图也称为黑白图像。位图模式下的图像也被称为位映射 1 位图像，因为位图图像的颜色深度只有 1 位，故其文件很小，但很多的细节层次会全部丢失。

7）索引模式

索引模式图像是指用 8 位或低于 8 位的二进制数来描述图像中的每个像素，整幅图像最多只能有 256 种颜色。由于采用这种模式的图像，其颜色效果比较差，但所占内存空间少，一般用于多媒体动画或网页制作。

8）双色调模式

双色调模式采用 2～4 种彩色油墨来产生图像，每种油墨可分为 256 个等级。使用双色调模式最主要的特点是使用尽量少的彩色油墨表现尽量多的颜色层次。

在 Photoshop 中可以创建单色调、双色调、三色调和四色调，为简单起见，统称为双色调模式。单色调是用非黑色的单一油墨打印的灰度图像。双色调、三色调和四色调分别是用两种、三种和四种油墨打印的灰度图像。在这些图像中，双色调模式一般均由其他模式先转换为灰度模式，再由灰度模式转换而来，当对图像进行色彩方面的艺术调整时经常采用双色调模式。值得一提的是，当图像在双色调模式下完成编辑后，最后还应转换成 RGB 模式或 CMYK 模式，因为很多其他图像应用软件，不支持双色调模式。

实例 7-02　制作怀旧照片

将如图 7-11 所示的彩色照片通过双色调模式下的色调及色彩调整，编辑为如图 7-12 所示的怀旧照片。

图 7-11　彩色照片

图 7-12　处理后的怀旧照片

打开彩色照片素材，选择“图像”→“模式”→“灰度”命令，先将图像转换为灰度模式。

选择“图像”→“模式”→“双色调”命令，弹出如图 7-13 所示的“双色调选项”对话框，在其中可以调节相关图像的色调参数，在“类型”下拉列表中选择“双色调”选项即可。

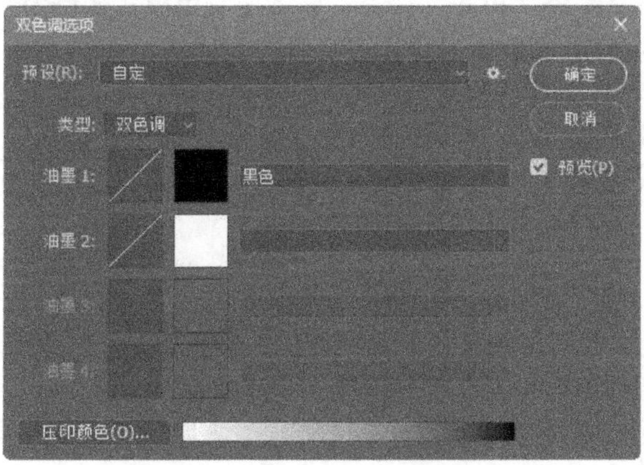

图 7-13　“双色调选项”对话框

在“双色调选项”对话框中，可在油墨列表栏中单击“油墨 2：”右侧的“□”图标，进入“拾色器（墨水 2 颜色）”对话框，在对话框右下设置 Lab 颜色模式参数，将 L、a、b 3 项值分别设置为 83、-4、79，如图 7-14 所示。

单击“确定”按钮，返回到“双色调选项”对话框，将“油墨 2：”的名称命名为“YELLOW”，如图 7-15 所示。

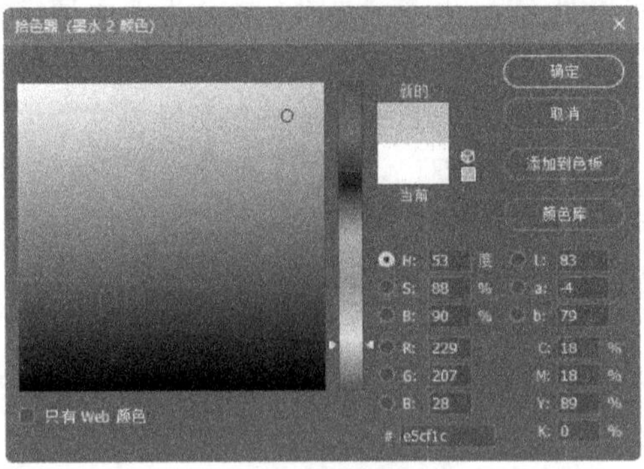

图 7-14 设置油墨色彩-拾色器

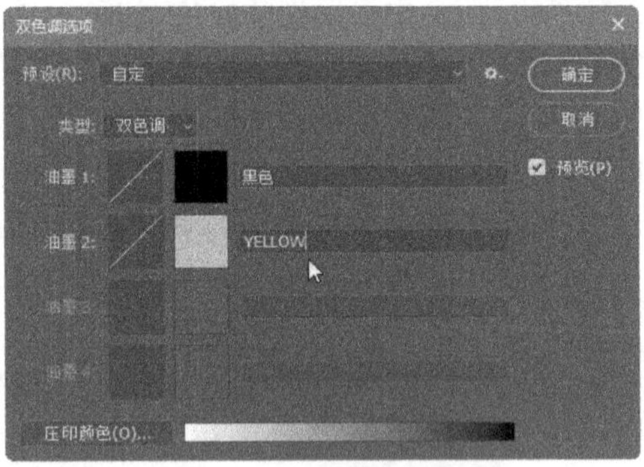

图 7-15 命名油墨颜色

可根据图像的具体情况，再单击油墨 1 的曲线调整框，弹出“双色调曲线”对话框来调整曲线，以调整图像的明暗度，如图 7-16 所示。

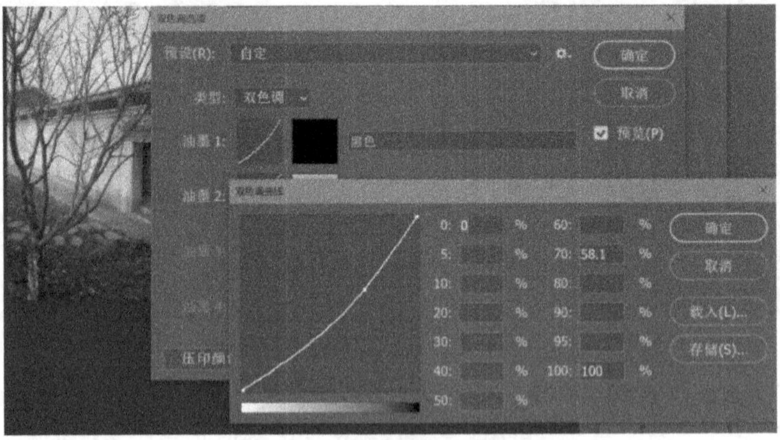

图 7-16 设置油墨色调曲线

选择“图像”→“模式”→“RGB”命令，将图像颜色模式转换为 RGB 模式，以便供其他图像应用程序使用。最后的效果如图 7-12 所示。

7.3 图像色调调整

7.3.1 图像色调

色调（也称色相）是人眼对多种波长的光线产生的彩色感觉，对色调通俗的理解就是图像的明暗变化，因此对图像色调的调整也就是调整图像的明暗变化。

- 亮度：指图像颜色的相对明暗程度，是光作用于人眼所感受的明亮程度。
- 对比度：指不同颜色的差异程度。

7.3.2　直方图

在 Photoshop 中，直方图是一个专门用于分析图像色调的工具，选择“窗口”→“直方图”命令，即弹出“直方图”面板，如图 7-17 所示。

图 7-17　“直方图”面板

根据应用的不同需要，在“直方图”面板的功能菜单中可以选择“紧凑视图”“扩展视图”“全部通道视图”3 种不同的工作界面。

在“直方图”面板中，可以在“通道”下拉列表中选择特定通道显示，包括不同的色彩通道、明度、复合通道等，其中“明度”选项对应图像的明暗情况。图 7-18 所示为图像对应直方图的不同工作界面及明度直方图。

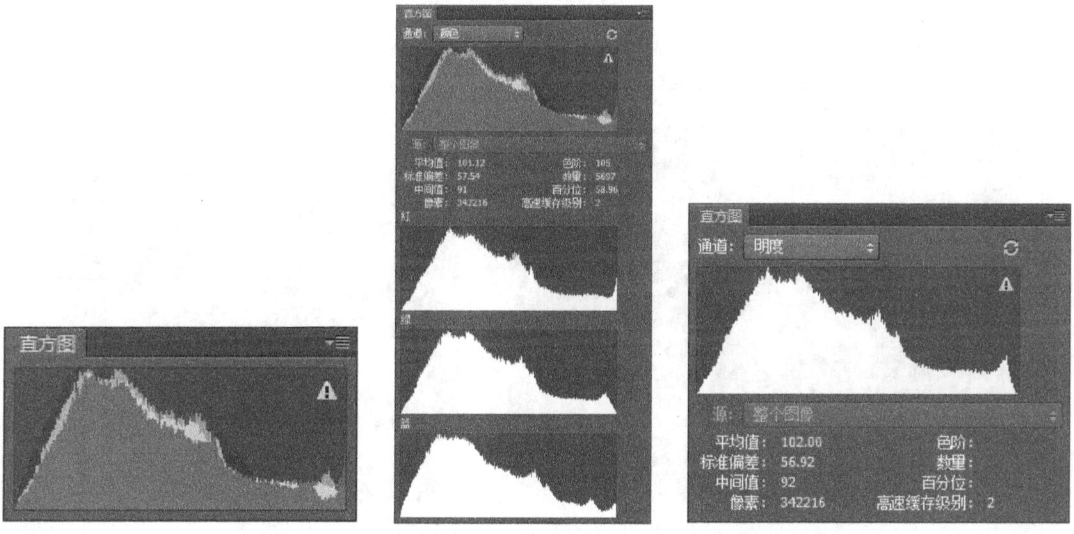

图 7-18　图像对应直方图的不同工作界面及明度直方图

明度直方图将整幅图像中每个像素的明度值进行统计，并以二维的形式表现出来。横坐标表示明度值：最左边为 0（最暗），最右边为 128（最亮）。纵坐标表示整幅图像中某一亮度值像素的数目。

在明度直方图的下部有一组数据，这些数据表示图像有关色调的一些统计值。

- 平均值：表示平均亮度值。
- 标准偏差：表示亮度值的变化范围。
- 中间值：显示亮度值范围内的中间值。
- 像素：用于计算直方图的像素总数。
- 色阶：显示指针下面的区域的亮度级别。
- 数量：相当于指针下面亮度级别的像素总数。
- 百分位：显示指针所指的级别或该级别以下的像素累计数。该值表示为图像中所有像素的百分数，从最左侧的 0 到最右侧的 100%。
- 高速缓冲级别：显示当前用于创建直方图的图像高速缓存级别。与当前图像的放大率有关，当高速缓存级别大于 1 时，会更加快速地显示直方图。单击面板显示区上方的“”（不使用高速缓存的刷新）图标，将使用实际的图像图层重绘直方图。

如图 7-19 所示的图像，其明度直方图表明图像大部分像素集中在暗调区域，也可以直观看出图像过暗，因此需要进行色调调整。

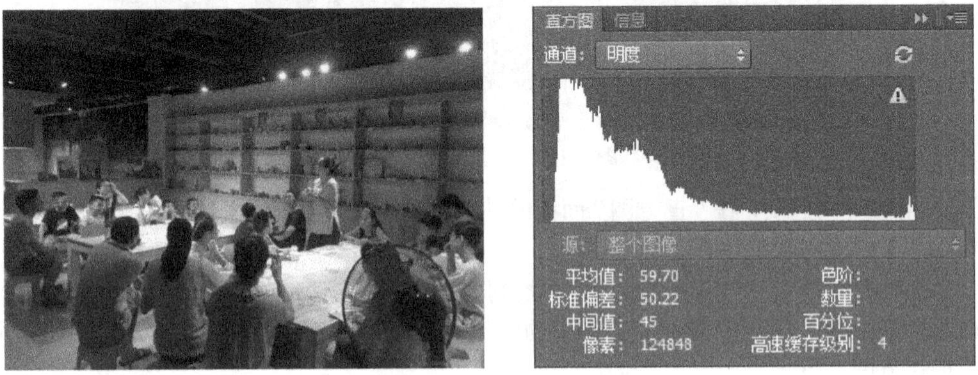

图 7-19　明度分布不均匀的图像

如图 7-20 所示的图像，直观感觉画面亮度效果较好，从其明度直方图可以看出明暗区域分布比较均匀，图像的色调基本不需要调整。

图 7-20　明度分布均匀的图像

由以上分析可得，图像的明暗是否合理，图像的色调是否需要调整，会比较清晰地反映在相应的直方图中，可以依据直方图进行客观分析和判断。

7.3.3　色调调整工具

在 Photoshop 中提供了一组用于图像色调调整的命令，可以通过“图像”→“调整”调出的子菜单选择执行。

1）“亮度/对比度”命令

“亮度/对比度”命令是调整图像亮度和明暗对比度最简单的命令。选择“图像”→“调整”→“亮度/对比度”命令，弹出如图 7-21 所示的“亮度/对比度”对话框，在对话框中，将亮度滑块向右移动会增加色调值并扩展图像高光，而将亮度滑块向左移动会减少色调值并扩展阴影。对比度滑块可扩展或收缩图像中色调值的总体范围。

图 7-21　“亮度/对比度”对话框

2）“色阶”命令

“色阶”命令可以通过为单个颜色通道设置像素分布来调整色彩平衡，“色阶”命令也可以调整图像亮度和明暗对比度，而且还可以调整图像的阴影、中间调和高光的强度，从而校正图像的色调范围和色彩平衡。选择“图像”→“调整”→“色阶”命令（或按 Ctrl+L 组合键），弹出“色阶”对话框，如图 7-22 所示。

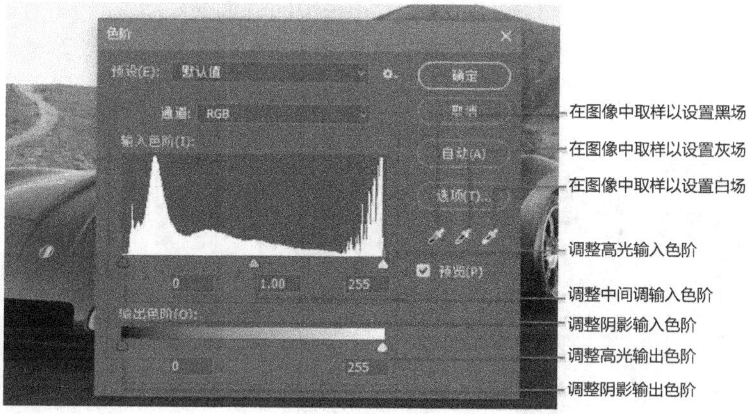

图 7-22　“色阶”对话框

“色阶”对话框中的直方图可以作为调整图像基本色调的参考。当应用“色阶”命令来调整图像明暗和对比度时，在“通道”下拉列表中要选择复合通道（RGB、CMYK 等通道）选项，如果选择了单色通道，则调整的不是图像的明暗而是图像的色彩。

输入色阶与输出色阶是一个映射关系，当改变这些映射关系时，图像的明暗和对比度就会发生变化。

- “调整阴影输入色阶”滑块右移，图像暗调处变暗，对比度增加。
- “调整高光输入色阶”滑块左移，图像亮处变亮，对比度增加。
- “调整阴影输出色阶”滑块右移，图像暗调处变亮，对比度减少。
- “调整高光输出色阶”滑块左移，图像亮处变暗，对比度减少。
- “调整中间调输入色阶”滑块用于调整图像的灰度系数，会更改灰色调中间范围的强度值，但不会明显改变高光和阴影，滑块左移使图像中间调变亮，滑块右移使图像中间调变暗。

实例 7-03　使用“色阶”命令进行图像色调调整

打开图像文件，如图 7-23 所示，选择“窗口”→“直方图”命令调出“直方图”面板，在“直方图”面板的“通道”下拉列表中选择“明度”选项。从图像文件的明度直方图来看，整幅图像的明暗范围有待扩大，像素过于集中在两个阶调（波峰处），有待将其平滑（将像素向波峰两边移动），如图 7-24 所示。

图 7-23　图像文件

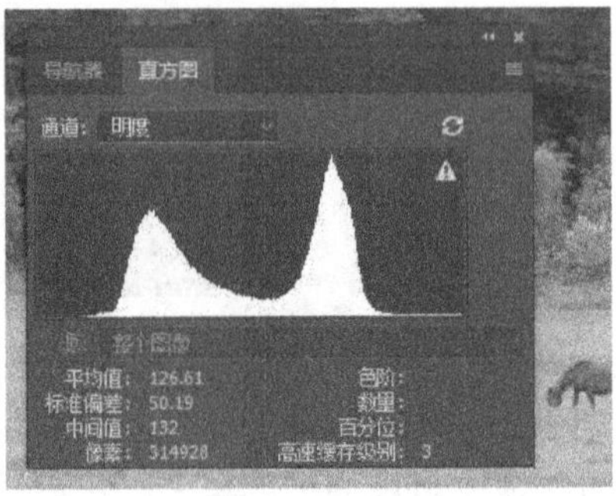

图 7-24　使用明度直方图分析图像色调

根据上述分析的结果，按 Ctrl+L 组合键，在弹出的“色阶”对话框中设置“调整阴影输入色阶”为 35，“调整高光输入色阶”为 240，“中间调”为 1.4，如图 7-25 所示。即将输入色阶“35”映射到“0”，输入色阶“240”映射到“255”，并将中间调调亮。

再次打开“直方图”面板可以看出“明度”像素分布有明显改善，如图 7-26 所示。调整后的效果图像亮度提高了、对比度也提高了，在视觉方面有较大的改观。

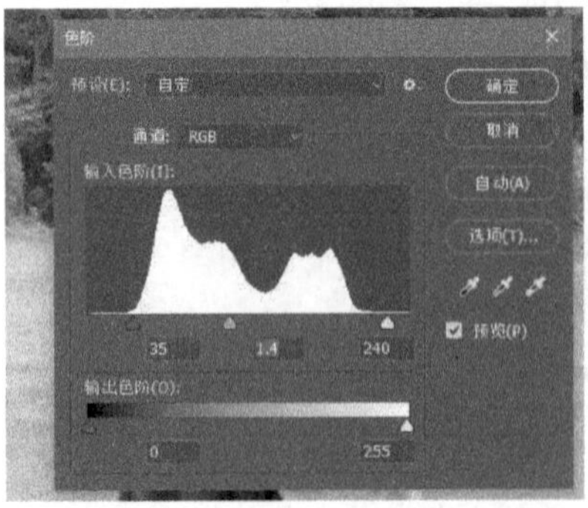

图 7-25　由“色阶”对话框调整亮度

图 7-26　再次观察“直方图”面板

应该注意的是，“色阶”命令的功能对中间色调的调整功能有限，但它能够对图像整个色阶范围（最亮到最暗）进行精确的控制，这是“色阶”命令的重要特点，读者在调整图像中要充分应用“色阶”命令的这个特点。

3）“曲线”命令

“曲线”命令是调整图像亮度和明暗对比度非常有效的命令。选择“图像”→“调整”→“曲线”命令（或按 Ctrl+M 组合键），弹出如图 7-27 所示的“曲线”对话框，通过调整对话框内输入/输出曲线就可以调整图像的亮度和对比度。

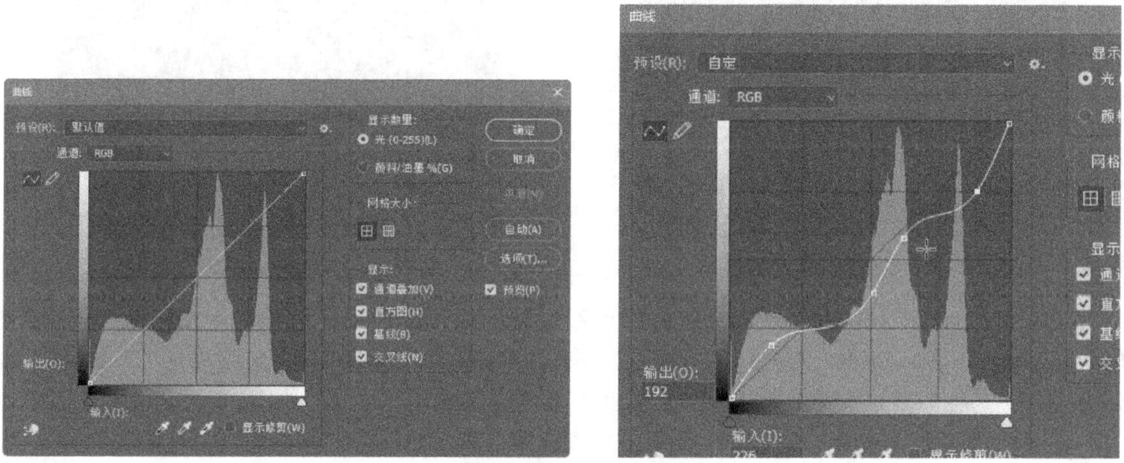

图 7-27　“曲线”对话框

在“曲线”对话框中曲线编辑区的背景为直方图，可以作为调整图像基本色调的参考。当应用“曲线”命令来调整图像明暗和对比度时，在“通道”下拉列表中要选择复合通道（RGB、CMYK 等通道）选项，如果选择了单色通道，则调整的不是图像的明暗而是图像的色彩。

“曲线”对话框中的坐标由表示输入阶调的横坐标和表示输出阶调的纵坐标所组成。调整阶调曲线就是改变了图像输入色阶与输出色阶的映射关系，在色阶命令中只能改变 3 对（最亮、最暗、中间）映射关系，故其调整受到一定限制，但在“曲线”命令中，输入/输出映射关系是可以任意改变的，因此应用“曲线”命令来进行图像色调的调整更加精确、灵活。

下面是几种典型的曲线应用。如图 7-28 所示的曲线调整状态能够增加图像的亮度，如图 7-29 所示的曲线调整状态将降低图像的亮度。

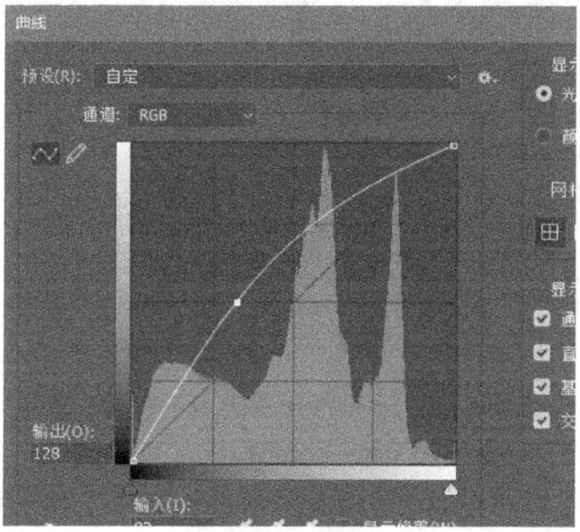

图 7-28　增加图像亮度

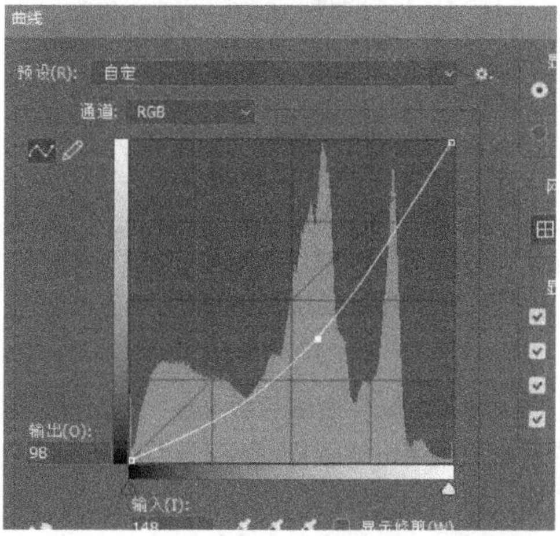

图 7-29　降低图像亮度

在如图 7-30 所示的曲线调整中增加了图像的明暗对比度，而如图 7-31 所示的曲线调整则降低了图像的明暗对比度。

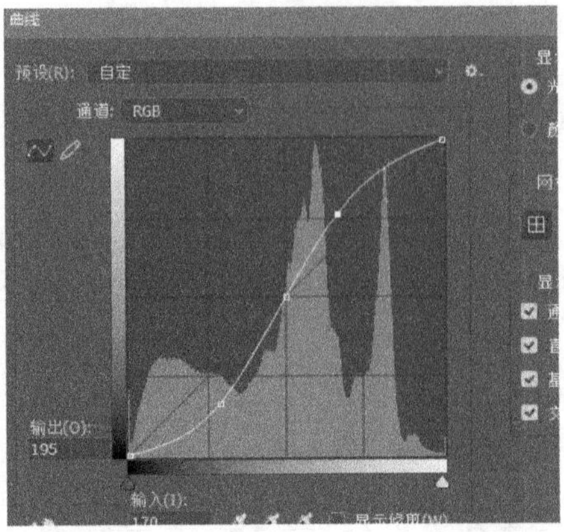

图 7-30　增加图像明暗对比度

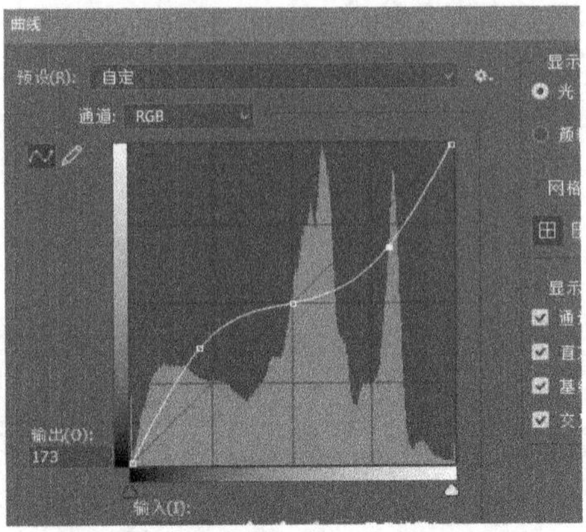

图 7-31　降低图像明暗对比度

只有在“曲线”对话框中显示数量选项“光”被选中的条件下，才具有以上调整图像色调的作用，如果选择“颜料/油墨”选项则作用相反。此外，“曲线”对话框中的“通道叠加”“基线”“直方图”“交叉线”等 4 个选项建议选中，有助于曲线的调整。

在“曲线”对话框内也有黑场、白场、灰场设置工具，使用方式和效果与“色阶”命令一致。

实例 7-04　使用“曲线”命令进行图像色调调整

打开如图 7-23 所示的图像文件，根据前面对其明度直方图的分析，使用“曲线”命令来调整原图的明暗分布。

按 Ctrl+L 组合键调出“色阶”对话框。在弹出的“色阶”对话框中设置“调整高光输入色阶”为 35，“调整阴影输入色阶”为 240，如图 7-32 所示。即将输入色阶“35”映射到“0”，输入色阶“240”映射到“255”。打开“直方图”面板，选择“明度”通道，可以看到如图 7-33 所示的明度直方图变化。

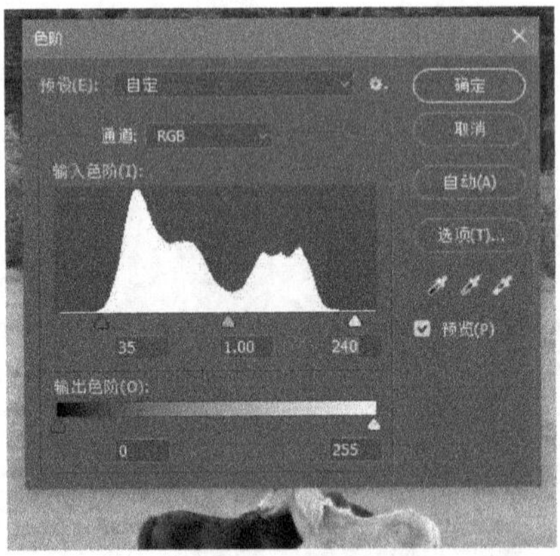

图 7-32　调整色阶

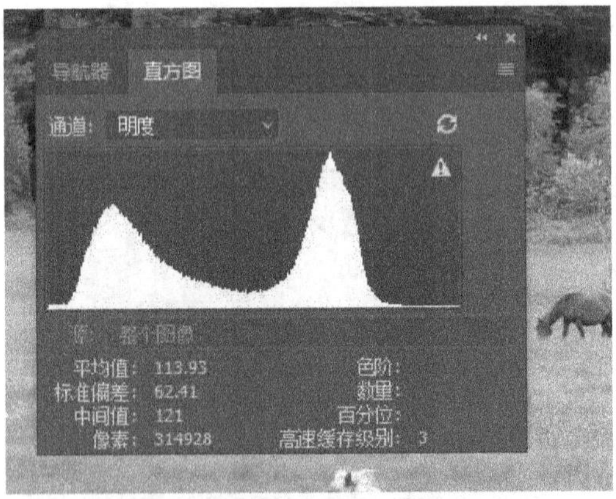

图 7-33　观察明度直方图的变化

按 Ctrl+M 组合键调出“曲线”对话框。根据前面的分析，像素过于集中在两处（森林、草地），有待将其平滑（将像素向波峰两边移动），增加对比度，将森林和草地的细微层次加以强调。在“曲线”对话框中调整曲线，如图 7-34 所示，其中的 5 个映射点的参考输入/输出数据为：“输入 12，输出 9”“输入 32，输出 37”“输入 83，输出 98”“输入 164，输出 154”“输入 219，输出 235”。

打开“直方图”面板，在“明度”通道下可以看出像素分布的变化，如图 7-35 所示。将效果图与原图比较，也可以看出图像的整体亮度提高、对比度增强，在视觉方面有较大的改观。图像中森林和草地的明暗对比度增强了，细节更加清晰。

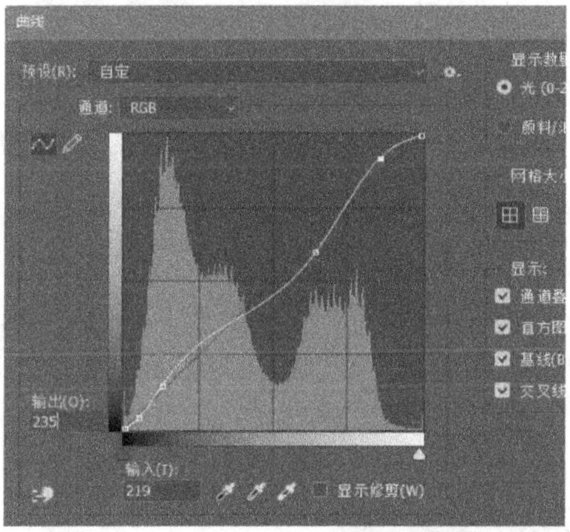

图 7-34　调整曲线

图 7-35　调整后的直方图和效果

在图像色调调整中，要充分应用“色阶”命令对图像整个色阶范围（最亮到最暗）进行精确控制的特点，以及“曲线”命令对图像中间调灵活调整的特点，将两个命令结合起来应用，可以达到图像调整的最佳结合。

4）“曝光度”命令

“曝光度”命令主要用来处理曝光过度和曝光不足的图像。图 7-36 所示为一幅曝光不足的图像，可以通过图像“曝光度”的调整来改善画面质量，将图像中的曝光度调整到正常状态。

图 7-36　一幅曝光不足的图像

选择“图像”→“调整”→“曝光度”命令，将弹出“曝光度”对话框，在“曝光度”对话框中有“曝光度”“位移”“灰度系数校正”3 个调整量，可分别设置相应参数，如图 7-37 所示。

- 曝光度：调整色调范围的高光端，对阴影的影响很轻微。
- 位移：使阴影和中间调变暗，对高光的影响很轻微。
- 灰度系数：使用简单的乘方函数调整图像灰度系数。

图 7-38 所示为应用“曝光度”命令后的图像效果。

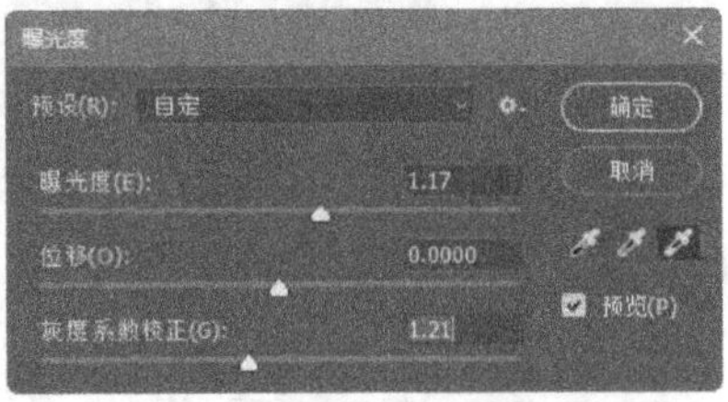

图 7-37　调整“曝光度”

图 7-38　应用“曝光度”命令后的图像效果

“曝光度”命令应用相对简单，但很实用，在调整过程中位移参数的设置要慎用或不用，设置不当容易降低阶调范围，造成图像阶调的损失。

5）“阴影/高光”命令

“阴影/高光”命令适用于校正由强逆光而形成的照片，如图 7-39 所示，或者校正由于应用闪光灯在照片形成发白的焦点。“阴影/高光”命令不是简单地使图像变亮或变暗，而是基于阴影或高光中的周围像素（局部相邻像素）使图像增亮或变暗。

图 7-39　逆光拍摄的照片

选择“图像”→“调整”→“阴影/高光”命令，弹出“阴影/高光”对话框，在对话框中可以对相应参数进行适当调整，如图 7-40 所示。在如图 7-41 所示的效果图中可以看到图像调整后的效果。

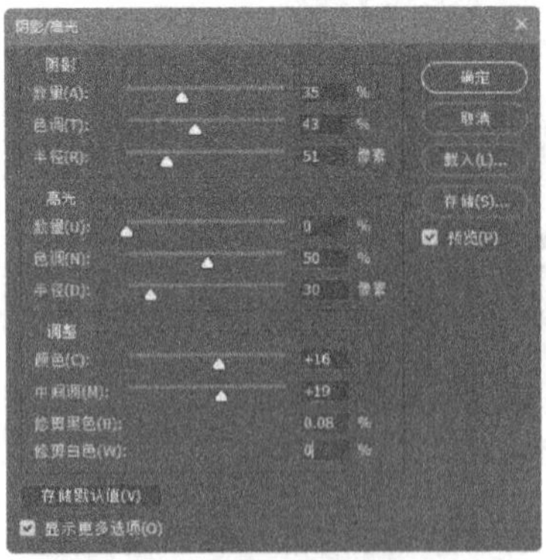

图 7-40　调整“阴影/高光”

图 7-41　调整后的效果

在“阴影/高光”对话框中可以通过“数量”“色调”“半径”3 个控制参数分别针对“阴影”“高光”进行适当调整。

- 数量：控制（分别用于图像中的高光值和阴影值）要进行校正的量。
- 色调：控制阴影或高光中色调的修改范围。较小的值会限制只对较暗区域进行“阴影”校正的调整，较大的值会限制只对较亮区域进行“高光”校正的调整。“色调”默认值为 50%。

- 半径：控制每个像素周围的局部相邻像素的大小。相邻像素用于确定像素是在阴影还是在高光中。向左移动滑块会指定较小的区域，向右移动滑块会指定较大的区域。 局部相邻像素的最佳大小取决于图像。

对话框下面的“调整”栏用于调整图像的整体对比度，包括“颜色”和“中间调”，以及“修剪黑色”“修剪白色”的参数设置。

- 颜色：允许在图像的已更改区域中微调颜色。通常，增大这些值会产生饱和度较大的颜色，而减小这些值则会产生饱和度较小的颜色。
- 中间调：调整中间调中的对比度。向左移动滑块会降低对比度，向右移动滑块会增强对比度。
- 修剪黑色和修剪白色：指定在图像中阴影和高光被剪切到新的极端阴影（色阶值为 0）和高光（色阶值为 255）的量，此值不宜设置过大，否则会修剪掉阴影或高光的细节。

6）自动色调调整

在“图像”菜单中，有“自动色调”“自动颜色”“自动对比度”等命令，将自动使用系统默认参数调整图像色调，可实现图像色调的基本调整。在相应的色调调整命令中也会有“自动”按钮，可以对默认执行参数进行设定。

7.4 图像色彩控制

7.4.1 认识色彩

色彩是通过眼、脑和生活经验所产生的一种对光的视觉效应。

1）色光加色法

色光加色法是指 3 种色光（红色、绿色和蓝色），当按照不同的组合将这 3 种色光添加在一起时，可以生成可见色谱中的所有颜色，即 RGB 颜色模型。添加等量的红色、蓝色和绿色光可以生成白色。完全缺少红色、蓝色和绿色光将导致生成黑色，RGB 颜色模式就是典型的色光加色法，如图 7-42 所示。

2）色料减色法

与显示器不同，打印机、喷墨机、印刷机均使用减色原色（青色、洋红、黄色和黑色颜料）并通过减色混合来生成颜色。色料减色法是指一些颜料当按照不同的组合添加在一起时，可以创建一个色谱，如 CMYK 颜色模式。因为颜料选择性的吸收了部分色光，而呈现出不同的颜色，故称为减色法，如图 7-43 所示。

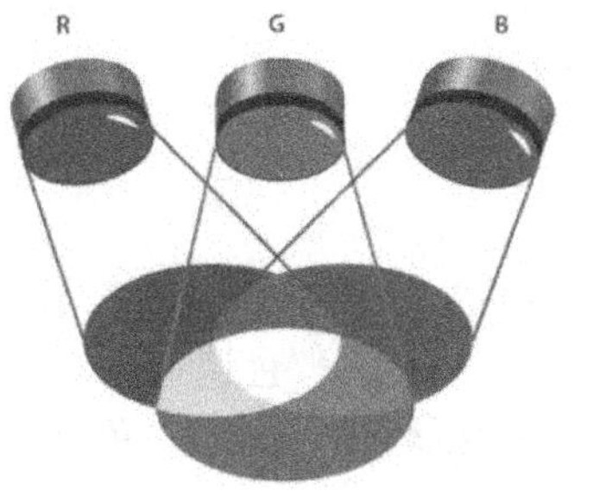

图 7-42 色光加色-RGB 颜色模式

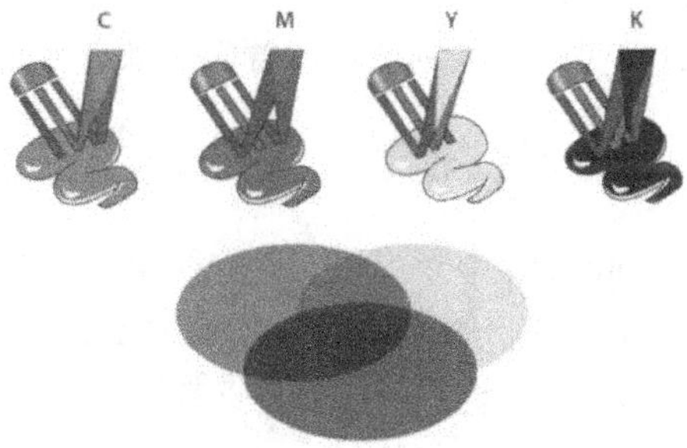

图 7-43 色料减色-CMYK 颜色模式

3）色相、饱和度、亮度

- “色相”是对颜色的外貌描述，在通常的使用中，色相由颜色名称标识，如红色、橙色或绿色，在 Photoshop 中使用范围为 0～360°的位置度量色相。
- “饱和度”是指颜色的强度或纯度（有时称为色度），同一色调的彩色光，饱和度越高颜色越鲜明。饱和度表示色相中灰色分量所占的比例，它使用范围为 0（灰色）～100%（完全饱和）的百分比来度量。在标准色轮上，饱和度从中心到边缘递增。
- “亮度”也被称为明度，是颜色的相对明暗程度，通常使用范围为 0（黑色）～100%（白色）的百分比来度量。

颜色按色相、饱和度和亮度 3 个量来描述的颜色模式称为 HSB 颜色模式，如图 7-44 所示，其中 H、S、B 分别指色相、饱和度、亮度。

4）色轮

为了表示各种颜色之间的相互关系，RGB 颜色模式、CMYK 颜色模式和 HSB 颜色模式之间颜色的对应关系，可以用色轮来进行说明，如图 7-45 所示，其中 R 表示红色，Y 表示黄色，G 表示绿色，C 表示青色，B 表示蓝色，M 表示洋红。

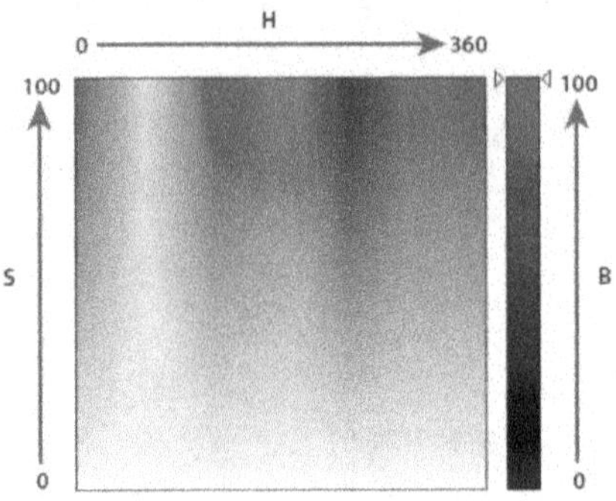

图 7-44　HSB 颜色模型

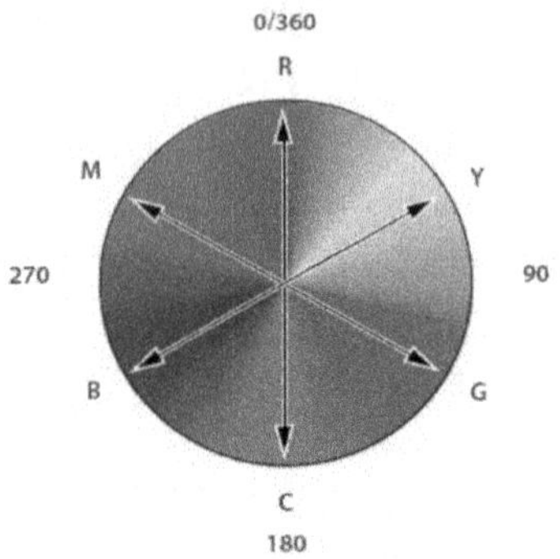

图 7-45　色轮

在标准色轮上，处于相对位置的两种颜色被称作互补色，也称为相反色，例如，R—C、G—M、B—Y。色轮中的每一种颜色均可由相邻的两种颜色等量混合生成，例如，等量的 R 与 G 混合得 Y、等量的 G 与 B 混合得 C、等量的 R 与 B 混合得 M、等量的 Y 与 C 混合得 G、等量的 C 与 M 混合得 B、等量的 M 与 Y 混合得 R。如果两种颜色中某一种颜色量较多，则混合色向量较多的一色靠近，例如，少量的 R 与 G 混合得偏黄色的橘色。当要增加某种饱和度颜色，即可以增加其两邻两种颜色的量，也可以通过减少其补色的量来实现，反之亦然。例如，在 CMYK 图像中，要减淡洋红（M），既可以通过减少洋红（M）的量，也可以增加其互补色——绿色（G）的量（即增加 C、Y 的量）；在 RGB 图像中，减少洋红（M）可以通过删除红色（R）和蓝色（B）也可以通过添加绿色（G）来实现。

由此可见，要控制色彩，首先应掌握有关的色彩理论，并熟悉色轮。

7.4.2　色彩调整命令

在 Photoshop 中专门用于调整图像色彩的命令有“自然饱和度”“色相/饱和度”“色彩平衡”“去色”“黑白”“照片滤镜”“通道混合器”“匹配颜色”“替换颜色”“色调均化”“变化”，此外还有色彩调整的辅助工具“吸管”和“信息”面板，以及具有色彩调整功能的“色阶”“曲线”命令等。

1）“信息”面板

在对图像进行色彩调整之前，可通过“信息”面板获取相关的色彩信息数据，判断图像当前色彩的情况，调整过程中可以依靠相应的色彩信息进行操作。选择“窗口”→“信息”命令可以调出“信息”面板，在图像中移动鼠标至测试点即可在“信息”面板上显示鼠标所在点的色彩信息，如图 7-46 所示。在“信息”面板功能菜单中选择“面板选项”命令调出“信息面板选项”对话框，可以对显示信息的相关选项进行设定，如图 7-47 所示。

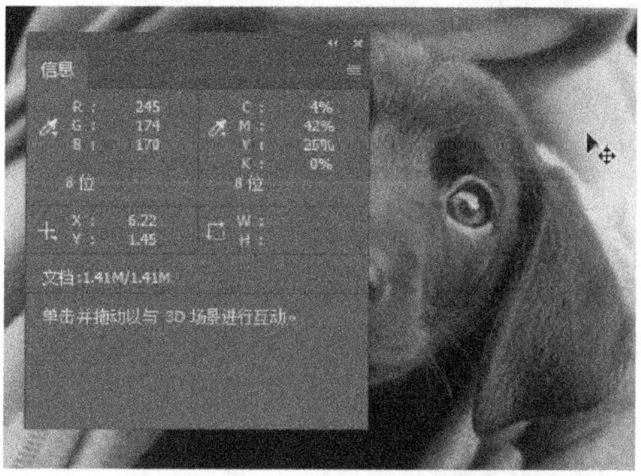

图 7-46　测试采样信息

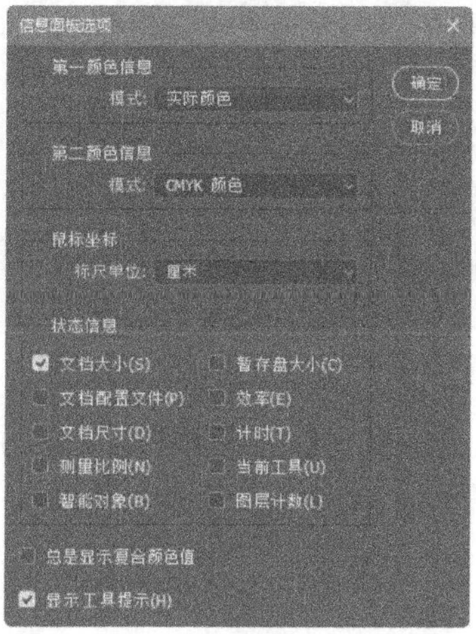

图 7-47　“信息面板选项”对话框

2）使用“色阶”命令和“曲线”命令调整色彩

“色阶”命令和“曲线”命令可以用于图像色调调整，同时它们也是一个十分重要的图像色彩调整工具。在“色阶”对话框和“曲线”对话框的通道选项中除了混合通道选项外，还有图像各个单色通道（R、G、B 或 C、M、Y、K 等），如果选择了某个单色通道，则调整的是某一种颜色。

3）“自然饱和度”命令

“自然饱和度”命令的作用是调整饱和度以便在颜色接近最大饱和度时最大限度地减少修剪，可以防止肤色过度饱和。选择“图像”→“调整”→“自然饱和度”命令，弹出如图 7-48 所示的“自然饱和度”对话框。在对话框中，自然饱和度滑块主要用于将不饱和的颜色增加饱和度并避免颜色修剪，而饱和度滑块是将相同的饱和度调整量用于所有的颜色（不考虑其当前饱和度）。

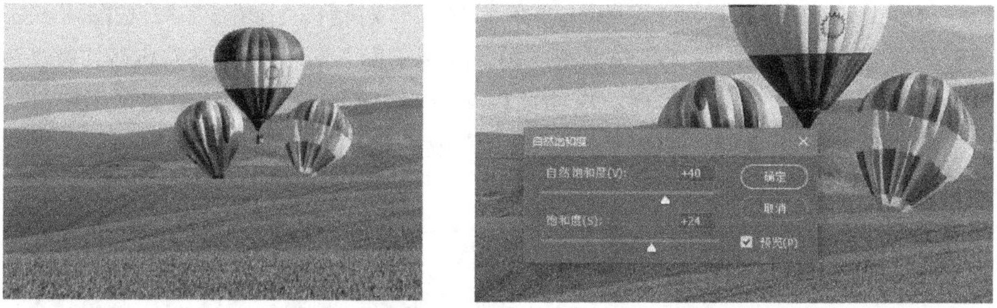

图 7-48　原图及“自然饱和度”对话框

4）“色相/饱和度”命令

使用“色相/饱和度”命令，可以调整图像中指定通道颜色的色相、饱和度和亮度，也可对图像中所有颜色进行调整。选择“图像”→“调整”→“色相/饱和度”命令（或按 Ctrl+U 组合键），弹出“色相/饱和度”对话框，如图 7-49 所示。在对话框中，有“调整范围”“色相”“饱和度”“明度”“着色”等几个主要调整选项，在“调整范围”选项内选择“全图”则色相、饱和度、明度的调整将影响全图所有颜色的色彩效果。

如图 7-50 所示，对图 7-48 中的图像应用“色相/饱和度”命令进行调整，在“色相/饱和度”对话框中调整范围选项内选择的是“红色”，因而调整是针对图像内的红色部分的。

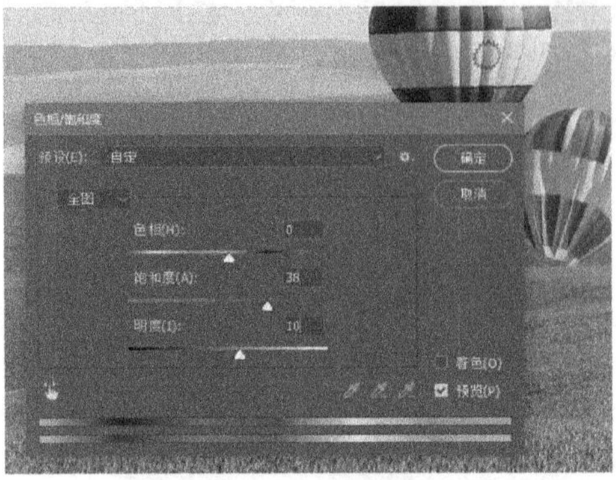

图 7-49 “色相/饱和度”对话框

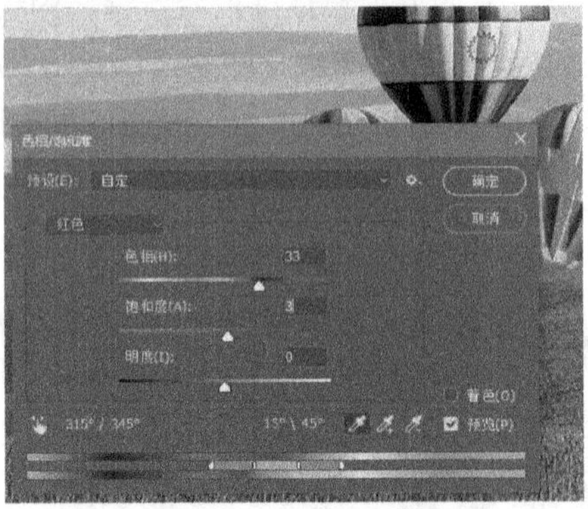

图 7-50 在“色相/饱和度”对话框中指定“红色”通道调整

“色相/饱和度”对话框中右下角的“着色”复选框，作用是设定对整幅图像进行单色处理。如图 7-51 所示，在勾选“着色”复选框后，对原素材图像做“色相/饱和度”调整。

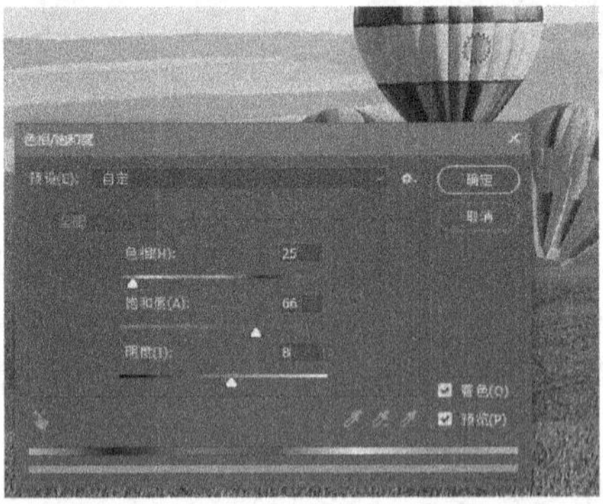

图 7-51 在“色相/饱和度”对话框中勾选“着色”复选框后调整相应参数

5）“色彩平衡”命令

使用“色彩平衡”命令能够对图像的不同阶调进行颜色调整，选择“图像”→“调整”→“色彩平衡”命令（或按 Ctrl+B 组合键），弹出“色彩平衡”对话框，如图 7-52 右图所示。

在“色彩平衡”对话框中，有“色彩平衡”和“色调平衡”两项主要调整内容。在“色彩平衡”中有 3 对颜色（补色）通过滑块来控制，增加某种颜色同时减少其补色；色调平衡中的选项用于设定色彩平衡的阶调区域，可选择“阴影”“中间调”或“高光”，勾选“保持明度”复选框可以防止图像的亮度值随颜色的调整而改变。

图 7-52 原图及“色彩平衡”对话框

在进行色彩平衡设置时可以针对一种颜色阶调，也可以分别针对不同阶调，而得到综合图像效果。在“色彩平衡”对话框中的“色调平衡”栏选择“高光”，并设置相应的色彩平衡参数，如图7-53所示。

图7-53　“色彩平衡”-调整高光

6）“去色”命令和“黑白”命令

使用“去色”命令和“黑白”命令都可以将图像转换为灰度图像（不改变图像色彩模式）。彩色图像执行“去色”命令（或按Shift+Ctrl+U组合键）可以直接转为灰度图像，如图7-54所示。

图7-54　使用“去色”命令将彩色图像转为灰度图像

使用“黑白”命令不仅可以调整图像灰度，还可以对图像进行单色着色。

选择“图像”→“调整”→“黑白”命令（或按Alt+Shift+Ctrl+B组合键），弹出“黑白”对话框。在“黑白”对话框中，有灰度调整和单色着色两项主要调整内容。灰度调整区内的6种颜色（红色、黄色、绿色、青色、蓝色、洋红）滑块可改变原彩色图像所对应颜色区域的灰度深浅，往左灰度变深，往右灰度变浅。勾选“色调”复选框，则可通过调整“色相”和“饱和度”两个滑块来给图像重新着色。图7-55所示为使用“黑白”命令进行单色着色设置。

图7-55　使用“黑白”命令进行单色着色设置

7）“照片滤镜”命令

使用“照片滤镜”命令将模仿使用相机在摄影时镜头前加彩色滤镜的效果，以改变图像曝光时的色温来控制图像的色彩效果。选择“图像”→“调整”→“照片滤镜”命令，弹出“照片滤镜”对话框。可以在“使用”栏选择“滤镜”以选择系统预设滤镜，或选择“颜色”设置不同的滤镜颜色。该对话框底部的“浓度”滑块用于控制照片滤镜命令效果的强弱，而勾选“保留明度”复选框则不会因为添加滤镜效果而影响图像的亮度。图 7-56 所示为使用“照片滤镜”命令调整图像。

图 7-56　使用“照片滤镜”命令调整图像

打开“照片滤镜”对话框，在“使用”栏选择“滤镜”，在后面的系统滤镜列表中根据需要选择一种适合的效果滤镜，即可为图像添加滤镜效果，如图 7-57 所示。

单击“颜色”右侧的色块图标，在弹出的“拾色器”对话框中选择构成滤镜的适合的颜色，从而形成一种滤镜效果，如图 7-58 所示。

图 7-57　选择系统预置滤镜

图 7-58　选择适合的颜色

8）“通道混合器”命令

使用“通道混合器”命令可以使用图像中现有（源）颜色通道的混合来修改目标（输出）颜色通道，在使用过程中，通过对源通道的调整来实现目标通道颜色数据的加减。通过对“通道混合器”

命令的应用，能够实现一些其他色彩命令实现不了的效果。

打开素材图像，如图 7-59 所示。选择“图像”→“调整”→“通道混合器”命令，弹出如图 7-60 所示的“通道混合器”对话框。在该对话框中，“输出通道”是指要修改的颜色通道，“源通道”是指要应用的通道，可以与输出通道相同也可不同，在“源通道”栏中有与编辑图像颜色模式对应的颜色通道参数，当前编辑素材为 RGB 模式，因而可以对红色、绿色、蓝色 3 种颜色进行调整。

图 7-59　素材图像

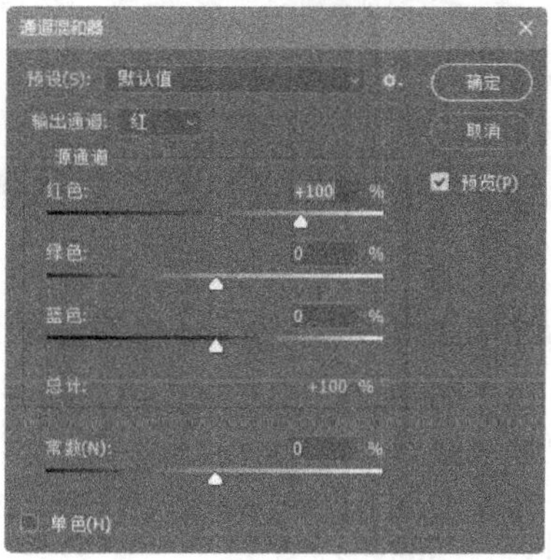

图 7-60　“通道混合器”对话框

图 7-59 中的背景偏黄色，要减少背景的黄色，可以通过两种方法来实现：直接减少黄色或增加黄色的补色——蓝色。因为该素材图像为 RGB 颜色模式，故通过蓝色通道来调整蓝色相对方便。但是在素材图像中，前景色中的鹦鹉是蓝色的，如果直接应用其他色彩调整工具来调整蓝色的话，背景颜色变化的同时前景色中的对象鹦鹉也会发生变化，但如果应用“通道混合器”命令来实现的话可以避开这一矛盾的情况。

打开“通道混合器”对话框，选择输出通道为“蓝”，在“源通道”栏中调整“红色”通道参数（因为素材图像中，鹦鹉对象的红色信息最少，故应用红色通道来调整图像的蓝色信息就可以解决上述矛盾），如图 7-61 所示。

图 7-61　“通道混合器”-设置“蓝”通道并调整“红色”通道参数

9）“匹配颜色”命令

使用“匹配颜色”命令可以将一幅图像（源图像）的颜色与另一幅图像（目标图像）中的颜色相匹配。当要实现不同照片中的颜色一致，或者一幅图像中的某些颜色必须与另一幅图像中的颜色匹配时，此命令非常有效。除了匹配两幅图像之间的颜色，“匹配颜色”命令还可以匹配同一幅图像中不同图层之间的颜色。

“匹配颜色”命令仅适用于 RGB 模式。首先打开目标图像，如图 7-62 所示，以及匹配色图像，如图 7-63 所示。

图 7-62　目标图像

图 7-63　用于匹配的源图像

选择“图像”→“调整”→“匹配颜色”命令，弹出“匹配颜色”对话框，如图 7-64 所示。在“匹配颜色”对话框中，“目标图像”栏显示目标图像的文件名，并可在“图像选项”栏中设置“明亮度”“颜色强度”“渐隐”等参数以设置图像的最终效果。

在“图像统计”栏中选择匹配“源”图像文件，在“图像选项”栏中设置相关参数，并勾选“中和”复选框，如图 7-65 所示。

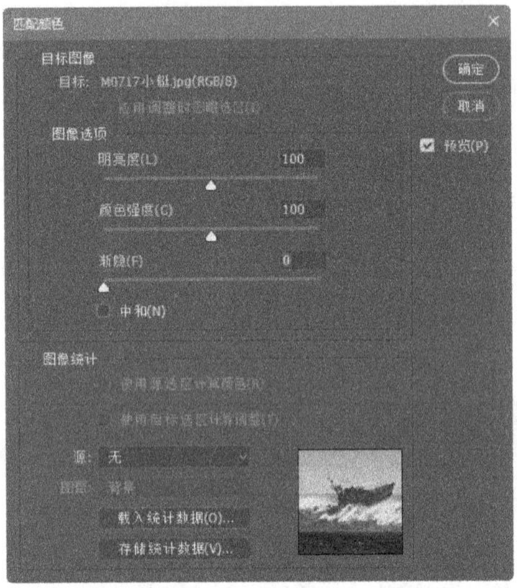

图 7-64　“匹配颜色”对话框

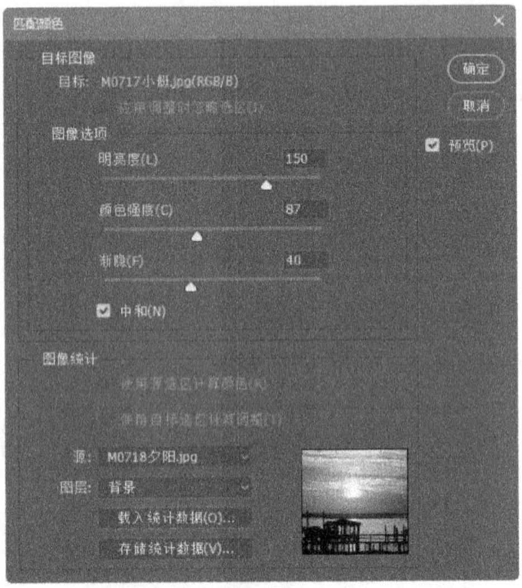

图 7-65　选择匹配“源”图像文件并设置相关参数

应用“匹配颜色”命令后的图像效果如图 7-66 所示。

图 7-66　应用“匹配颜色”命令后的图像效果

10）“替换颜色”命令

“替换颜色”命令是指将图像中的指定颜色替换为新颜色值。使用“替换颜色”命令，可以创建蒙版，来选择图像中的特定颜色，然后替换那些颜色。可以设置选定区域的色相、饱和度和亮度。或者可以使用“拾色器”对话框来替换颜色。应注意，由“替换颜色”命令创建的蒙版是临时性的。

打开图像文件，选择“图像”→“调整”→“替换颜色”命令，弹出“替换颜色”对话框，如图 7-67 所示，在对话框中可以通过吸管工具单击缩览图，以设定替换的颜色区域，在下部可以设置“色相”“饱和度”“明度”，以确定用于替换的目标颜色，也可以直接双击右侧的色块图标进入“拾色器”对话框进行颜色设置。替换后的效果如图 7-67 右图所示。

图 7-67　“替换颜色”对话框及替换前后效果

11）“色调均化”命令

“色调均化”命令用于重新分布图像中像素的亮度值，以便它们更均匀地呈现所有范围的亮度级。此命令将重新映射复合图像中的像素值，使最亮的值呈现为白色，最暗的值呈现为黑色，而中间的值则均匀地分布在整个灰度中。

使用“色调均化”命令可以在图像过暗或过亮时，通过平均值调整图像的整体亮度，在颜色对比强烈时可以使用“色调均化”命令来初步调整图像。

7.4.3　创造性色彩调整命令

Photoshop 中除了专门调整图像色彩的命令，还有一些命令可以设置特殊的色彩效果，如“反相”“色调分离”“阈值”“渐变映射”等。

1）“反相”命令

使用“反相”命令可以反转图像中的颜色，即得到原来颜色的补色，通道中每个像素的亮度值都会转换为 256 级颜色值刻度上相反的值。选择“图像”→“调整”→“反相”命令，就可以将图像的颜色反转。图 7-69 所示为对图 7-68 中的素材图像应用“反相”命令的效果。

图 7-68　素材图像

图 7-69　应用“反相”命令的效果

2）“色调分离”命令

使用“色调分离”命令，可以指定图像中每个通道的色调级（或亮度值）的数目，然后将像素映射为最接近的匹配级别。例如，在 RGB 图像中选取两个色调，色阶将产生 6 种颜色：两种红色、两种绿色，以及两种蓝色。在照片中创建特殊效果，如创建大的单调区域时，此调整非常有用。当应用于灰色图像中将减少灰阶级数，但它也会在彩色图像中产生有趣的效果。图 7-71 所示为对图 7-70 中的素材图像应用“色调分离”命令的效果，色阶参数设置为 6。

图 7-70　素材图像

图 7-71　应用“色调分离”命令的效果

3）“阈值”命令

使用“阈值”命令可以将灰度或彩色图像转换为高对比度的黑白二值图像，在默认状态下，阈值色阶为 128，所有比阈值亮的像素转换为白色，所有比阈值暗的像素转换为黑色。图 7-73 所示为对图 7-72 中的素材图像应用“阈值”命令的效果，阈值色阶参数设置为 90。

图 7-72　素材图像

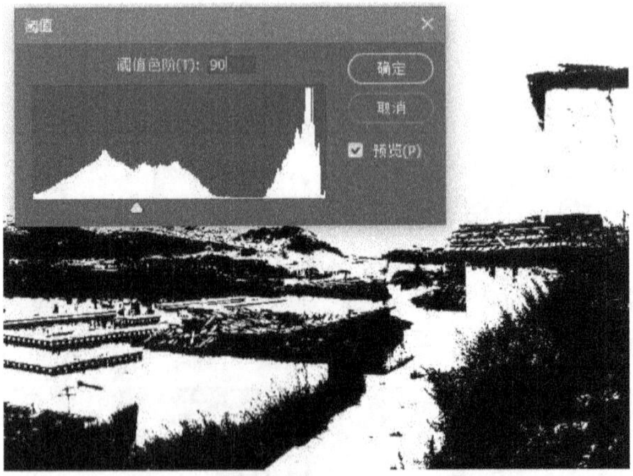

图 7-73　应用“阈值”命令的效果

4）“渐变映射”命令

使用“渐变映射”命令能将相等的图像灰度范围映射到指定的渐变填充色。指定的渐变填充色可以是单色渐变填充、双色渐变填充，以及彩色渐变填充。

打开素材图像，如图 7-74 所示。选择“图像”→“调整”→“渐变映射”命令，弹出“渐变映射”对话框，如图 7-75 所示。在“渐变映射”对话框中，单击渐变效果样本条将弹出“渐变编辑器”对话框，可选择相关的渐变样本。

图 7-74　素材图像

图 7-75　“渐变映射”对话框

5）“可选颜色”命令

“可选颜色”命令是高端扫描仪和分色程序使用的一种技术，它可以有选择地修改图像中主要颜色中的色彩，但不会影响其他主要颜色。正因为它的这一特点，在图像的色彩校正中，特别是局部色彩校正中经常被使用。此外，“可选颜色”命令对于 CMYK 模式的图像特别有效，因此笔者建议应用此命令前将图像的颜色模式转换为 CMYK 模式。选择“图像”→“调整”→“可选颜色”命令，弹出“可选颜色”对话框。在“可选颜色”对话框中，在“颜色”下拉列表中可选择一种要调整的颜色（有 9 种颜色可选：红色、黄色、绿色、青色、蓝色、洋红、白色、中性色、黑色）。然后可以通过配色滑块或输入值调整相应的配色参数，对于颜色的选择要遵循以下几条原则。

- 选择要改变的颜色中基本色最大的颜色。
- 选择对周边颜色或图像其他区域颜色影响小的颜色。
- 选择调色效率最高的颜色。
- 当 K 的值大于 85%时，可选黑色。
- 当 K 的值小于 10%时，可选白色。

在“方法”栏中可设置“相对”或“绝对”方式，选择“相对”选项表示调整颜色的量是相对原有量的值，其调整量一般较小；选择“绝对”选项表示调整颜色的量是一个绝对量，其调整量一般较大。

如图 7-76 所示的素材图像，花瓣中花蕊的颜色过黄，要增加红色变为橘红色。由于花蕊分散，不可能制作选区来进行颜色调整，因此可应用“可选颜色”命令来调整花蕊部分的颜色。花蕊以黄色调为主色调，故在“可选颜色”对话框中的“颜色”下拉列表中选择“黄色”作为调整对象，并相应调整了黄色和洋红的配色参数，如图 7-77 所示。

图 7-76　素材图像

图 7-77　应用“可选颜色”命令调整颜色的效果

本章小结

本章首先介绍了色调的调整，然后介绍了色彩的调整。在实际应用中，往往先调整图像的色调，再来调整图像的色彩，其主要原因是色调和色彩是相互影响的，但相对而言色彩的调整对色调影响较小，所以将色彩调整放到后面。在色调调整的过程中要充分利用直方图提供的信息，尽可能做到调整时心中有数、有的放矢。色彩调整在很大程度上要依靠设计者的经验，很多效果需要前后对比，因此经验总结是必要的。此外，在色调、色彩调整过程中要充分应用快照功能来进行前后的对比，从而提高工作效率。

实例之窗

实例 7-05　人物照片

利用颜色调整命令对一幅人物照片进行处理。

操作说明如下。

打开人物照片，观察图像的直方图（选择“窗口”→“直方图”命令），如图 7-78 所示。从直方图可以看出图像的阶调分布均匀，再观察图像，图中主角（小孩）的肤色由于阳光照射偏黄，可以调整得更加红润，如图 7-79 所示。

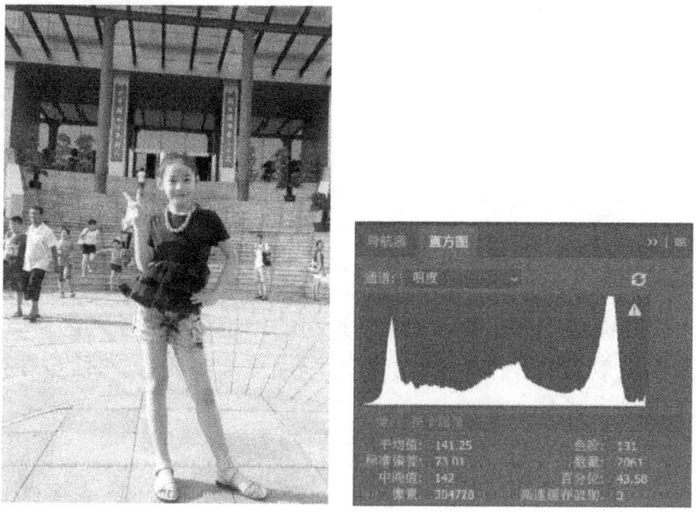

图 7-78　人物照片及直方图

图 7-79　调整后的效果

依据上述分析，按 Ctrl+M 组合键打开“曲线”对话框，在“曲线”对话框中调整曲线参数，如图 7-80 所示。这时图像整体亮度得到改善。

选择“图像”→“调整”→“可选颜色”命令，打开“可选颜色”对话框，在“颜色”下拉列表中选择“黄色”，其他参数设置如图 7-81 所示。至此达到调整效果。

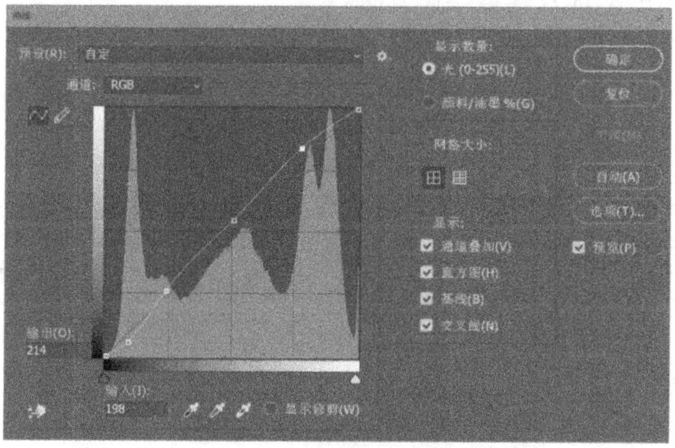

图 7-80　调整“曲线”参数

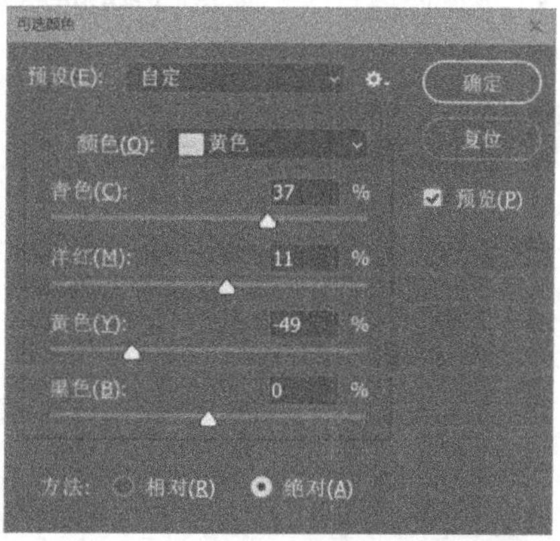

图 7-81　在“可选颜色”对话框中设置参数

第8章

通道与蒙版

通道与蒙版是 Photoshop 中的一个重要编辑工具，熟悉蒙版和通道的使用，可以使选区和局部图像的编辑更为便捷，也可以实现复杂图形效果的存储和调用，还可以用更加多变、灵活的方式来编辑图像。本章介绍通道和蒙版的基本概念和操作方法。

本章要点

- 蒙版的基本概念。
- 快速蒙版的使用方法。
- 图层蒙版、矢量蒙版和剪贴蒙版的使用方法。
- 通道的基本概念。
- 颜色通道、专色通道和 Alpha 选区通道的原理及基本操作方法。

8.1 认识通道与蒙版

图像合成是 Photoshop 中非常重要的一个功能，可以通过多种方式设置蒙版，来利用蒙版方法实现复杂图像的合成，在图像之间产生比较自然的过渡效果。

实例 8-01 日出

在 Photoshop 中分别打开两张素材图片，如图 8-1 所示。

图 8-1 素材图片

将图 8-1 中左图的素材图片放在右图所在文件窗口中，自动在编辑文件中生成“图层 1”。单击“图层 1”图层标签，调整素材图片的大小和位置，如图 8-2 所示。

单击“图层 1”图层标签，然后单击“图层”面板上的“■”（添加蒙版）图标，为当前图层添加图层蒙版，即在当前图层标签上出现图层蒙版缩览图，如图 8-3 所示。

图 8-2 调整图片素材的大小和位置

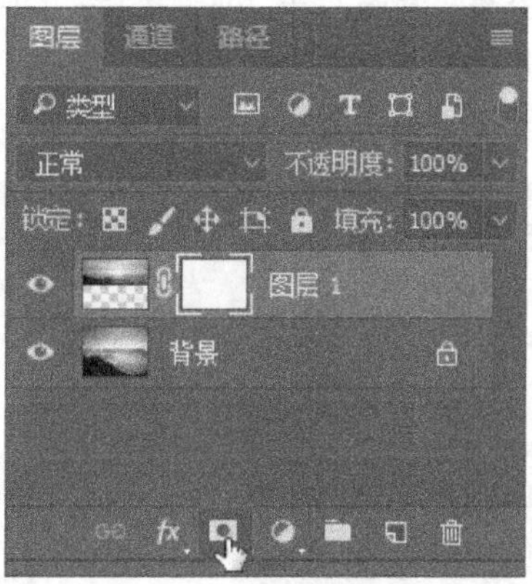

图 8-3 添加图层蒙版

单击“渐变工具”图标，在工具选项栏左侧单击“ ”（线性渐变）图标，并选择预设渐变为“黑，白渐变”，如图 8-4 所示。

单击“图层 1”中的图层蒙版缩览图，在文件编辑区自下而上拖动，设置渐变蒙版效果，使两张图片形成自然融合的画面，如图 8-5 所示。

图 8-4 设置渐变方式

图 8-5 针对蒙版设置渐变使图片形成自然融合的画面

选择“通道”面板，单击“通道”面板底部的“ ”（创建新通道）图标，创建一个“Alpha 1”通道。这个过程是利用通道编辑创建选区。

单击“画笔工具”图标，在工具选项栏左侧选择预设笔尖，选择一种“湿介质画笔”，适当设置画笔笔尖大小，设置当前前景色为白色，在“Alpha 1”通道绘制水墨效果，如图 8-6 所示。

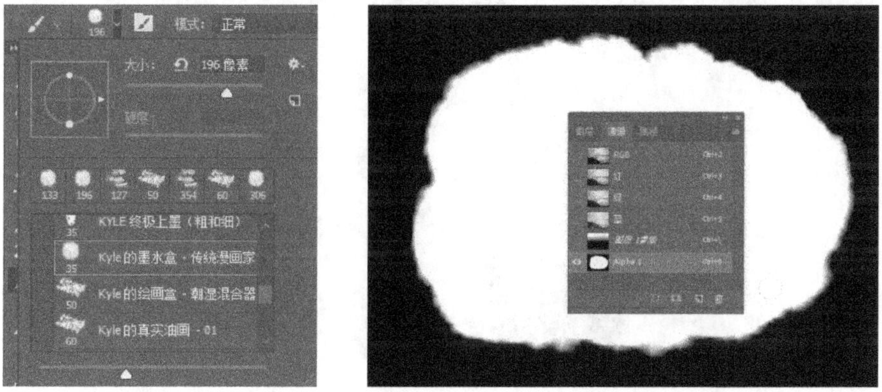

图 8-6 使用湿介质画笔绘制水墨效果

单击“Alpha 1”通道，选择“滤镜”→“杂色”→“添加杂色”命令，打开“添加杂色”对话框，设置“数量”为 40%，勾选“平均分布”单选按钮，如图 8-7 所示。

选择“滤镜”→“滤镜库”→“画笔描边”→“成角的线条”命令，打开“成角的线条”对话框设置“方向平衡”参数为 70，“描边长度”参数为 15，“锐化程度”参数为 3，如图 8-8 所示。

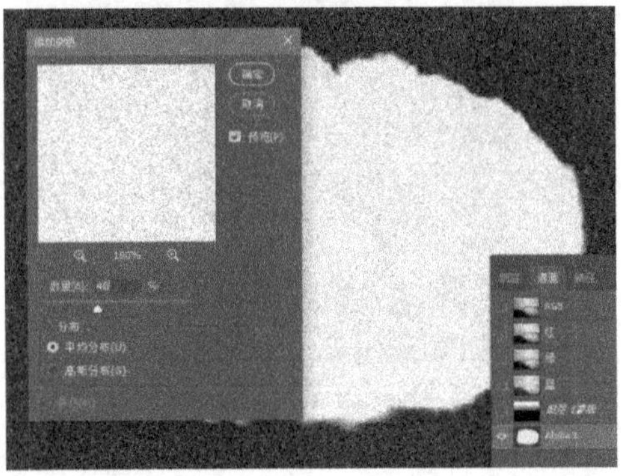

图 8-7　在“添加杂色”对话框设置相应参数

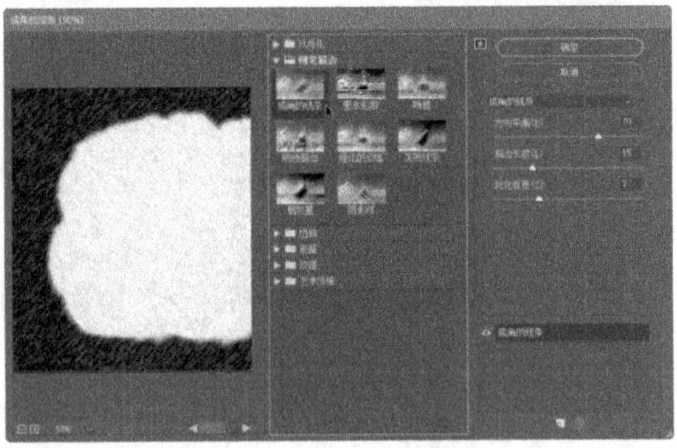

图 8-8　设置画笔描边参数

在“通道”面板单击“RGB”通道，回到“图层”面板，在顶层新建“图层 2”。选择“选择”→“载入选区”命令，并选择通道为“Alpha 1”通道，如图 8-9 所示。

图 8-9　载入选区

选择“选择”→“反选”命令（或按 Ctrl+Shift+I 组合键），设置前景色为白色，按 Alt +Delete 组合键填充前景色，按 Ctrl+D 组合键取消选区，最终效果如图 8-10 所示。

图 8-10　最终效果

8.2　通道的概述

通道的主要功能就是保存图像的颜色信息，在 Photoshop 中，系统默认采用特殊灰度通道存储图像的颜色。通道的另一个重要功能是存储图像中的选区信息，当图像中有选区时，Photoshop 的所有操作仅对选区起作用，非选区就被保护起来，好像蒙上一张保护膜，所以存储选区信息也可理解为记录蒙版信息。这类信息在“通道”面板里只能存储在 Alpha 通道里，且 Alpha 通道只能以灰度显示。

通过“通道”面板可以反映图像的通道构成和编辑过程。一幅图像通常包括 3 种通道：颜色通道、Alpha 通道、专色通道。其中，颜色通道是图像的固有色彩信息，而另两种则是因图像编辑产生的通道。图像文件最多可包含 56 种通道。所有的新通道都具有与原图像相同的尺寸和像素数目。

图像的颜色通道一定位于顶端，是不能随意移动的。而其他通道可以根据编辑需要进行移动，如同图层的调整一样。

1）颜色通道

在 Photoshop 中打开的任何一幅图像都会包含相应的颜色通道，它反映了图像本身的颜色构成，由若干种原色通道和复合通道组成，其中原色通道的数目取决于图像的颜色模式。

如图 8-11 所示的素材图像在 RGB 模式下，其颜色由红（R）、绿（G）、蓝（B）三原色组成，在“通道”面板中分别对应红（R）、绿（G）、蓝（B）3 种原色通道，以及一种 RGB 复合通道，其通道构成如图 8-12 所示。如果图像为 CMYK 模式，则在“通道”面板中包含青色（C）、洋红（M）、黄色（Y）、黑色（K）4 种原色通道及 1 种 CMYK 复合通道，其通道构成如图 8-13 所示。

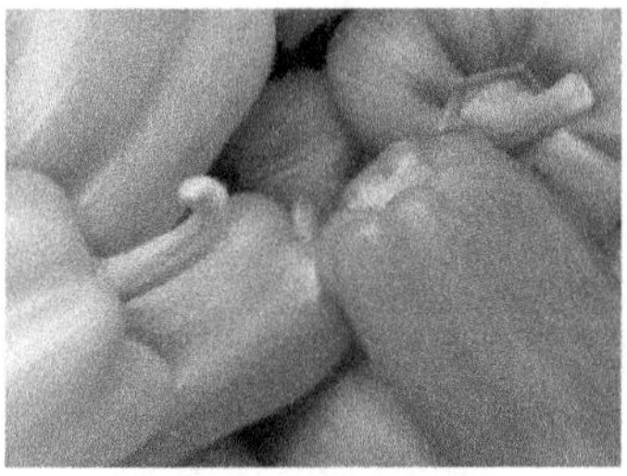

图 8-11　素材图像

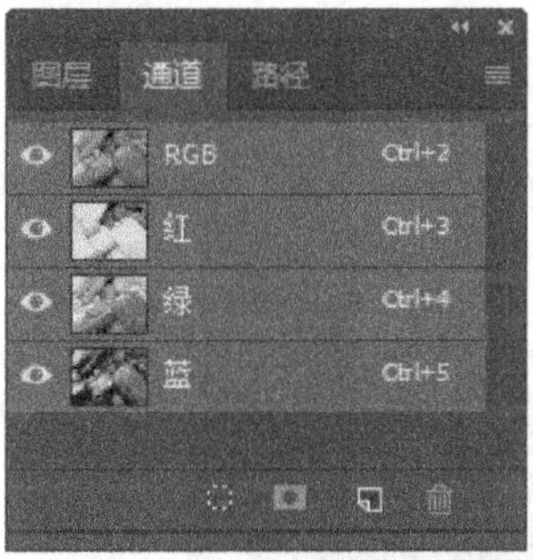

图 8-12　RGB 模式颜色通道构成

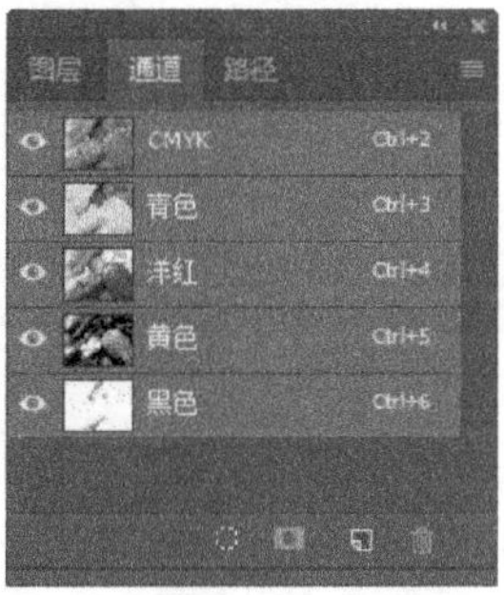

图 8-13　CMYK 模式颜色通道构成

2）专色通道

专色通道用于描述图像的专用色信息，彩色印刷品是通过黄、洋红、青、黑 4 种原色印制而成的，但由于印刷油墨本身存在一定的颜色偏差，印刷品在再现一些纯色时会出现很大的误差，为了更好地再现印刷品中的纯色信息、减少颜色误差，或为了在印刷品上实现某些特殊变化，会在印刷 4 种原色之外加印其他专制颜色，即专色。创建专色通道，用于记录这些特殊油墨的信息，指定用于专色油墨印刷的附加印版，当对一幅含有专色通道的图像进行打印时，专色通道会作为一个单独的页被打印出来。

如果要印刷带有专色的图像，则需要创建存储这些颜色的专色通道。可以创建新的专色通道或将现有 Alpha 通道转换为专色通道。

3）Alpha 通道

Alpha 通道是一幅 8 位的灰度图像，它主要用于创建、编辑和保存选区和蒙版，并不直接影响图像的颜色，可以用来处理、隔离和保护图像的特定部分。

当创建了一个选区后，选择“选择”→“存储选区”命令，并不需要进行重命名，系统会默认将当前选区自动保存为“Alpha1”通道，如图 8-14 所示。当然也可以为其重命名，在 Alpha 通道里还可以对选区进行进一步编辑，也可以直接通过通道创建选区。

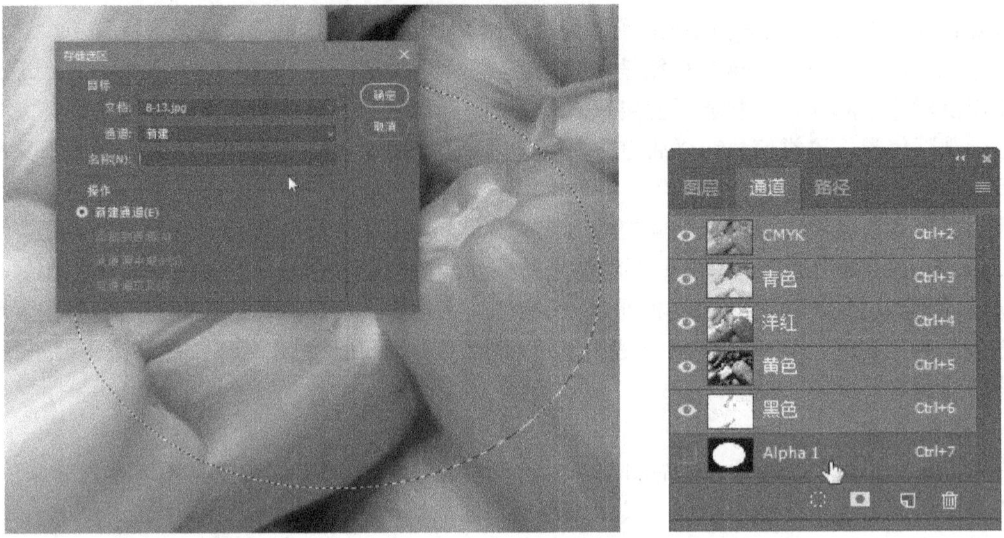

图 8-14　创建选区并自动保存为“Alpha 1”通道

8.3　通道的操作

8.3.1　“通道”面板

在默认情况下，“通道”面板与“图层”面板、“路径”面板在同一面板组中，“通道”面板如图 8-15 所示。

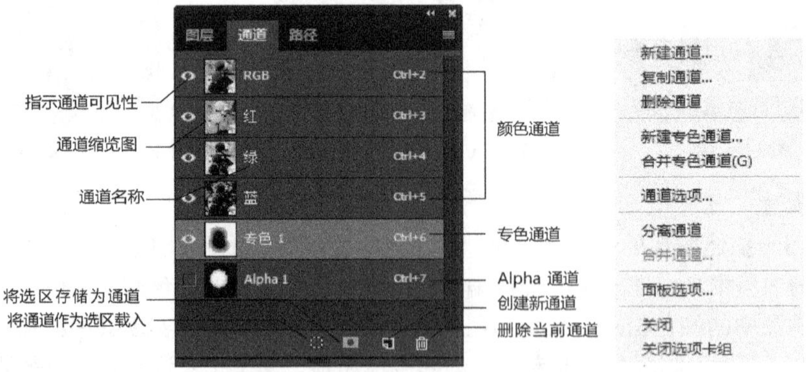

图 8-15　“通道”面板及功能菜单

“通道”面板列出图像中的所有颜色通道，包括复合通道和原色通道的颜色通道，其默认排列顺序是不能改变的。而位图、灰度、双色调和索引颜色图像则只有一个颜色通道。

“通道”面板中各通道标签包括缩览图和通道名称等内容，缩览图显示通道的图像及色彩信息，在编辑通道时会自动更新缩览图。

对于通道的操作可以通过右击当前通道使用快捷菜单、单击“通道”面板底部的功能图标，以及单击“通道”面板右上角的功能菜单“☰”图标，在弹出的如图 8-15 右图所示的功能菜单中选择相应的选项等方式。在“通道”面板功能菜单中还包括其他关于通道的操作选项。

8.3.2　建立通道

新建的通道只能是 Alpha 通道或专色通道，不能创建图像的原色通道。

1）建立 Alpha 通道

存储和编辑图像中的选区是通道的重要作用，这类信息在“通道”面板里只能存储在 Alpha 通道中，Alpha 通道是一个 8 位的灰度通道，该通道用 256 级灰度来记录图像中的选区信息。在系统默认情况下，Alpha 通道中白色部分为选区，黑色部分为被蒙版区域，灰色部分为半透明区域。它的这一特点经常被应用于蒙版的制作中，在几幅图像之间可以做出比较自然的过渡效果。

另外，Alpha 通道还可以被作为灰度图像通道进行各种效果处理，最后应用于图层，会得到非常特殊的效果，它的这一特点在制作艺术字时经常被使用。

建立 Alpha 通道的操作是创建图像的一个或多个区域的过程，可以通过多种途径建立 Alpha 通道。

（1）存储选区建立通道。

如果当前文件编辑区有选区，存储当前选区即建立一个通道，可选择“选择”→“存储选区”命令，会弹出如图 8-16 所示的“存储选区”对话框，在“存储选区”对话框中设定相关选项后，单击“确定”按钮即可完成新通道的建立。也可以直接单击“通道”面板底部的“ ”（将选区存储为通道）图标，可以将选区直接保存成通道而不弹出对话框，并按照系统默认方式命名。

在“存储选区”对话框中，可以在“目标”栏中设置通道保存的目标和通道名称。在“文档”下拉列表中可选择要求建立通道的文档，可选择当前文档的名称或“新建”，如果选择“新建”将自动生成一个新文档保存选区通道，否则该选区存储在该文档的通道内。系统默认为当前文档。

在“通道”下拉列表中可选择“新建”或“Alpha 1”及其他已有通道，选择“新建”，则下面的“名称”文本框被激活，可以输入自定义通道名称，否则采用系统默认名称，如“Alpha 1”“Alpha 2”等，也可以在下面的“名称”后直接输入新的名称作为通道名称。

若当前文档中已经有其他 Alpha 通道，也可以选择其他通道。但应在“操作”栏设定相应的选区合成方式。

（2）使用“通道”面板功能菜单。

单击“通道”面板右上角的功能菜单，选择“新建通道”命令，将弹出如图 8-17 所示的“新建通道”对话框，设置各选项后单击“确定”按钮，即可新建一个通道。

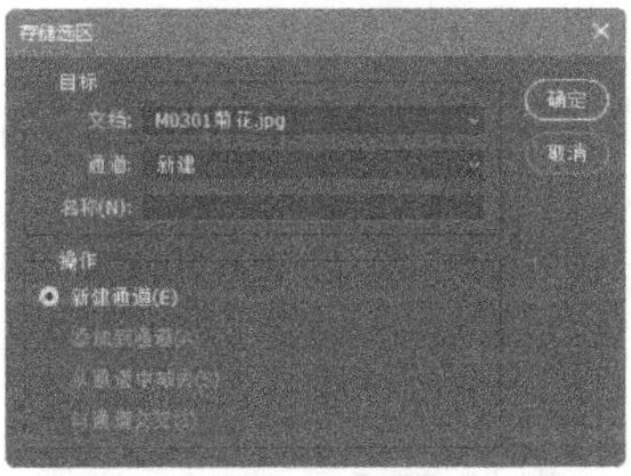

图 8-16　“存储选区”对话框

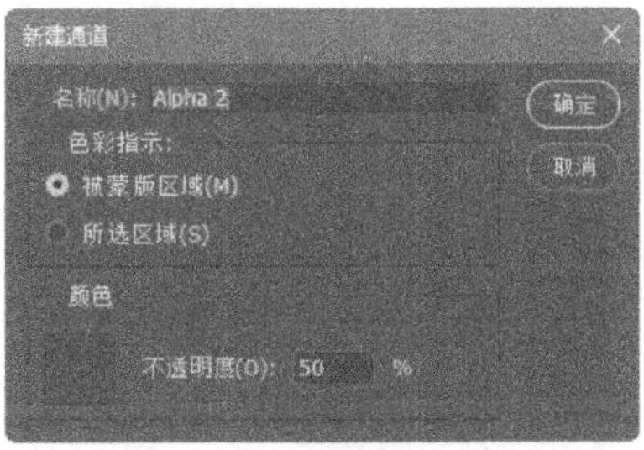

图 8-17　“新建通道”对话框

“新建通道”对话框中的选项用于设定通道的基本编辑属性。

- “名称”文本框可输入新建的通道的名称，默认为“Alpha 1”“Alpha 2”等。
- “色彩指示”栏用来设定通道显示颜色的方式。通道中以白色和黑色区分所选区域，即蒙版，在此栏中勾选“被蒙版区域”，则创建的 Alpha 通道是黑色的蒙版，白色的区域为选区；勾选“所选区域”，与其相反，是指创建的 Alpha 通道是白色的蒙版，黑色的区域为选区。
- “颜色”栏用来设定蒙版的颜色和透明度。这里蒙版颜色的设定是用来方便辨认蒙版上选取范围和非选取范围之间的区别的，对图像的颜色没有影响。

（3）使用“通道”面板底部的“”（创建新通道）图标。

单击“”图标建立新通道，系统会按照默认的通道编辑属性直接创建一个 Alpha 1 通道，可以使用绘画工具在当前通道界面编辑，白色的部分将形成选区。如果需要重新编辑当前通道的编辑属性，可在“通道”面板功能菜单中选择“通道选项”命令。

2）创建专色通道

（1）创建新的专色通道。

创建专色通道时，如果需要对图像局部区域设定专色，可先设置相应的选区。单击“通道”面板右上角的功能菜单，选择“新建专色通道”命令，弹出如图 8-18 所示的“新建专色通道”对话框。如果预设了相关选区，则该区域由当前指定的专色填充。

在“新建专色通道”对话框中设置通道名称，并设置相应的油墨特性，单击“颜色”框并选取油墨颜色，在“密度”文本框中输入专色通道颜色的密度，其范围为 0～100%，密度值为 100%时，模拟完全覆盖下层油墨的油墨（如金属质感油墨）；密度值为 0 时，则模拟完全显示下层油墨的透明油墨（如透明光油）。

（2）将已有通道改为专色通道。

选择已有 Alpha 通道，单击“通道”面板右上角的功能菜单，选择“通道选项”命令，将弹出如图 8-19 所示的“通道选项”对话框。可以看出，该对话框的内容与如图 8-17 所示的“新建通道”对话框基本一致，只是“色彩指示”多了“专色”一项，勾选该选项，其他选项的设置与前述相同，单击“确定”按钮，就可以把当前通道转换为专色通道。

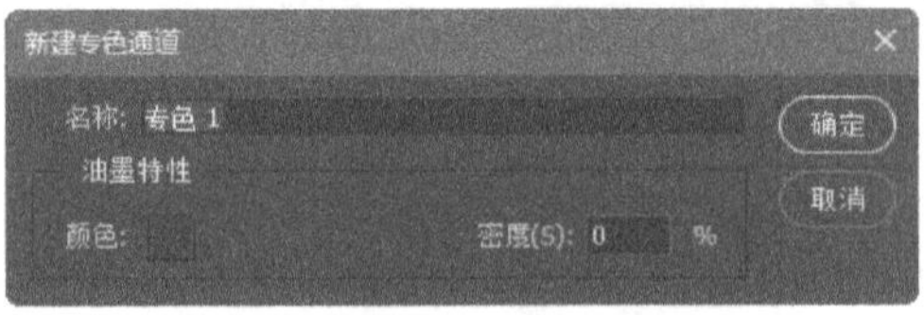

图 8-18　“新建专色通道”对话框

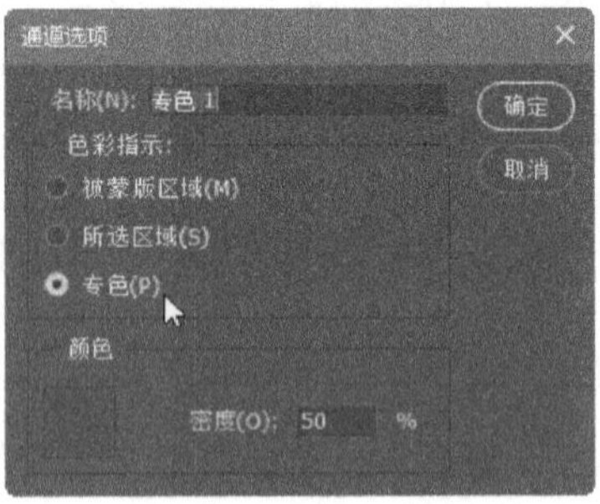

图 8-19　“通道选项”对话框

在处理专色时，要注意以下事项。

- 对于具有锐边并挖空下层图像的专色图形，要考虑在页面排版或图形应用程序中创建附加图像。
- 要将专色作为色调应用于整幅图像，应将图像转换为“双色调”模式，并在其中一个双色调印版上应用专色。最多可使用 4 种专色，每个印版使用 1 种。
- 将专色名称打印在分色片上。
- 在完全复合的图像顶部压印专色。每种专色按照在“通道”面板中显示的顺序进行打印，最上面的通道作为最上面的专色进行打印。
- 除非在多通道模式下，否则不能在“通道”面板中将专色通道移动到默认通道的上面。
- 不能将专色应用到单个图层。
- 在使用复合彩色打印机打印带有专色通道的图像时，将按照“密度”设置指示的不透明度打印专色。
- 可以将颜色通道与专色通道合并，将专色分离成颜色通道的成分。

8.3.3　编辑通道

1）复制通道

可以根据通道编辑的需要，复制“通道”面板中的指定通道为相应通道副本，但不能复制 RGB 或 CMYK 等彩色图像的复合通道。

复制通道可在“通道”面板中选中通道后，选择“通道”面板右上角的功能菜单中的“复制通道”命令，将弹出如图 8-20 所示的“复制通道”对话框，按照需要修改各参数后，单击“确定”按钮，即可复制通道。

在“复制通道”对话框中，“复制”栏列出的是所复制通道的名称，如“绿”。而在“为”文本框中可输入复制后新通道的名称。系统默认为“原通道名 拷贝”，如“绿 拷贝”。

在“目标”栏中，“文档”用来选择复制后的通道副本所要存储的目标图像文件，一般默认为当前打开的图像文件；若选择“新建”，则下面的“名称”文本框被激活，可输入新文件的名称，确认复制后将产生一个仅包含所复制通道的新文件。若勾选“反相”复选框，复制后的通道副本的颜色会以相反的色相显示。也可以直接拖动当前通道到“通道”面板底部的“”（创建新通道）图标实现复制通道，将以系统默认方式命名。

可以把通道直接拖到当前打开的其他图像文件，以实现不同图像文件的通道复制，但必须要求通道（图像文件）具有相同的像素尺寸。但是不能将通道复制到位图模式的图像中。

2）删除通道

删除不需要的通道，可选中该通道并右击，在弹出的快捷菜单中选择“删除通道”命令。或者将需要删除的通道拖动到“通道”面板底部的“”（删除当前通道）图标，也可以选择“通道”面板右上角的功能菜单中的“删除通道”命令。

注意删除颜色通道会将图像转换为多通道模式，图像的总体色彩就由其他颜色通道混合产生。例如，将如图 8-11 所示的素材图像的红色通道删除，原图像的复合通道消失，绿色通道自动变为洋红通道，蓝色通道自动变为黄色通道，图像的颜色变为由洋红与黄色通道混合后的效果，如图 8-21 所示。

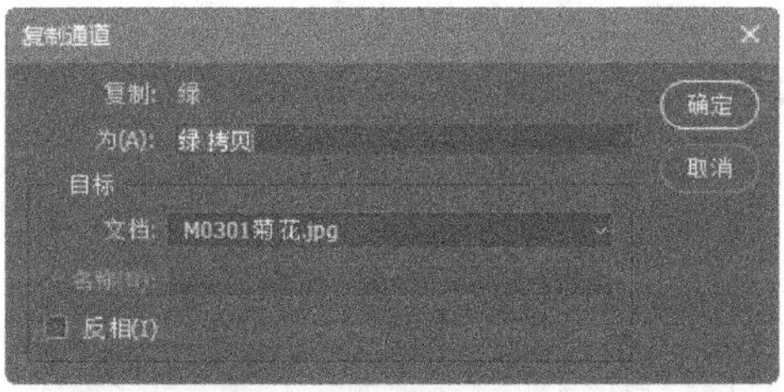

图 8-20　“复制通道”对话框

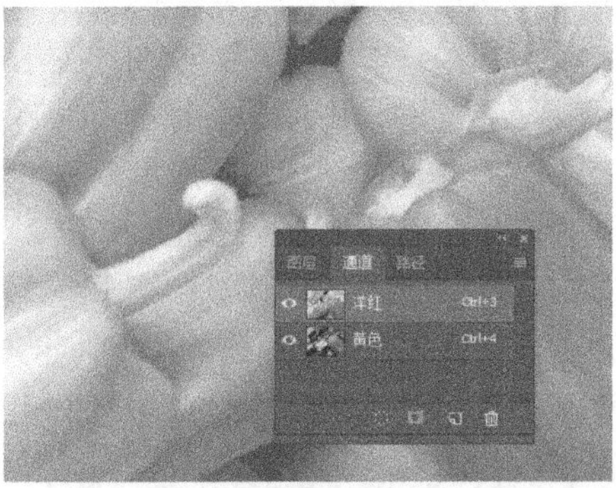

图 8-21　删除红色通道对图像色彩的影响

由于 Alpha 通道主要存储选区信息，只在编辑选区信息时才显示该通道，故其不参与图像总的颜色混合。即便删除 Alpha 通道，也不会引起图像颜色的变化。

3）通道的分离

分离通道可以把一幅图像的每个通道分别拆分为独立的图像文件，即把 RGB 模式的图像分离成 R、G、B 3 幅单色图像，同样可以将 CMYK 模式图像分离成 C、M、Y、K 4 幅单色图像。对分离出来的图像文件可以单独进行编辑和保存，也可以在单独编辑后再将它们合并在一起。在印刷行业中，将 CMYK 图像分离成 4 个单色胶片，是印刷制版工艺中常用的出分色片技术。

分离通道的操作方法是从“通道”面板右上角的功能菜单中选择“分离通道”命令，如图 8-22 所示。执行分离通道后，图像就分离出 3 个单独的图像文件并以独立的窗口显示，而且它们都变为了独立的灰度图像文件，如图 8-23 所示。

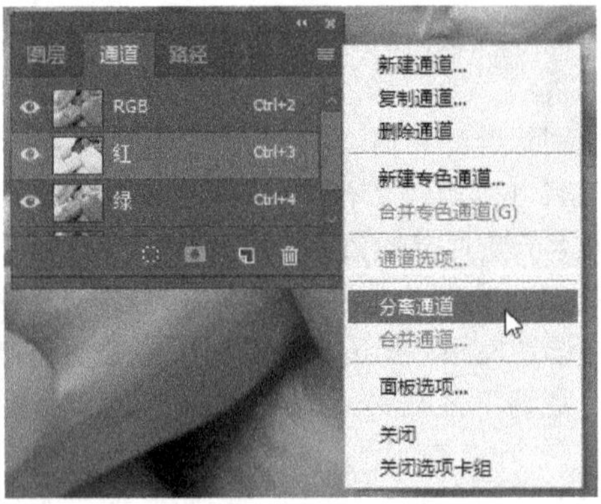

图 8-22　分离通道

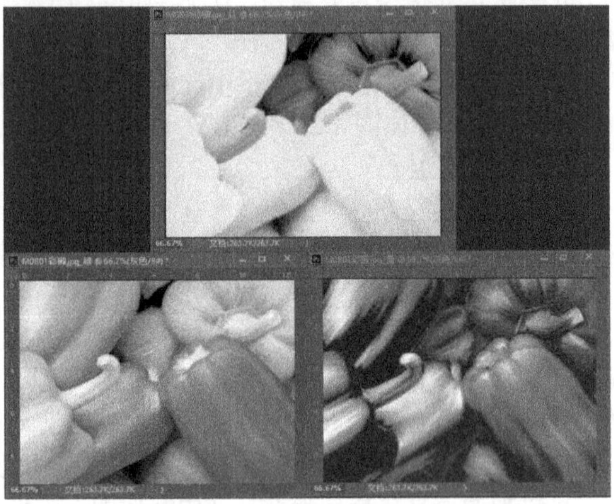

图 8-23　分离通道后原图变为独立的灰度图像文件

4）合并通道

合并通道是分离通道的反向操作，可以将多幅灰度图像合并为一个图像通道。要合并的图像必须是处于灰度模式的，并且已被拼合图层，且具有相同的像素尺寸，所有用于合并的图像文件必须处于打开状态。已打开的灰度图像的数量决定了合并通道时可用的颜色模式。例如，如果打开了 3 幅图像，可以将它们合并为一幅 RGB 图像；如果打开了 4 幅图像，则可以将它们合并为一幅 CMYK 图像。

合并通道的操作如下。

- 打开包含要合并通道的灰度图像，为了使“合并通道”选项可用，必须打开多幅图像。
- 从“通道”面板功能菜单中选择“合并通道”命令，弹出“合并通道”对话框，如图 8-24 所示。按照需要选择要创建的颜色模式，在“通道”文本框中输入一个通道数值，如果输入的通道数量与选中模式不兼容，则将自动选中多通道模式，这将创建一个具有两个或多个通道的多通道图像，设置完成后单击“确定”按钮，将弹出具体通道设置对话框。

指定具体的通道文件。比如选择合并为“RGB 颜色模式”，系统将弹出如图 8-25 所示的“合并 RGB 通道”对话框。在该对话框中，“指定通道”栏下指定“红色”“绿色”“蓝色”下拉列表的文件名，默认状态下是原图分离出的单色图像文件名。设置完成后单击“确定”按钮。

图 8-24　“合并通道”对话框

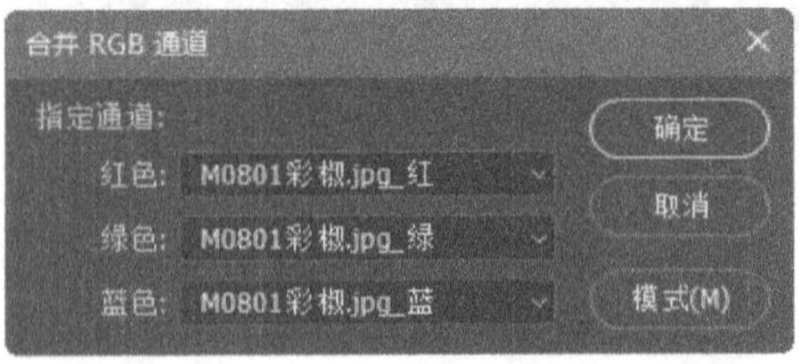

图 8-25　“合并 RGB 通道”对话框

多通道图像的所有通道都是 Alpha 通道或专色通道。

在有些情况下，为了让合并出的图像能够产生比较奇特的色彩效果，在进行合并时可以调换通道顺序，从而创造出奇特的色彩效果。

8.3.4 Alpha 通道的编辑

1）载入 Alpha 通道

“载入选区”是“存储选区”的反操作，即将保存在 Alpha 通道里的选区信息加载到当前编辑的图像中。通常有以下 3 种操作方式。

（1）使用系统菜单命令。

选择“选择”→“载入选区”命令，即弹出“载入选区”对话框，按要求设置相关参数后，单击“确定”按钮载入选区。

（2）使用“通道”面板底部的快捷图标。

首先在“通道”面板里选择相应 Alpha 通道，然后单击“通道”面板底部“▒”（将通道作为选区载入）图标，无论当前窗口里有无选区，都会以“新建”方式载入选区。

（3）使用快捷键。

在“通道”面板中按 Ctrl 键，将鼠标移至相关通道的缩览图上，鼠标指针变为小手并添加了一个小正方形选区形状，单击通道的缩览图，即可将该通道中的选区直接载入文件编辑区，同样是以“新建”方式载入。此方法也适用于单击“通道”面板里的原色通道，可将该通道的灰度等级作为选区范围载入。

提 示 按住 Ctrl 键不松，单击有选区信息的 Alpha 通道，则该通道中的选区自动载入当前编辑的图像中。如果当前窗口里已有选区，将用 Alpha 通道的选区替换原有选区。如果同时按住 Ctrl+Shift 组合键不放，单击某一通道，可以将通道选区与画面中的选区相加；如果同时按住 Ctrl+Alt 组合键，再单击某一通道，则可实现通道选区与画面选区相减；如果同时按住 Ctrl+Shift+Alt 组合键，再单击某一通道，可得到通道选区与画面选区的交集。

2）Alpha 通道的修改

在默认状态下（被蒙版区域设置为黑色），可使用绘画或编辑工具在图像中涂绘。用白色涂绘可扩大选中区域，用黑色涂绘可减少选中区域，用灰色涂绘可修改选中区域的羽化值。

在对 Alpha 通道进行修改时，如果同时选择某一原色通道或复合通道，可以把图像完全显示出来，同时在图像上面覆盖了一层半透明彩色区域（代表 Alpha 通道）。在这种状态下既能把图像完全显示出来，又能把通道的状态显示出来，有利于 Alpha 通道的修改。

8.4 图像混合计算

图像混合计算可以使用与图层关联的混合效果，将一幅或多幅图像中的通道和图层进行混合计算，从而实现特殊效果的编辑，包括“应用图像”和“计算”命令。

8.4.1 应用图像

应用图像是将一幅图像的图层和通道（源）与现用图像（目标）的图层和通道进行混合。在使用“应用图像”命令时应注意，源图像和目标图像文件的像素尺寸必须相同。

实例 8-02 应用图像

打开素材图像，如图 8-26 所示。调整图像，使两幅图像的像素尺寸和颜色模式相同。将两幅图像放到同一个文件编辑区。

图 8-26　素材图像

将“图层 1”作为被混合的目标对象，选择“图像”→“应用图像”命令，弹出“应用图像”对话框，设置“图层”选项为“背景”，即参与混合的图层，设置“混合”模式为“正片叠底”，如图 8-27 所示，单击“确定”按钮。

最终效果如图 8-28 所示。

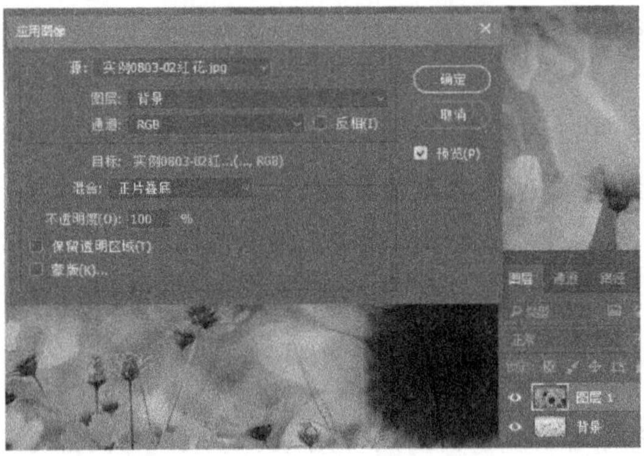

图 8-27　设置“应用图像”参数

图 8-28　“应用图像”的最终效果

8.4.2　计算

“计算”命令用于混合两个来自一幅或多幅源图像的单个通道。然后可以将结果应用到新图像、新通道，或现用图像的选区。“计算”命令与“应用图像”命令类似，区别在于，“计算”命令可以将混合后的结果保存为一个新的图像文件或一个新通道。

实例 8-03　“计算”编辑实例

在 Photoshop 中打开两个像素大小和分辨率相同的图像文件“M08-008 绿”和“M08-009 红花”，如图 8-29 所示。

图 8-29　两个像素大小和分辨率相同的图像文件

在“M08-008 绿”图像文件中，选择“图像”→“计算”命令，弹出“计算”对话框，如图 8-30 所示。根据需要设置各个选项，设置“源 1”为“M08-008 绿”，选择“绿”通道；设置“源 2”为“M08-009 红花”，选择“红”通道；相关“图层”均为“背景”。设置“混合”模式为“减去”，设置文件混合“结果”为“新建通道”，即以混合结果创建一个新的通道。

单击“确定”按钮后，在“通道”面板将出现新的通道“Alpha 1”，按 Ctrl 键并单击“Alpha 1”通道的缩览图，载入该通道的图形选区，如图 8-31 所示。

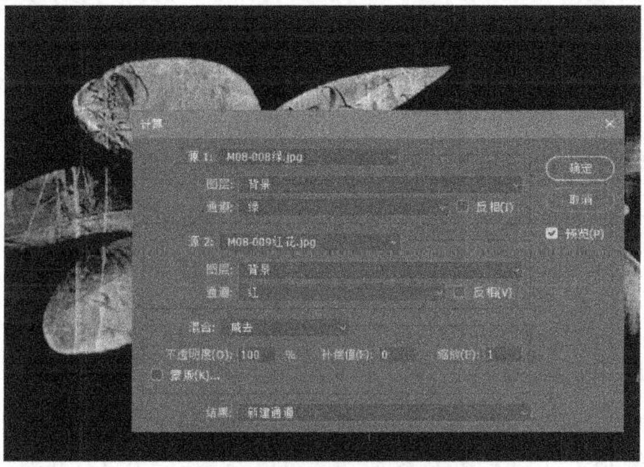

图 8-30　“计算”对话框

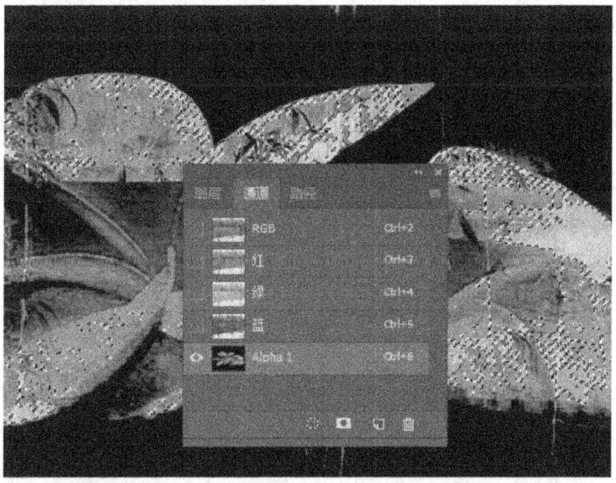

图 8-31　载入新通道“Alpha 1”选区

回到“图层”面板，新建“图层 1”，对当前选区填充橙色（#ff7409），得到隐约的花形与自然景色融合的图像效果，如图 8-32 所示。

图 8-32　填充选区后的图像效果

“计算”对话框中各个选项的设置与“应用图像”对话框中各个选项的设置类似，只是在“计算”对话框中有两个“源”选项。另外，在“计算”对话框最下面有一个“结果”选项，用来选择将计算结果保存为“新建文档”、“新建通道”或“选区”等方式。

8.5 蒙版

蒙版实际是一种屏蔽效果，它可以将编辑图像的一部分区域隐藏或保护起来，而显露和编辑另一部分区域。当选择某幅图像的部分区域时，未选中区域将成为“被蒙版”或受保护区域，以免被编辑。因此可以使用蒙版实现部分区域的效果编辑，也可用于建立选区。

根据编辑要求的不同可创建临时蒙版或永久蒙版，它们具有不同的编辑特点。一般所说的蒙版是指永久蒙版。

Photoshop 中根据蒙版的不同特点分为像素蒙版（也称为图层蒙版）、剪贴蒙版、滤镜蒙版和矢量蒙版。其中，图层蒙版通过蒙版中的灰度信息控制图像的显示区域；剪贴蒙版通过一个对象的形状图层控制其他图层的显示区域；滤镜蒙版用于遮盖智能滤镜对智能对象图层的效果；矢量蒙版通过路径和矢量形状控制图像的显示区域。

8.5.1 临时蒙版

快速蒙版是选择区域的另一种表现形式。使用“快速蒙版”方式可以创建一个临时蒙版，可以针对整个图像文件或一个浮动的选区，然后在蒙版区域编辑图像，完成编辑后可随时取消蒙版状态。

单击工具栏底部的“ ”（以快速蒙版模式编辑）图标，进入蒙版编辑状态，如图 8-33 所示。当进入快速蒙版模式编辑状态时，受保护区域和未受保护区域以不同颜色进行区分，默认的蒙版区域（保护区域）为红色，如果查看其“通道”面板，会发现系统自动在“通道”面板里添加了一个“快速蒙版”通道。可使用绘画工具涂绘不需要选择的区域，再次单击工具栏底部的“ ”（以标准模式编辑）图标，又可以将图像切换为标准编辑状态，在文件编辑区出现以闪动虚线表示的选区，如图 8-34 所示。

可以根据需要定义蒙版区域的颜色标识方式，在工具栏中双击“以快速蒙版模式编辑”图标，即弹出“快速蒙版选项”对话框，如图 8-35 所示。

图 8-33 快速蒙版模式

图 8-34 标准模式

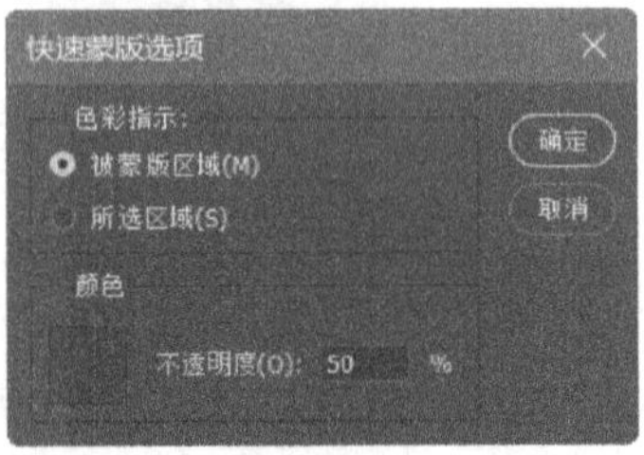

图 8-35 “快速蒙版选项”对话框

可在“色彩指示”栏设置颜色标识为“被蒙版区域”或“所选区域”，以确定在快速蒙版状态涂绘的效果作用区（与结束蒙版时相反），在“颜色”栏可设置标识显示色彩及其不透明度效果。默认为红色、不透明度为 50%。

可使用绘图工具或画笔绘制和编辑蒙版，在默认状态下，使用白色涂绘将“擦除”蒙版颜色，使可编辑区域增加，使用黑色涂绘则覆盖蒙版区域，使可编辑区域减少。用灰色或其他颜色涂绘可创建半透明区域。这种方式也可用于创建羽化效果或消除边缘锯齿效果。

对于需要保存的蒙版效果，可以在结束快速蒙版编辑后，选择“选择”→“存储选区”命令，进行保存。

8.5.2　图层蒙版

图层蒙版是 Photoshop 中一项重要的复合技术，使用图层蒙版可以控制图层中不同区域的透明度，为图层添加很多特殊效果，而且不会影响图层本身的任何内容，也可用于对图像局部的颜色和色调进行校正。

1）创建蒙版

选择需要创建蒙版的图层，单击“图层”面板底部的“ ”（添加蒙版）图标，即可为图层添加图层蒙版。创建的图层蒙版默认填充色为白色，如果按 Alt 键的同时单击“ ”，则创建的图层蒙版的填充色为黑色，表示全部隐藏图层中的图像。

实例 8-04　添加图层蒙版

在 Photoshop 中打开如图 8-36 所示的图像文件，双击“背景”图层标签，使之转为普通图层，因为不能对“背景”图层添加蒙版。

按 Alt 键，单击“图层”面板底部的“ ”（添加蒙版）图标，即在当前图层添加了图层蒙版，当前蒙版是黑色的，即完全遮盖图像，呈现透明背景，如图 8-37 所示。

图 8-36　图像文件

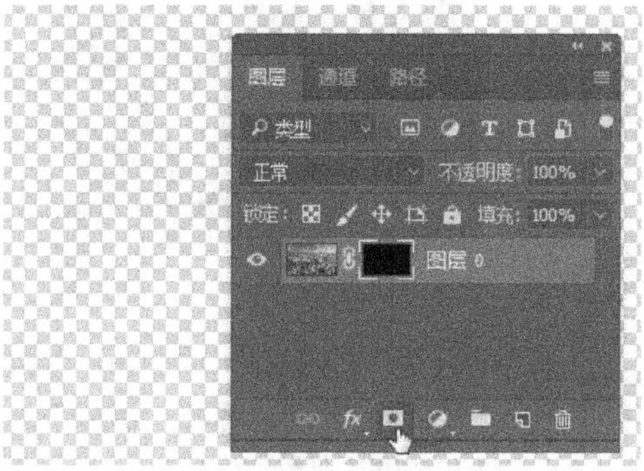

图 8-37　添加图层蒙版

设置前景色为白色，选择适合的画笔笔尖（形状、大小），在“图层”面板中单击蒙版缩览图，在文件编辑区进行涂绘，如图 8-38 所示。所勾绘的区域即显示出图像，而其余区域被蒙版遮盖，然后添加一个文字，效果如图 8-39 所示。

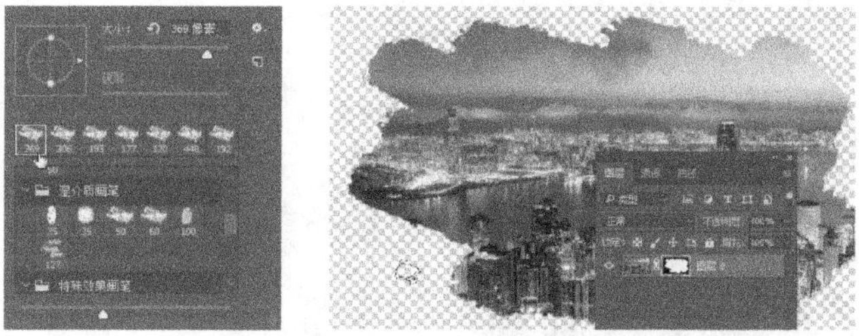

图 8-38　使用画笔涂绘

图 8-39　蒙版编辑效果

复制不同的图像内容（其他打开的图像文件或图层），通过“贴入”图像的方式也会同时创建图层蒙版。

实例 8-05　贴入图像

在 Photoshop 中打开如图 8-40 所示的“色彩”和“小丑鱼”两个图像文件。

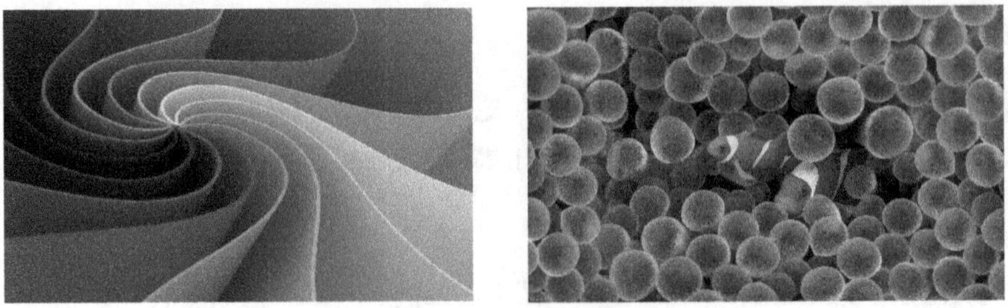

图 8-40　图像文件

选择“色彩”图像文件，单击“自定形状工具”图标，在工具选项栏中选择一个形状，并在左侧选择绘图方式为“路径”，在编辑区绘制路径，然后单击路径编辑工具，适当调整图形尺寸和位置。整理后，通过右击将该路径转为选区并对选区设置边缘羽化，如图 8-41 所示。

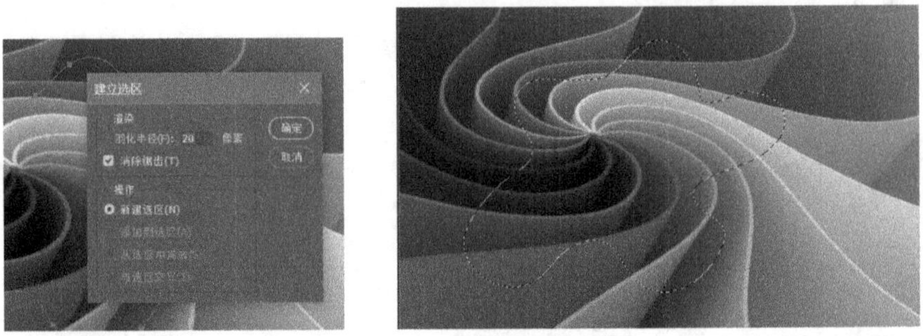

图 8-41　建立选区并设置边缘羽化

选择“小丑鱼”图像文件，按 Ctrl+A 组合键选择整幅图像，再按 Ctrl+C 组合键复制当前图像，回到“色彩”图像编辑区，选择“编辑”→“选择性粘贴”→“贴入”命令（或按 Ctrl+Shift+V 组合键），将所复制的图像粘贴到选区内，同时会自动建立新图层，并在该图层创建图层蒙版，如图 8-42 所示。

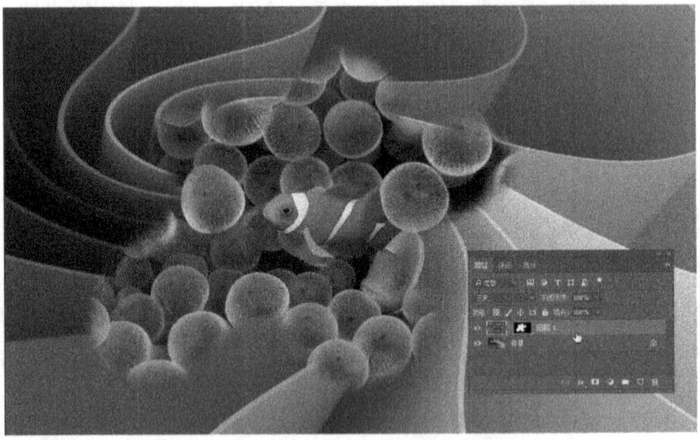

图 8-42　选择“贴入”命令将图像粘贴到选区内

2）图层蒙版的编辑

图层蒙版的编辑方式与临时蒙版相同，可以使用各种绘图工具进行编辑。

（1）查看图层蒙版。

对于正在编辑的图层蒙版，可以在编辑窗口看到图层蒙版的效果，如果需要直接观察或编辑蒙版，可以按 Alt 键，同时单击蒙版的缩览图，即可进入图层蒙版编辑状态，如图 8-43 所示。再次按

Alt 键，单击该图层蒙版缩览图，即可退出蒙版编辑状态。

（2）停用/启用图层蒙版。

如果要查看添加了图层蒙版的图像的原始效果，可按 Shift 键的同时单击图层蒙版的缩览图，即暂时停用图层蒙版的屏蔽功能，停用的图层蒙版上将出现一个红叉标记，如图 8-44 所示。再次按 Shift 键的同时单击该图层蒙版缩览图，即可启用蒙版。

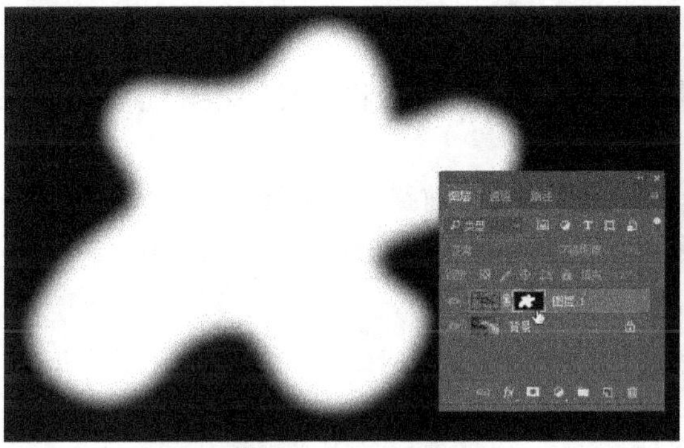

图 8-43　图层蒙版编辑状态

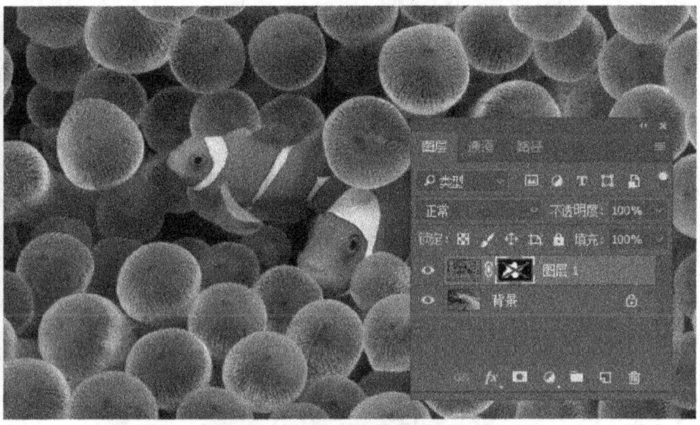

图 8-44　停用图层蒙版

（3）删除图层蒙版。

由于图层蒙版只是对图像的部分进行遮蔽，是一种附加效果，因此随时可以取消以恢复原图，也可以应用蒙版效果，使图层转为普通图层。

在图层蒙版缩览图上右击，在弹出如图 8-45 所示的快捷菜单中选择相应的删除或应用图层蒙版的命令。也可以拖动图层蒙版缩览图到“图层”面板底部的“”图标，在弹出的如图 8-46 所示的对话框中单击“应用”或“删除”按钮。

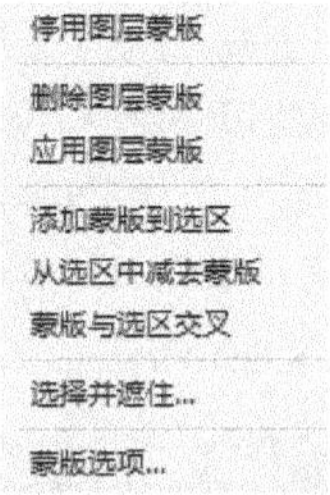

图 8-45　蒙版缩览图快捷菜单

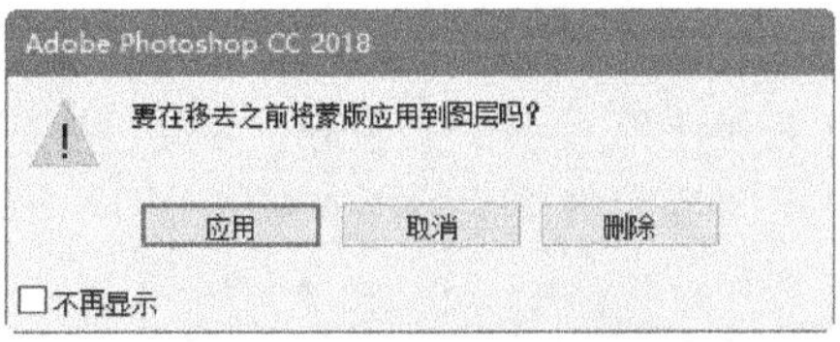

图 8-46　应用或删除图层蒙版

如果已确认并可永久保留蒙版效果，可以选择“应用”当前编辑完成的蒙版效果。应用图层蒙版可以将蒙版中黑色对应区域的图像删除，白色对应区域的图像保留，灰色过渡区域对应的图像部分像素被删除，从而保证图像效果在应用图层蒙版前后保持不变。

如果不需要当前图层蒙版效果，需要去除图层蒙版效果，可以选择“删除”图层蒙版，而不会对图像进行任何的修改。

（4）链接图层蒙版。

在默认情况下，图层与图层蒙版保持链接状态，即图层缩览图与图层蒙版缩览图之间会显示一个链接图标“”，这时当前图层的图像与蒙版的相对位置被锁定，使用移动工具移动图层图像时，图像与蒙版将整体移动。

如果需要单独移动图层中的图像或蒙版，可单击两缩览图之间的链接图标，使其消失，以取消链接，这时就可以分别调整图像或蒙版的位置了。

8.5.3 矢量蒙版

图层蒙版包含的是像素信息，可以通过蒙版调整图像的颜色、透明度、羽化等与像素相关的操作。另一种蒙版为矢量蒙版，则是利用路径作为蒙版的，可以修改蒙版轮廓，但不会改变与像素相关的属性，比如形状图层路径蒙版。通过在图层上创建路径形状轮廓，路径内的图像将被保留，而路径外的图像将被隐藏。

实例 8-06 矢量蒙版

在 Photoshop 中打开一幅图像，使用“自定形状工具”选择适当的形状样式，采用“路径”方式在文件编辑区绘制闭合的图形路径，如图 8-47 所示。

单击“背景”图层标签，选择“图层”→“矢量蒙版”→“当前路径”命令，即在当前图层创建了矢量蒙版，如图 8-48 所示。“背景”图层自动转为添加了蒙版的普通图层“图层 0”。

图 8-47 绘制闭合路径

图 8-48 创建矢量蒙版

创建矢量蒙版后，路径图形以外的图像被遮蔽，仅呈现矢量图形内的图像，当前图层的左侧出现图形路径的缩览图，与图层蒙版一样可以取消蒙版链接，可分别调整图像和蒙版的位置。

也可以继续在该图层添加其他路径，这些闭合路径图形会自动形成蒙版，如图 8-49 所示。

矢量蒙版是基于路径形成的蒙版，因此可以以矢量路径的方式编辑蒙版的形状。也可以单击蒙版缩览图，直接向当前矢量蒙版添加矢量图形，或设置图层样式等，如图 8-50 所示。

图 8-49 编辑路径

图 8-50 设置图层样式

8.5.4 剪贴蒙版

图层蒙版和矢量蒙版都只是为一个图层创建蒙版效果的，如果要为多个图层使用相同的透明效果，为每一个图层都创建一个图层蒙版和矢量蒙版就会非常麻烦，而且容易出现不一致的情况，这时就可以使用剪贴蒙版来解决这个问题。

剪贴蒙版是利用一个图层作为蒙版，在该图层上的所有被设置了剪贴蒙版的图层都将以该图层的透明度为标准，即可以通过一个图层的图像来遮盖其上方的图层。遮盖效果是由底部图层或基底图层决定的。基底图层的非透明图像内容区域将变为透明，从而呈现其上方参与剪贴图层的图像内容，而在基底图层图像区域外的图像内容将被遮盖。

实例 8-07　剪贴蒙版

打开两张素材图片并移动到同一个文件编辑区，调整图层顺序，使作为基底图层的图层位于要蒙盖的图层的下方，如图 8-51 所示。

图 8-51　打开素材图片并调整图层顺序

单击“图层”面板中的基底图层上方的第一个图层标签，选择“图层”→“创建剪贴蒙版”命令（或按 Alt+Ctrl+G 组合键），或移动鼠标至基底图层与被蒙版图层之间，指针呈现“↰□”形状时单击，即可完成剪贴蒙版的创建，并在图层底部添加一个“背景”图层，设置适当的图案或颜色填充，如图 8-52 所示。

添加一张蝴蝶图片，可以继续建立为剪贴蒙版，如图 8-53 所示。

图 8-52　创建剪贴蒙版并在图层底部添加背景图层

图 8-53　添加图片并加入剪贴蒙版

剪贴蒙版中可以使用多个图层，但它们必须是连续的图层，且只有一个基底图层。创建剪贴蒙版后，基底图层名称带下画线，上层的被蒙版图层缩览图均显示为缩进。

如果在剪贴蒙版中的图层之间创建新图层，或在剪贴蒙版中的图层之间拖动未剪贴的图层，该图层将成为剪贴蒙版的一部分。

释放剪贴蒙版的操作与创建剪贴蒙版的操作类似，属于正反效果操作，可以选择基底图层上方的剪贴蒙版图层，选择“图层”→“释放剪贴蒙版”命令，或者按 Alt 键移动鼠标至基底图层与被蒙版图层之间单击。

8.5.5 滤镜蒙版

当图层为智能对象时，对智能图层应用滤镜即成为智能滤镜，Photoshop 会在“图层”面板中该智能对象下方的智能滤镜行上显示一个空白（白色）蒙版缩览图。在默认情况下，此蒙版显示完整的滤镜效果，如图 8-54 所示。单击智能滤镜（蒙版）缩览图，在文件编辑区绘制像素图样，即可形成相应的选区，同时会在智能滤镜标签上的缩览图中显示相应的编辑变化，相当于编辑蒙版，如图 8-55 所示。

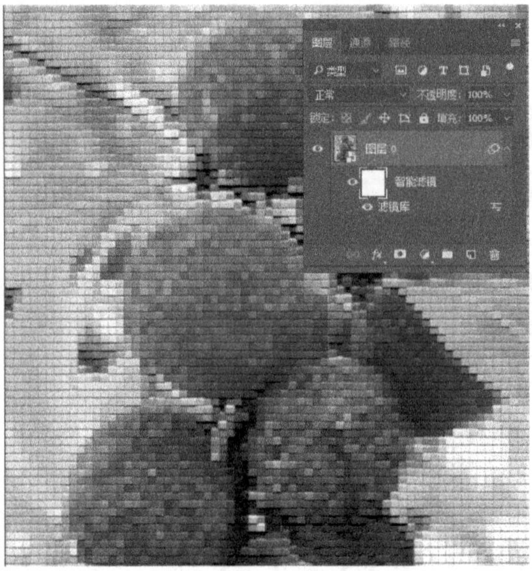

图 8-54　添加智能滤镜

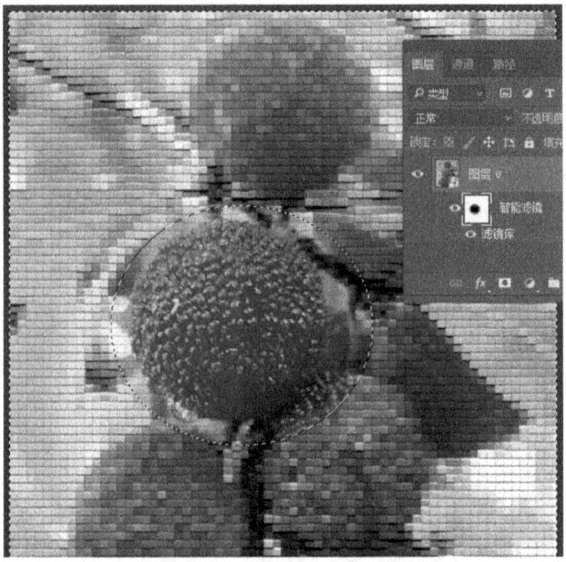

图 8-55　编辑滤镜蒙版

滤镜蒙版的工作方式与图层蒙版非常类似。与图层蒙版一样，可以在滤镜蒙版上进行绘画。用黑色涂绘的滤镜区域将隐藏，用白色涂绘的滤镜区域将可见，用灰色涂绘的滤镜区域将以不同级别的透明度呈现。

8.5.6 蒙版“属性”面板

蒙版“属性”面板提供用于调整蒙版的附加控件，可以更改蒙版的不透明度，以增加或减少显示的蒙版内容、反相蒙版或调整蒙版边界等，也可以在此执行关于蒙版的常规操作。

单击相应的蒙版缩览图，选择“窗口”→“属性”命令，可打开蒙版“属性”面板，如图 8-56 所示。选择相应的蒙版才可以调出相关的蒙版属性，比如矢量蒙版、图层蒙版、滤镜蒙版等。

在“属性”面板中可以对当前蒙版效果进行调整。

（1）更改蒙版不透明度，当达到 100%的浓度时，蒙版将完全不透明并遮挡图层下面的所有区域，随着浓度的降低，蒙版下的可见区域将逐渐增加。

（2）调整羽化效果，应用到蒙版边缘，羽化蒙版边缘可以在蒙版区域和未蒙版区域之间创建比较柔和的过渡效果。

（3）蒙版调整选项，可以通过单击“选择并遮住”“颜色范围”“反相”等按钮，设置蒙版的整体、边缘效果。

（4）功能图标，可通过该“属性”面板底部的功能图标，执行载入选区、应用蒙版、停用/启用蒙版、删除蒙版等操作。

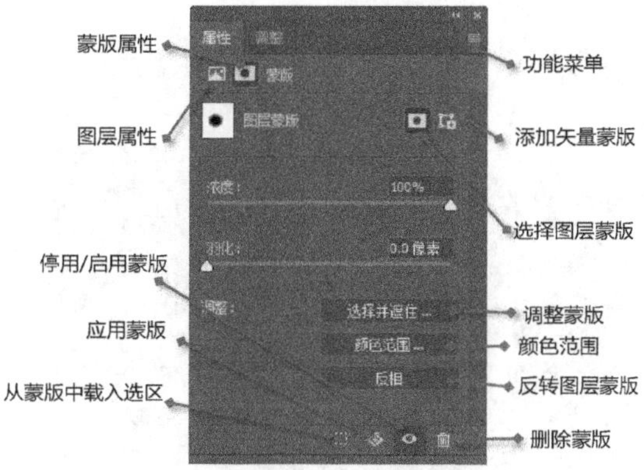

图 8-56　蒙版“属性”面板

本章小结

通道和蒙版是 Photoshop 中比较难掌握的内容之一。对通道和蒙版的灵活掌握直接体现了读者的图像处理水平。

本章首先介绍了通道的概念和分类，然后详细地介绍了通道的基本操作，包括“通道”面板的使用方法、通道的编辑和应用、Alpha 通道的应用和图像混合计算，最后介绍了蒙版的概念及不同类型蒙版的编辑和应用。通过本章的学习，读者应基本理解和掌握通道和蒙版的概念、通道和蒙版的关系，以及它们的使用方法，能够较为熟练地运用通道和蒙版进行实际的操作，不断积累对通道和蒙版综合运用的经验。

实例之窗

实例 8-08　心形花

在 Photoshop 中通过通道和蒙版编辑，将如图 8-57 左图所示图像编辑为右图所示的效果。

图 8-57　心形花

打开素材图像“花束”和“盒”，将“盒”图像复制到“花束”图像文件窗口中，并命名图层为“盒”。

单击“盒”图层标签，转到“通道”面板，复制绿色通道，生成“绿 拷贝”通道，如图 8-58 所示。

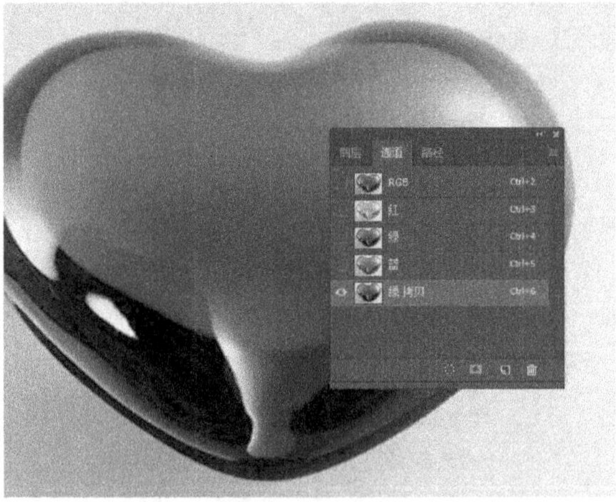

图 8-58　生成“绿 拷贝”通道

按 Ctrl+L 组合键，打开“色阶”对话框，适当设置“色阶”参数，对当前通道图像做适当的亮度分布，如图 8-59 所示。

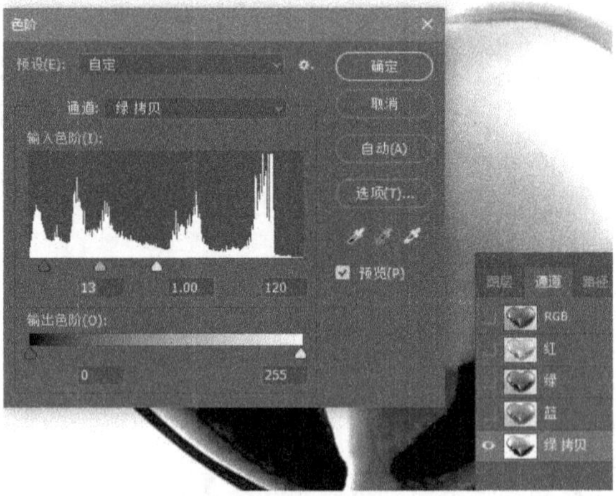

图 8-59　调整色阶

按 Ctrl 键并单击“绿 拷贝”通道，载入选区，如图 8-60 所示。

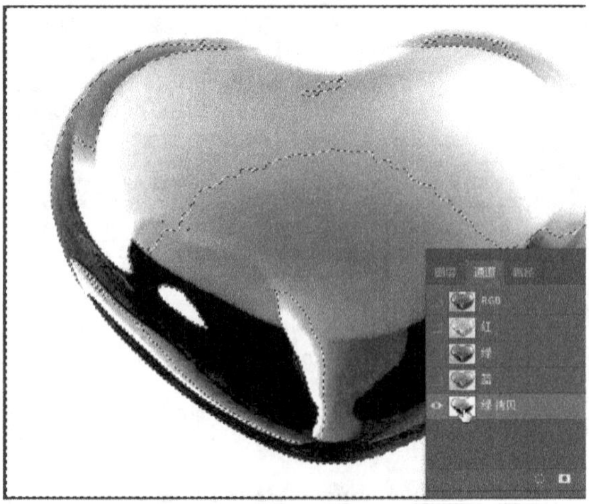

图 8-60　载入“绿 拷贝”通道选区

单击“RGB”通道标签，恢复彩色通道，回到“图层”面板，单击“盒”图层标签，单击“图层”面板底部的“ ”图标，添加图层蒙版，如图 8-61 所示。

在“盒”图层使用选区工具选择心形盒轮廓，单击“盒”图像缩览图（不是蒙版），按 Delete 键去除心形盒的外围图案，如图 8-62 所示。

图 8-61　添加图层蒙版

图 8-62　去除心形盒外围图案

双击“背景”图层（花束），转为普通图层，在该图层使用仿制图章工具对部分外露的花枝进行细节处理。最终效果如图 8-57 右图所示。

实例 8-09　花瓶

使用如图 8-63 左图所示素材文件，利用蒙版编辑实现右图所示花瓶的效果。

图 8-63　花瓶

打开素材文件，使用“快速选择工具”绘制花瓶轮廓路径，按 Ctrl+J 组合键提取花瓶图像，命名图层为“瓶”，如图 8-64 所示。

将花样图像移入花瓶文件编辑窗口，命名为“图案”，使用选区工具勾绘花样图案轮廓形成选区，如图 8-65 所示。

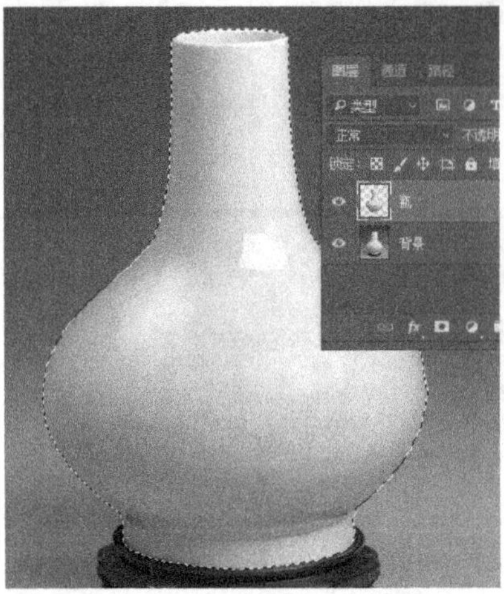

图 8-64 利用选区提取花瓶图像

图 8-65 勾绘图案轮廓形成选区

单击“图层”面板底部的“”图标创建图层蒙版，如图 8-66 所示。

调整“图案”的大小和位置，如图 8-67 所示。

图 8-66 创建图层蒙版

图 8-67 调整“图案”的大小和位置

按 Alt 键，移动鼠标到两图层之间单击，建立剪贴蒙版，如图 8-68 所示。

单击“图案”图层标签，设置图层混合模式为“线性加深”，使图案效果与瓶融合，如图 8-69 所示。

图 8-68 建立剪贴蒙版

图 8-69 设置图层混合效果

第9章

滤　镜

在进行图像处理时，想要通过某种模仿的或特殊的图像效果表达意境，有时只用常规的图像处理方式可能难于达到或比较烦琐。Photoshop 中的“滤镜”可以实现各种变形和模仿的效果。滤镜可以有效地强化图像效果、遮盖图像缺陷，创造逼真的物体或环境效果、质感等，从而实现图像的各种特效和变化。

Photoshop 中提供了近百种滤镜，可以对图像做出各种特殊的处理效果，只有熟悉滤镜的功能和基本使用方法，并综合使用各种滤镜才能制作出令人满意的效果。

本章主要讲述滤镜的概念及其使用方法。

本章要点

- 滤镜的基本概念。
- 滤镜的使用方法及滤镜库。
- 常用滤镜的特点。
- 系统滤镜的介绍。
- 特殊滤镜。

9.1　关于滤镜

实例 9-01　小贝壳

这里使用 Photoshop 滤镜技巧，绘制几个彩色贝壳，来介绍基本滤镜的使用方法，主要用到了图层的自由变换、液化滤镜、膨胀工具、球面化及纹理化滤镜。效果如图 9-1 所示。

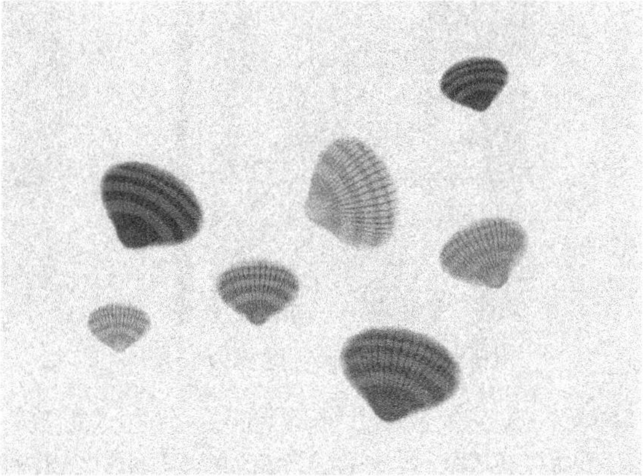

图 9-1　彩色贝壳

创建 Photoshop 文件，文件大小为 1200 像素×900 像素，分辨率为 300 像素/英寸，背景色为白色。

新建图层（图层 1），单击矩形选框工具，在工具选项栏选择绘图样式为“固定大小”，设置宽度为“15 像素”、高度为“900 像素”，单击文件编辑区左上角，自动绘制出一个固定大小的矩形选区，对当前选区填充颜色为“#d4cc81”（R212、G204、B129）。按 Ctrl+D 组合键取消选区。单击“图层 1”图层标签，按 Ctrl+J 组合键复制图层，得到“图层 1 拷贝”。

按 Ctrl+T 组合键进入“自由变换”编辑状态，用方向键把该矩形选区右移 20 像素（按 Shift 键并按→键 2 次，即移动 20 像素），如图 9-2 所示。

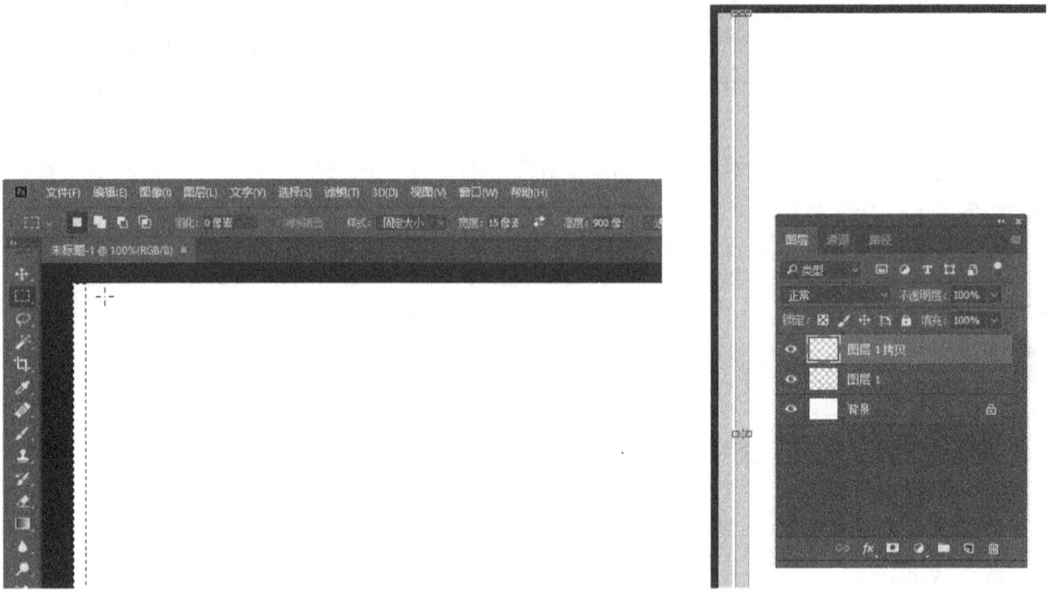

图 9-2　绘制矩形并将“图层 1 拷贝”右移 20 像素

按 Ctrl+Shift+Alt 组合键，并连续按 T 键，通过移动复制使图案充满画布。单击“背景”图层以外的所有图层，按 Ctrl+E 组合键合并所有选中图层，命名为“图层 A”，如图 9-3 所示。

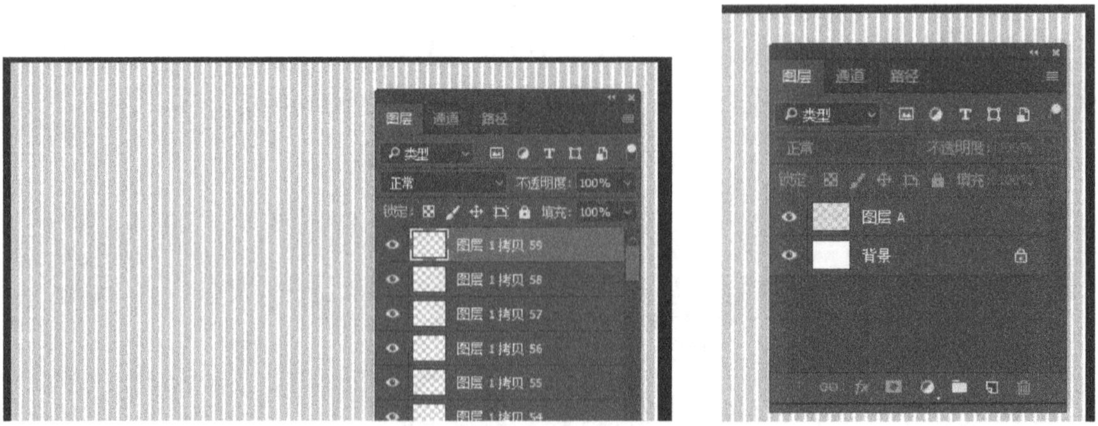

图 9-3　移动复制及合并图层

单击“矩形选框工具”图标，在工具选项栏将“样式”改为“正常”，在当前图样编辑区绘制一个正方形选区，单击“图层 A”图层标签，在系统菜单中选择“滤镜”→“扭曲”→“球面化”命令，即弹出“球面化”对话框，将“数量”值设置成 100%，如图 9-4 所示。

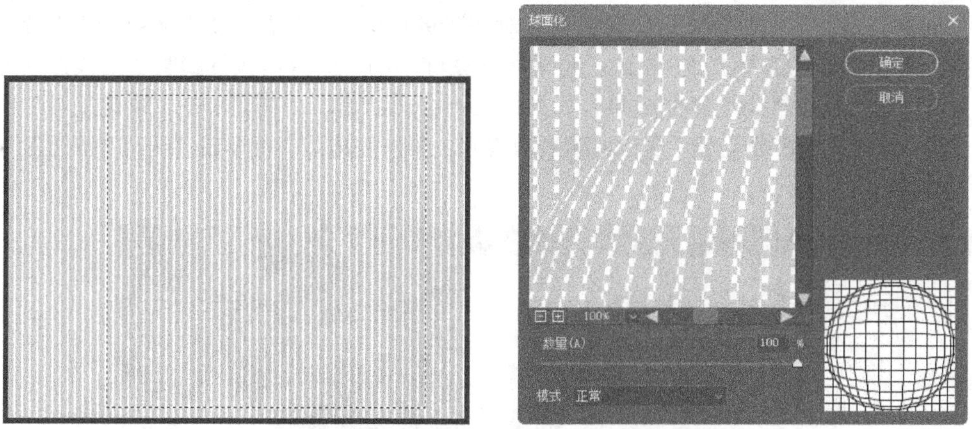

图 9-4　绘制正方形选区并使用“球面化”滤镜

用椭圆选框工具在所绘图形上绘制正圆选区，应能包含圆形图案部分，按 Ctrl+Shift+I 组合键设置反选，然后按 Delete 键删除多余部分，如图 9-5 所示。

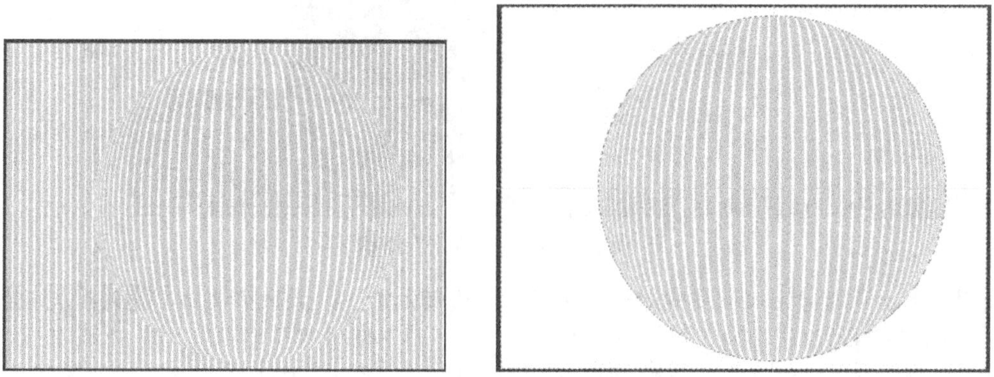

图 9-5　截取圆形区域图案

按 Ctrl+D 组合键取消选区，单击“图层 A”图层标签，通过自由变换把图形缩小至 50%，选择“编辑”→“变换”→“透视”命令，水平向内拖动下部的控制点（左侧或右侧点）直至所有底部控制点在中点处重叠，再水平向外拖动上部的控制点（左侧或右侧点），直至呈现大致贝壳形状，如图 9-6 所示。

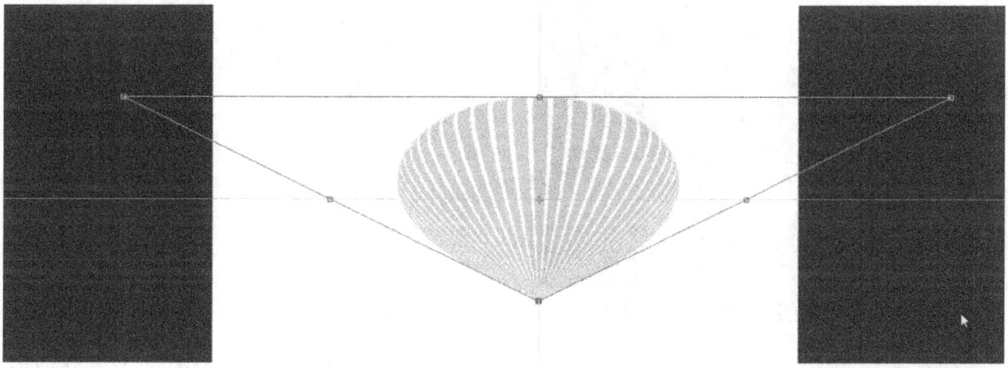

图 9-6　编辑为贝壳图形

单击“图层 1”图层标签，选择“滤镜”→“液化”命令，打开“液化”对话框，在对话框左侧上部工具栏单击“膨胀工具”图标，在右侧参数设置区设置“画笔大小”为 220，画笔“浓度”

为 50，中间部分是图形效果预览区，可以直接对图形进行操作，并看到变形效果。要设置图形底部膨胀效果，可在图形底部单击 5～6 次，也可按住鼠标不动，会持续执行膨胀变形操作（停留时间不能太长），注意观察图形的膨胀效果，如果效果不合适，可以在左侧单击“重建工具”图标恢复最近的变形，或单击“恢复全部”图标撤销所有变形。操作完成后，可单击“确定”按钮保存变形，如图 9-7 所示。

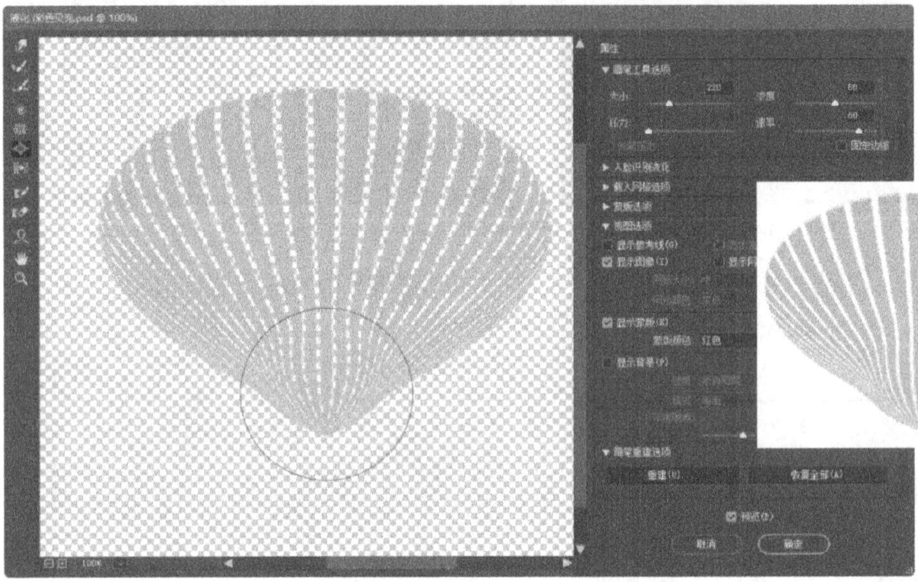

图 9-7 使用“液化”滤镜

使用钢笔工具勾绘出贝壳图案的轮廓路径，然后转为选区，或直接使用“磁性套索工具”勾绘该轮廓选区，存储当前选区为“贝”。在“图层 A”图层下新建“图层 B”，按 Shift+F5 组合键调出“填充”对话框，设置填充颜色为“#f2e670”（R242、G230、B112），如图 9-8 所示。

按 Ctrl+D 组合键取消当前选区，单击“图层 A”图层标签，双击图层标签右侧，打开“图层样式”对话框，勾选“投影”复选框，设置“不透明度”为 50%，“角度”设定为 148 度，“距离”为 10 像素，“扩展”设为 2%，“大小”为 12 像素，其他设定不变，效果如图 9-9 所示。

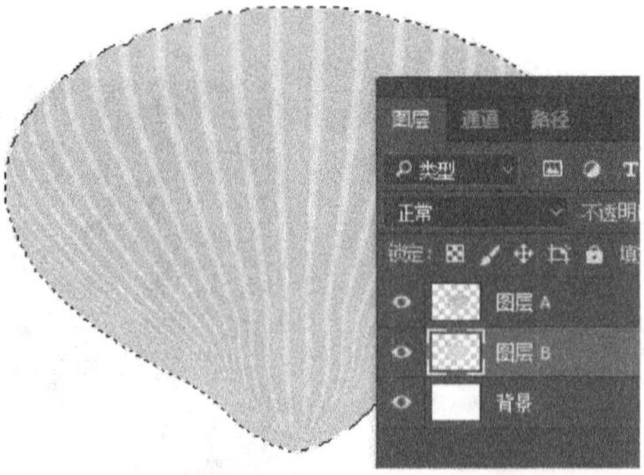

图 9-8 绘制图形并填充底层颜色

图 9-9 对“图层 A” 设置图层样式后的效果

用多边形选区工具“”，在贝壳边沿勾画出齿状选区，并设置反选当前选区，分别单击“图层 A”和“图层 B”图层标签，按 Delete 键删除图形外边多余部分，以呈现贝壳的不规则牙边及相应阴影，如图 9-10 所示。

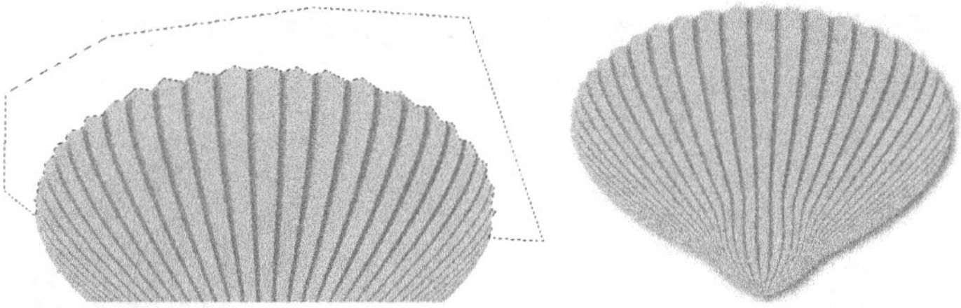

图 9-10　贝壳不规则牙边及相应阴影效果

新建“图层 1”，隐藏其他图层，对“图层 1”填充白色，设置图层样式为“渐变叠加”，在“渐变编辑器”中选用系统预设的渐变方案“透明条纹”，并在渐变颜色编辑区把色块颜色改成“#f2e670”（R242、G230、B112），设定渐变样式为“径向”，“角度”为 90 度，“缩放”为 100%，完成后获得同心圆效果。在“图层 1”图层下创建“图层 2”，合并“图层 1”和“图层 2”，得到的“图层 1”成为含圆环的普通图层。用选区工具选择“图层 2”图形最里层的白圈，并填充与其他圆环相同的颜色（#f2e670），使用选区工具选择所有白色图形区域，按 Delete 键删除全部白色，使圆环相间区域为透明，如图 9-11 所示。

图 9-11　通过“渐变叠加”图层样式设置得到同心圆

单击“图层 1”图层标签，利用自由变换将圆环图形压缩，比例为高 56%、宽 66%，选择“滤镜”→“扭曲”→“球面化”命令，在打开的“球面化”对话框中设置“数量”为 100%，按 Ctrl+F 组合键，重复应用球面化动作 1 次（对于滤镜的重复执行，将使图形在已有变形基础上再次以相同参数延伸变形）。

显示“图层 A”和“图层 B”，适当调整“图层 1”图形相对位置，然后同时选中“图层 A”“图层 B”“图层 1”，移动位置至编辑区完全显示所有图形（注意圆环），以便于完整剪切多余图形，如图 9-12 所示。

按 Ctrl 键并单击“图层 A”缩览图，以载入图形选区，并按 Ctrl+Shift+I 组合键设置反选，单击“图层 1”图层标签，按 Delete 键删除多余圆环图形，完成效果如图 9-13 所示。

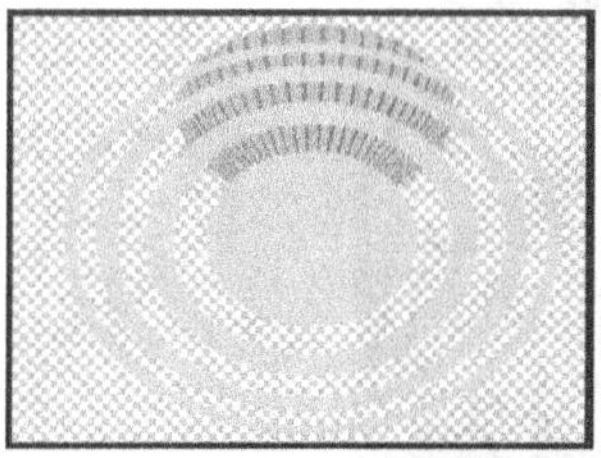

图 9-12　调整圆环图形相对位置

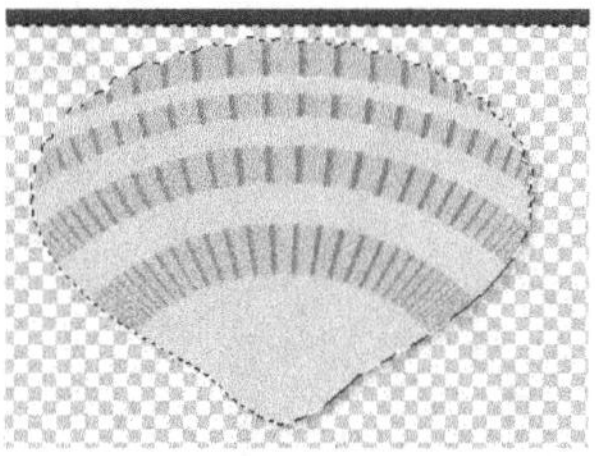

图 9-13　裁切圆环多余图形后的效果

单击“图层 1”图层标签，选择“滤镜”→“转换为智能滤镜”命令，单击“确定”按钮，即将“图层 1”设置为智能对象图层，如图 9-14 所示。

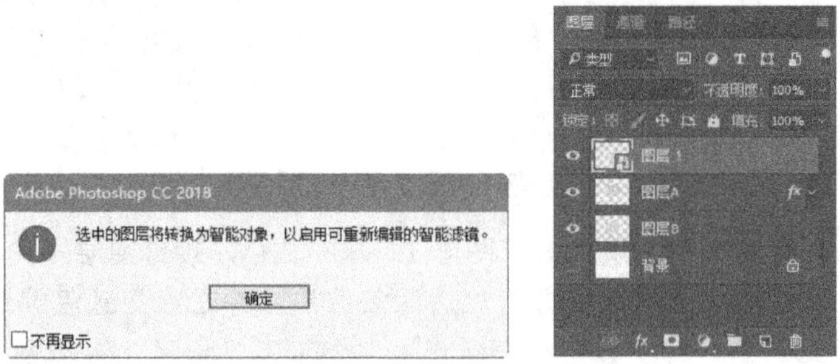

图 9-14 设置智能图层

单击“图层 1”图层标签，选择“滤镜”→“滤镜库”命令，将弹出“滤镜库”对话框，滤镜库中包含多种常用滤镜，可以方便地在对话框中选择和编辑这些滤镜，并预览滤镜效果；在当前滤镜库中选择“纹理”→“纹理化”滤镜，在对话框右侧选取“纹理”为“砂岩”，设置“缩放”为 126%，“凸现”为 10，如图 9-15 所示。

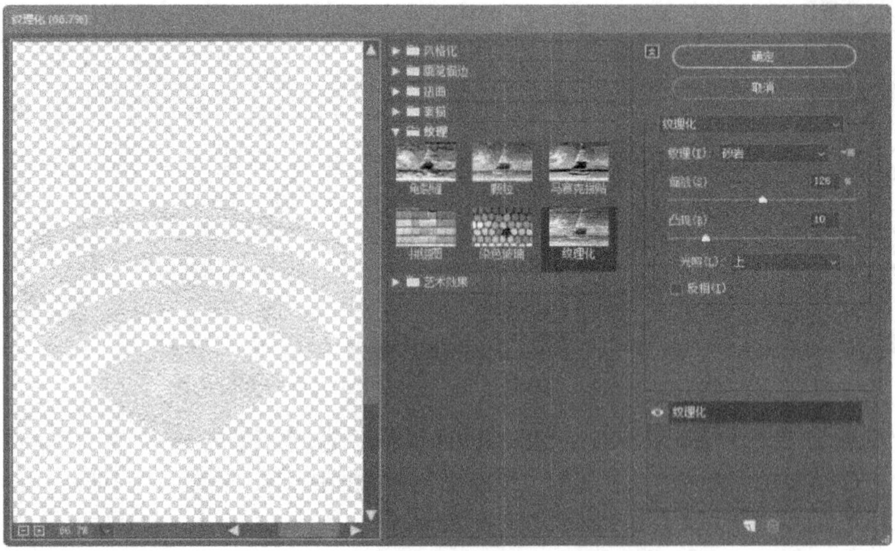

图 9-15 “纹理化”滤镜

单击“确定”按钮，可以看到在“图层 1”下方添加了相应的滤镜功能。在“图层”面板设置当前图层的混合模式为“正片叠底”，不透明度设置成 58%，如图 9-16 所示。合并“图层 1”和“图层 2”，生成“图层 2”图层。

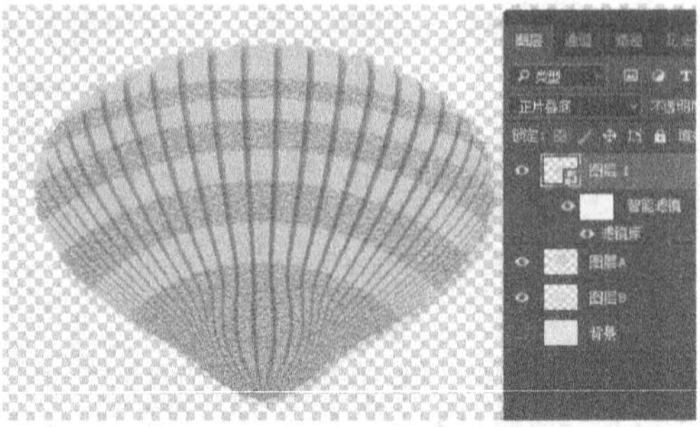

图 9-16 设置圆环图案效果

选中上述除“背景”图层以外的图层，设置为图层组，命名为“贝壳”，复制多个图层组，隐藏“贝壳”图层组，以备后续修改。

可以按上述颜色分配方式分别针对各个“贝壳 拷贝”图层组中的 3 个图层填充不同颜色，然后合并图层组，形成多个彩色贝壳，如图 9-17 所示。

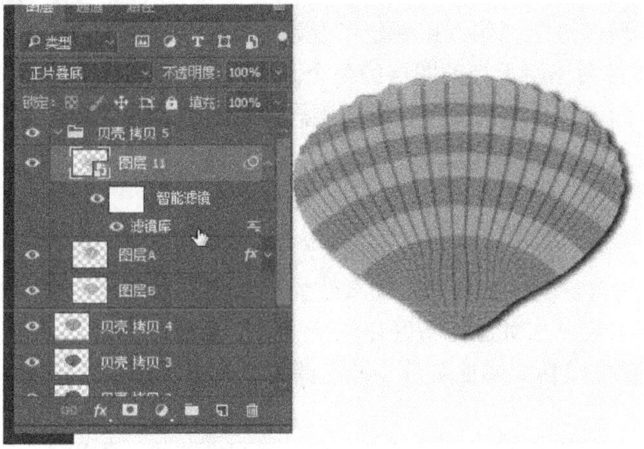

图 9-17 针对图层组中的 3 个图层填充不同颜色

需要注意的是，要选用近似色深、浅两种，“图层 1”与“图层 B”的填色是相同的；应以各图层的图形轮廓进行填充，对于智能图层填色时，应双击进入智能图层编辑区，完成后应保存并退出智能编辑区；每个图层组完成着色后，应将图层组变为普通图层，再进行下一图层组的颜色设置，否则会因智能图层传递图样属性而改变已完成的色彩效果。

分别对所有贝壳图像做进一步修饰以增强质感。用“大小”为 60 像素，“强度”为 50%的“模糊工具”对贝壳边沿及底部涂抹设置模糊效果；用“大小”为 67 像素，“不透明度”为 52%的“橡皮擦工具”沿贝壳周边涂抹，擦出半透明效果；用“大小”为 70 像素，“曝光度”为 46%的“减淡工具”对贝壳底部凸出的部分涂抹实现减淡效果；用“大小”为 250 像素，“曝光度”为 25%的“加深工具”对贝壳底部及扇面部涂抹，添加较深色泽效果，如图 9-18 所示。

单击“背景”图层标签，选择“滤镜”→“杂色”→“添加杂色”命令，打开“添加杂色”对话框，设置“数量”为 20%，取消勾选“单色”复选框，以获得彩色颗粒效果，如图 9-19 所示。单击“确定”按钮，得到彩色沙滩背景的效果。将绘制完成的贝壳调整大小和位置。

图 9-18 修饰“贝壳”图像表面以增强质感

图 9-19 设置“添加杂色”参数

9.1.1 滤镜基本操作

滤镜主要用于处理图像的各种特殊的效果，可以便捷、有效地编辑和模拟图形、场景和物体表面效果，可利用已有图像素材创建特殊效果，也可以再造图像效果。

滤镜的基本原理是自动分析或构建指定区域的色度和像素，根据设定的数学计算方法实现图像的像素组合或生成，实现部分定制修改或新建以像素为基础的图像文件。

对图像应用滤镜通常会作用于当前图层的整个画布区域，如果存在选区，则滤镜只作用于选区限定的区域。如果当前图层中有透明区域，则滤镜只作用于非透明区域，即需要应用滤镜的区域应含有像素或先进行填充才能应用滤镜效果。

9.1.2 系统滤镜

Photoshop 中的系统自带滤镜全部显示在系统的“滤镜”菜单中，在“滤镜”菜单中包括独立滤镜和按效果分组的路径组。在独立滤镜区还包括一个“滤镜库”。

Photoshop 中的滤镜按照功能属性可分为校正滤镜、变形滤镜、效果滤镜 3 种。

1）校正滤镜

校正滤镜可以用于校正图像画面的瑕疵或缺陷，对图像起修饰作用，也可以强调图像的某种场景效果，如杂色、模糊、锐化、镜头校正、自适应广角、Camera Raw 等滤镜。

2）变形滤镜

变形滤镜主要用于图像的形态变化编辑，设置特殊的图像变形效果，如消失点、液化、扭曲等滤镜。

3）效果滤镜

效果滤镜主要在作用区域产生各种色彩、纹理或艺术效果，如图案生成器、风格化、画笔描边、素描、纹理、艺术效果、渲染、像素化等滤镜。

在滤镜菜单中最上面显示的是最后一次使用的滤镜效果，如果需要重复执行当前设置的滤镜，直接选择系统菜单中滤镜菜单的第一项（或按 Ctrl+F 组合键），这将在当前应用效果基础上再次执行同样的滤镜效果。如果重新应用时需要改变设置，可按 Ctrl+Alt+F 组合键，将再次弹出相应的滤镜对话框，可以进行参数设置后再次应用。必须注意的是，再次应用滤镜是在已经执行滤镜效果的图像状态下执行已设定的滤镜效果，如果需要在原始图像上应用滤镜效果，必须先恢复到原始图像状态。

9.1.3 外挂滤镜

在 Photoshop 中还可以使用第三方厂商或个人开发的滤镜，即外挂滤镜，也称第三方滤镜。

第三方滤镜文件复制到 Photoshop 系统文件目录中的 Plug-in 子目录下，重新启动 Photoshop，就可以在“滤镜”菜单的底部找到相关滤镜，可以像使用 Photoshop 内置滤镜一样使用这些外挂滤镜。

9.1.4 智能滤镜

智能滤镜可看作一种特殊的智能图层，可以随时调整、删除或隐藏智能滤镜，这些滤镜是不具有破坏性的，从而可以避免直接对图层进行滤镜设置，不便后续更改。

建立智能滤镜，可以右击图层标签，转化为智能滤镜，也可以通过“滤镜”菜单选择“转换为智能滤镜”命令。

添加智能滤镜后，图层即呈现智能图层的标记，在图层标签的右侧有一个三角形图标可以展开或关闭其下方的滤镜，也可以随时更换或调整滤镜，从而改变图层的滤镜应用效果。

9.2　常用滤镜

Photoshop 可以通过应用滤镜实现各种神奇效果，系统自带的滤镜按其应用特点分别设置在相应的滤镜组中，可以直接通过“滤镜”菜单选用指定滤镜。

9.2.1　“模糊”滤镜组

“模糊”滤镜组的主要作用是削弱相邻像素间的对比度，达到柔化图像的目的，使图像看起来具有朦胧的效果。这种变化是将图像中颜色边缘的像素与周围邻近像素的颜色取平均值而产生的平滑过渡效果，或降低局部细节的反差达到“模糊”的效果，以增加图像的修饰效果。

“模糊”滤镜组是在实际图像处理中比较常用的滤镜，共包含 11 种滤镜。

1）“表面模糊”滤镜

“表面模糊”滤镜是指在保留边缘的同时模糊图像。此滤镜用于创建特殊效果并消除杂色或粒度。“半径”选项指定模糊取样区域的大小。“阈值”选项控制相邻像素色调值与中心像素值相差多大时才能成为模糊的一部分。色调差值小于阈值的像素被排除在模糊之外。

图 9-20 所示为对一皮肤表面有较多斑点的图像使用“表面模糊”滤镜，适当设置参数后，可以消除皮肤表面斑点，再适当调整图像色调，即可达到较好的皮肤效果。

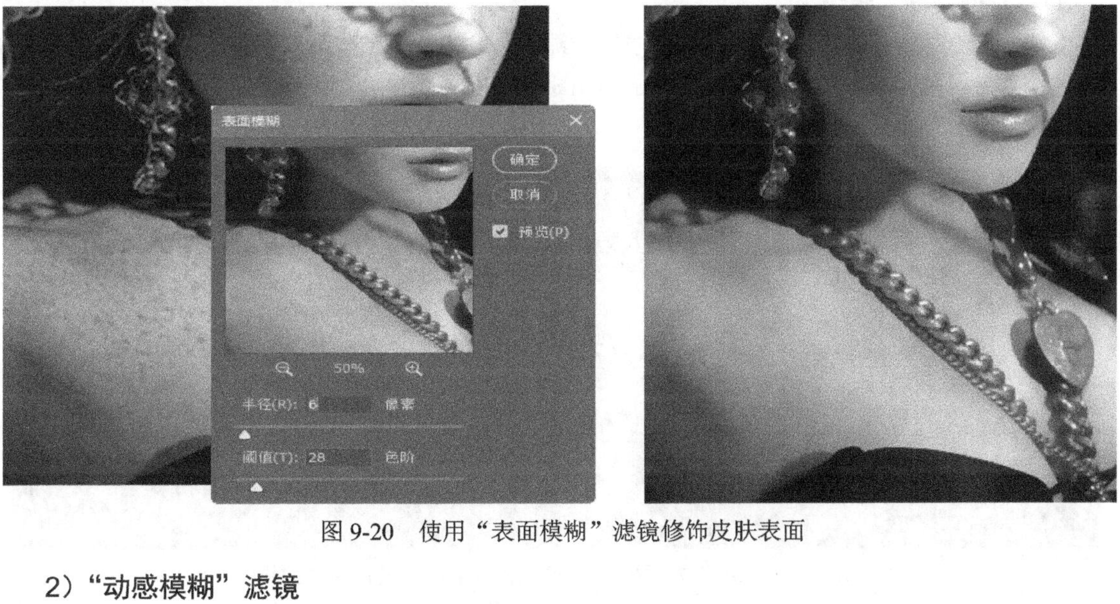

图 9-20　使用“表面模糊”滤镜修饰皮肤表面

2）“动感模糊”滤镜

“动感模糊”滤镜用于产生高速运动时的模糊效果，它允许控制模糊的方向和模糊的强度。在菜单中选择该滤镜命令，将打开如图 9-21 所示的“动感模糊”对话框，“角度”用于控制动感模糊的方向，即产生运动的方向效果，“距离”用于控制像素移动的距离。

在图 9-21 中，对画面设置适当的动感模糊，将增强图像内容的运动效果。

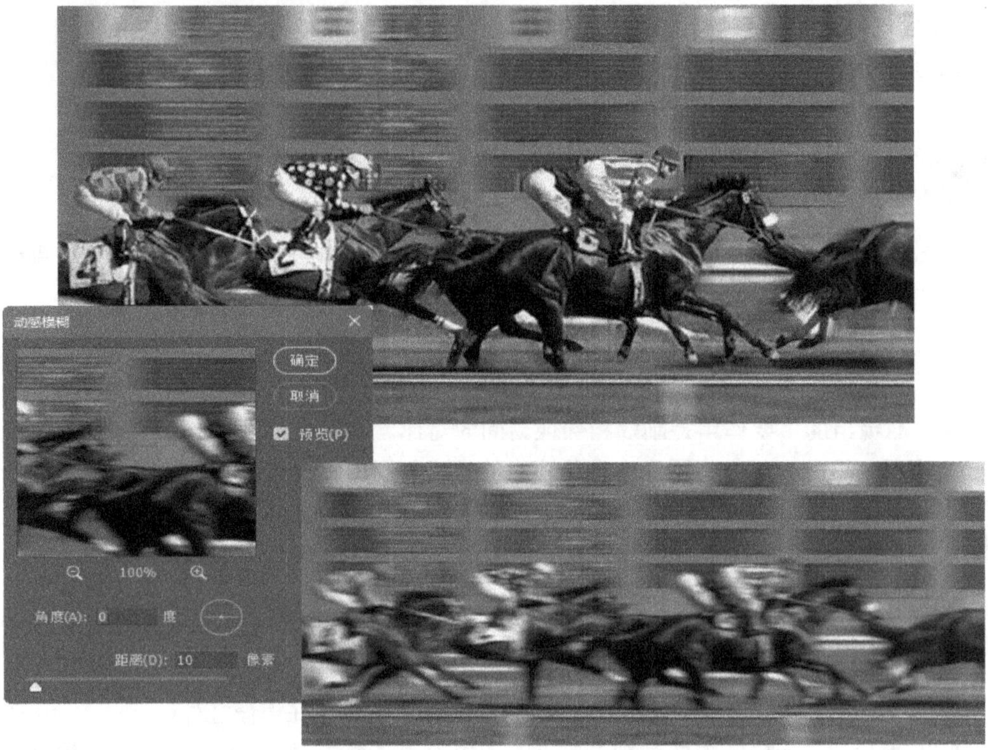

图 9-21 “动感模糊”对话框及设置动感模糊前后的效果

3）“方框模糊”滤镜

“方框模糊”滤镜是指基于相邻像素的平均颜色值来模糊图像。可以调整给定像素的平均值的区域大小，半径越大，产生的模糊效果越好。如图 9-22 右图所示，对设置了选区的画面应用“方框模糊”，模糊效果只应用于当前选区。

图 9-22 使用“方框模糊”滤镜对指定选区设置模糊效果

4）“高斯模糊”滤镜

“高斯模糊”滤镜可以在对话框中设定模糊半径的值来控制模糊程度。“高斯模糊”滤镜应用的是钟形高斯曲线，其特点是中间高，两边很低，呈尖锋状。“高斯模糊”滤镜可以较为自由地控制模糊程度，该对话框中的“半径”文本框可输入 0.1～1000 像素模糊的半径值，其值越小模糊效果越弱。图 9-23 所示为对如图 9-22 左图所示的图像设置“高斯模糊”。

5）“模糊”滤镜

“模糊”滤镜可实现轻微模糊的效果，这种效果可以减少对比度和消除颜色过渡中的噪点。图 9-24 所示为对图像中心内容周边（外选区范围）应用 5 次“模糊”滤镜的效果。

图 9-23　对图像设置“高斯模糊”

图 9-24　对图像中心内容周边应用 5 次“模糊”滤镜的效果

6）“进一步模糊”滤镜

“进一步模糊”滤镜的模糊效果约为“模糊”滤镜的 3～4 倍。

“模糊”滤镜与“进一步模糊”滤镜的效果都是消除图像中明显颜色变化处的杂色，使图像看起来更加朦胧，只是在程度上有一定差别。这两种滤镜的效果都不是十分明显。

7）“径向模糊”滤镜

“径向模糊”滤镜可以使图像旋转成圆形，或使图像从中心辐射出去。图 9-25 所示为对设定的背景区域应用“径向模糊”滤镜。在“径向模糊”对话框中，“数量”文本框用于控制模糊的强度，在“模糊方法”栏中可设置模糊的方式，有“旋转”和“缩放”2 个效果选项。“品质”栏的设置可控制模糊质量，共有 3 个选项：“最好”可产生最光滑的模糊效果；“草图”执行速度最快，但会产生颗粒；“好”介于上述两者之间。

图 9-25　对设定的背景区域应用“径向模糊”滤镜

8）“镜头模糊”滤镜

“镜头模糊”滤镜是指向图像中添加模糊以产生更窄的景深效果，以便使图像中的一些对象在焦点内，而使另一些区域变模糊。可以使用简单的选区来确定哪些区域变模糊，或者可以提供单独的 Alpha 通道深度映射来准确描述希望如何增加模糊。

复制“背景”图层，对“图层 1”添加蒙版，并对蒙版设置黑色到白色的径向渐变，如图 9-26 所示。

图 9-26　添加图层蒙版并对其设置径向渐变

单击“图层 1”图像缩览图，应用“镜头模糊”滤镜，在如图 9-27 所示的“镜头模糊”对话框中选择深度映射“源”为“图层蒙版”，即预设编辑通道，并适当设置光圈“半径”、杂色“数量”等参数，可在左侧预览区看到图像依据设定通道的范围呈局部模糊，可依次增加图像的层次或设置特效。

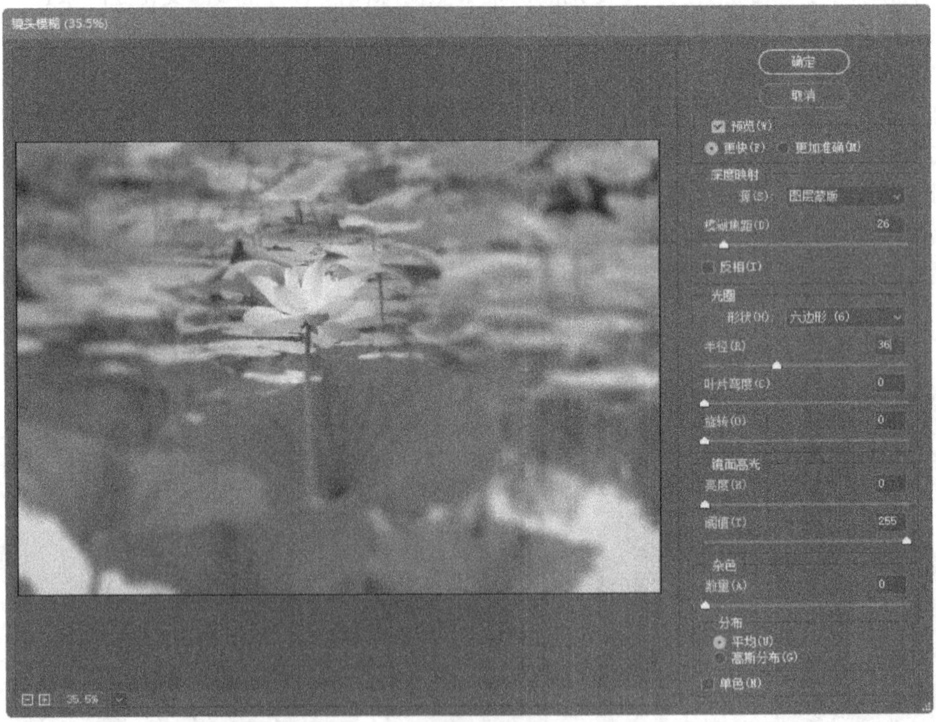

图 9-27　“镜头模糊”对话框

在参数设置区中，“深度映射”可从“源”下拉列表中选取一个源。拖动“模糊焦距”滑块以设置位于焦点内的像素的深度。

在“光圈”栏，可在“形状”下拉列表中选择光圈的形状，适当拖动“半径”滑块可设置模糊强度，拖动“叶片弯度”滑块可对光圈边缘进行平滑处理，而拖动“旋转”滑块可设置旋转光圈。

对于“镜面高光”，拖动“亮度”滑块可以改变高光的亮度，“阈值”用于设定亮度截止点，比该截止点值亮的所有像素都被视为镜面高光。

可通过“杂色”栏的设置向图像中添加杂色，“数量”滑块用于增加或减少杂色。可选择杂色分布效果为“平均分布”或“高斯分布”。勾选“单色”复选框，可在不影响颜色的情况下添加杂色。

9）“平均”滤镜

“平均”滤镜是指找出图像或选区的平均颜色，然后用该颜色填充图像或选区，从而形成整图或局部区域的纯色填充效果。

实例 9-02　调整照片偏色效果

如图 9-28 所示的照片有偏色，为了矫正偏色，在 Photoshop 中，先按 Ctrl+J 组合键复制“背景”图层，然后对得到的“图层 1”应用“平均”滤镜（选择“滤镜”→“模糊”→“平均”命令），如图 9-29 所示，将提取图层画面的所有颜色的平均色调，再依这个色调平衡修正图的颜色分布。

选择“图像”→“调整”→“反相”命令（或按 Ctrl+I 组合键），将图层上的颜色换成对比色，如图 9-30 所示。

图 9-28　有偏色的照片

图 9-29　应用“平均”滤镜

图 9-30　设置“反相”

设置图层混合模式为“柔光”，就可以与原图色调对应形成正反互补的效果，图像效果有了改观，偏色得到了修正，如果感觉效果不足，可以再复制一层“图层 1”，从而产生叠加修正的效果，如图 9-31 所示。

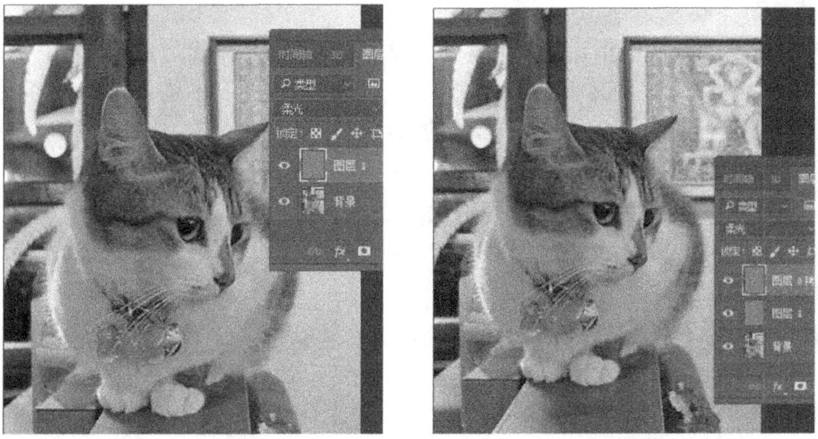

图 9-31　设置图层混合模式为“柔光”并复制图层以产生叠加修正的效果

10）“特殊模糊”滤镜

“特殊模糊”滤镜的作用是模糊图像的低对比度部分而保留边缘不变，根据模式的不同，可以产生不同的模糊效果。

图 9-32 所示为对图像的特定区域使用“特殊模糊”滤镜进行面部皮肤处理。

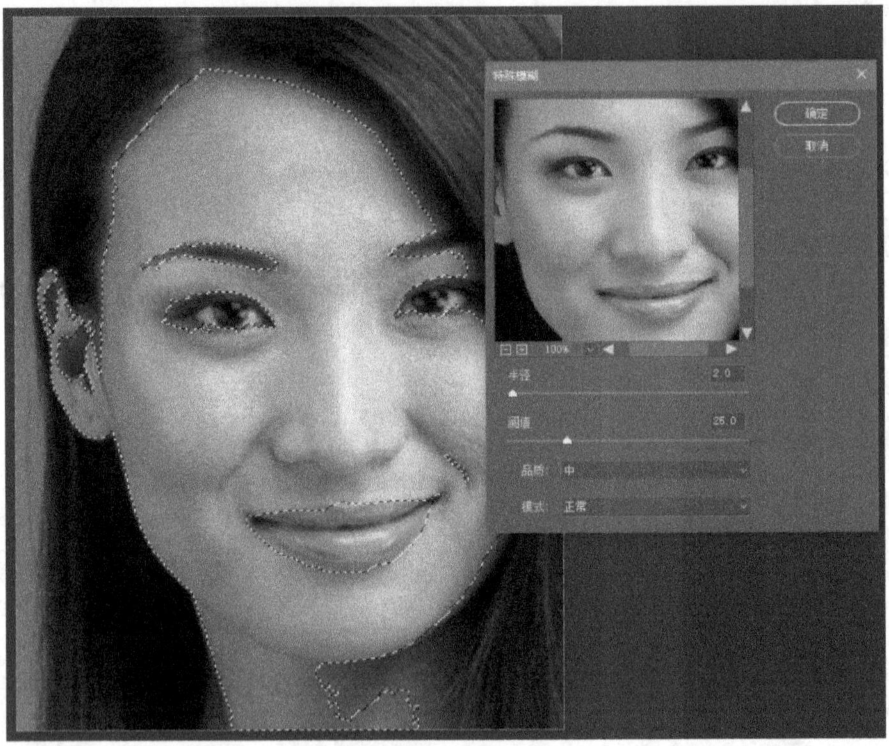

图 9-32　对图像的特定区域使用“特殊模糊”滤镜进行面部皮肤处理

在“特殊模糊”对话框中，“半径”用于控制模糊效果的距离；“阈值”用于规定两个相邻像素的差别为多大时才认为是图像的边缘；“品质”用于控制边缘的平滑度，选择“高”，则图像质量最高，但速度最慢；“模式”用于选择模糊的模式，选择“边缘优先”模式，则会使图像的边缘变白，其他部分变黑，可以将彩色图像变成边界为白色的黑白图像。而选择“叠加边缘”模式，则对图像和边缘都有效果。

11）“形状模糊”滤镜

“形状模糊”滤镜是指使用指定的形状来创建模糊。从自定形状预设列表框中选取一种形状样本，并使用“半径”滑块来调整其大小。通过单击三角形并从列表中进行选取，可以从自定形状预设列表中载入不同的形状库。半径决定了形状的大小，形状越大，模糊效果越好。

实例 9-03　创建织物纹理图案

本例使用 Photoshop 的相关滤镜创建织物纹理图案。

新建 Photoshop 文件，尺寸大小为 800 像素×600 像素，分辨率为 300 像素/英寸。填充背景色为红色（颜色值：#e40a29）。

选择“滤镜”→“像素化”→“彩色半色调”命令，参数可采用默认值，应用后的效果如图 9-33 所示。

选择“滤镜”→“模糊”→“形状模糊”命令，适当设置“半径”参数，如图 9-34 所示，形成织物背景。

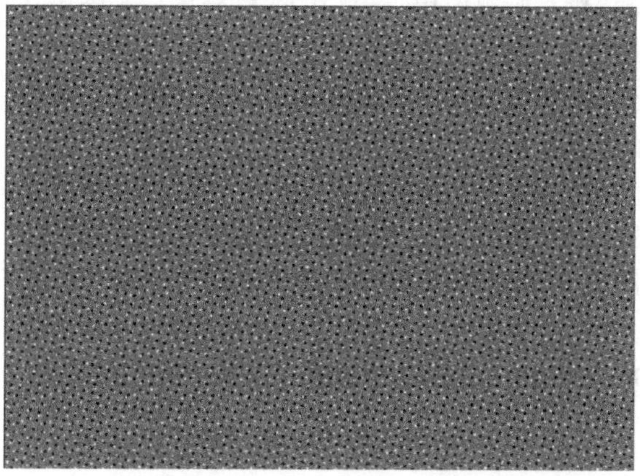

图 9-33　应用“彩色半色调”滤镜后的效果

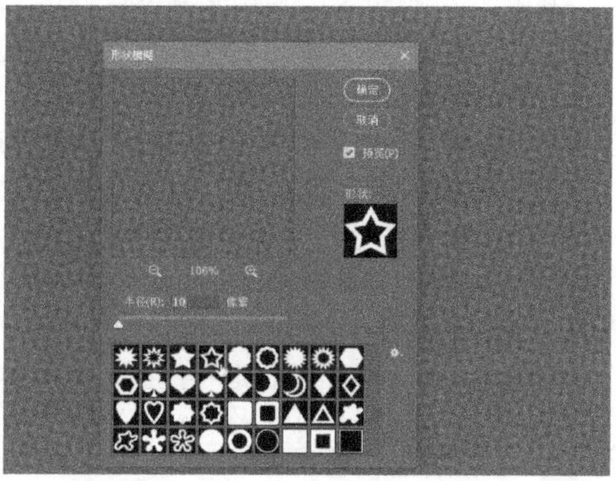

图 9-34　应用“形状模糊”滤镜

由本例可知，使用不同的背景色，以及在“形状模糊”滤镜中设置不同的形状，可以产生不同的织物纹理效果。

9.2.2　模糊画廊

模糊画廊是一个独立滤镜组，可以设置“场景模糊”“光圈模糊”“移轴模糊”“路径模糊”“旋转模糊”等相关的模糊效果，可以选设或叠加设置。该滤镜具有灵活、直观的操作性，其参数设置在同一个窗口中，该窗口包括编辑预览区和参数设置区，如图 9-35 所示。

图 9-35　“模糊画廊”滤镜

其中，“场景模糊”应用于整个画面，“光圈模糊”则仅应用于设定的光圈范围，光圈可在左侧的预览区调整，两种效果的模糊程度通过调整各自的“模糊”参数设定。

“移轴模糊”针对水平轴线的模糊区域，“路径模糊”按径向实施模糊，“旋转模糊”以旋转方式进行模糊，相应的模糊区域和程度均可以进行设置。

在“模糊画廊”窗口中，右下角的“效果”区域中，“光源散景”用于设置高光照射的均匀程度，“散景颜色”用于设置颜色的均匀程度，“光圈范围”用于设置灰度和高光模糊区域；“杂色”区域用于设置模糊效果中添加的杂色效果；“动感效果”区域只针对“路径模糊”“旋转模糊”设置相应的灯光效果。

设置完成后，单击“确定”按钮，即可实现滤镜效果，或单击“取消”按钮不应用滤镜效果。

9.2.3 “扭曲”滤镜组

“扭曲”滤镜组可以对图像产生变形、扭曲效果，这一组滤镜都是用几何学的原理对一幅图像进行变形的，以创造出三维效果或其他的整体变化。每个滤镜都能产生一种或数种特殊效果。“扭曲”滤镜组包括 12 种滤镜：波浪、波纹、极坐标、挤压、切变、球面化、水波、旋转扭曲、置换，以及玻璃、海洋波纹、扩散亮光。其中，后 3 种是在滤镜库中进行编辑的。

1）“波纹”滤镜

“波纹”滤镜可以产生水波涟漪的效果，如图 9-36 所示。在“波纹”对话框中，“数量”用于控制水纹的大小；在“大小”下拉列表中可选择大、中和小 3 种程度不同的波纹效果。

图 9-36　应用“波纹”滤镜

2）“水波”滤镜

“水波”滤镜可产生类似水波的效果，与“波纹”滤镜类似，其对话框如图 9-37 所示。

3）“波浪”滤镜

“波浪”滤镜通过设定不同的波长来产生不同的波动效果。“波浪”对话框比较复杂，如图 9-38 所示。在其参数对话框中，“生成器数”用于控制波源数，数值越大，产生的波就越多，变形效果就越大；另外可以设置“波长”和“波幅”的大小；“比例”设定波在纵向和横向的缩放幅度；在“类型”栏中可选择波的类型，包括正弦、三角形、方形。

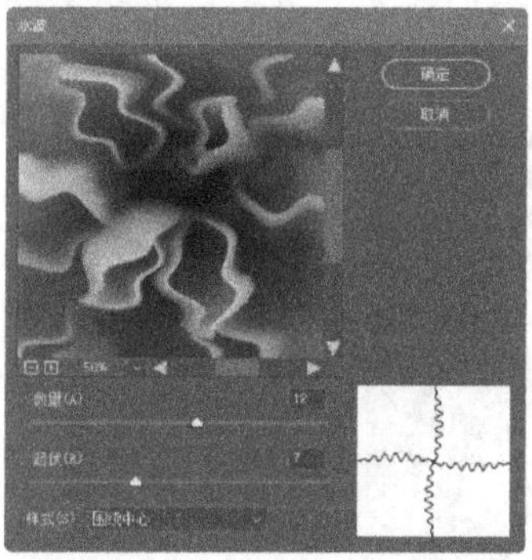

图 9-37　“水波”对话框

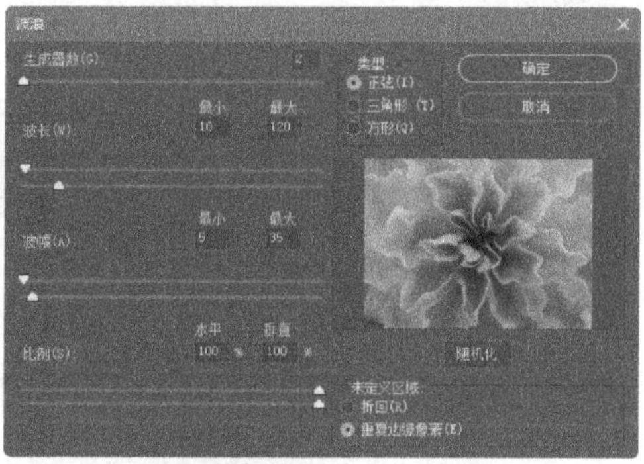

图 9-38　“波浪”对话框

4）“极坐标”滤镜

“极坐标”滤镜能将图像的坐标从直角坐标转换为极坐标，或从极坐标转换为直角坐标。“极坐标”滤镜对话框中包含两个坐标转换的选项。

5）“旋转扭曲”滤镜

“旋转扭曲”滤镜可以产生旋转的风轮效果，旋转中心就是物体或选区的中心。在如图 9-39 所示的“旋转扭曲”对话框中，可设置旋转的角度，预览区显示了旋转的幅度。

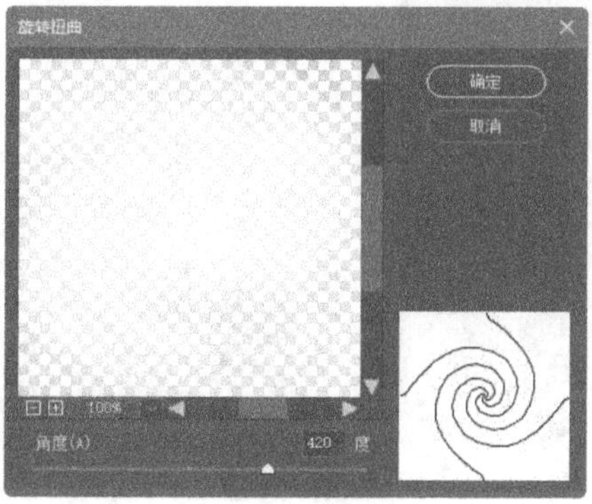

图 9-39　“旋转扭曲”对话框

实例 9-04　星云图形

新建 Photoshop 文件，文件大小为 600 像素×800 像素，分辨率为 300 像素/英寸，填充背景色为黑色，选择柔性画笔笔尖在画面添加一些不规则的点作为背景，如图 9-40 所示。

当前颜色为前景色白色、背景色黑色，单击渐变工具，在工具选项栏单击“ ”（菱形渐变）图标，并设置渐变形式为从前景色到透明，新建“图层 1”，按 Shift 键由画面中心拖动实现渐变填充，如图 9-41 所示。

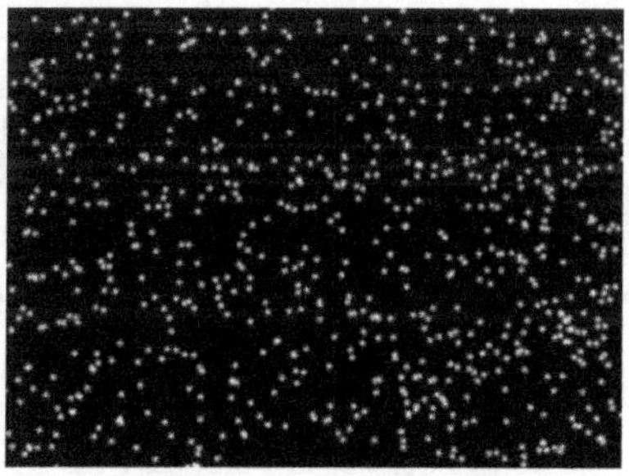

图 9-40　绘制星空背景

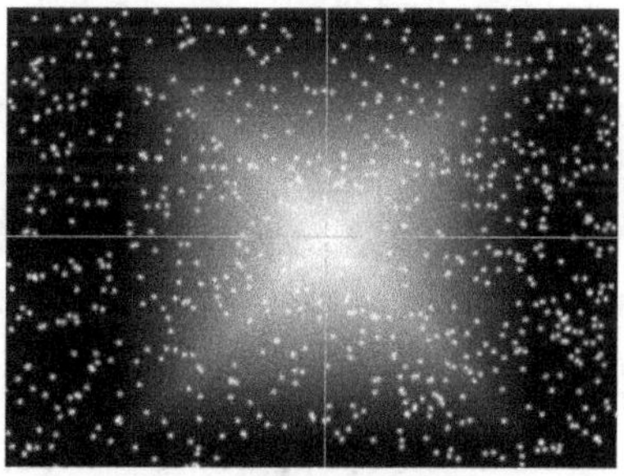

图 9-41　自中心绘制菱形渐变

单击当前图层标签，选择“滤镜”→“扭曲”→“旋转扭曲”命令，设置适当的旋转角度，效果如图 9-42 所示。

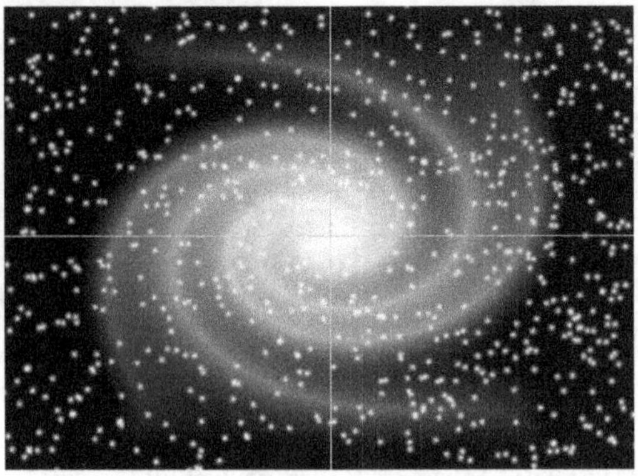

图 9-42　应用“旋转扭曲”滤镜后的效果

选择“滤镜”→“扭曲”→“极坐标”命令，设置变换方式为“极坐标到平面坐标”，如图 9-43 所示。

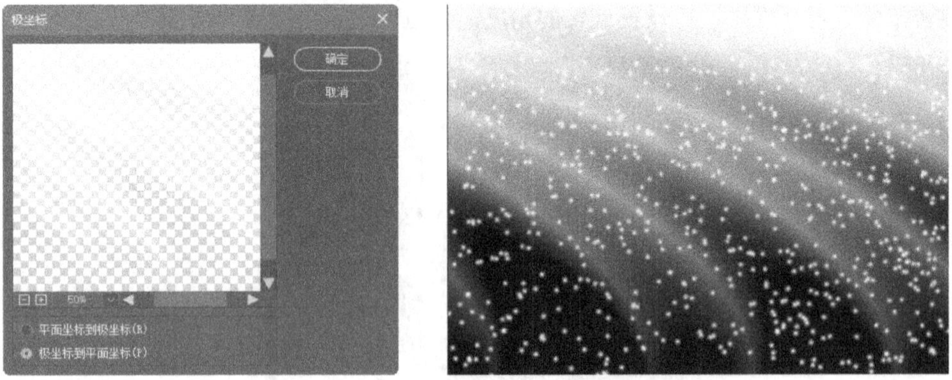

图 9-43　应用“极坐标”滤镜

利用自由变换将“图层 1”图像纵向缩小 50%并移到底部，如图 9-44 所示。按 Ctrl+J 组合键复制“图层 1”，并将“图层 1 副本”图像做镜像翻转，如图 9-45 所示。

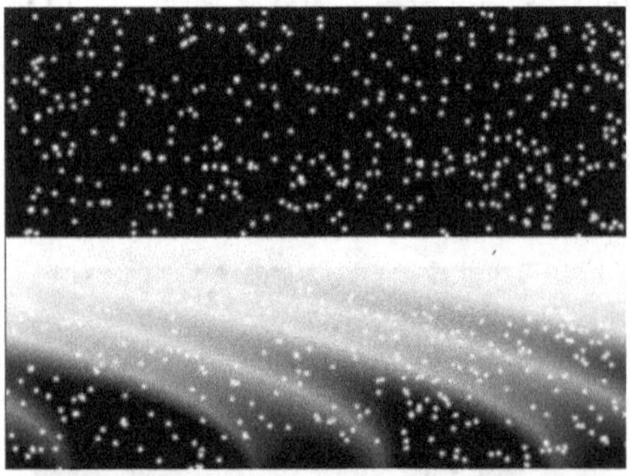

图 9-44　将“图层 1”图像纵向缩小 50%并移到底部

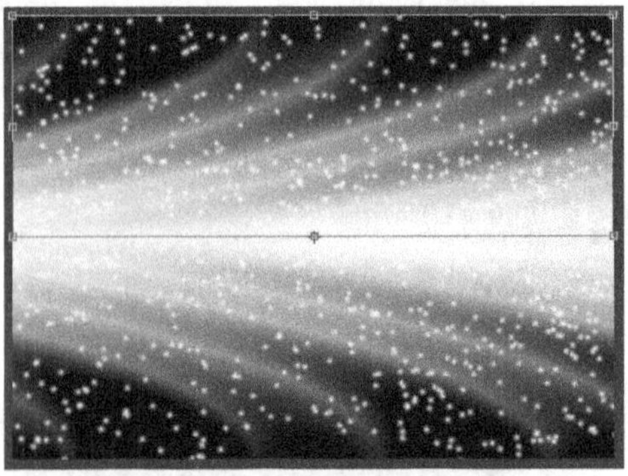

图 9-45　复制“图层 1”并翻转图像

合并“图层 1”和“图层 1 拷贝”得到独立图层“图层 1 拷贝”，选择“滤镜”→“扭曲”→“极坐标”命令，设置变换方式为“平面坐标到极坐标”，如图 9-46 所示。

在顶层添加“色相/饱和度”调整图层，勾选“着色”复选框，适当调整色调效果，如图 9-47 所示。

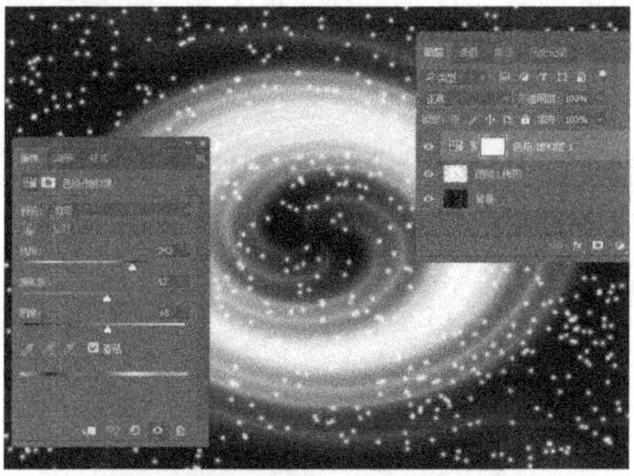

图 9-46　应用“极坐标”滤镜

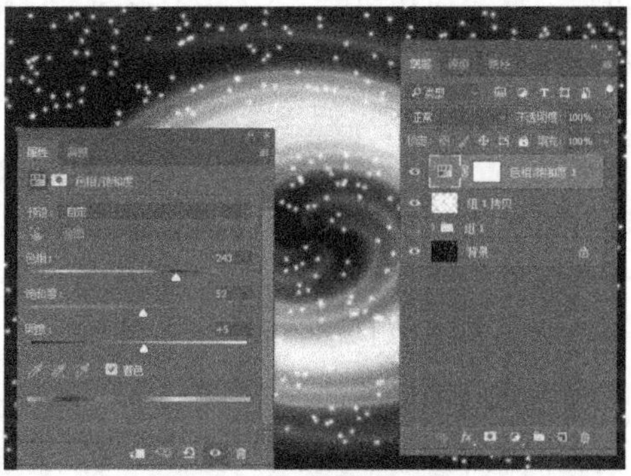

图 9-47　调整图像色调

6）“挤压”滤镜

“挤压”滤镜用于设置向内或向外挤压图像的效果，如图 9-48 所示。在“挤压”对话框中，“数量”用于控制挤压的幅度，其值为正值时向内挤压，其值为负值时向外挤压。

图 9-48　应用“挤压”滤镜

7）“球面化”滤镜

“球面化”滤镜可以拉伸局部区域，使之将选区画面转化成球形分布，如图 9-49 所示。在“球面化”对话框中，“数量”用于控制变形的程度，“模式”包括正常、水平优先、垂直优先 3 个选项。

图 9-49　应用“球面化”滤镜

8）“切变”滤镜

“切变”滤镜可以通过建立的曲线来弯曲图像。在“切变”对话框中，最上面是曲线区域，可以在上面建立自己需要的曲线。在直线上适当位置单击，就可以产生一个控制节点，拖动控制节点就可以拉动直线使其扭曲。“未定义区域”栏用于控制超出屏幕的区域，有两项参数，选择“折回”选项将反绕到屏幕的另一端，而选择“重复边缘像素”选项将使部分图形分布在图像的边缘。

实例 9-05 木纹效果

新建 Photoshop 文件，文件大小为 600 像素×800 像素，分辨率为 300 像素/英寸，分别设置前景色和背景色为“淡暖褐”（颜色值：#cfa972）和“深黑暖褐”（颜色值：#6e9306）。选择“滤镜”→“渲染”→“云彩”命令，效果如图 9-50 所示。

再对当前图层执行“滤镜”→“扭曲”→“切变”命令，适当设置切变曲线，如图 9-51 所示。

图 9-50 设置“云彩”滤镜效果

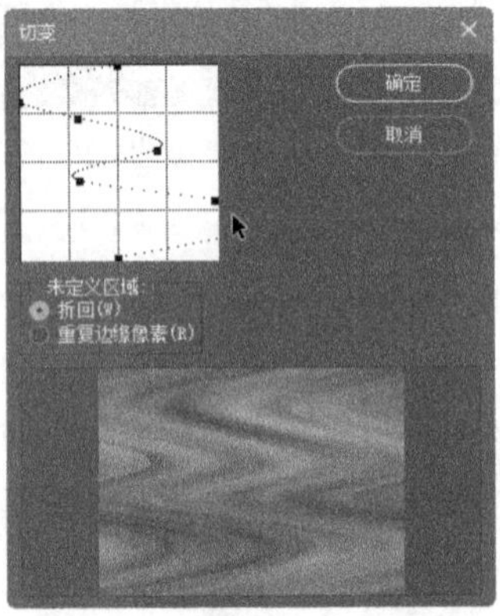

图 9-51 应用“切变”滤镜

双击“背景”图层标签，将“背景”图层转为普通图层（图层 0），使用“自由变换”命令调整图形为高 56%、宽 110%，并移动到画布底边，如图 9-52 所示。复制“图层 0”将副本移到画布顶端，注意适当调整图像以对齐花纹，最终形成木纹效果，如图 9-53 所示。

图 9-52 变换图形

图 9-53 木纹效果

9）“置换”滤镜

“置换”滤镜可以使图像弯曲、粉碎和扭曲，不过其结果有一定随机性，使用该滤镜需要有两个文件才能执行。该滤镜在执行时，首先打开一个文件作为置换图，然后根据置换图的像素颜色值对图像进行变形。Photoshop 系统自带了许多置换图，这些置换图在 Plug-Ins 文件夹下的 Displacement maps 文件夹下，在使用“置换”滤镜时可以使用这些置换图。

实例 9-06 丝绸

在 Photoshop 中利用“置换”滤镜在丝绸布料上添加图案，如图 9-54 所示。让图案与丝绸混为一体，使布料成为带图案的丝绸布料，这里的关键操作是应使添加的图案与背景图像的纹理一致。

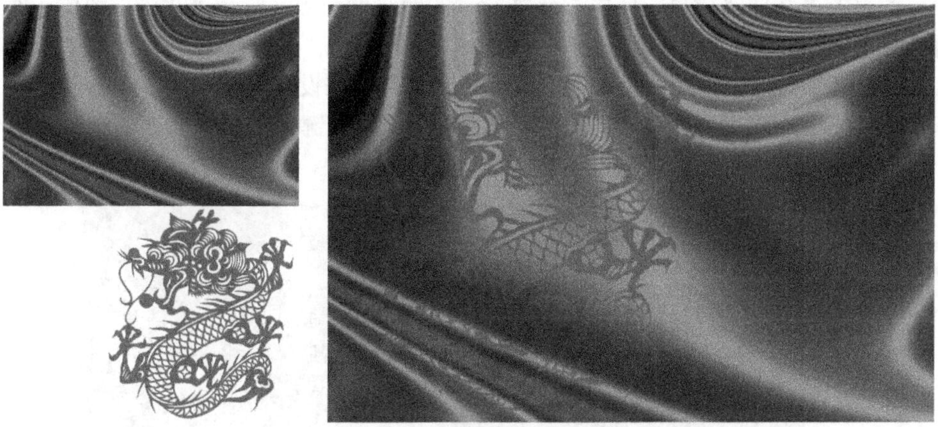

图 9-54 使用“置换”滤镜在丝绸布料上添加图案

在 Photoshop 中打开丝绸图像，首先在通道中观察一下这幅丝绸图像在哪一个通道上的对比最强烈，这里红色通道的对比效果最佳，如图 9-55 所示。

单独将这个红色通道存为一个新文件，右击红色通道标签，选择“复制通道”命令，弹出“复制通道”对话框，在“目标”栏的“文档”下拉列表中选择“新建”，然后在“名称”文本框中输入文件名，如图 9-56 所示，单击“确定”按钮，将产生一个新文件，这个红色通道已经成为这个新文件的背景了，它是灰度图像，将这幅图像保存为 PSD 格式文件。这个新文件就是一张置换图了。

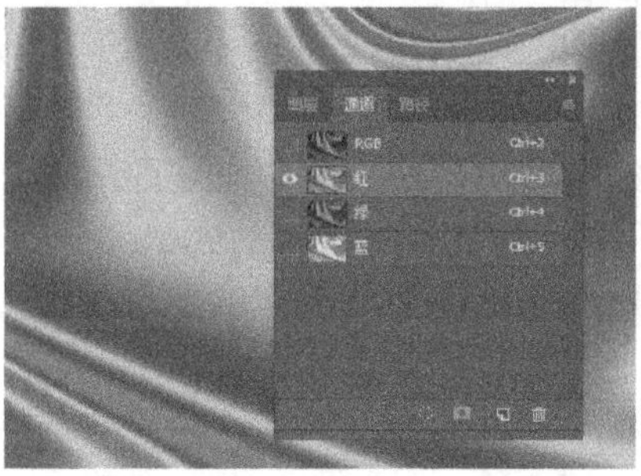

图 9-55 选择对比效果最佳的通道

图 9-56 复制红色通道并存为一个新文件

打开“龙”图像文件，把龙图案移到丝绸编辑区前面的图层（图层 1），设置整体缩小 55%，抠取龙图案，置于图中适当位置。单击“图层 1”图层标签，选择“滤镜”→“扭曲”→“置换”命令，在弹出的“置换”对话框中，在“水平比例”及“垂直比例”上都输入 7，如图 9-57 所示。

单击“确定”按钮后，会弹出“选择一张置换图”对话框，选择上面保存的那张红色通道的图像（PSD 格式），单击“打开”按钮后，即完成“置换”滤镜的应用，这时龙图案的一些地方已经发生扭曲了，是按照丝绸背景的纹理进行扭曲的。

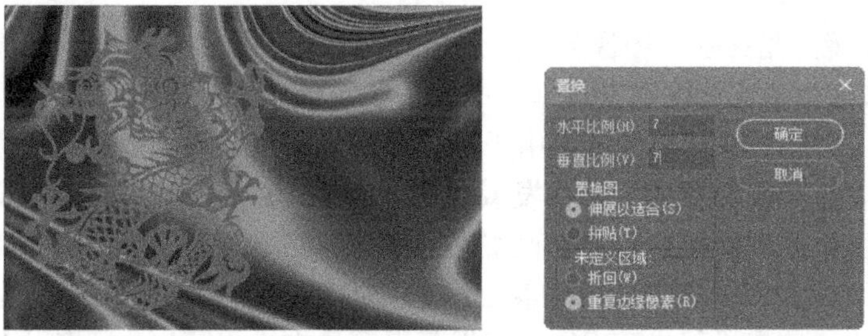

图 9-57 应用“置换”滤镜

设置图案的表面明暗效果，使之与丝绸背景的明暗度一致。复制“背景”图层，然后将图层副本移到顶层（“图层 1”之上）。双击副本图层，在弹出的“图层样式”对话框中选择左边样式列表最上面的“混合选项”。因为图像主要以红色为基调，在设置区域中的“混合颜色带”下拉列表中选择“红”选项，并适当调整“本图层”的设置（按 Alt 键拖动滑块右边的三角形可使两个三角形分开），可在勾选“预览”复选框的状态下观察图像效果，如图 9-58 所示。

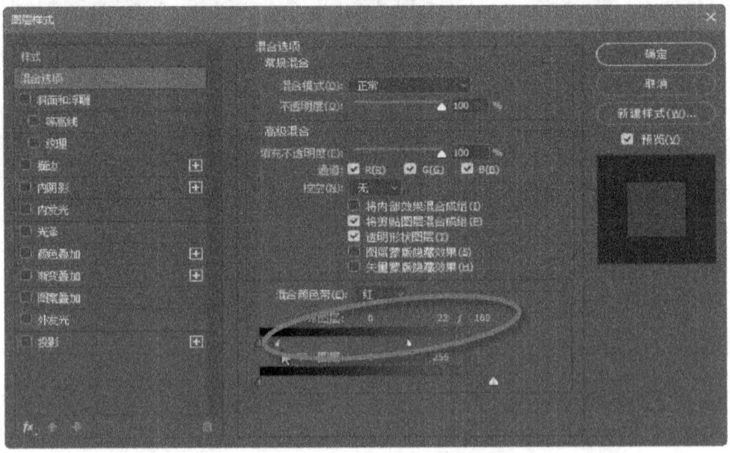

图 9-58 通过“图层样式”对话框调整图案的明暗度

最后完成的效果如图 9-54 右图所示，图案如同绣在丝绸上面一样。

在选择“置换”滤镜命令时，将弹出如图 9-57 右图所示的“置换”对话框，其中“水平比例”和“垂直比例”用于决定图像像素在水平和垂直方向根据置换图的颜色值移动的程度。“置换图”可设置置换图的匹配方式，其中选择“伸展以适合”选项可变换置换图的大小，以使它匹配图像的大小，选择“拼贴”选项，则重复图案匹配。“未定义区域”用于控制超出屏幕的区域，“折回”将反绕图像，使之显示在屏幕的另一边；“重复边缘像素”可将超出部分的图像像素分布在图像的边缘。

置换图可以是自己设定的一个纹理比较清晰的图案（必须是 PSD 格式文件），也可以选择系统提供的效果文件，在 Photoshop 系统文件下的 Plug-Ins 文件夹下 Displacement maps 文件夹中，即可看到置换图效果文件。

9.2.4 “杂色”滤镜组

“杂色”滤镜组用于添加或移去杂色或带有随机分布色阶的像素。这有助于将选区混合到周围的像素中。它可创建与众不同的纹理或移去有问题的区域，如灰尘和划痕。该滤镜组包括减少杂色、蒙尘与划痕、去斑、添加杂色、中间值 5 种滤镜效果。

1）“减少杂色”滤镜

“减少杂色”滤镜是指在基于图像各相关通道设置保留边缘的同时减少图像杂色。也可以使用“添加杂色”滤镜来减少羽化选区或渐进填充中的条纹，或使经过重大修饰的区域看起来更真实。

在“减少杂色”对话框中，“强度”用于控制应用于所有图像通道的明亮度杂色减少量。“保留细节”用于保留边缘和图像细节（如头发或纹理对象），如果值为 100%，则会保留大多数图像细节，但会将明亮度杂色减到最少。平衡设置“强度”和“保留细节”的值，以便对杂色减少操作进行微调。“减少杂色”用于移去随机的颜色像素，值越大，减少的颜色杂色越多。“锐化细节”用于对图像进行锐化。勾选“移去 JPEG 不自然感”复选框，将移去由于使用低 JPEG 品质设置存储图像而导致的斑驳的伪像和光晕。

如果明亮度杂色在一个或两个颜色通道中较明显，可勾选“高级”单选按钮，从“通道”下拉列表中选取颜色通道。“强度”和“保留细节”选项用于减少该通道中的杂色。

2）“添加杂色”滤镜

“添加杂色”滤镜可在图像上添加随机的有色像素，使图像看上去有一些沙石的质感。也可以用于减少羽化选区或渐进填充中的条纹，或使经过重大修饰的区域看起来更真实。在“添加杂色”对话框中，“数量”用于控制噪点数；“分布”用于控制噪点的分布，有“均匀分布”和“高斯分布”两个选项；“单色”选项则使噪点只影响原有像素的亮度。

3）“去斑”滤镜

“去斑”滤镜能够在不影响原图像轮廓的情况下，对细小、轻微的噪点进行柔化，从而达到去除噪点的效果。

4）“蒙尘与划痕”滤镜

“蒙尘与划痕”滤镜可搜索图像或选区中的小缺陷，然后将其溶入周围的背景中。在“蒙尘与划痕”对话框中，“半径”用于定义清除的半径，半径值越大，则图像变得越模糊；“阈值”用于决定噪点与周围像素之间的差异，如果值设置为0，则针对图像中的所有像素。使用这个滤镜时，要尽量保持半径和阈值之间的平衡，使图像既可以清除缺陷，又可以保持清晰。

5）“中间值”滤镜

“中间值”滤镜用噪点和周围像素的中间颜色作为两者之间的像素来消除噪点。其滤镜对话框中只有一个“半径”选项，用于确定搜寻像素的距离。“中间值”滤镜搜索像素选区的半径范围，以查找亮度相近的像素，扔掉与相邻像素差异太大的像素，并用搜索到的像素的中间亮度值替换中心像素。此滤镜在消除或减少图像的动感效果时非常有用。

9.2.5 “像素化”滤镜组

“像素化”滤镜组使图像按相近颜色分块，使其看起来像由许多小色块组成，包括彩块化、彩色半调、晶格化、点状化、碎片、铜版雕刻、马赛克等7种滤镜效果。

1）“彩块化”滤镜

“彩块化”滤镜使纯色或相近颜色的像素结合成相近颜色的色块。可以使用此滤镜使扫描的图像看起来像手绘图像，或使现实主义图像类似抽象派绘画。

在保持原有轮廓的前提下，找出主要的色块和轮廓，然后将相似颜色合并为色块，如图9-59所示。

图9-59 应用“彩块化”滤镜

2）“彩色半调”滤镜

“彩色半调”滤镜模拟在图像的每个通道上使用放大的半调网屏的效果。对于每个通道，滤镜将图像划分为矩形，并用圆形替换每个矩形。圆形的大小与矩形的亮度成比例，可以使图像看起来像由大量彩色半色调网点组成。图 9-60 所示为对设置了图层蒙版的画面应用“彩色半调”滤镜的效果。

图 9-60　应用“彩色半调”滤镜

3）“晶格化”滤镜

“晶格化”滤镜使像素结块形成多边形纯色。使图像看起来像由一块块的多边形晶状物组成。“晶格化”滤镜的应用效果如图 9-61 所示。

4）“点状化”滤镜

“点状化”滤镜将图像中的颜色分解为随机分布的网点，如同点状化绘画一样，并使用背景色作为网点之间的画布区域。把图像分解为随机的小块，在空隙内用背景色填充。“点状化”滤镜的应用效果如图 9-62 所示。

图 9-61　“晶格化”滤镜的应用效果

图 9-62　“点状化”滤镜的应用效果

5）“碎片”滤镜

“碎片”滤镜是指创建选区中像素的 4 个副本，将它们平均并使其相互偏移。将图像的像素复制 4 次，然后将它们平均和偏移，并降低不透明度，产生模糊的效果，如图 9-63 所示。

6）“铜版雕刻”滤镜

“铜版雕刻”滤镜用于将图像转换为黑白区域的随机图案或彩色图像中完全饱和颜色的随机图

案。要使用此滤镜，可从“铜版雕刻”对话框中的“类型”下拉列表中选择一种网点图案。在图像中随机产生各种不规则的点和线条，类似铜版雕刻的效果，如图 9-64 所示。

7）“马赛克”滤镜

“马赛克”滤镜使像素结为方形块。给定块中的像素颜色相同，块颜色代表选区中的颜色，使图像产生马赛克效果，如图 9-65 所示。

图 9-63 应用“碎片”滤镜

图 9-64 应用“铜版雕刻”滤镜

图 9-65 应用“马赛克”滤镜

9.2.6 “渲染”滤镜组

“渲染”滤镜组主要用于对图像产生照明或形态变化的效果，可在图像中创建云彩图案、折射图案和模拟的光反射及 3D 形状。也可在 3D 空间中操控对象，创建 3D 对象（立方体、球面和圆柱），并从灰度文件创建纹理填充以产生类似 3D 的光照效果。它包含云彩、分层云彩、纤维、镜头光晕、光照效果等 5 种滤镜效果。

1）“云彩”滤镜

“云彩”滤镜使用介于前景色与背景色之间的随机值，生成柔和的云彩图案。要生成色彩较为分明的云彩图案，可以将处于前景色与背景色之间的随机值转换为柔和的云彩图案，可以按 Ctrl+F 组合键重复执行滤镜，得到不同的随机云彩图案。

2）“分层云彩”滤镜

“分层云彩”滤镜使用随机生成的介于前景色与背景色之间的值，生成云彩图案。此滤镜将云彩数据和现有的像素混合，其与“差值”模式混合颜色的方式相同。第一次选取此滤镜时，图像的某些部分被反相为云彩图案。应用此滤镜几次之后，会创建出与大理石纹理相似的凸缘与叶脉图案。应用“分层云彩”滤镜时，当前图层上的图像数据会被替换。

3）“纤维”滤镜

“纤维”滤镜使用前景色和背景色创建编织纤维的外观。使用“纤维”滤镜时，要先根据效果要求设置适当的前景色和背景色，然后选择“滤镜”→“渲染”→“纤维”命令，在弹出的“纤维”对话框中设置适当的效果参数。“差异”滑块用于控制颜色的变化方式（较低的值会产生较长的颜色条纹，而较高的值会产生非常短且颜色分布变化更大的纤维）；“强度”滑块用于控制每根纤维的外观，其值设置太低会产生松散的织物，而设置太高会产生短的绳状纤维。单击“随机化”按钮可更改图案的外观，可多次单击该按钮，以达到满意的图案效果。应用“纤维”滤镜时，现有图层上的图像数据会被替换，如图 9-66 所示。

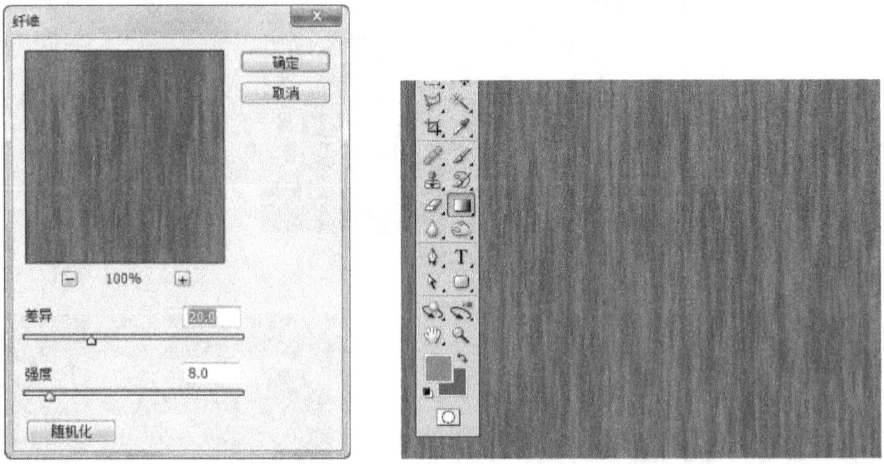

图 9-66　应用“纤维”滤镜

4）“镜头光晕”滤镜

“镜头光晕”滤镜模拟亮光照射到相机镜头所产生的折射，可在图像中生成摄像机镜头的眩光效果，可调节光源位置及强度。通过单击预览区图像的任意位置或拖动其十字线，指定光晕中心的位置。在“镜头光晕”对话框中，“亮度”用于控制光线的强度，在“镜头类型”栏可选择不同的镜头。中间的预览区中可以看到有一个十字指针，用于确定光晕的中心，可直接用鼠标拖动该指针调整光源位置，如图 9-67 所示。

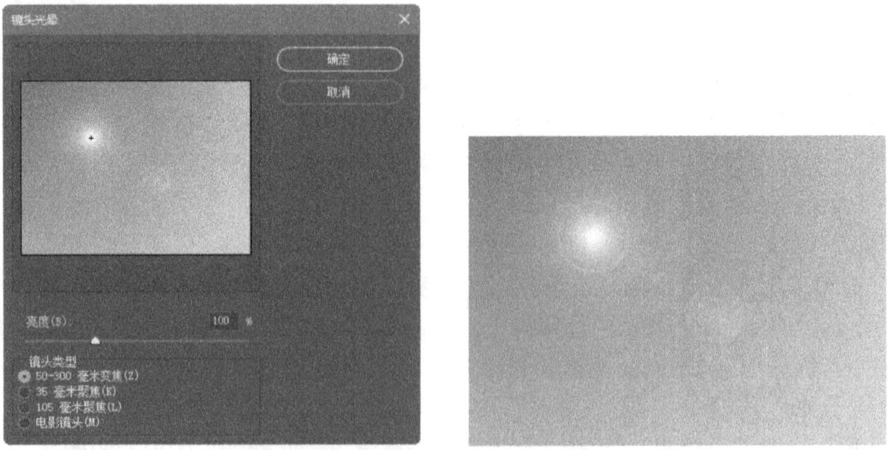

图 9-67　应用“镜头光晕”滤镜

5）“光照效果”滤镜

“光照效果”滤镜可以针对图像制作灯光照射的效果，通过改变光照样式、光照类型和光照属性，在 RGB 图像上产生各种光照效果，滤镜设置操作如图 9-68 所示。需要注意的是，“光照效果”滤镜只对 RGB 图像有效。

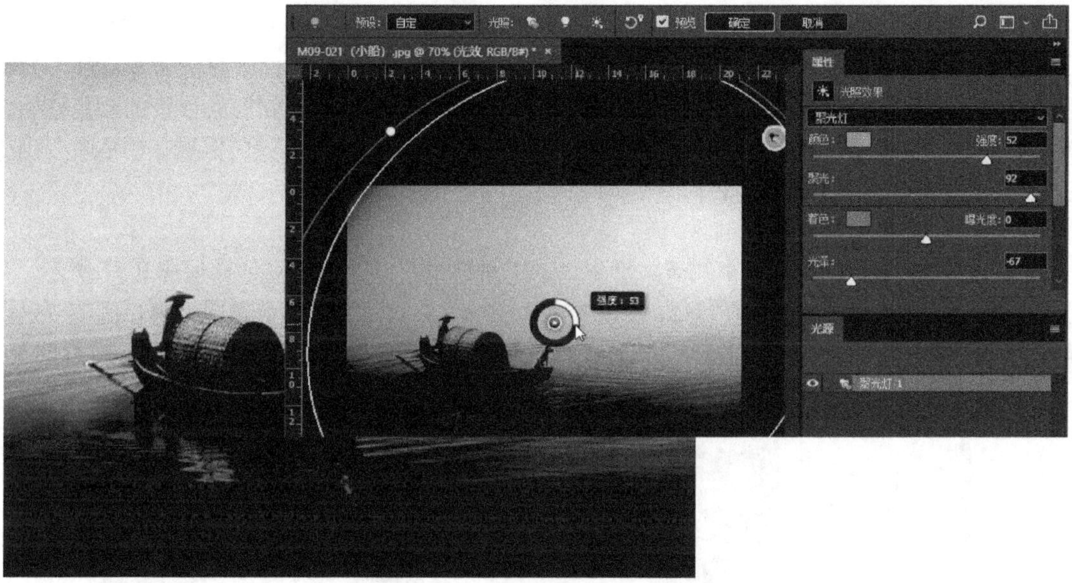

图 9-68　“光照效果”滤镜设置操作

在“光照效果”窗口中，左边部分是光照调整视图区，也是预览区，用于改变光照的方向、照射强度及照射区域，可移动控制圆或通过图上控制点调整圆大小，通过鼠标拖动控制圆或中心点，改变控制圆的形状可以改变光的强度、方向及照射区域。

顶部选项栏可“预设”光源属性、添加光照点，“光照”包括聚光灯、点光、无限光（）3 种类型，单击即可添加光源，并在右下侧“光源”区域显示相应光源标签。想要取消已有的光源，可在“光源”区域选择相应光源项拖到“垃圾桶”。

右侧是光照相关参数设置区，可设置光源颜色、光泽效果等。

9.2.7　“风格化”滤镜组

“风格化”滤镜组的主要作用是通过置换像素和通过查找并增加图像的对比度，在选区中创建印象派及其他风格化作品的效果。它包括查找边缘、等高线、风、浮雕效果、扩散、拼贴、曝光过度、凸出、油画等 9 种滤镜效果。

1）“查找边缘”滤镜

使用“查找边缘”滤镜搜索颜色变化比较强烈的边界，并强化其过渡像素，从而使图像看起来像用铅笔勾画过的轮廓一样。图 9-69 右图所示为对左图（后面的各种滤镜效果，均在该图基础上设定）应用“查找边缘”滤镜的效果。

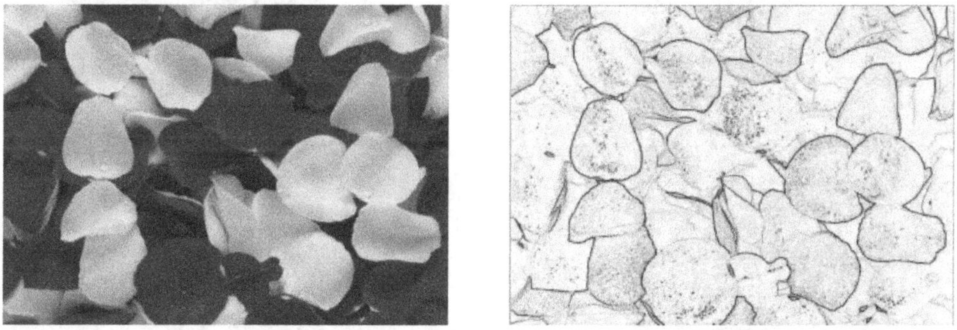

图 9-69　应用“查找边缘”滤镜

2）“等高线”滤镜

“等高线”滤镜沿亮区和暗区边界勾绘出一条较细的线，产生线描的效果，“等高线”对话框如图9-70所示。在对话框下边设置“边缘”选项，选择“较低”选项，则勾勒像素的颜色值将低于指定色阶的区域，选择“较高”选项，则勾勒像素的颜色值高于指定色阶的区域。“色阶”用于衡量颜色值（色调级别）的阈值（色阶）。

3）“风”滤镜

“风”滤镜将使图像出现细小线条，产生风吹的动感效果。“风”对话框如图9-71所示，“方法”栏用于设定风吹的强度，有“风”“大风”“飓风”3个选项，用于表现不同程度的“吹动”效果，其中“飓风”会使图像中的线条发生移位；“方向”栏的选项用于确定风吹的方向（右或左）。

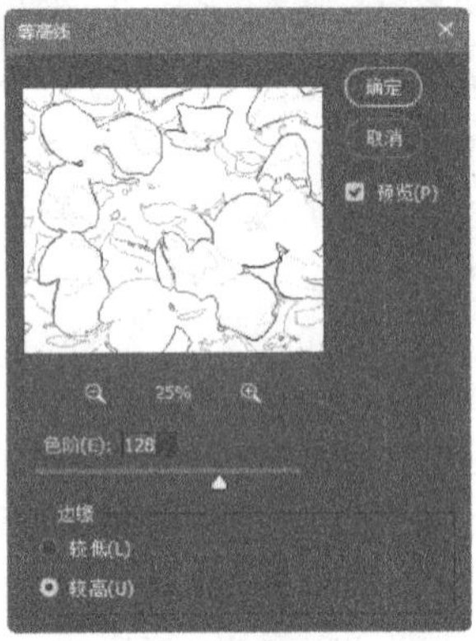

图9-70　“等高线”对话框

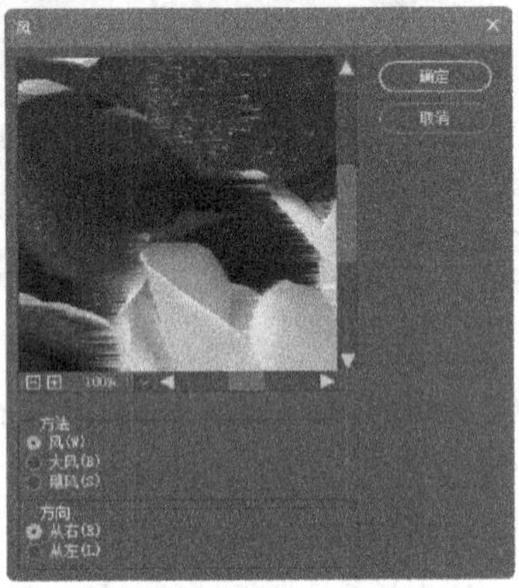

图9-71　“风”对话框

4）“浮雕效果”滤镜

“浮雕效果”滤镜用于勾画图像的边界并降低周围的颜色值，从而产生浮出的效果。如图9-72所示，在“浮雕效果”对话框中，“角度”用于决定产生浮雕时的光源方向；“高度”用于控制凸起的高度，数值越小，产生的效果越清晰，数值越大，图像越模糊；“数量”用于决定分配给边界黑色和白色像素的数量。

5）“扩散”滤镜

“扩散”滤镜可使图像的色彩边缘发生抖动，根据选中扩散模式，使用指定算法重排像素，改变图像的聚焦效果。“扩散”对话框如图9-73所示。

在“扩散”对话框中可选择不同的扩散模式：“正常”模式使像素随机移动，忽略颜色值；“变暗优先”模式用较暗的像素替换较亮的像素；“变亮优先”模式用较亮的像素替换较暗的像素；“各向异性”模式会在颜色变化最小的方向上搅乱像素。

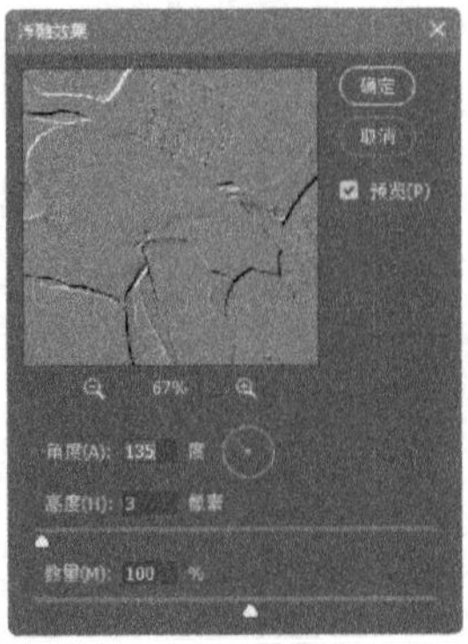

图9-72　“浮雕效果”对话框

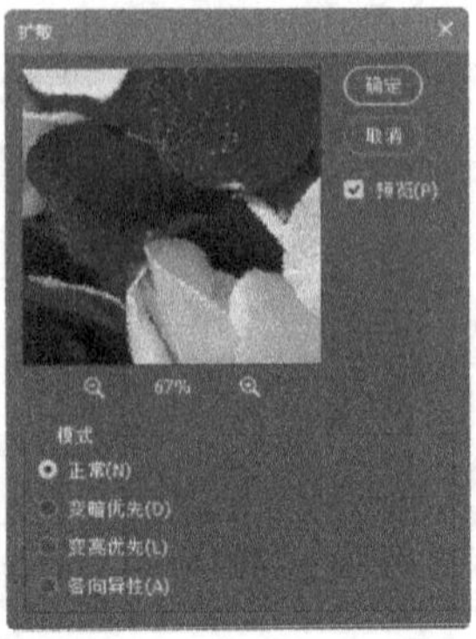

图9-73　“扩散”对话框

6）“拼贴”滤镜

“拼贴”滤镜可以将图像分成许多小贴块，小贴块之间会有一些间隙，间隙可以根据选项来设定。图 9-74 所示为“拼贴”对话框及应用“拼贴”滤镜后的效果，“拼贴数”用于确定每行和每列显示的小贴块数；“最大位移”用于确定小贴块偏移原来位置的最大距离；“填充空白区域用”栏用于确定空隙的填充，有 4 个可选项。

图 9-74　“拼贴”对话框及应用“拼贴”滤镜后的效果

7）“曝光过度”滤镜

“曝光过度”滤镜用于混合负片和正片图像，类似于显影过程中将摄影照片短暂曝光的效果，如图 9-75 所示。

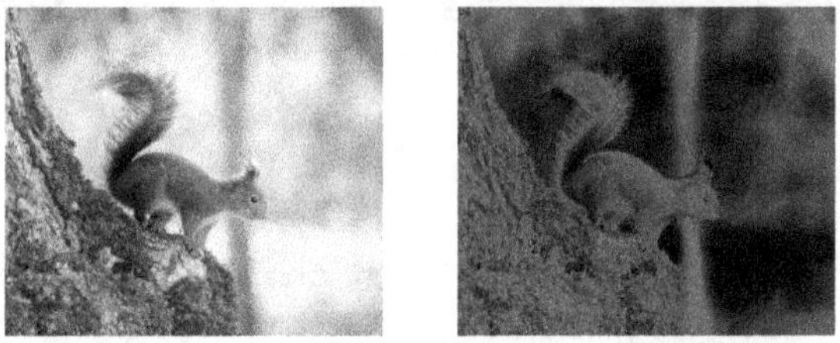

图 9-75　应用“曝光过度”滤镜前后的效果

8）“凸出”滤镜

“凸出”滤镜将图像分成一系列的三维块或锥体。在“凸出”对话框中，“类型”栏用于设定突出的形式，“金字塔”创建相交于一点的 4 个三角形侧面的对象，“块”创建具有 1 个方形的正面和 4 个侧面的对象；勾选“立方体正面”复选框则块的平均颜色将填充每个块的正面，勾选“蒙版不完整块”复选框可以隐藏所有延伸出选区的对象；“大小”用于设置块或锥体的底面大小；“深度”用于设定高度。应用“凸出”滤镜前后的效果如图 9-76 所示。

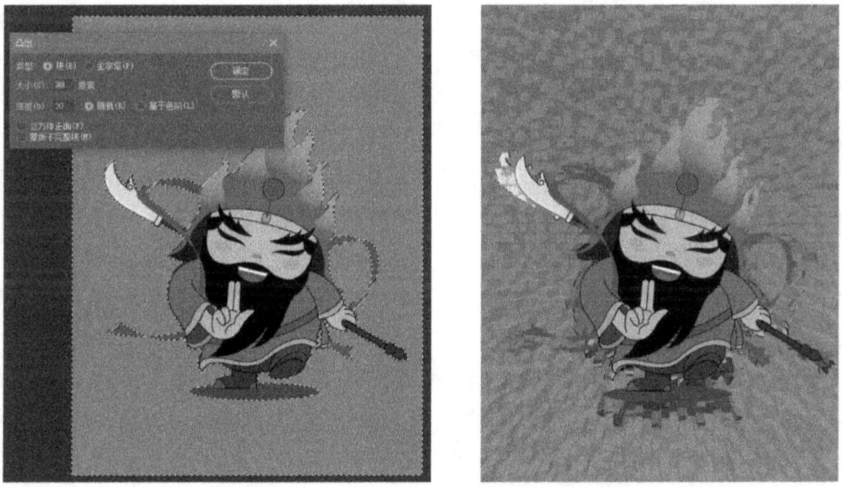

图 9-76　应用“凸出”滤镜前后的效果

9）“油画”滤镜

“油画”滤镜通过改变图像的着色强度和像素，把图像模拟为类似油画的效果，如图 9-77 所示。可以对描边样式、缩放、角度等参数进行细致调整，以得到不同的油画效果。

图 9-77　设置“油画”滤镜效果

9.2.8　“锐化”滤镜组

“锐化”滤镜组的使用可以产生更大的对比度，使图像变得清晰。一般来说，通过执行“图像”菜单中的“图像大小”命令缩小图像和执行“编辑”菜单中“变换”子菜单中的“自由变换”命令扭曲图像后，使用这些滤镜能够使图像变得更清晰。该滤镜组包括 USM 锐化、进一步锐化、锐化、锐化边缘、智能锐化等 5 种滤镜。

1）“锐化”滤镜

“锐化”滤镜通过增加相邻元素的对比度来达到锐化效果。

2）“进一步锐化”滤镜

“进一步锐化”滤镜产生比锐化更强的锐化效果。聚焦选区并提高其清晰度。

3）“锐化边缘”滤镜

“锐化边缘”滤镜只是锐化图像的边缘。这里图像的边缘是指具有强烈对比度的区域。查找图像中颜色发生显著变化的区域，然后将其锐化。该滤镜只锐化图像的边缘，同时保留总体的平滑度。

4）“USM 锐化”滤镜

“USM 锐化”滤镜是采用模糊的负片与原片（正片）的结合来加强图像的边界效果的。USM 既可以锐化图像的边缘，也可以锐化整幅图像或指定的区域，它能实现前面 3 种锐化滤镜同样的功能，而且使用更为灵活，是一个很常用的滤镜。

“USM 锐化”滤镜用于校正摄影、扫描、重新取样或打印过程中产生的模糊，特别是对既用于打印又用于联机查看的图像很有用。

在“USM 锐化”对话框中，“数量”用于控制锐化的强度，值越大，锐化效果越明显；“半径”用于确定锐化边缘的宽窄，值越小，则锐化就越靠近图像的边缘；“阈值”用于指定相邻像素之间的比较值，可以用于防止整幅图像或选择区域被过度锐化，取值越低，受影响的像素越多，取值越高，则受影响的像素也会越少。应用“USM 锐化”滤镜后的效果如图 9-78 所示。

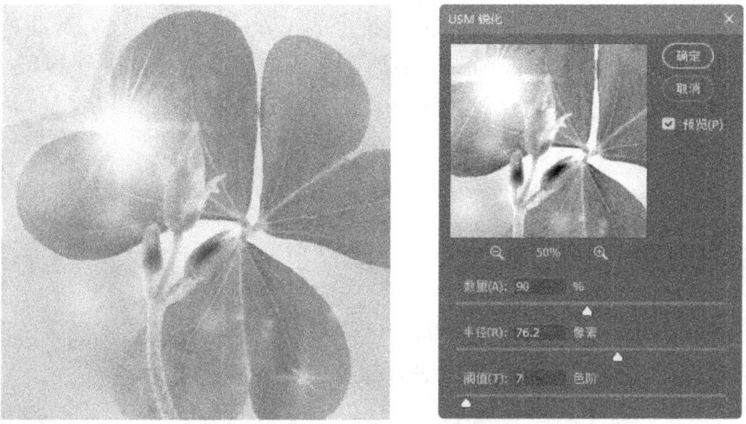

图 9-78　应用“USM 锐化”滤镜后的效果

5）“智能锐化”滤镜

“智能锐化”滤镜通过设置锐化算法或控制阴影和高光中的锐化量来锐化图像，可以做更细致的锐化设置或选择，若未确定要应用的特定锐化滤镜，可以考虑使用“智能锐化”滤镜。

在如图 9-79 所示的“智能锐化”对话框中，可设置锐化效果的相关参数。选择“基本”选项时只有“锐化”主选项卡界面可以设置，选择“高级”选项则可以进一步在“阴影”和“高光”选项卡中设置相应参数。

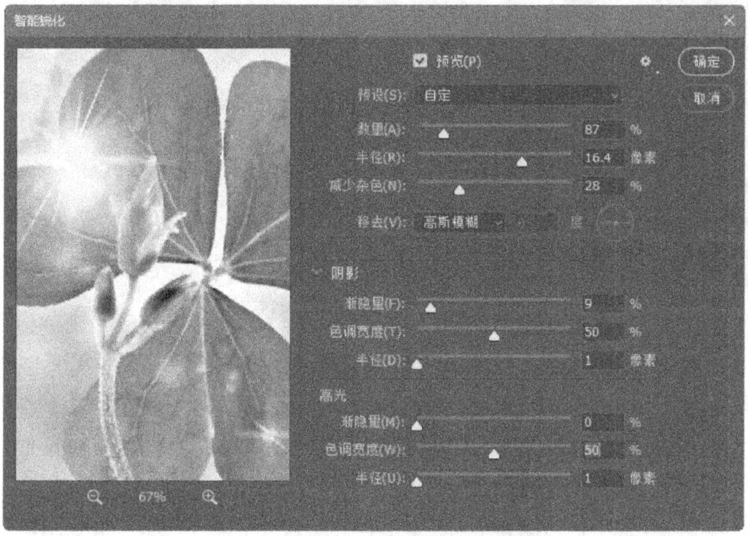

图 9-79　“智能锐化”对话框

在“锐化”选项卡中，“数量”用于设置锐化量，较大的值将会增强边缘像素之间的对比度，从而看起来更加锐利；“半径”决定边缘像素周围受锐化影响的像素数量，半径值越大，受影响的边缘就越宽，锐化的效果也就越明显；“移去”用于设置对图像进行锐化的锐化算法，可以选择“高斯模糊”“镜头模糊”“动感模糊”选项。

9.2.9　“视频”滤镜组

“视频”滤镜组属于 Photoshop 的外部接口程序，作用于从摄像机输入图像或将图像输出到录像带上的过程。包括 NTSC 颜色、逐行 2 种滤镜。

“NTSC 颜色”滤镜的作用是将色域限制在电视机重现可接受的范围内，以防止过饱和颜色渗到电视扫描行中。此滤镜对基于视频的因特网系统上的 Web 图像处理很有帮助。

“逐行”滤镜的作用是通过去掉视频图像中的奇数或偶数交错行，使在视频上捕捉的运动图像变得平滑。可以在弹出的“逐行”对话框中选择“创建新场方式：”，以“复制”或“插值”的方式来替换去掉的行。

9.3 滤镜库及艺术效果滤镜

滤镜库整合了 Photoshop 中具有创造性的滤镜，可以实现特殊的艺术效果，图像应用滤镜库中的相关滤镜时，需要在“滤镜库”对话框中进行操作，如图 9-80 所示。

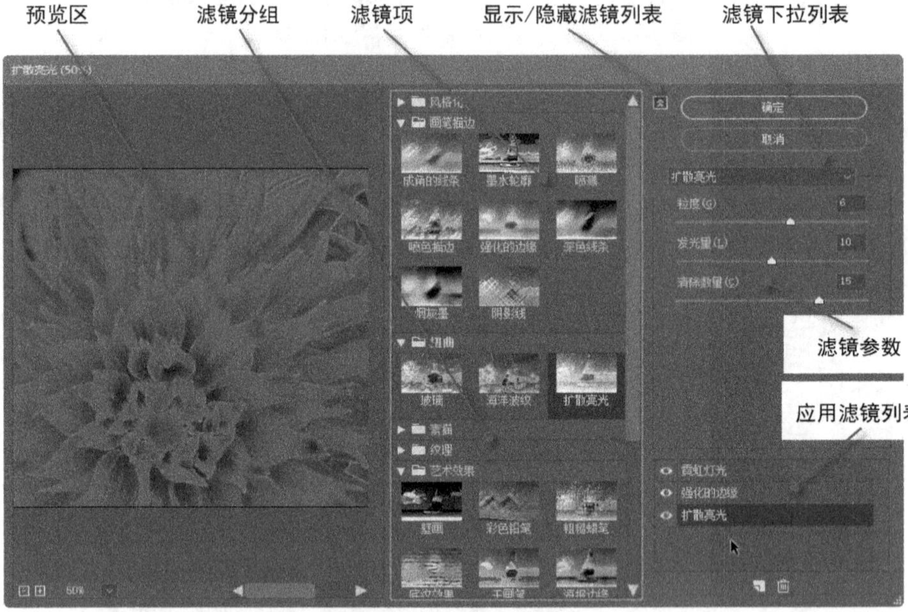

图 9-80 “滤镜库”对话框

在滤镜库中单击滤镜分组名称，可显示可选滤镜效果的缩览图。单击某滤镜缩览图即可对图像应用该滤镜。在预览区可以看到应用滤镜的效果，单击预览区下的“”或“”图标，或设定缩放百分比可放大或缩小预览图，使用抓手工具在预览区中拖动可查看预览的其他区域，单击滤镜库顶部的“”图标可隐藏或显示滤镜列表。

在滤镜库中可以累积应用不同滤镜，或应用单个滤镜多次，再次增加应用滤镜时，应单击底部的“”（新建效果图层）图标，添加滤镜标签，然后单击相应滤镜缩览图。要删除某个应用滤镜时，可单击应用滤镜标签，然后单击“”图标。还可以根据需要直接拖动效果图层标签以调整图层以改变效果应用的次序。

滤镜效果是按照选择的顺序来应用的。在应用滤镜之后，可通过在已应用的滤镜列表中将滤镜名称拖动到另一个位置来重新排列它们，重新排列滤镜效果可显著改变图像的外观。单击滤镜旁边的“”图标，可在预览图像中暂时隐藏应用的滤镜效果。

滤镜库包含风格化、画笔描边、扭曲、素描、纹理、艺术效果等 6 组滤镜。

9.3.1 风格化-“照亮边缘”滤镜

“照亮边缘”滤镜通过亮化边缘和暗化其他部分来产生发光效果，标识颜色的边缘，并向其添加类似霓虹灯的光亮。可分别设置边缘宽度、边缘亮度和平滑度。这是“风格化”滤镜组中唯一置入滤镜库的滤镜。

9.3.2　“艺术效果”滤镜组

“艺术效果”滤镜组主要用于处理使用计算机绘制的图像，模拟绘画时使用的不同技法，使图像表现出不同艺术效果。

“艺术效果”滤镜组共有 15 种滤镜，在滤镜库中这些滤镜被选中时会在右侧的参数设置区域列出相应的参数设置选项。这些滤镜都可以通过滤镜库进行设置。

1）“壁画”滤镜

“壁画”滤镜是指模拟短而圆的、粗略涂抹的小块颜料，以一种粗糙的风格绘制图像。图 9-81 所示为应用“壁画”滤镜前后的效果。

图 9-81　应用“壁画”滤镜前后的效果

2）“粗糙蜡笔”滤镜

“粗糙蜡笔”滤镜是指在带纹理的背景上模拟粉笔描边。在亮色区域，粉笔看上去很厚，几乎看不见纹理；在深色区域，粉笔似乎被擦去了，使纹理显露出来。图 9-82 所示为应用“粗糙蜡笔”滤镜后的效果。

3）“海绵”滤镜

“海绵”滤镜是指使用颜色对比强烈、纹理较重的区域创建图像，以模拟海绵绘画的效果。图 9-83 所示为应用“海绵”滤镜后的效果。

图 9-82　应用“粗糙蜡笔”滤镜后的效果

图 9-83　应用“海绵”滤镜后的效果

4）“胶片颗粒”滤镜

“胶片颗粒”滤镜是指将平滑图案应用于阴影和中间色调，将一种更平滑、饱和度更高的图案添加到亮区。图 9-84 所示为应用“胶片颗粒”滤镜后的效果。在消除混合的条纹和将各种来源的图像在视觉上进行统一时，此滤镜非常有用。

5）“海报边缘”滤镜

“海报边缘”滤镜是指根据设置的海报化选项减少图像中的颜色数量（对其进行色调分离），

并查找图像的边缘，在边缘上绘制黑色线条。图 9-85 所示为应用“海报边缘”滤镜后的效果。

图 9-84　应用“胶片颗粒”滤镜后的效果

图 9-85　应用“海报边缘”滤镜后的效果

6）“塑料包装”滤镜

“塑料包装”滤镜是指给图像涂上一层光亮的塑料，以强调表面细节。图 9-86 所示为应用“塑料包装”滤镜前后的效果。

图 9-86　应用“塑料包装”滤镜前后的效果

7）“彩色铅笔”滤镜

“彩色铅笔”滤镜是指使用彩色铅笔在纯色背景上绘制图像。其效果为保留边缘，外观呈粗糙阴影线，纯色背景色透过比较平滑的区域显示出来。应注意，应用滤镜前的背景色对滤镜效果是有影响的。图 9-87 所示为应用“彩色铅笔”滤镜前后的效果。

9-87　应用“彩色铅笔”滤镜前后的效果

8）“底纹效果”滤镜

“底纹效果”滤镜是指模拟在带纹理的背景上绘制图像，根据设置的纹理类型和颜色，使图像产生一种纹理描绘的艺术效果。图 9-88 所示为应用“底纹效果”滤镜前后的效果。

图 9-88　应用“底纹效果”滤镜前后的效果

9）“干画笔”滤镜

“干画笔”滤镜是指模拟绘画的干画笔技术（介于油彩和水彩之间）绘制图像边缘。此滤镜通过将图像的颜色范围降到普通颜色范围来简化图像。大而宽的区域有简单的阴影，而细小的深色细节遍布图像，模拟干毛刷技术，通过减少图像的颜色来简化图像的细节，使图像产生一种不饱和、不湿润的油画效果。图 9-89 所示为应用“干画笔”滤镜后的效果。

10）“绘画涂抹”滤镜

“绘画涂抹”滤镜模拟使用画笔在图像上随意涂抹，从而使图像模糊的艺术效果。可以模拟选取各种大小（1～50 像素）和类型的画笔来创建绘画效果。图 9-90 所示为应用“绘画涂抹”滤镜后的效果。

图 9-89　应用“干笔画”滤镜后的效果

图 9-90　应用“绘画涂抹”滤镜后的效果

11）“木刻”滤镜

“木刻”滤镜使图像看上去好像是由从彩纸上剪下的边缘粗糙的剪纸片组成的。高对比度的图像看起来呈剪影状，而彩色图像看上去是由几层彩纸组成的。图 9-91 所示为应用“木刻”滤镜前后的效果。

12）“霓虹灯光”滤镜

“霓虹灯光”滤镜模拟各种类型的灯光添加到图像中的对象上。此滤镜用于在柔化图像外观时给图像着色，可选择发光颜色。图 9-92 所示为应用“霓虹灯光”滤镜后的效果。

图 9-91　应用“木刻”滤镜前后的效果

图 9-92　应用“霓虹灯光”滤镜后的效果

13）“水彩”滤镜

“水彩”滤镜模拟水彩的风格绘制图像，使用蘸了水和颜料的中号画笔绘制以简化细节。当边缘有显著的色调变化时，此滤镜会使颜色更饱满。图 9-93 所示为应用“水彩”滤镜前后的效果。

图 9-93 应用“水彩”滤镜前后的效果

14）“调色刀”滤镜

“调色刀”滤镜是指减少图像中的细节以生成描绘很淡的画布效果，可以显示出下面的纹理。图 9-94 所示为应用“调色刀”滤镜后的效果。

15）“涂抹棒”滤镜

“涂抹棒”滤镜是指使用短的对角描边涂抹暗区以柔化图像，使亮区变得更亮，以致失去细节。图 9-95 所示为应用“涂抹棒”滤镜后的效果。

图 9-94 应用“调色刀”滤镜后的效果

图 9-95 应用“涂抹棒”滤镜后的效果

9.3.3 “画笔描边”滤镜组

“画笔描边”滤镜组位于滤镜库中，主要作用是利用不同的油墨和笔刷勾绘图像，产生涂抹的艺术效果。这一组滤镜包含强化的边缘、成角的线条、阴影线、深色线条、墨水轮廓、喷溅、喷色描边、烟灰墨等 8 种滤镜效果。这些滤镜均在滤镜库中进行编辑。

1）“强化的边缘”滤镜

“强化的边缘”滤镜用于突出强调图像的边缘，如使边缘产生加粗、加亮及粗糙化等效果。图 9-96 所示为应用“强化的边缘”滤镜前后的效果。

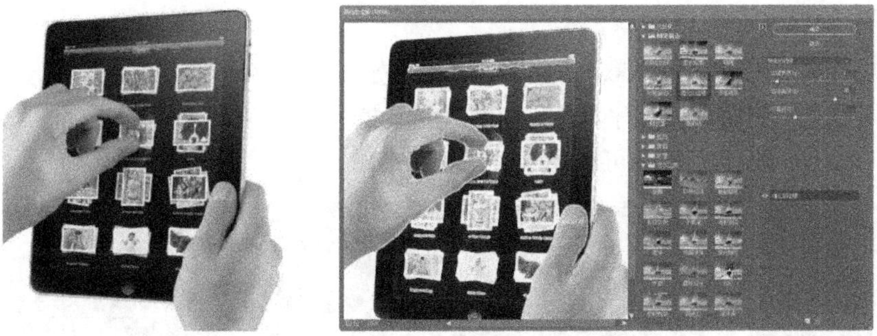

图 9-96 应用“强化的边缘”滤镜前后的效果

在“强化的边缘”对话框中，边缘宽度可取值 1～14；边缘亮度可取值 0～50，当取值大于 25 时变亮，呈现类似白粉笔的效果，当取值小于 25 时变暗呈现类似黑色墨水效果；平滑度可取值 1～15，值越大边缘越不明显。

2）“成角的线条”滤镜

“成角的线条”滤镜是指使用对角描边重新绘制图像，用相反方向的线条来绘制亮区和暗区。

其参数设置包括“方向平衡”“描边长度”“锐化程度”等。

3）“阴影线”滤镜

“阴影线”滤镜产生模拟铅笔绘制的交叉网格阴影效果。该滤镜保留原始图像的细节和特征，同时使用模拟的铅笔阴影线添加纹理，并使彩色区域的边缘变粗糙。

其参数设置包括“描边长度”“锐化程度”“强度”。

4）“深色线条”滤镜

“深色线条”滤镜可平衡笔触颜色，产生有层次感的黑色边框或阴影线。

其参数设置包括“平衡”“黑色强度”“白色强度”，取值范围均为 0～10。

5）“喷溅”滤镜

“喷溅”滤镜模拟喷枪喷溅的效果，产生笔墨喷溅效果。

其参数设置包括“喷射半径”，可取值 0～25；“平滑度”，可取值 0～15。

6）“喷色描边”滤镜

“喷色描边”滤镜使用图像的主导色，用成角的、喷溅的颜色线条重新绘画图像。它可产生用倾斜的线条喷绘的效果，以突出图像中的各种颜色。

其参数设置包括“描边长度”“喷色半径”“描边方向”等。

7）“墨水轮廓”滤镜

“墨水轮廓”滤镜以钢笔画的风格，用纤细的线条在原细节上重绘图像，使图像产生油墨勾勒的效果。

其参数设置包括“描边长度”“深色强度”“光照强度”。

8）“烟灰墨”滤镜

“烟灰墨”滤镜模拟日本画的风格绘画图像，看起来像是用蘸满油墨的画笔在宣纸上绘画。使用非常黑的油墨来创建柔和的模糊边缘。

其参数设置包括“描边宽度”“描边压力”“对比度”。

9.3.4 “扭曲”滤镜组

“扭曲”滤镜组在滤镜库中包含玻璃、海洋波纹、扩散亮光 3 种滤镜，可实现画面的不同扭曲变形效果。

1）“玻璃”滤镜

“玻璃”滤镜可以产生透过玻璃观察图像的效果。如图 9-97 所示的“玻璃”对话框中，前两个参数分别用于控制纹理的扭曲程度和平滑度；“纹理”下拉列表中有 4 个可选项，包括块状、画布、磨砂、小镜头，单击右侧“▾☰”图标可以载入其他特定的纹理文件，“缩放”栏用于调整纹理的尺寸。

图 9-97　“玻璃”对话框

2）“海洋波纹”滤镜

“海洋波纹”滤镜处理的图像看起来像起伏的小海浪，如图 9-98 所示，该滤镜产生的效果与“玻璃”滤镜中采用“磨砂”纹理时产生的效果很相似。在“海洋波纹”对话框中，“波纹大小”用于控制波纹的最大和最小横向尺寸，“波纹幅度”用于控制波纹效果的幅度（即垂直方向的波浪高度）。

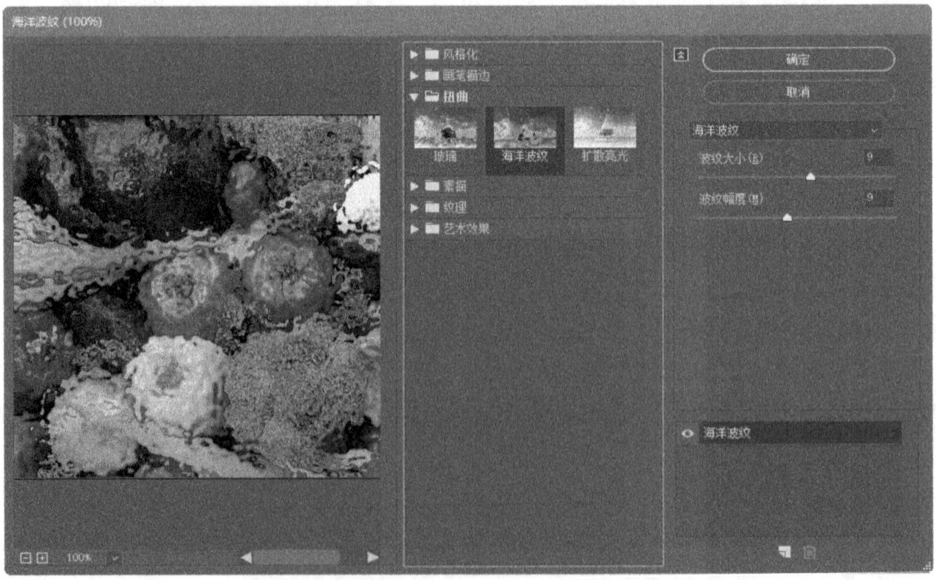

图 9-98　应用“海洋波纹”滤镜后的效果

3）“扩散亮光”滤镜

“扩散亮光”滤镜可散射图像上的高光，生成一种发光效果。图 9-99 所示为应用“扩散亮光”滤镜将图像修饰为迷雾朦胧的场景。

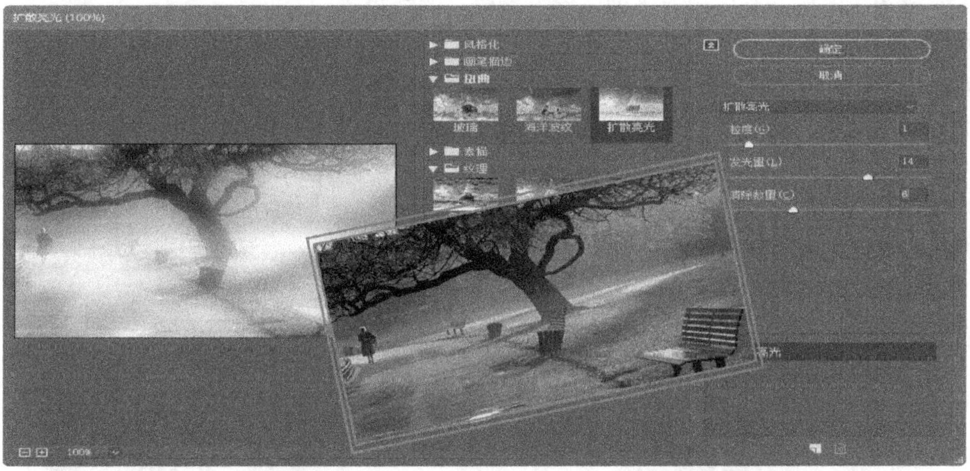

图 9-99　应用“扩散亮光”滤镜将图像修饰为迷雾朦胧的场景

在“扩散亮光”对话框中，“粒度”可为图像增加沙粒效果；“发光量”用于为图像增加发光效果；“清除数量”用于控制图像中受滤镜影响的区域，值越大，受影响的区域就越小。

9.3.5　“素描”滤镜组

“素描”滤镜组中的滤镜用于模拟素描、速写、雕刻等手工和艺术效果。这类滤镜中的大多数滤镜都要配合前景色和背景色来使用，所以在使用这些滤镜之前最好先设置好合适的前景色和背景色，同时应用这类滤镜时如果在图像中加入底纹会产生立体效果。“素描”滤镜组包括便条纸、半调图案、图章、基底凸现、石膏效果、影印、撕边、水彩画纸、炭笔、炭精笔、粉笔和炭笔、绘图笔、网状、铬黄渐变等 14 种滤镜效果。该滤镜组的滤镜均直接在滤镜库中设置。

1）“便条纸”滤镜

“便条纸”滤镜产生用手工制作的纸张构建图形的效果，图像中的暗区将凹陷，而突出显示亮区，应用“便条纸”滤镜前后的效果如图 9-100 所示。

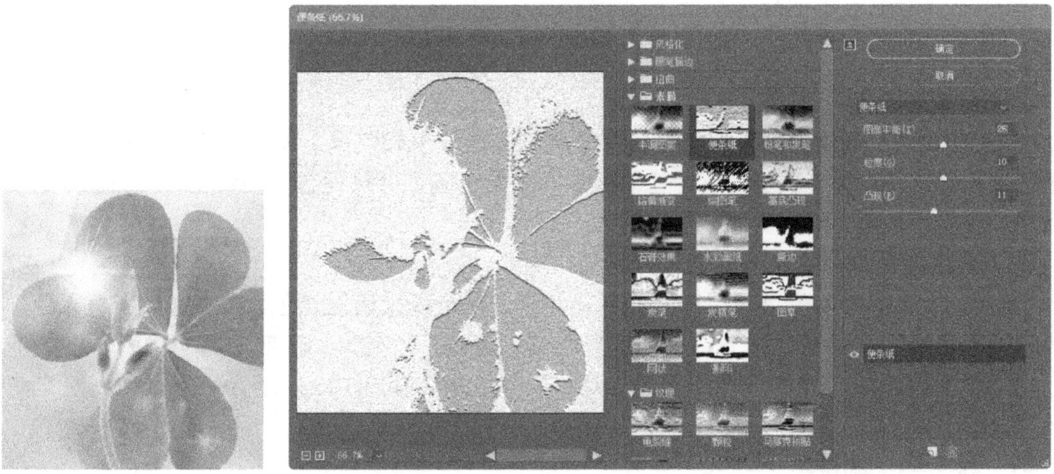

图 9-100　应用“便条纸”滤镜前后的效果

2）“半调图案”滤镜

“半调图案”滤镜使图像在保持连续色调范围的同时，模拟半色调网屏的效果。在该对话框中可设置网格间距的“大小”“对比度”，在“图案类型”下拉列表中可选择“圆形”“网点”“直线”选项。图 9-101 所示为应用“半调图案”滤镜后的效果。

3）“网状”滤镜

“网状”滤镜模拟胶片乳胶的可控收缩和扭曲来创建图像，使之在暗区呈结块状，在高光区呈轻微颗粒化。可以对“浓度”“前景色阶”“背景色阶”参数进行设置。图 9-102 所示为应用“网状”滤镜后的效果。

4）“炭笔”滤镜

“炭笔”滤镜产生用炭笔绘制的色调分离的涂抹效果，图像主要边缘用粗线绘制，而中间色调则用对角描边绘制。图 9-103 所示为应用“炭笔”滤镜后的效果。

图 9-101　应用“半调图案”滤镜后的效果

图 9-102　应用“网状”滤镜后的效果

图 9-103　应用“炭笔”滤镜后的效果

5）“粉笔和炭笔”滤镜

“粉笔和炭笔”滤镜模拟使用粗糙的粉笔绘制高光和中间色调，而用黑色的对角炭笔线条绘制阴影区域。可分别设置“炭笔区”“粉笔区”的效果范围，并可设置“描边压力”。图 9-104 所示为应用“粉笔和炭笔”滤镜后的效果。

6）“炭精笔”滤镜

“炭精笔”滤镜模拟浓黑和纯白的炭精笔纹理，在暗区采用前景色，在亮区采用背景色。可以设置“前景色阶”“背景色阶”，并可选择绘制“画布”“砖形”“粗麻布”“砂岩”等不同纹理，还可设置相应的“缩放”“凸现”“光照”等效果。图 9-105 所示为应用“炭精笔”滤镜后的效果。

7）“绘图笔”滤镜

“绘图笔”滤镜产生一种类似于素描的效果，用细的油棉线条获取原图像中的细节，图像中暗调区将产生较多线条，而高光区则产生的线条较少。可以设置“描边长度”“明/暗平衡”“描边方向”。图 9-106 所示为应用“绘图笔”滤镜后的效果。

8）“水彩画纸”滤镜

“水彩画纸”滤镜产生在潮湿的纤维纸上涂画的效果，使颜色流动并混合。在“水彩画纸”对话框中可设置“纤维长度”“亮度”“对比度”。图 9-107 所示为应用“水彩画纸”滤镜后的效果。

图 9-104　应用“粉笔和炭笔”滤镜后的效果

图 9-105　应用“炭精笔”滤镜后的效果

图 9-106　应用“绘图笔”滤镜后的效果

图 9-107　应用“水彩画纸”滤镜后的效果

9）“撕边”滤镜

“撕边”滤镜使图像呈粗糙、撕破的纸片状外观。可设置“图像平衡”“平滑度”“对比度”等效果。图 9-108 所示为应用“撕边”滤镜后的效果。

10）“图章”滤镜

“图章”滤镜用于简化图像，使之呈现用橡皮或木制图章盖印的效果。可以对“明/暗平衡”及“平滑度”进行调整。图 9-109 所示为应用“图章”滤镜后的效果。

11）“影印”滤镜

“影印”滤镜可模拟影印图像的效果，只处理暗区的四周边缘，而中间色调则生成纯黑色或纯白色。可以对“细节”和“暗度”参数进行调整。图 9-110 所示为应用“影印”滤镜后的效果。

图 9-108　应用“撕边”滤镜后的效果

图 9-109　应用“图章”滤镜后的效果

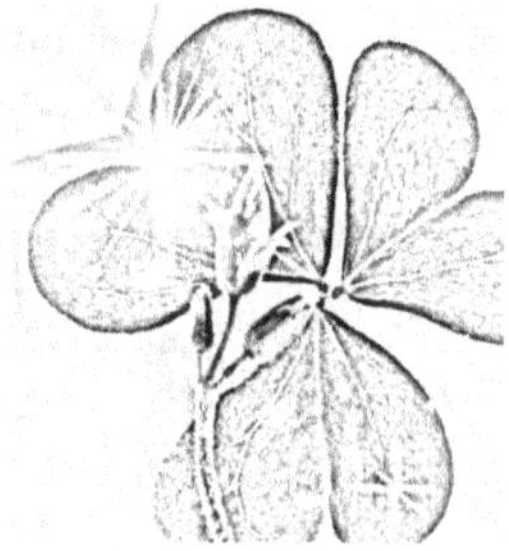

图 9-110　应用“影印”滤镜后的效果

12）"石膏效果"滤镜

"石膏效果"滤镜使用前景色和背景色为结果图像着色，让亮区凹陷，让暗区凸出，从而形成三维的石膏效果；"石膏效果"滤镜可以按 3D 效果塑造图像，然后使用前景色与背景色为结果图像着色，使图像中的暗区凸起，亮区凹陷。可设置"图像平衡"和"平滑度"效果，并可设定"光照"方向。图 9-111 所示所示为应用"石膏效果"滤镜后的效果。

13）"基底凸现"滤镜

"基底凸现"滤镜将变换图像，使之呈浅浮雕的雕刻状和突出光照下变化各异的表面。图像的暗区呈现前景色，而浅色使用背景色。可以对量化的"细节""平滑度"进行调节，并可设置"光照"方向。图 9-112 所示为应用"基底凸现"滤镜后的效果。

14）"铬黄渐变"滤镜

"铬黄渐变"滤镜将图像处理成好像是擦亮的铬黄表面。高光在反射表面上是高点，暗调是低点。可以对量化的"细节"和"平滑度"进行调节。图 9-113 所示为应用"铬黄渐变"滤镜后的效果。

图 9-111　应用"石膏效果"滤镜后的效果

图 9-112　应用"基底凸现"滤镜后的效果

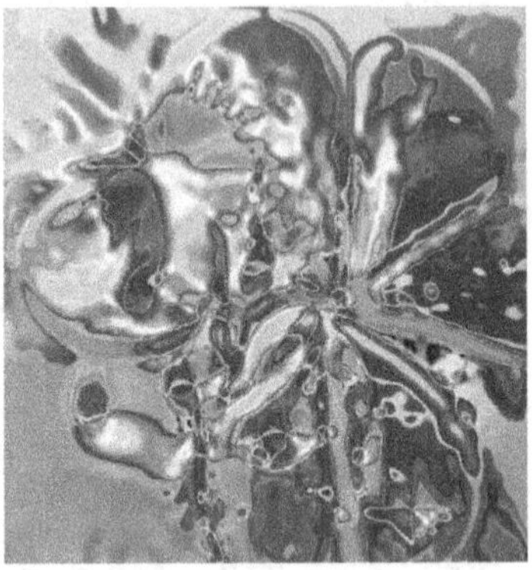

图 9-113　应用"铬黄渐变"滤镜后的效果

9.3.6　"纹理"滤镜组

"纹理"滤镜组用于在图像上产生纹理效果，使用"纹理"滤镜组可使图像表面具有深度感和物质感，或添加一种器质外观。

这组滤镜中，有些滤镜使用起来效果比较明显，看起来比较舒服，尤其是用作艺术作品的背景，效果更加明显。这类滤镜通过替换像素，增强像素的对比度，使图像纹理产生加粗、夸张的效果。"纹理"滤镜组包括拼缀图、染色玻璃、纹理化、颗粒、马赛克拼贴、龟裂缝等 6 种滤镜效果。

"纹理"滤镜组的滤镜直接在滤镜库中选择和设置。

1）"龟裂缝"滤镜

"龟裂缝"滤镜模拟将图像绘制在一个凸现的石膏表面上，沿图像等高线生成精细的网状裂缝。应用"龟裂缝"滤镜前后的效果如图 9-114 所示。使用此滤镜可以对包含多种颜色值或灰度值的图像创建浮雕效果。可对"裂缝间距""裂缝深度""裂缝亮度"等参数进行设置。

图 9-114　应用“龟裂缝”滤镜前后的效果

2）“马赛克拼贴”滤镜

“马赛克拼贴”滤镜用于渲染图像，使图像看起来是由小的碎片或拼贴组成的（不同于“像素化”→“马赛克”滤镜命令使图像分解成各种颜色的像素块），然后在拼贴之间灌浆。应用“马赛克拼贴”滤镜后的效果如图 9-115 所示。可对“拼贴大小”“缝隙宽度”“加亮缝隙”等参数进行设置。

3）“纹理化”滤镜

“纹理化”滤镜将选择或创建的纹理应用于图像，如同在相应质地的平面上绘制图案。应用“纹理化”滤镜后的效果如图 9-116 所示。可以选择系统提供的纹理样式，也可以载入其他纹理文件，可设置纹理图案的“缩放”和“凸现”效果，也可以设置“光照”方向。

图 9-115　应用“马赛克拼贴”滤镜后的效果

图 9-116　应用“纹理化”滤镜后的效果

4）“拼缀图”滤镜

“拼缀图”滤镜将图像分解为用图像中的主色填充的正方形，随机减小或增大拼贴的深度，以模拟高光和阴影。可对“方形大小”和“凸现”参数进行设置。图 9-117 所示为应用“拼缀图”滤镜后的效果。

5）“染色玻璃”滤镜

“染色玻璃”滤镜将图像重新绘制为用前景色勾勒的单色的相邻单元格，类似彩色图案玻璃的效果。该滤镜可对“单元格大小”“边框粗细”“光照强度”等参数进行设置。图 9-118 所示为应用“染色玻璃”滤镜后的效果。

图 9-117　应用“拼缀图”滤镜后的效果

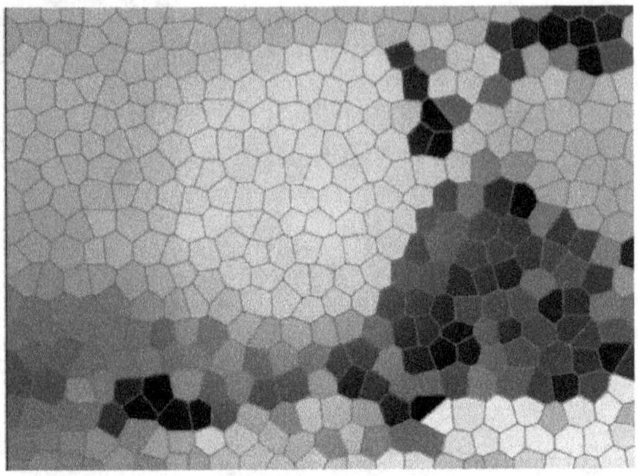

图 9-118　应用“染色玻璃”滤镜后的效果

6）“颗粒”滤镜

“颗粒”滤镜将图中相近像素转换为特定颗粒形成纹理效果。可以在滤镜库中通过“颗粒类型”选择一种颗粒（图 9-119 中选择的“颗粒类型”为斑点），同时可设置颗粒的“强度”和“对比度”参数。图 9-119 所示为应用“颗粒”滤镜后的效果。

图 9-119　应用“颗粒”滤镜后的效果

9.4　其他独立滤镜

9.4.1　自适应广角和 Camera Raw 滤镜

Photoshop 的内置滤镜“自适应广角”滤镜用于校正由于广角镜头的使用而造成的画面畸变，如图 9-120 所示。

图 9-120　“自适应广角”滤镜

Photoshop 的内置滤镜“Camera Raw”主要用于图像的后期效果整理，如图 9-121 所示。可调整曝光、色调、清晰度、饱和度等参数。

图 9-121　“Camera Raw”滤镜

9.4.2　“镜头校正”滤镜

“镜头校正”滤镜可修复常见的镜头瑕疵，如桶形和枕形中的失真、晕影和色差。

实例 9-07　修正变形照片

在 Photoshop 中打开如图 9-122 所示的照片，由于拍摄视角、器材的限制，造成这张照片失真了。

图 9-122　画面失真的照片

选择“滤镜”→“镜头校正”命令，打开“镜头校正”对话框，其中右边是校正参数区，左边是图像预览区。首先调整一下梯形失真，在“镜头校正”对话框右侧校正参数区下部，适当设置“变换”栏中的“垂直透视”参数。可在图像预览区放大图像进行仔细观察，还可以显示网格以供参考。图 9-123 所示为在“镜头校正”对话框中校正图形。

图 9-123　在“镜头校正”对话框中校正图形

调整广角镜头带来的桶状变形，可在校正参数区上部调整“移去扭曲”参数，如图 9-124 所示。

图 9-124　扭曲校正设置

而对于四周黑晕，可在校正参数区中部，调整“晕影”栏的相关参数，如图 9-125 所示。

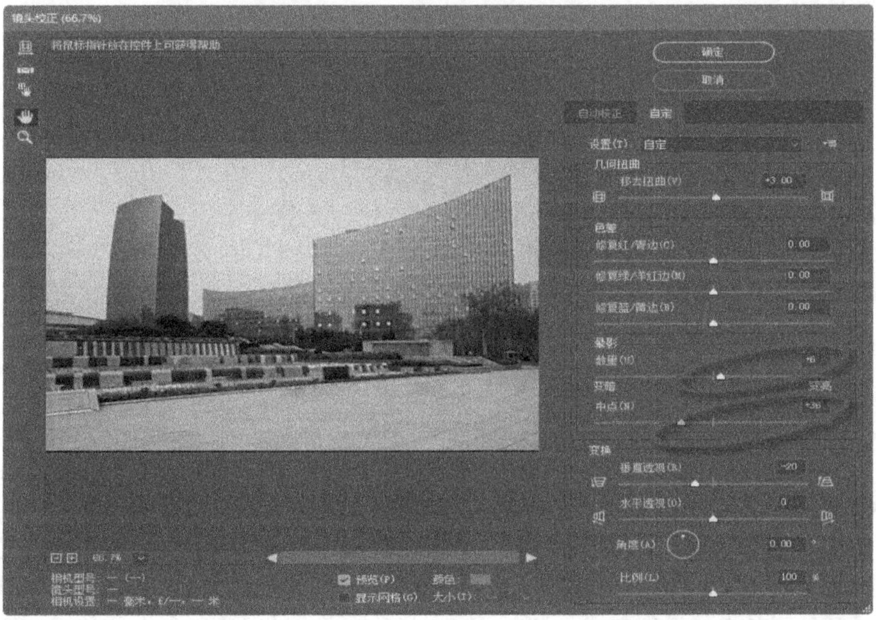

图 9-125　晕影校正设置

经过上述操作，照片已经进行重新修正，不过，由于“镜头校正”滤镜的操作会影响照片质量，所以需要锐化一下，并进行适当裁剪。

1）几何扭曲

“几何扭曲”栏中的“移去扭曲”用于校正镜头桶形或枕形失真。移动滑块可拉直从图像中心向外弯曲或朝图像中心弯曲的水平和垂直线条。朝图像的中心拖动可校正枕形失真，而朝图像的边缘拖动可校正桶形失真。

2）色差

“色差”栏用于校正色边。在进行校正时，放大预览的图像可更近距离地查看色边。

- 修复红/青边：调整红色通道相对于绿色通道的大小。补偿红/青色边缘。
- 修复蓝/黄边：调整蓝色通道相对于绿色通道的大小。补偿蓝/黄色边缘。

3）晕影

“晕影”栏用于校正由于镜头缺陷或镜头遮光处理不正确而导致边缘较暗的图像。

- 数量：设置沿图像边缘变亮或变暗的程度。增加“数量”以使角落变亮，或者减少“数量”以使角落变暗。
- 中点：指定受“数量”滑块影响的区域的宽度。如果指定较小的数，则会影响较多的图像区域；如果指定较大的数，则只会影响图像的边缘。

4）变换

“变换”栏用于校正图像的异常变形。

- 垂直透视：用于校正由于相机向上或向下倾斜而导致的图像透视，并使图像中的垂直线平行。
- 水平透视：校正图像透视，并使水平线平行。
- 角度：旋转图像以针对相机歪斜加以校正，或在校正透视后进行调整。也可以使用拉直工具来进行此校正。沿图像中想作为横轴或纵轴的直线进行拖动。
- 比例：向上或向下调整图像缩放。图像像素尺寸不会改变。主要用途是移去由于枕形失真、旋转或透视校正而产生的图像空白区域。放大实际上将导致裁剪图像，并使差值增大到原始像素尺寸。

9.4.3 液化

“液化”命令，可用于修饰图像和创建艺术效果，可以进行推、拉、旋转、扭曲、收缩等变形操作，也可以修改图像的区域效果。

“液化”命令的使用见实例 9-01 中的图 9-7。

在“液化”对话框中包含 12 种用于修整图的工具，包括向前变形工具、重建工具、顺时针旋转扭曲工具、褶皱工具、膨胀工具、左推工具、镜像工具、湍流工具、冻结蒙版工具、解冻蒙版工具、抓手工具及缩放工具等。

9.4.4 消失点

“消失点”滤镜可以简化在包含透视平面（如建筑物的侧面、墙壁、地面或任何矩形对象）的图像中进行的透视校正编辑的过程。使用该滤镜时将打开“消失点”对话框，该对话框包含用于定义透视平面的工具、用于编辑图像的工具及一个在其中工作的图像预览区。首先在预览图像中指定透视平面，然后就可以在这些平面中绘制、仿制、复制、粘贴和变换内容。消失点工具选项（选框、图章、画笔及其他工具）的工作方式与 Photoshop 主工具栏中的对应工具十分类似。甚至可以使用相同的快捷键来设置工具选项。

实例 9-08 利用“消失点”滤镜编辑画面

对于已有画面，清除其中不相干的清洁工具图像，保持源图像其他内容和背景的效果。

使用“消失点”滤镜操作，首先选择“滤镜”→“消失点”命令打开“消失点”对话框，将会自动创建一个平面控制网格，可拖动参考平面控制点，适当调整该平面网格以覆盖需要编辑的区域，如图 9-126 所示。

图 9-126　使用“消失点”滤镜编辑画面

在“消失点”对话框中单击“”（选框工具）图标，建立选区圈选绳索图案，如图 9-127 左图所示，可适当拖动选区以调整选取位置。

在相应工具选项栏中设置“修复”选项为“开”，可通过自动修复功能使修改区域与周围图像较好地融合，设置“移动模式”为“源”，表明当前选区图像将被指定图像源覆盖。从当前选区开始按下鼠标左键拖动到适当的地板图案区域，在这过程中可以看到源图像区域不断被当前指针所在区域覆盖，在选区与被覆盖目标纹理基本吻合时，放开鼠标，即完成区域图像替换，如图 9-127 右图所示。在操作中可能会出现部分区域画面不吻合的情况，可以再选择局部以同样方式进行补充覆盖。

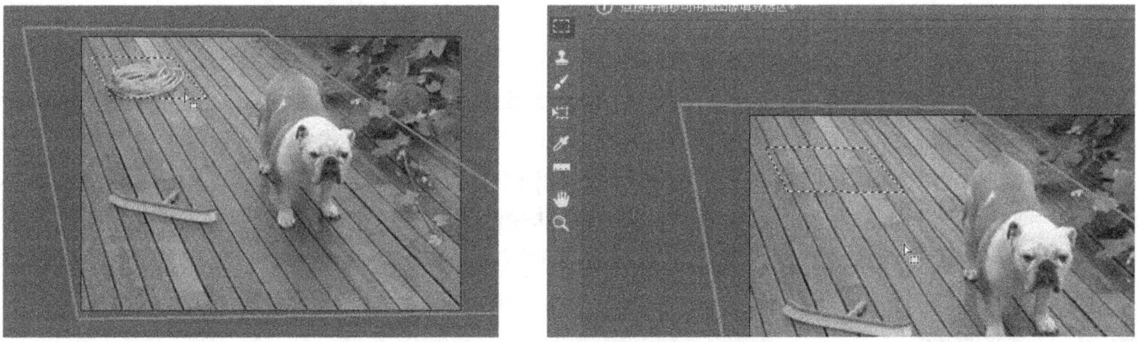

图 9-127　使用选框工具清除绳索图像

现在的目标是刷子，可适当调整覆盖平面，以便修复更准确。单击图章工具，设置“修复”选项为“开”，设置适当的画笔“直径”，大小应能覆盖刷子图形，在刷子图像附近（距离应大于刷子的同向轮廓尺寸）按 Alt 键单击鼠标，即定位了作为样本的图像，移动鼠标至刷子图像处可见图样会随之移动，在达到适当的覆盖效果后单击鼠标，可能需要移动覆盖多次，直至完全由适当的图样覆盖，如图 9-128 所示。

图 9-128　使用图章工具覆盖刷子图像

在上述操作中，可以看到使用“消失点”滤镜的最大特点是，可以在图像修复时设定和保持图像的透视效果，因此适合透视特点比较明显的图像处理，其中的修复工具应用方式与 Photoshop 主工具栏中的相应工具类似。

在相关的工具选项中，选择“修复”选项，可以设定局部图像修复后的效果，选择“明亮度”选项可将选区与周围像素的光照混合，选择“开”选项将选区与周围像素的颜色、光照和阴影混合，选择“关”选项则与周围像素没有自动融合效果。

在使用选框工具操作时，“移动模式”用于设置修复选区图像时拖动选区的作用效果，选择“目标”选项则将当前选区选框移动覆盖到新的区域；选择“源”选项则表明当前选区图像将被指定图像源覆盖，即以移动鼠标后的指针所在区域图像像素填充到源图区域，在实际操作中也可以通过按 Ctrl 键实现“移动模式”为“源”的功能，或按 Alt 键实现“移动模式”为“目标”的功能。

在使用“消失点”滤镜编辑之前，可以先创建一个新的图层，这样所做的图形编辑结果会保留在新图层中，不会影响原图，以便于查看和修改。

本章小结

本章主要讲述了常用 Photoshop 滤镜的概念及应用和操作方式，滤镜在图像处理中的使用是非常灵活的，熟练地使用滤镜可以实现图形的特殊表现效果，增强图像的表现力，完美的 Photoshop 图像处理操作，滤镜的使用是必不可少的。因此要注意在操作中模仿和学会有效地使用滤镜。多数滤镜的操作本身并不复杂，但是真正用起来却很难恰到好处。如果想在恰当的时候应用滤镜到恰当的位置，除了平常的美术功底，还需要用户熟悉并掌握滤镜的操控能力，甚至需要具有很丰富的想象力。这样，才能有的放矢地应用滤镜，实现美妙的艺术效果。

实例之窗

实例 9-09　飞溅的水珠

在已有图像素材中添加飞溅的水珠效果，如图 9-129 所示。主要用到画笔工具、波浪滤镜、变换选区等知识点。

图 9-129　飞溅的水珠效果

打开素材图像，新建“图层 1”，使用“椭圆选框工具”绘制一个正圆（直径为 90 像素）选区，如图 9-130 所示。

设置前景色为白色，单击画笔工具，选择适当大小的柔性笔尖，设置不透明度为 100%，沿选区圆周随意描绘。将画笔工具不透明度调节为 50%，在选区内部加画图形，形成基本水珠图案，如图 9-131 所示。

复制“图层 1”多次，形成多个同样的图案，分别设置每个图案的大小，如图 9-132 所示。

图 9-130　绘制正圆选区

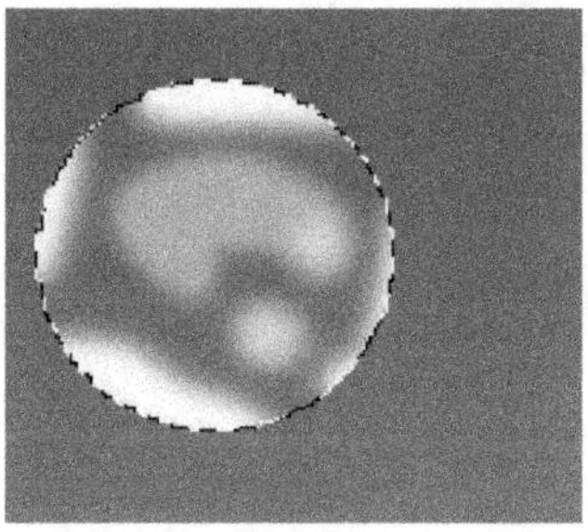

图 9-131　基本水珠图案

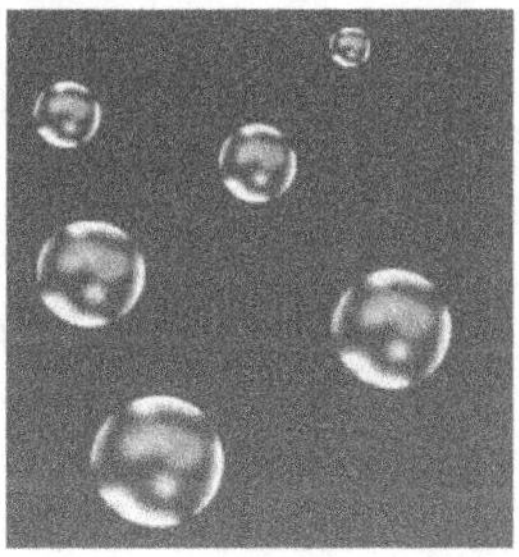

图 9-132　多个不同大小的水珠图案

分别对“图层 1”及各副本图层图形应用“波浪”滤镜，应注意调整为不同的参数值，以形成随机的水珠图形效果，如图 9-133 所示。

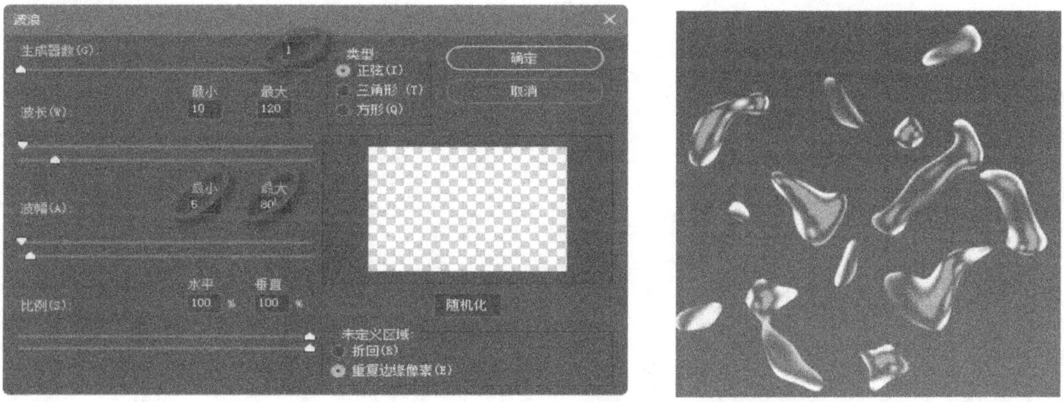

图 9-133　应用“波浪”滤镜形成随机的水珠图形效果

将“图层 1”及所有副本图层建立为一个图层组（组 1），复制图层组“组 1”为多个图层组副本，并用自由变换工具分别调节水珠的大小和角度，呈现不同水珠形态和位置，如图 9-134 所示。

综合调整所有水珠图案大小、位置和旋转角度，并移到水杯上方适当位置，如图 9-135 所示。

图 9-134 复制并调节多组水珠图案以呈现不同形态

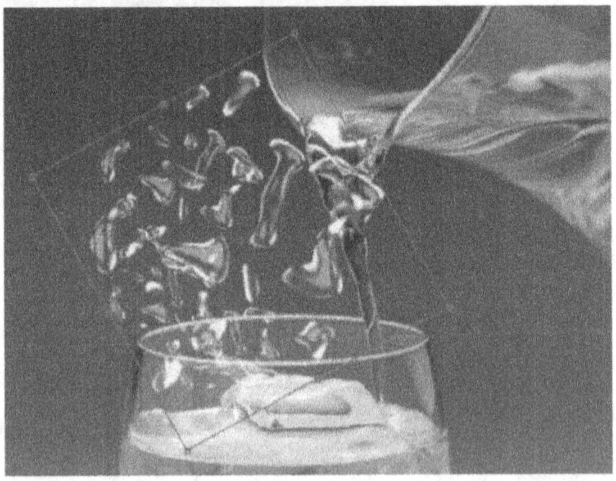

图 9-135 综合调整所有水珠图案的形态并将其移到适当位置

第 10 章

图像修饰与修复

使用修饰和修复工具可以对数字图像进行后期处理，以弥补在拍摄时因技术或其他原因导致的缺陷。按照工具的不同功能，可分为图像的修饰与修复，本章将结合实例介绍图像的修饰和修复方法。

本章要点

- 掌握图像修饰工具的应用技巧。
- 掌握图像修复工具的应用技巧。

10.1 了解图像修复

实例 10-01 风景图像的修饰

如图 10-1 左图所示的一幅拍摄的室内风景照片，由于拍摄的场景中有不能移走的标牌，以及拍摄时对其他参观者的不当摄入，导致拍摄的图像出现瑕疵，如果将照片的下部直接裁切，则整个画面将不完整，因此可以应用 Photoshop 中的图像修饰工具和修复工具对照片的这部分内容进行修饰、修复。

在 Photoshop 中打开原图照片，对需要调整的局部适当放大，如图 10-1 右图所示。标牌和参观者的脚为接下来要处理掉的部分。

图 10-1 照片原图及放大效果

单击工具栏中的“污点修复画笔工具”图标，在工具选项栏设置画笔笔尖大小为“90 像素”。

单击图像中的标牌位置即可去除标牌。污点修复工具可以自动识别图像中需要处理的部分，为了达到较好的处理效果，需适当设置画笔笔尖的大小和硬度。为了尽量保证图像细节的一致性，应使用污点修复画笔工具多次在处理处单击，以便软件自动识别处理，识别不当时还可以撤销上一步的操作，重新处理直至达到最佳效果。效果如图 10-2 所示。

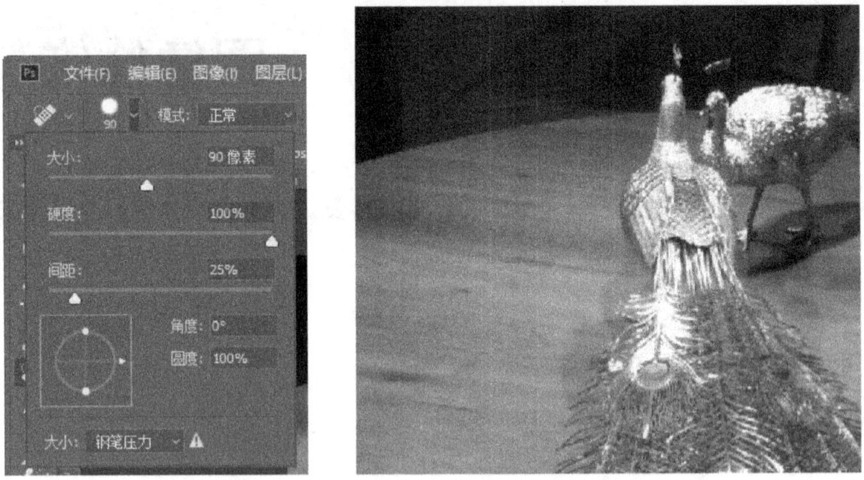

图 10-2 使用污点修复画笔工具去除标牌

接下来处理脚部分。由于脚部分周围图像较为复杂，使用污点修复画笔工具在自动识别时容易出现识别不当，导致处理的结果不理想。可以使用仿制图章工具进行处理。为了不受周围图像的干扰，可以先利用选区工具选择要处理的范围，如图 10-3 所示。

单击工具栏中的“仿制图章工具”图标，在工具选项栏设置画笔笔尖大小为“80 像素”、硬度为“100%”，如图 10-4 左图所示。

按 Alt 键的同时滑动鼠标，注意此时指针应呈现“⊕”形状，在参观者的脚附近单击对背景图像进行采样，然后对参观者的脚的相应部位进行涂抹，以使用采样处的图案覆盖参观者的脚。最终效果如图 10-4 右图所示。

图 10-3 圈选处理区域

图 10-4 使用仿制图章工具去除脚

10.2　图像修复

在 Photoshop 中图像的修复工具包括图章工具组和修补工具组，如图 10-5 所示。

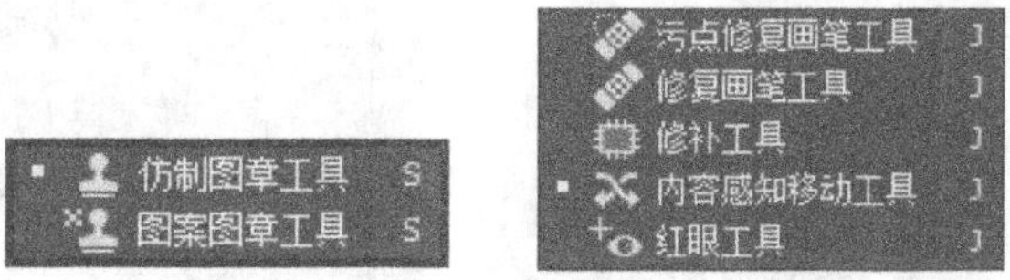

图 10-5　图章工具组和修补工具组

10.2.1　图章工具组

图章工具组通过使用指定样本覆盖修复区域实现图像的修复或合成，但实现效果是直接覆盖的，需注意样本图与覆盖区域周边图像像素的差异应尽可能一致，有时需要反复取样或变换适当的取样点。

1）仿制图章工具

仿制图章工具可以将指定的图像区域如同盖章一样复制到指定区域。仿制图章工具选项栏如图 10-6 所示。

图 10-6　仿制图章工具选项栏

在仿制图章工具选项栏中，可以单击“画笔预设”右侧的箭头来调整画笔笔尖的大小和硬度，其中的“模式”“不透明度”“流量”均可参考画笔工具的使用。如果勾选“对齐”复选框，可连续对像素进行取样，即使释放鼠标也不会丢失当前取样点，相反则每次停止并重新开始绘制时仍使用初始取样点。

在“样本”下拉列表中，可以选择“当前图层”“所有图层”“当前图层或下方图层”选项，这将设定仿制图章的图像复制所影响图层的范围，如设定为“当前图层或下方图层”则图像复制不仅会改变当前图层的图像，也同步改变其以下所有图层相应区域的图像。

仿制图章的使用方法是，先按 Alt 键单击鼠标来进行取样，松开 Alt 键，将鼠标移至目标区域进行涂抹，即可将取样处的图像复制到目标区域。

实例 10-02　绿色花园

图 10-7 所示为一个绿色花园，希望把晒衣架从图中去掉，这种局部的图像修整可以使用仿制图章工具。

从工具栏中单击“仿制图章工具”图标，按 Alt 键单击图像中晾晒衣物附近的绿色植物，这是取样过程，后续的“仿制”操作将以此为取样参照点，另外，应注意选择适当的画笔笔尖大小，以便快捷、准确地仿制。勾选工具选项栏的“对齐”复选框，即可以连续进行图样复制。

由于附近绿色景物相似度较好，可以选择较大的笔尖，这里选择 45 号画笔笔尖，不断单击围栏内侧的晾晒衣物及衣架，如图 10-8 所示。

图 10-7 绿色花园

图 10-8 使用仿制图章工具修复图像

需要注意的是，对于围栏处的图像需要再次取样，并且修复时注意保持围栏的完整性。

同样对于围栏外部的衣架和衣物部分，应设置较小的画笔，并对草坪取样点不断调整，使得修复后的草地尽可能与其他围栏外草坪部分的自然效果一致。

对于局部图景转接处，如围栏与外部草坪的图像衔接，可设置局部选区，如图 10-9 所示，这样在使用仿制图章进行图案复制时会受到选区的限制，因而能比较准确地复制，不会超出覆盖范围。

经过一系列取样复制，修复的图像效果如图 10-10 所示。

图 10-9 利用选区进行局部修复

图 10-10 使用仿制图章工具修复后的图像效果

2）图案图章工具

图案图章工具的功能是将指定图案如同盖章一样复制到目标区域，其工具选项栏如图 10-11 所示。

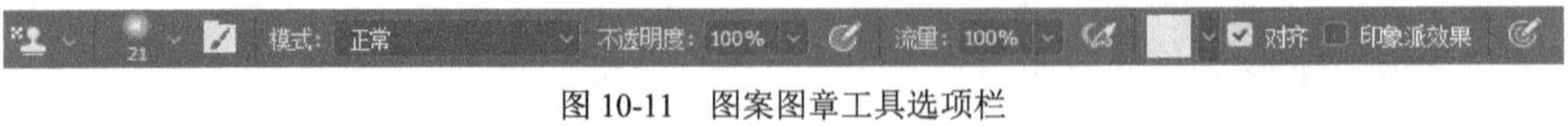

图 10-11 图案图章工具选项栏

实例 10-03 虎

在 Photoshop 中打开如图 10-12 左图所示的虎图像。选择“编辑”→“定义图案”命令，弹出如图 10-12 右图所示的“图案名称”对话框，设置图案名称为“虎”，单击“确定”按钮将其定义为图案样本。

图 10-12　虎图像及“图案名称”对话框

按 Ctrl+U 组合键，打开“色相/饱和度”对话框，勾选“着色”复选框并设置相关参数，如图 10-13 所示。

图 10-13　设置“色相/饱和度”相关参数

选择“滤镜”→“模糊”→“径向模糊”命令，在弹出的“径向模糊”对话框中设置相关参数，如图 10-14 左图所示，应用“径向模糊”滤镜后的效果如图 10-14 右图所示。

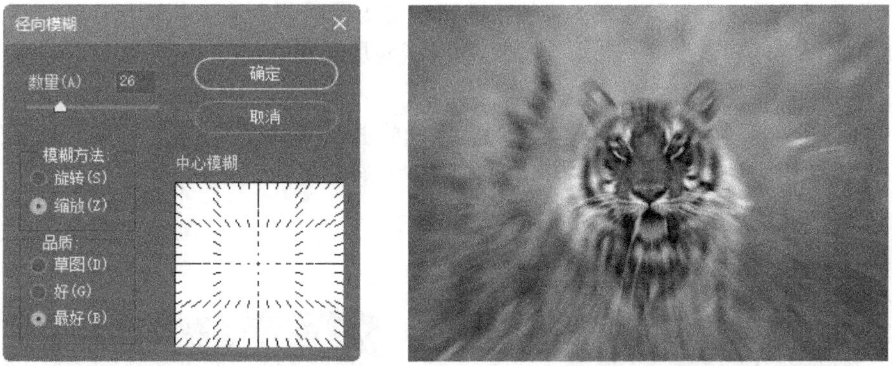

图 10-14　设置“径向模糊”相关参数及应用“径向模糊”滤镜后的效果

在工具栏中单击“ ”（图案图章工具）图标，然后单击工具选项栏中的“图案”拾色器右侧的箭头，选择前面定义的“虎”图案样本，如图 10-15 所示。

新建“图层 1”，选择适当大小的笔尖，使用图案图章工具在图中相应位置（中部）拖动勾绘出彩色虎头图案，得到猛虎凸现的效果，如图 10-16 所示。

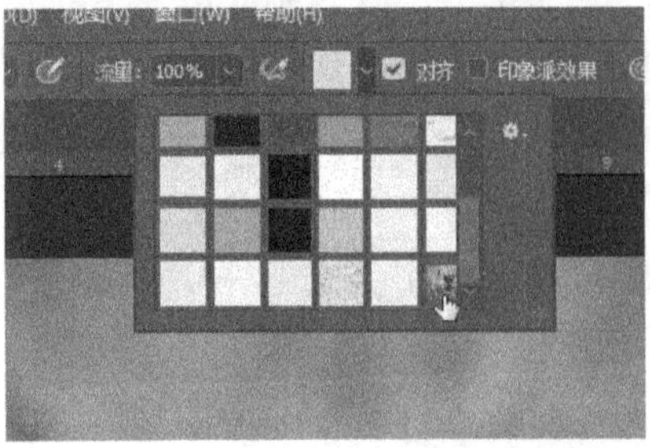

图 10-15 选择“虎”图案样本

图 10-16 猛虎凸现的效果

10.2.2 修复工具组

修复工具组的工具主要用于对画面缺陷进行修复，其最大的特点是可以自动实现覆盖样本与修复区域的图像自动融合，因此不能完全保持样本原画面的像素状态，这也是该工具组与图章工具组的区别。

1）污点修复画笔工具

污点修复画笔工具的功能是自动从所修饰区域的周围取样来对修饰区域进行修饰，其特点是自动融合样本与修复区域像素的纹理、光照、透明度和阴影等参数，使之均衡匹配，经常用于快速去除照片中的污点等不理想部分。污点修复画笔工具选项栏如图 10-17 所示。

图 10-17 污点修复画笔工具选项栏

在污点修复画笔工具选项栏中可以单击“画笔预设”选取器右侧的箭头来调整画笔笔尖的大小和硬度。如果选择“近似匹配”选项，将使用选区边缘周围的像素来查找要用作选定区域修补的图像区域；如果选择“创建纹理”选项，将在修补区域叠加纹理。

实例 10-04 去除画面文字

如图 10-18 所示的画面，需要去除其中的文字，单击“污点修复画笔工具”图标，设置适当的画笔笔尖大小，在文字区域拖动，如图 10-19 所示，将会去除文字。

图 10-18 有文字的图像

图 10-19 使用污点修复画笔工具去除文字

图 10-20 所示为使用污点修复画笔工具去除文字后的图像效果，可以看到在去除文字的同时自动融合区域像素属性，得到很好的图像区域复原效果。

图 10-20　使用污点修复画笔工具去除文字后的图像效果

2）修复画笔工具

“修复画笔工具”与仿制图章工具类似，均将指定的取样区域像素复制到目标区域，该工具还将样本像素的纹理、光照、透明度和阴影与所修复的像素进行匹配，使修复后的像素不留痕迹地融入图像的其余部分，因此兼有仿制图章工具的特点，其工具选项栏如图 10-21 所示。

图 10-21　修复画笔工具选项栏

在修复画笔工具选项栏中，可以选择取样或图案，分别表示用于修饰的图像源取自图像本身还是图案。如果选择取样，则工具用法与仿制图章工具类似，先按 Alt 键单击鼠标来进行取样，然后将鼠标移至目标区域进行涂抹；如果选择图案，则直接将鼠标移至目标区域进行涂抹以复制图案。

3）修补工具

“修补工具”的应用效果类似修复画笔工具，但可以使用指定的图像区域像素来对设定区域进行整块修复，同时自动将样本区域像素的纹理、光照和阴影与所修复的像素属性进行匹配，使修复后区域像素能较好地融入图像。

实例 10-05　草坪

图 10-22 所示为一处很漂亮的草坪，希望去除其中位置奇怪的椅子，可以使用修补工具来完成。

图 10-22　草坪原图

在工具栏中单击“ ”（修补工具）图标，在图中勾选椅子及要去除的周边部分，形成一个选区，即设置替换源，如图 10-23 所示。拖动选区可以看到原选区位置图像（修补“源”）被选区移到之处的图样（即替换目标）替换，如图 10-24 所示。

图 10-23　设置替换源

图 10-24　拖动替换

持续向适当的方向拖动，并观察图像的变化直到替换目标基本覆盖指定的修补源并与周围图像基本吻合，放开鼠标完成替换，初次修复可能留下小瑕疵，如图 10-25 所示。

由于这个替换过程和自动基于替换源区域周围的像素属性测算融合，可能会出现一些小瑕疵，可以再次使用修补工具或修复画笔工具进行局部修复，得到如图 10-26 所示的完整修复结果。

图 10-25　初次修复留下的小瑕疵

图 10-26　完整修复结果

修补工具一般用于大块区域的图像修补，与修复画笔工具相比，其将选定图像区域替代为样本图样区域的速度较快，但不够精确。

图 10-27 所示为修补工具选项栏。

图 10-27　修补工具选项栏

在执行修补之前，可在工具选项栏中设定修补操作区域为“源”图像或“目标”图像。默认选择“源”选项，先圈选的区域称为“源”区，使用鼠标圈选后形成选区，用鼠标拖动选定的“源”区域到用于修补的样本区，即“目标”，放开鼠标，“源”区域的图像即被样本区的图像替代，如上述实例的操作。如果在工具选项栏中选择“目标”选项，则操作效果相反。

无论是选择“源”选项还是“目标”选项，创建选区后，单击工具选项栏中的“使用图案”按钮，则当前图像中的选区就会被预设图案覆盖。

工具选项栏左侧的叠加方式图标“”，包括新选区、添加到选区、从选区减去、与选区交叉等，可选择以适当的方式进行多次修复操作。

4）内容感知移动工具

内容感知移动工具可以先将图中部分画面移动或复制，并自动计算和修复移除部分，从而实现完美的场景变化及合成。内容感知移动工具选项栏如图 10-28 所示。

图 10-28　内容感知移动工具选项栏

其中的“模式”可选择“扩展”或“移动”，前者用于复制对象，后者用于移动对象。

“结构”用于设定移动源的结构保留严格程度，数值越大越严格，即结构相似程度越高。

“颜色”是指可修改原色彩的程度，即用于替代色彩的相似程度，值越小越精确，与魔棒工具的“容差”类似。

实例 10-06　内容感知

打开一个小猫图像素材，如图 10-29 所示。

先使用“套索工具”勾选小猫的轮廓，近似就行，如图 10-30 所示。

图 10-29　小猫图像素材

图 10-30　使用套索工具勾选小猫轮廓

单击“内容感知移动工具”图标，在工具选项栏设置“模式”为“移动”、结构为 6、颜色为 3，然后拖动小猫图像向左移动，移动到合适的位置后放开鼠标，将出现一个控制框，按 Shift 键拖动控制点缩小小猫图像，如图 10-31 所示。

按 Enter 键，可以看到缩小的小猫被成功移到新的位置，而背景自动计算融合，如图 10-32 所示。

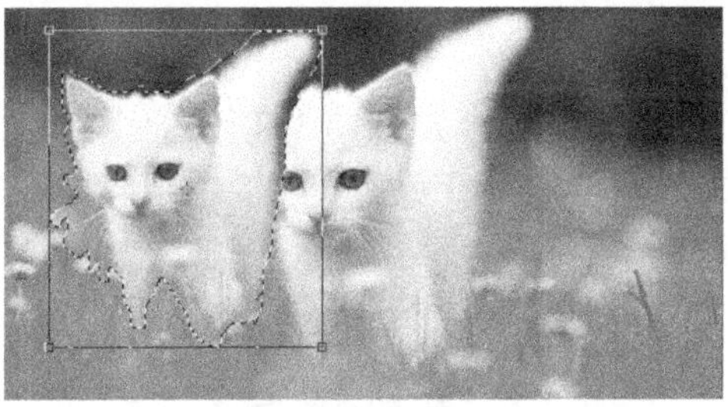

图 10-31　使用“内容感知工具”移动并缩小小猫图像

图 10-32　确认移动

在工具选项栏设置“模式”为“扩展”，将小猫向右移动到适当位置，以添加一只小猫，同样到位后放开鼠标，然后按 Enter 键，完成画面的调整，如图 10-33 所示。

图 10-33　设置“模式”为“扩展”向右复制小猫

5）红眼工具

“红眼”是闪光摄影中常见的一种现象，是因为照相机闪光灯的光线通过拍摄对象的眼睛后部（视网膜）反射并进入照相机镜头而造成的。因为视网膜充满血管并显示红色，所以最终影像中显示拍摄对象的眼睛是红色的。

对于有“红眼”的照片，可以应用“红眼工具”进行简单的处理。在如图 10-34 所示的红眼工具选项栏中可以调节“瞳孔大小”和“变暗量”等参数。

图 10-34　红眼工具选项栏

对于如图 10-35 所示的红眼照片，从工具栏中单击红眼工具，然后单击有红眼的眼睛红色区域的中部，即可快速消除红眼，效果如图 10-36 所示。针对不同大小的眼睛、不同程度的红眼，应在工具选项栏设置适当的“瞳孔大小”“变暗量”参数，以达到最佳效果。

图 10-35　红眼照片

图 10-36　红眼修复后的效果

10.3　图像修饰工具

在图像修复后或对于某些图像的特殊处理，需要用到修饰工具。如图 10-37 所示的模糊工具组，主要用于图像边缘、表面效果的细节修饰。如图 10-38 所示的海绵工具组，主要用于调整图像色泽细节，可使图像的局部变淡、变深或改变色彩明暗程度和饱和度。

图 10-37　模糊工具组

图 10-38　海绵工具组

10.3.1　效果修饰

1）模糊工具

模糊工具的主要作用是将图像中的部分区域通过涂抹的方式进行模糊处理，可柔化硬边缘或减少图像中的细节。

图 10-39 所示为模糊工具选项栏。可以设置画笔笔尖大小及图像混合模式，“强度”选项用来调整模糊的强度，如果勾选“对所有图层取样”复选框，则模糊工具的处理会影响所有图层的图像效果。

图 10-39　模糊工具选项栏

对如图 10-40 所示的图像使用模糊工具进行处理，效果如图 10-41 所示。使用此工具在某个区域上绘制的次数越多，该区域就越模糊。

图 10-40　原图

图 10-41　使用模糊工具处理后的效果

2）锐化工具

锐化工具与模糊工具相反，用于增加边缘的对比度以增强外观上的锐化程度。在某个区域上绘制的次数越多，增强的锐化效果就越明显。锐化工具选项栏与模糊工具类似，如图 10-42 所示。

图 10-42　锐化工具选项栏

对如图 10-40 所示的图像使用锐化工具进行处理，效果如图 10-43 所示。

锐化工具选项栏的参数项与模糊工具相同。

图 10-43　使用锐化工具处理后的效果

3）涂抹工具

涂抹工具模拟用手指拖过湿油漆时所看到的效果，如图 10-44 所示。该工具可拾取涂抹开始位置的颜色，并沿拖动的方向展开取样颜色。

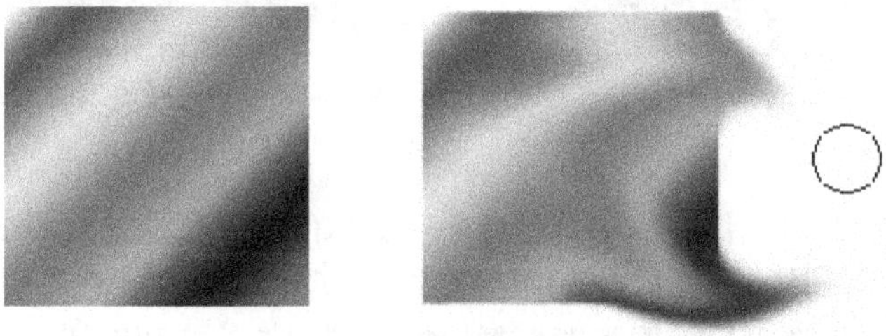

图 10-44　使用涂抹工具前后的效果

涂抹工具选项栏如图 10-45 所示。其中“强度”选项用来调整涂抹工具的涂抹强度，如果勾选“对所有图层取样”复选框可利用所有可见图层中的颜色数据来进行涂抹；如果勾选“手指绘画”复选框，则可利用的涂抹颜色为前景色。

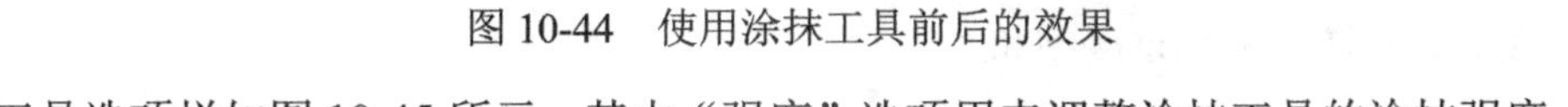

图 10-45　涂抹工具选项栏

10.3.2 色泽修饰

1）减淡工具和加深工具

减淡工具和加深工具的主要作用是将图像中的部分区域通过涂抹的方式进行变亮或变暗。

图 10-46 所示为减淡工具选项栏。其中“范围”选项设定作用的色阶区域，可选择“中间调”“阴影”“高光”；单击“喷枪”图标，将以喷涂方式描绘；勾选“保护色调”复选框，图像只是明暗发生变化，色调不变。

图 10-46　减淡工具选项栏

加深工具选项栏的参数选项与减淡工具相同。

图 10-47 所示为一张逆光拍摄的图片，画面中阴暗处由于过暗导致很多细节不明显，可应用减淡工具对图片阴暗区域进行减淡操作，将减淡工具选项栏中的“范围”设置为“阴影”，这样在操作中就会减淡阴影部分，而不影响其他画面元素。图 10-48 所示为使用减淡工具处理后的图片效果。

图 10-47　逆光拍摄的图片

图 10-48　使用减淡工具处理后的图片效果

2）海绵工具

海绵工具的主要作用是对图像中的部分区域通过涂抹的方式来增加或降低饱和度。

图 10-49 所示为海绵工具的选项栏。其中“模式”选项可选择“去色”“加色”，分别表示降低饱和度、增加饱和度；勾选“自然饱和度”复选框，则图像的饱和度能在一定范围内自然变化，在增加饱和度时，以防止颜色过度饱和。

图 10-49　海绵工具选项栏

下面使用海绵工具对如图 10-50 所示的图像进行画面色泽效果修饰。

图 10-50　原图

在工具栏中单击“海绵工具”图标，在工具选项栏设置“模式”为“加色”，并勾选“自然饱和度”复选框，然后在画面均匀涂抹，将增加画面饱和度，如图 10-51 所示。

取消上述操作效果，重新对原图使用海绵工具，设置“模式”为“去色”，在画面均匀涂抹，将降低画面饱和度，如图 10-52 所示。

图 10-51　增加画面饱和度

图 10-52　降低画面饱和度

本章小结

本章介绍了图像的修饰工具和修复工具，并结合实例进行了操作。在实际应用中，先对图像进行色调、色彩调整，然后检查图像，应用修饰工具和修复工具编辑图像中不完美之处。有时由于内容的需要，对原图像要进行较大的修饰，此时修饰工作量较大，需要进行大量细致而又烦琐的工作，所以对于操作者来说需要细心和不断积累经验。

实例之窗

实例 10-07

如图 10-53 所示，人物的脸部存在需要处理的瑕疵，画面背景也需要去除一些景物。可以通过图像修饰工具和修复工具来进行修饰和修复。

应用缩放工具将人物脸部瑕疵部分局部放大，如图 10-54 所示。从图 10-54 中可以看出瑕疵块面积较小，完全可以使用污点修复画笔工具来进行修饰。单击污点修复画笔工具，调整好画笔笔尖的大小和硬度，画笔笔尖大小稍大于瑕疵面积，硬度为“100%”。单击应用，瑕疵块就能完成消除，效果如图 10-55 所示。

图 10-53　存在画面缺陷的原图

图 10-54　放大图像

还可以发现画面人物左侧的杂物不美观，但处理情况比较复杂，需要将杂物去除并还原出周围背景，因此适合采用仿制图章工具。单击仿制图章工具，调整好画笔笔尖的大小和硬度，画笔笔尖大小不宜过大和过小，硬度为“100%”，按 Alt 键并单击鼠标在周围位置选取源像素，使用仿制图章工具对画面人物左侧的杂物进行修饰，经过多次细致修饰，最终效果如图 10-56 所示。

图 10-55　人物修复后的效果

图 10-56　背景修复后的效果

附录 A　Photoshop CC 常用快捷键

1. 文件操作

操作	快捷键
新建文件	【Ctrl】+【N】
用默认设置创建新文件	【Ctrl】+【Alt】+【N】
打开已有的图像	【Ctrl】+【O】
打开为	【Ctrl】+【Alt】+【Shift】+【O】
关闭当前图像	【Ctrl】+【W】
存储当前图像	【Ctrl】+【S】
存储为	【Ctrl】+【Shift】+【S】
存储副本	【Ctrl】+【Alt】+【S】
取消“页面设置”	【Ctrl】+【Shift】+【P】
打印	【Ctrl】+【P】
打开“首选项”对话框	【Ctrl】+【K】
打开“颜色设置”对话框	【Ctrl】+【Shift】+【K】
打开最后一次显示的“首选项”对话框	【Alt】+【Ctrl】+【K】
退出 Photoshop	【Ctrl】+【Q】

2. 视图操作

操作	快捷键
显示彩色通道	【Ctrl】+【~】
显示单色通道	【Ctrl】+【数字】
显示复合通道	【~】
以 CMYK 方式预览（开/关）	【Ctrl】+【Y】
打开/关闭色域警告	【Shift】+【Ctrl】+【Y】
放大视图	【Ctrl】+【+】
缩小视图	【Ctrl】+【-】
按屏幕大小缩放	【Ctrl】+【0】
实际像素显示	【Ctrl】+【Alt】+【0】
向上卷动一屏	【Page Up】
向下卷动一屏	【Page Down】
向左卷动一屏	【Ctrl】+【Page Up】
向右卷动一屏	【Ctrl】+【Page Down】
向上卷动 10 个单位	【Shift】+【Page Up】
向下卷动 10 个单位	【Shift】+【Page Down】
向左卷动 10 个单位	【Shift】+【Ctrl】+【Page Up】
向右卷动 10 个单位	【Shift】+【Ctrl】+【Page Down】
将视图移到左上角	【Home】
将视图移到右下角	【End】
显示/隐藏选择区域	【Ctrl】+【H】
显示/隐藏路径	【Ctrl】+【Shift】+【H】
显示/隐藏标尺	【Ctrl】+【R】
显示/隐藏参考线	【Ctrl】+【;】
显示/隐藏网格	【Ctrl】+【’】
贴紧参考线	【Ctrl】+【Shift】+【;】
锁定参考线	【Ctrl】+【Alt】+【;】
贴紧网格	【Ctrl】+【Shift】+【”】

3. 基本操作和选择

操作	快捷键
帮助	【F1】
剪切	【F2】
复制	【F3】
粘贴	【F4】
隐藏/显示“画笔”面板	【F5】
隐藏/显示“颜色”面板	【F6】
隐藏/显示“图层”面板	【F7】
隐藏/显示“信息”面板	【F8】
隐藏/显示“动作”面板	【F9】
隐藏/显示所有命令面板	【Tab】
显示/隐藏除工具箱以外的所有面板	【Shift】+【Tab】
填充	【Shift】+【F5】
羽化	【Shift】+【F6】
选择→反选	【Shift】+【F7】
隐藏选定区域	【Ctrl】+【H】
取消选定区域	【Ctrl】+【D】
关闭文件	【Ctrl】+【W】

取消操作 【Esc】
全部选取 【Ctrl】+【A】
重新选择 【Ctrl】+【Shift】+【D】
羽化选择 【Ctrl】+【Alt】+【D】
反向选择 【Ctrl】+【Shift】+【I】
载入选区 【Ctrl】+单击缩览图

4. 编辑操作

还原/重做前一步操作 【Ctrl】+【Z】
后退一步 【Ctrl】+【Alt】+【Z】
前进一步 【Ctrl】+【Shift】+【Z】
剪切 【Ctrl】+【X】或【F2】
拷贝 【Ctrl】+【C】
合并拷贝 【Ctrl】+【Shift】+【C】
粘贴 【Ctrl】+【V】或【F4】
将剪贴板的内容粘贴到当前选区中
【Ctrl】+【Shift】+【V】
自由变换 【Ctrl】+【T】
应用自由变换（在“自由变换”编辑状态下）
【Enter】
临时扭曲（在“自由变换”编辑状态下）【Ctrl】
取消变形（在“自由变换”编辑状态下）【Esc】
从中心或对称点开始变换或绘制 【Alt】
变换复制 【Ctrl】+【Shift】+【Alt】+【T】
比例缩放或变换 【Shift】
以 10 个单位为增幅移动当前对象【Shift】+【箭头】
自由变换复制的像素数据
【Ctrl】+【Shift】+【T】
删除选框中的图案或选取的路径 【Delete】
用背景色填充所选区域或整个图层
【Ctrl】+【Backspace】或【Ctrl】+【Delete】
用前景色填充所选区域或整个图层
【Alt】+【Backspace】或【Alt】+【Delete】
弹出“填充”对话框 【Shift】+【Backspace】
从历史记录中填充【Alt】+【Ctrl】+【Backspace】

5. 工具调用

移动工具 【V】
选框工具（矩形、椭圆） 【M】
套索工具（套索、多边形套索、磁性套索）【L】
魔棒工具（魔棒、快速选择） 【W】
裁剪工具（裁剪、透视裁剪、切片、切片选择）
【C】
吸管工具（吸管、3D 材质吸管、颜色取样器、标尺、注释、计数） 【I】
修复画笔工具（污点修复画笔、修复画笔、修补、内容感知移动、红眼） 【J】
画笔工具（画笔、铅笔、颜色替换、混合器画笔）
【B】
图章工具（仿制图章、图案图章） 【S】
历史记录画笔工具、历史记录艺术画笔工具【Y】
橡皮擦工具（橡皮擦、背景橡皮擦、魔术橡皮擦）
【E】
渐变工具、油漆桶工具、3D 材质施放工具【G】
模糊工具（模糊、锐化、 涂抹） 【R】
减淡工具、加深工具、海绵工具 【O】
钢笔工具（钢笔、自由钢笔、弯度钢笔） 【P】
文字工具（横排文字、直排文字、横排文字蒙版、直排文字蒙版） 【T】
路径编辑工具（路径选择、直接选择） 【A】
形状工具（矩形、圆角矩形、椭圆、多边形、直线、自定形状） 【U】
抓手工具 【H】
旋转视图工具 【R】
缩放工具 【Z】
默认前景色/背景色 【D】
前景色/背景色互换 【X】
切换标准/快速蒙版模式 【Q】
切换屏幕模式（标准屏幕、带有菜单栏的全屏、全屏） 【F】
3D 变换工具（3D 旋转、3D 滚动、3D 平移、3D 滑动、3D 比例） 【K】
3D 视图工具（3D 环绕、3D 滚动视图、3D 平移视图、3D 移动视图、3D 缩放） 【N】
临时使用移动工具 【Ctrl】
临时使用吸管工具 【Alt】
临时使用抓手工具 【空格】

改变画笔笔尖大小　【[】或【]】

6. 图像调整

“色阶”对话框　【Ctrl】+【L】
自动调整色阶　【Ctrl】+【Shift】+【L】
自动颜色　【Ctrl】+【Shift】+【B】
“曲线”对话框　【Ctrl】+【M】
选择多个控制点（在“曲线”对话框中）　【Shift】+单击
前移控制点（在“曲线”对话框中）　【Ctrl】+【Tab】
后移控制点（在“曲线”对话框中）　【Ctrl】+【Shift】+【Tab】
删除控制点（在“曲线”对话框中）【Ctrl】+单击点取消选择所选通道上的所有点（在“曲线”对话框中）　【Ctrl】+【D】
使曲线网格更精细或更粗糙（在“曲线”对话框中）　【Alt】+单击网格
选择彩色通道（在“曲线”对话框中）　【Ctrl】+【~】
选择单色通道（在“曲线”对话框中）　【Ctrl】+【数字】
“色彩平衡”对话框　【Ctrl】+【B】
“色相/饱和度”对话框　【Ctrl】+【U】
去色　【Ctrl】+【Shift】+【U】
反相　【Ctrl】+【I】
自动调整对比度【Ctrl】+【Alt】+【Shift】+【L】
“液化”对话框　【Ctrl】+【Shift】+【X】
再次执行所做的滤镜　【Ctrl】+【Alt】+【F】
选择工具（在“3D 变化”滤镜中）　【V】
立方体工具（在“3D 变化”滤镜中）　【M】
球体工具（在“3D 变化”滤镜中）　【N】
柱体工具（在“3D 变化”滤镜中）　【C】
轨迹球工具（在“3D 变化”滤镜中）　【R】
全景相机工具（在“3D 变化”滤镜中）　【E】

7. 图层操作

打开“图层”面板　【F7】
从对话框新建图层　【Ctrl】+【Shift】+【N】
在当前图层之上直接建立新图层　【Ctrl】+【Alt】+【Shift】+【N】
通过拷贝的图层　【Ctrl】+【J】
通过剪切的图层　【Ctrl】+【Shift】+【J】
图层编组　【Ctrl】+【G】
取消图层编组　【Ctrl】+【Shift】+【G】
合并图层　【Ctrl】+【E】
合并可见图层　【Ctrl】+【Shift】+【E】
盖印图层或盖印链接图层【Ctrl】+【Alt】+【E】
盖印可见图层【Ctrl】+【Alt】+【Shift】+【E】
后移一层　【Ctrl】+【[】
前移一层　【Ctrl】+【]】
置为底层　【Ctrl】+【Shift】+【[】
置为顶层　【Ctrl】+【Shift】+【]】
激活下一个图层　【Alt】+【[】
激活上一个图层　【Alt】+【]】
激活底部图层　【Shift】+【Alt】+【[】
激活顶部图层　【Shift】+【Alt】+【]】
调整当前图层的透明度（当前工具为无数字参数的，如移动工具）　【0】～【9】
保留当前图层的透明区域（开/关）　【/】

附录 B　Photoshop 色彩设定值

颜　　色	HEX 格式	RGB 格式
浅粉红	#FFB6C1	255,182,193
粉红	#FFC0CB	255,192,203
猩红/深红	#DC143C	220,20,60
淡紫红	#FFF0F5	255,240,245
弱紫罗兰红	#DB7093	219,112,147
热情的粉红	#FF69B4	255,105,180
深粉红	#FF1493	255,20,147
中紫罗兰红	#C71585	199,21,133
兰花紫	#DA70D6	218,112,214
蓟色	#D8BFD8	216,191,216
紫罗兰	#EE82EE	238,130,238
洋红/玫瑰红	#FF00FF	255,0,255
灯笼海棠/紫红	#FF00FF	255,0,255
深洋红	#8B008B	139,0,139
紫色	#800080	128,0,128
中兰花紫	#BA55D3	186,85,211
暗紫罗兰	#9400D3	148,0,211
暗兰花紫	#9932CC	153,50,204
靛青/紫蓝色	#4B0082	75,0,130
蓝紫罗兰	#8A2BE2	138,43,226
中紫色	#9370DB	147,112,219
中板岩蓝	#7B68EE	123,104,238
板岩蓝	#6A5ACD	106,90,205
暗板岩蓝	#483D8B	72,61,139
薰衣草淡紫	#E6E6FA	230,230,250
幽灵白	#F8F8FF	248,248,255
纯蓝	#0000FF	0,0,255
中蓝色	#0000CD	0,0,205
午夜蓝	#191970	25,25,112
暗蓝色	#00008B	0,0,139
海军蓝	#000080	0,0,128
皇家蓝/宝蓝	#4169E1	65,105,225

续表

颜　　色	HEX 格式	RGB 格式
矢车菊蓝	#6495ED	100,149,237
亮钢蓝	#B0C4DE	176,196,222
亮石板灰	#778899	119,136,153
石板灰	#708090	112,128,144
道奇蓝	#1E90FF	30,144,255
爱丽丝蓝	#F0F8FF	240,248,255
钢蓝/铁青	#4682B4	70,130,180
亮天蓝色	#87CEFA	135,206,250
天蓝色	#87CEEB	135,206,235
深天蓝	#00BFFF	0,191,255
亮蓝	#ADD8E6	173,216,230
火药青	#B0E0E6	176,224,230
军服蓝	#5F9EA0	95,158,160
蔚蓝色	#F0FFFF	240,255,255
淡青色	#E0FFFF	224,255,255
弱绿宝石	#AFEEEE	175,238,238
青色	#00FFFF	0,255,255
水色	#00FFFF	0,255,255
暗绿宝石	#00CED1	0,206,209
暗石板灰	#2F4F4F	47,79,79
暗青色	#008B8B	0,139,139
水鸭色	#008080	0,128,128
中绿宝石	#48D1CC	72,209,204
浅海洋绿	#20B2AA	32,178,170
绿宝石	#40E0D0	64,224,208
宝石碧绿	#7FFFD4	127,255,212
中宝石碧绿	#66CDAA	102,205,170
中春绿色	#00FA9A	0,250,154
薄荷奶油色	#F5FFFA	245,255,250
春绿色	#00FF7F	0,255,127
中海洋绿	#3CB371	60,179,113
海洋绿	#2E8B57	46,139,87
蜜瓜色	#F0FFF0	240,255,240
淡绿色	#90EE90	144,238,144
弱绿色	#98FB98	152,251,152
暗海洋绿	#8FBC8F	143,188,143
闪光深绿	#32CD32	50,205,50

续表

颜　　色	HEX 格式	RGB 格式
闪光绿	#00FF00	0,255,0
森林绿	#228B22	34,139,34
纯绿	#008000	0,128,0
暗绿色	#006400	0,100,0
查特酒绿	#7FFF00	127,255,0
草坪绿	#7CFC00	124,252,0
绿黄色	#ADFF2F	173,255,47
暗橄榄绿	#556B2F	85,107,47
黄绿色	#9ACD32	154,205,50
橄榄褐色	#6B8E23	107,142,35
米色/灰棕色	#F5F5DC	245,245,220
亮菊黄	#FAFAD2	250,250,210
象牙色	#FFFFF0	255,255,240
浅黄色	#FFFFE0	255,255,224
纯黄	#FFFF00	255,255,0
橄榄色	#808000	128,128,0
深咔叽布	#BDB76B	189,183,107
柠檬绸	#FFFACD	255,250,205
灰菊黄	#EEE8AA	238,232,170
咔叽布色	#F0E68C	240,230,140
金色	#FFD700	255,215,0
玉米丝色	#FFFC	255,248,220
金菊黄	#DAA520	218,165,32
暗金菊黄	#B8860B	184,134,11
旧蕾丝色	#FDF5E6	253,245,230
小麦色	#F5DEB3	245,222,179
鹿皮靴	#FFE4B5	255,228,181
橙色	#FFA500	255,165,0
番木瓜色	#FFEFD5	255,239,213
发白的杏仁色	#FFEBCD	255,235,205
土著白	#FFDEAD	255,222,173
古董白	#FAEBD7	250,235,215
茶色	#D2B48C	210,180,140
硬木色	#DEB887	222,184,135
陶坯黄	#FFE4C4	255,228,196
深橙色	#FF8C00	255,140,0
亚麻布	#FAF0E6	250,240,230

续表

颜　　色	HEX 格式	RGB 格式
秘鲁色	#CD853F	205,133,63
桃肉色	#FFDAB9	255,218,185
沙棕色	#F4A460	244,164,96
巧克力色	#D2691E	210,105,30
马鞍棕色	#8B4513	139,69,19
海贝壳色	#FFF5EE	255,245,238
黄土赭色	#A0522D	160,82,45
浅鲑鱼肉色	#FFA07A	255,160,122
珊瑚色	#FF7F50	255,127,80
橙红色	#FF4500	255,69,0
深鲜肉/鲑鱼色	#E9967A	233,150,122
番茄红	#FF6347	255,99,71